中国重点陆生野生动物资源调查

扬子鳄・王 蘅摄

四爪陆龟・遇宝成摄

圆鼻巨蜥・王 蘅摄

虎纹蛙・费 梁摄

棘腹蛙・费 梁摄

鳄蜥・龚明昊摄

乌梢蛇・黄正一摄

黑鹳 · 梁兵宽摄

东方白鹳 · 武明录摄

大天鹅 · 武明录摄

黑颈鹤 · 郜二虎摄

朱鹮 · 于晓平摄

黄腹角雉·朱祥福摄

红腹角雉 苏化龙摄

褐马鸡·苏化龙摄

环颈雉·张文青摄

绿孔雀·陈明勇摄

红腹锦鸡·雍严格摄

普通鵟·郭玉民摄

胡兀鹫·姚 旬、胥执清摄

冠斑犀鸟·张顺生摄

白尾海雕·郭玉民摄

画眉·李 夏摄

金雕·于晓平摄

松雀鹰·郭玉民摄

雀鹰·郭玉民摄

苍鹰·郭玉民摄

蜂猴 · 陈明勇摄

猕猴 · 黄汉民摄

黑叶猴 · 徐建民摄

白颊长臂猿 · 陈明勇摄

中国重点陆生野生动物资源调查

川金丝猴 · 王晓卫摄

滇金丝猴 · 马 强摄

黔金丝猴 · 徐建民摄

亚洲象・刘德军摄

藏野驴・沈均良、赵开生摄

林麝・雍严格摄

藏原羚・赵开生、沈均良摄

双峰驼・马木利摄

野牦牛・郜二虎摄

鹅喉羚 · 章克家摄

岩羊 · 刘楚光摄

盘羊 · 龚明昊摄

羚牛 · 雍严格摄

赤狐 · 龚明昊摄

狼 · 龚明昊摄

大熊猫 · 雍严格摄

黑熊 · 黄汉民摄

现地核查样带起点・吉林省林业厅供

搜寻动物痕迹・郜二虎摄

全国陆生野生动物资源调查与监测技术培训班（第一期）合影
（1995.11.12・哈尔滨）

调查规程

全国陆生野生动物资源调查与监测技术培训班（第二期）合影
（1995.11.21・哈尔滨）

各省报告

全国野生动植物资源调查技术培训班合影（1997.04・漳州）

中国重点陆生野生动物资源调查

国家林业局 主编

中国林业出版社

图书在版编目（CIP）数据

中国重点陆生野生动物资源调查/国家林业局主编.
北京：中国林业出版社，2008.1

ISBN 978-7-5038-5138-4

Ⅰ. 中…
Ⅱ. 国…
Ⅲ. 野生动物-动物资源-资源调查-中国
Ⅳ. Q958.52

中国版本图书馆 CIP 数据核字（2007）第 196065 号

出　版：中国林业出版社（100009　北京西城区德内大街刘海胡同 7 号）
网　址：www.cfph.com.cn
E-mail：cfphz@public.bta.net.cn　　**电话**：（010）83227317
发　行：新华书店北京发行所
印　刷：中国农业出版社印刷厂
版　次：2009 年 4 月第 1 版
印　次：2009 年 4 月第 1 次
开　本：880mm×1230mm　1/16
印　张：22.5
字　数：650 千字
彩　插：8
印　数：1～3000 册
定　价：180.00 元

《中国重点陆生野生动物资源调查》编辑委员会

顾　　问　王志宝　赵学敏

主　　编　马　福　张建龙

副 主 编　（以姓氏笔画为序）

王　伟　刘国强　陈建伟　卓榕生

孟　沙　贾建生　甄仁德

编　　委　（以姓氏笔画为序）

王春玲　王维胜　刘增力　朱　翔

阮向东　张建军　张德辉　李青文

陈学军　郜二虎　唐小平　梁兵宽

龚明昊　斯　萍　蒋亚芳　遇宝成

编写人员　（以姓氏笔画为序）

于晓平　王跃招　冯祚建　吕顺清

朱　翔　阮向东　张　伟　张明海

李　林　郜二虎　钟立成　梁兵宽

龚明昊　遇宝成　鲁长虎

编 写 分 工

第 1 章　自然概况

邰二虎　鲁长虎

第 2 章　全国陆生野生动物资源调查方法

朱　翔　邰二虎

第 3 章　全国陆生野生动物资源调查组织实施

邰二虎　梁兵宽

第 4 章　全国陆生野生动物资源调查结果及分析

冯祚建　邰二虎　于晓平　张明海

第 5 章　保护管理现状

邰二虎　鲁长虎

第 6 章　发展思路

阮向东　邰二虎

第 7 章　两栖动物资源状况

吕顺清　遇宝成

第 8 章　爬行动物资源状况

王跃招　遇宝成

第 9 章　鸟类资源状况

于晓平　李　林　梁兵宽

第 10 章　兽类资源状况

张明海　钟立成　邰二虎　龚明昊

第 11 章　野生动物资源利用

张　伟　邰二虎

统　稿　邰二虎

前 言

中国幅员辽阔，地貌复杂，山区广大，江河湖泊众多，岛屿星罗棋布，具有热带雨林、季雨林、常绿阔叶林、针阔混交林、针叶林、草甸、草原等多种植被类型，形成了丰富多样的野生动物栖息环境，蕴藏着丰富的野生动物资源。中国是世界上野生动物种类最多的国家之一，约有脊椎动物6000多种，占世界种数的10%以上，已经记录到兽类607种（王应祥，2003），鸟类1332种（郑光美，2005），爬行类412种（赵尔宓等，2000），两栖类295种（赵尔宓等，2000），鱼类4060种（李明德，1997）。野生动物资源是人类生存环境不可缺少的重要组成部分，也是先祖留给我们的自然遗产和珍贵财富，对人类社会发展和国民经济建设具有重要作用。许多物种具有十分重要的经济、药用、观赏和科学研究价值。保护管理好这些自然资源并使其代代传承，是我们的责任和义务。

野生动物资源调查与监测是野生动物保护管理的基础。中国政府非常重视野生动物资源调查工作，《中华人民共和国野生动物保护法》规定："野生动物行政主管部门应当定期组织对野生动物资源的调查，建立野生动物资源档案"。《中华人民共和国陆生野生动物保护实施条例》规定"野生动物资源普查每十年进行一次"。我国在20世纪50年代至90年代中期先后开展了无数次大大小小、各式各样的野生动物资源调查，这些调查对促进野生动物保护管理起到了积极的作用，但由于人力、财力及技术水平限制，这些调查大多是区系性调查、局部区域的数量调查或少数种类的数量调查。资源底数不清，一直困扰着我国野生动物保护管理工作的有效开展。

为掌握我国野生动物资源本底状况，自1995年起，原林业部在财政部和有关部门的大力支持下，开展了新中国建立以来规模最大的以数量调查为主要目的的全国陆生野生动物资源调查。调查对象为252个物种，分别包括两栖类3目4科13种，爬行类4目9科26种，鸟类12目22科135种，兽类7目20科78种。涉及国家Ⅰ级重点保护野生动物83种，国家Ⅱ级重点保护野生动物70种。调查的主要内容包括：各物种的数量、分布、栖息地状况，社会经济状况，驯养、利用与贸易状况，保护管理状况，研究状况以及影响资源变动的主要因子等。其中，各物种的数量、分布及栖息地状况是调查的重点。调查范围覆盖除香港、澳门特别行政区和中国台湾省之外的全国所有省、自治区、直辖市。

全国陆生野生动物资源调查采用了常规调查与专项调查相结合的调查方法。对大部分野生动物采用样带法进行调查，调查以省为总体，省内根据景观类型及野生动物分布状况的不同进行分层，每层作为一个副总体，在副总体内布设样带，根据样带上观察记录到的野生动物实体或活动痕迹的种类及数量，利用数理统计学原

理，获得各副总体上野生动物的数量，由此推算各省（区、市）野生动物资源数量进而获得全国的资源数量。对那些分布范围狭窄而集中、习性特殊、数量稀少、样带调查不能达到要求的种类或常规调查难以实施的地区，进行了专项调查。国家林业局直接组织了鹤类、黑嘴鸥、大鸨、盘羊、麝类、虎、扬子鳄7项专项调查，各地结合实际状况，共组织了200多项专项调查，累计覆盖面积约370万km²。

全国陆生野生动物资源调查共投入约122 500个人月的工作量。其中，常规调查外业投入76 000多个人月，专项调查投入40 900多个人月，内业汇总共投入约5600个人月。全国共投入调查经费超过1.36亿元。其中中央财政共投入专项经费3500多万元，各省财政部门配套经费2800多万元，省级林业主管部门配套近1100万元，地（市、县）直接配套2100多万元，折算配套4100多万元。

在全国陆生野生动物资源调查中，各级林业部门发挥了强有力的领导作用，确保了陆生野生动物资源调查工作有序进行。原林业部于1995年成立了全国陆生野生动物调查领导小组、全国陆生野生动物资源调查办公室及全国陆生野生动物资源调查专家技术委员会。组织制定了《全国野生动物普查工作大纲》、《全国陆生野生动物资源调查与监测技术规程》等技术文件。建立了调查人员培训制度、技术文件审批制度、调查结果检查验收制度等，使资源调查方法科学合理、组织管理规范有序，保证了调查结果的可靠性。

全国陆生野生动物资源调查充分发挥了专家的技术指导、技术把关和技术监督作用。调查伊始，原林业部就组织成立了由13位野生动物及相关学科的专家组成的全国陆生野生动物资源调查专家技术委员会，各省也相应成立了专家委员会。专家委员会在调查前期的技术文件制定、人员培训，调查中期的技术指导、阶段性检查验收，调查后期的检查验收、统计汇总和报告编制过程中均发挥了重要作用。此外，全国有近400位专家学者直接参加了调查，大部分全国专项调查及各省份专项调查工作也主要由专家主持完成或直接参与完成。

全国陆生野生动物资源调查广泛应用了高新技术。各地均应用GPS进行定位和导航，大部分省使用计算机进行数据汇总、处理和分析，部分省还应用了卫星遥感图片。先进技术的应用，节省了人力，提高了工作效率和调查精度，使调查结果更加准确可靠。

全国陆生野生动物资源调查主要取得了以下成果：

（1）掌握了252个调查物种的种群数量、分布、栖息地状况及主要受威胁因子。其中首次掌握了191个物种的基础数据，填补了资源数据方面的空白。

（2）通过将调查结果与以往资料进行对比，分析了61种野生动物的种群动态。

（3）发现了2个新种、1个中国大陆新记录，许多地区发现物种新记录或新分布，其中涉及许多国家重点保护物种或全球濒危物种。

（4）基本掌握了野生动物驯养繁育状况。

（5）掌握了野生动物管理现状。

（6）绘制了野生动物分布图。

（7）建立了资源数据库。

各省、自治区、直辖市调查结束后，国家林业局即组织进行了全国数据汇总及报告编制工作，先后组织编写了《全国陆生野生动物资源调查报告》、《全国陆生野生动物资源调查报告简本》、《动物分布现状图》、《全国陆生野生动物资源调查工作报告》及其他有关材料。本书是在以上材料的基础上编写完成的，是对全国陆生野生动物资源调查的全面总结。全书分上下两篇。上篇是对全国陆生野生动物资源调查的总结和概括，分为自然概况、全国陆生野生动物资源调查方法、全国陆生野生动物资源调查组织实施、全国陆生野生动物资源调查结果及分析、保护管理现状、发展思路等 6 章；下篇是对各个调查物种的种群数量及栖息地状况的具体描述，分为两栖动物资源状况、爬行动物资源状况、鸟类资源状况、兽类资源状况及野生动物资源利用状况等 5 章。

直接参与《全国陆生野生动物资源调查报告》编制、修改以及将有关材料汇编成本书的有：中国科学院动物研究所冯祚建，东北林业大学张伟、张明海，陕西师范大学于晓平，黑龙江省野生动物研究所钟立成、李林，南京林业大学鲁长虎，中国科学院成都生物研究所王跃招、吕顺清，国家林业局调查规划设计院朱翔、郜二虎、梁兵宽、龚明昊、遇宝成等。参加全国陆生野生动物资源调查的有近万人，参加数据汇总的还有各省（自治区、直辖市）的有关技术人员，本书也凝聚了他们大量辛勤劳动，也是他们劳动成果和智慧的结晶，但由于篇幅所限，本书无法将他们一一列出，在此谨向他们致以崇高的敬意和衷心的感谢。在全国陆生野生动物资源调查中，还有许多社区公众，虽然不是调查队伍的“编内”人员，但他们为调查人员查找资料、提供信息、指引道路、充当向导，同样为全国陆生野生动物资源调查做出了巨大贡献；许多社会各界的热心人士，虽然没有直接参与调查，但通过各种形式，支持帮助了全国陆生野生动物资源调查，在此也一并对他们表示衷心感谢。

由于全国陆生野生动物资源调查历时近 10 年，调查范围遍及全国 31 个省、自治区、直辖市，调查种类涉及 252 个物种，调查获得的数据庞大而复杂，数据汇总处理的难度很大，难免出现这样那样的疏漏和错误。初稿完成后，又经数年断断续续的修改，少数物种的数据虽然依据专项调查结果进行了“更新”，但很多物种的数据已显“陈旧”，还需要开展更为深入的资源调查和监测工作，获取野生动物资源状况的最新信息，为我国野生动物保护和管理提供科学依据。

由于编写人员水平有限，本书虽经反复修改，仍然难免出现错误与不当之处，敬请批评指正。

《中国重点陆生野生动物资源调查》编委会

2008 年 8 月

目 录

Contents

前言

上篇 总 论

下篇 调查结果

附 表

上篇　总论

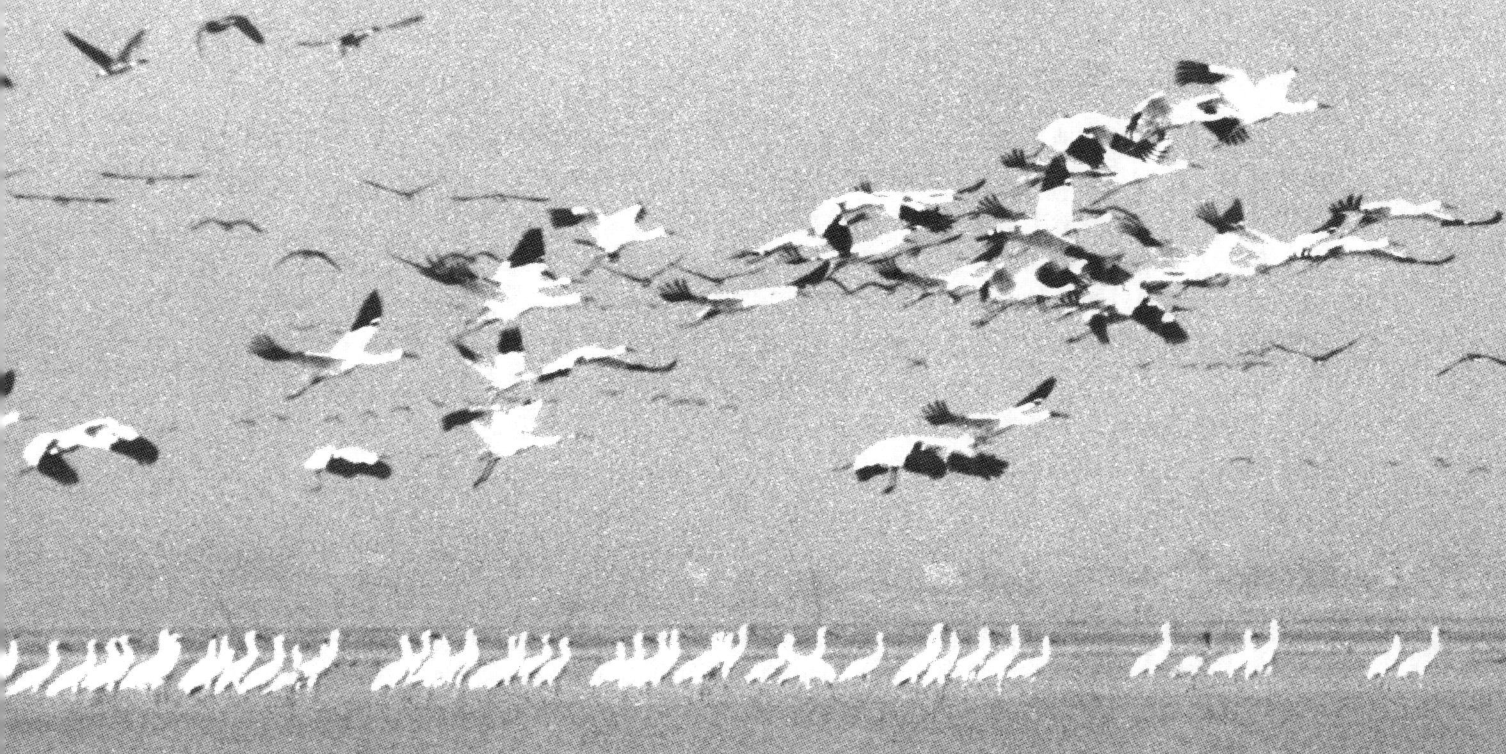

第 1 章 自然概况

中国位于欧亚大陆东南部，东临太平洋，北起53°31′N的漠河，南至3°51′N的南沙群岛曾母暗沙，南北跨纬度约50°，相距约5500km。西起73°22′E，位于新疆维吾尔自治区阿克陶县西侧的帕米尔高原东部，东抵135°03′E，位于黑龙江省抚远县以东乌苏里江汇入黑龙江处的耶字界碑东南，东西跨经度约62°，相距约5200km。我国陆地面积约960万km^2，是亚洲面积最大的国家。与我国接壤的邻国有朝鲜、俄罗斯、蒙古、哈萨克斯坦、吉尔吉斯斯坦、塔吉克斯坦、阿富汗、巴基斯坦、印度、尼泊尔、不丹、缅甸、老挝、越南等国，陆地疆界22 230km。我国近海包括渤海、黄海、东海、南海和台湾东侧的太平洋海区。东部、南部隔黄海、东海、南海与韩国、日本、菲律宾、马来西亚、印度尼西亚、文莱等国家和地区相望。我国大陆海岸线和岛屿海岸线总长超过32 000km，其中大陆海岸线北起吉林鸭绿江口，南至广西北仑河口，全长逾18 000km。滩涂面积约20 000km^2，水深5m以内的浅海区域面积27 000km^2。在南方热带、亚热带地区，由于生物对海岸的塑造，形成特殊的生物海岸类型，即珊瑚礁海岩和红树林海岸。

1.1 地形地貌

我国幅员辽阔，地貌类型丰富多样，山区面积广大，山脉纵横排列，地势西高东低，呈阶梯状分布，江河、湖泊众多，岛屿星罗棋布。丰富多样的地貌类型，造就了多种类型的野生动物栖息地，其中蕴藏着丰富多样的野生动物资源。

我国大陆地貌可分为三级阶梯。第一阶梯是以世界屋脊珠穆朗玛峰为最高峰的一系列高大山系和青藏高原（海拔4000～5000m），属高寒区，占国土面积的1/5以上；第二阶梯位于昆仑山和祁连山以北、横断山脉以东，地势急剧下降到海拔1000～2000m，其间主要有地面崎岖的云贵高原、沟壑纵横的黄土高原、起伏和缓的内蒙古高原等几大高原和山清水秀的四川盆地、沙漠广布的塔里木盆地、草原宽广的准噶尔盆地等几大盆地。这些盆地有的以3000m的落差与第一级阶梯接壤（四川盆地），有的甚至低于海平面150m以上（如吐鲁番盆地的艾丁湖）。在这一级阶梯面还耸立着不少高山，如阿尔泰山、阴山、贺兰山、秦岭等。第三阶梯是沿雪峰山、武陵山、巫山、太行山、燕山至大兴安岭以东，地势急剧低平，是海拔1000m以下的丘陵和200m以下的平原，自北而南分布有东北平原、华北平原和长江中下游平原，辽东半岛、山东半岛，以及江南广大地区海拔只有数百米的许多丘陵盆地。位于平原和丘陵以东的完达山、老爷岭、张广才岭、小兴安岭、长白山—千山山脉、山东低山丘陵以及浙、闽、粤等地的山脉，虽然海拔只有500～1500m，却构成了我国东部的天然屏障。从海岸线向东，则是碧波万顷的海洋，

沿海岛屿星罗棋布，在水深大都不足 200m 的大陆水下延伸部分是浅海大陆架区域，有人把它当做我国地貌的第四级阶梯。

我国山地分布较为广泛，大小山脉纵横交错，分布有序，按一定的方向规则排列。其中东西走向的山脉主要有 3 列：最北的一列是天山—阴山—燕山，中间的一列是昆仑山—秦岭—大别山，最南的一列是南岭。东北—西南走向的山脉也有 3 列，最西的一列是大兴安岭—太行山—巫山—武陵山—雪峰山，中间的一列包括长白山、辽东丘陵、山东丘陵到武夷山，最东一列则是崛起于海上的台湾山脉。西北—东南走向的山脉多分布于西部，由北向南依次为阿尔泰山、祁连山和喜马拉雅山。南北走向的山脉主要分布在我国中部，自北至南有贺兰山、六盘山、横断山脉等。

我国有四大高原，即青藏高原、内蒙古高原、黄土高原和云贵高原。其中青藏高原位于昆仑山、阿尔金山、祁连山与喜马拉雅山之间及岷山—邛崃山—锦屏山以西的广大地域中，相当于第一级阶梯地貌，是我国面积最大的高原，也是世界上地势最高的高原。内蒙古高原位于长城以北，大兴安岭以西、马鬃山以东的地域，是我国高原形态表现比较明显、高原面保存比较完整的高原。黄土高原位于秦岭与古长城、太行山与乌鞘岭之间的广大地域，是世界上黄土发育很好和分布面积最广的区域。云贵高原位于我国西南部，包括哀牢山以东、雪峰山以西、大娄山以南、广西北部山地以北的地区。

我国有 4 个著名的盆地，即塔里木盆地、准噶尔盆地、柴达木盆地和四川盆地。除四川盆地外，其余均地处西北内陆地区，气候干燥，并有大面积沙漠和戈壁分布。其中塔里木盆地位于天山、昆仑山和帕米尔高原之间，是我国第一大盆地。准噶尔盆地位于天山与阿尔泰山之间，是我国第二大盆地。柴达木盆地位于青藏高原北部，在构造上属东昆仑褶皱系中的柴达木坳陷，是我国海拔最高的巨型内陆高原盆地。四川盆地位于青藏高原以东、巫山以西，南北介于云贵高原与大巴山之间，盆地形态完整，自然条件优越。

分布在长江以南的大片丘陵，统称为“东南丘陵”，包括江南丘陵、两广丘陵、浙闽丘陵等。“东南丘陵”地处热带和亚热带，雨量充沛，热量丰富。分布在长江以北的丘陵主要有辽东丘陵和山东丘陵，分别坐落在山东半岛和辽东半岛上，地形低缓破碎，并构成曲折的海岸和港湾，为温带水果著名产区。

我国的平原主要分布在东部。主要为东北平原、华北平原和长江中下游平原。其中东北平原位于大兴安岭、长白山和燕山之间，是我国最大的平原，整个平原又可分为三江平原、松嫩平原和辽河平原三部分。华北平原是我国第二大平原，位于燕山以南、大别山以北、太行山和伏牛山以东、山东丘陵和渤海、黄海以西的地区；华北平原以黄河和山东丘陵为界可分为南北两部分，北部称海河平原，南部称黄淮平原。长江中下游平原是我国第三大平原，位于三峡以东的长江中下游沿岸，包括两湖平原、鄱阳湖平原、苏皖沿江平原和长江三角洲平原。

我国江河众多，流域面积在 1000km^2 以上的就有 1500 多条。大多顺地势向东或东南注入太平洋，属太平洋水系，主要有长江、黄河、黑龙江、珠江、辽河、海河、淮河、钱塘江、澜沧江等；怒江、雅鲁藏布江受山势影响，向南出国境后注入印度洋，属印度洋水系；只有新疆西北部的额尔齐斯河，向西北出国境后注入北冰洋，属北冰洋水系。在我国的河流中，长江干流长 6397km，是我国第一大河，发源于青海省唐古拉山北麓，流经西藏、四川、云南、重庆、湖北、湖南、江西、安徽、江苏等省（自治区、直辖市）*，在上海市注入东海，流域面积1 807 199km^2。黄河是我国第二长河，干流长 5464km，发源于青海省巴颜喀拉山北麓，流经四川、甘肃、宁夏、内蒙古、陕西、山西、河南等省，在山东省注入渤海，流域面积752 443km^2。

---

* 省、自治区、直辖市在本书中简称为省（区、市）或省、省份。全书同。

我国湖泊众多，其中长江中下游平原和青藏高原是我国湖泊最多的两个地区。长江中下游平原是淡水湖最集中的分布区，主要有鄱阳湖、太湖、洪泽湖、洞庭湖；青藏高原主要分布着咸水湖，其中青海湖是我国最大的咸水湖，其次是西藏的纳木错。

我国岛屿星罗棋布，总数达5000多个，以东南部海域分布最多。台湾岛面积最大，为35 760km^2；其次为海南岛，面积32 200km^2；长江口的崇明岛是我国第三大岛，由长江泥沙冲积而成，面积已超过1000km^2。面积在200km^2以上的岛屿还有舟山岛、东海岛、海坛岛、长兴岛、东山岛等，其余岛屿绝大部分是面积1km^2左右的小岛，有的甚至只有几平方米。

1.2 气候

气候对野生动物的影响极其深刻，不仅限制野生动物的生活和分布，而且也通过其他环境因素对野生动物发生间接作用。风可以直接或间接影响野生动物的生活方式和地理分布。风所带来的气味是哺乳动物鉴别方位的标志。环境温度是影响动物地理分布的重要因素，大多数物种在某一栖息地中生存，一方面与栖息地的月平均气温有关，另一方面与栖息地的积温和温度的上下限有关。降水通过对动物发育、繁殖的作用间接影响动物的数量，甚至直接影响到动物的存亡。

1.2.1 我国气候的基本特征

我国地处欧亚大陆东南部，幅员辽阔，最南的南沙群岛地处热带，最北的黑龙江漠河接近寒带，西部为世界屋脊——青藏高原，东濒世界最大的水面——太平洋。因此，地理条件使得我国自北而南在气候上跨越寒温带、中温带、暖温带、亚热带、热带和赤道带，给大部分地区带来鲜明的季风特色，寒、暖、干、湿的季节变化很大。冬季受来自西伯利亚一带冬季风的影响，天气寒冷干燥；夏季，来自热带海洋的夏季风盛行，湿热多雨；春、秋两季，为冬、夏季风的交替时期，特别是春季，天气多变。山脉的走向往往成为气候的分界线，这也使得我国各地区的气候有很大差异，气候类型多种多样。我国气候还呈现出很强的大陆性气候特征，冬、夏两季温度和降水的分布与同纬度其他国家和地区相比有较大差别。气温盛夏最高，冬季最低，春、秋两季变化较大。与同纬度其他国家比较，我国平均气温夏季要高一些，冬季却低得多。夏热冬寒的季节变化比较突出，这是其他国家所不及的。

我国降水主要发生在大陆气流与海洋气流交汇的地区，主要雨带多由这两种性质不同的气流影响而形成。每年入春以后，冬季风逐渐衰弱，湿润的热带气流开始影响我国南方，雨量较大的雨带随即出现于南岭附近。5～6月间是江南地区的多雨季节。6月初至7月初，主要雨带北移徘徊于长江中下游一带，多连绵阴雨天气，即所谓“梅雨期”。7月上旬左右梅雨结束，主要雨带又向北移，盛夏7～8月份为华北、东北雨季，这是夏季风在我国活动的鼎盛时期。入秋，夏季风迅速南撤，主要雨带又退至长江以南。冬季，全国多在寒冷干燥的大陆气团控制之下，雨雪稀少；但长江以南地区因海洋变性气流与冬季风的交汇，而成为多雨雪地区。从全年来看，我国降水量主要集中在夏半年（4～9月）。除华中外，以盛夏雨水最为充沛。据统计，大部分地区夏季雨量占全年的一半以上，华北地区夏季雨量十分集中，某些地区盛夏（7～8月）的雨量可达全年的60%以上。夏季雨量这样集中的现象是同纬度其他国家少见的。

总之，我国气候有三大特点：一是季风气候特征明显。主要表现为冬、夏盛行风向有显著的变化，随着季风的进退，降水有明显的季节性变化；二是大陆性气候强，表现为冬、夏两季的平均温度比同纬度其他地区和国家有较大的差异，冬季低于同纬度地区，夏季则高于同纬度地区，气温年较差大；三是气候类型多种多样，不仅地跨寒、温、热各种气候带，而且高山深谷、丘陵盆地使得往往在不大的水平范围内，形成不同尺度的气候地带。

1.2.2　我国气候带的划分

以≥10℃的天数作为划分气候带的主要指标，参照自然景观及作物的分布情况，可把我国除青藏高原以外的地区从北到南划分为 9 个气候带，即寒温带、中温带、暖温带、北亚热带、中亚热带、南亚热带、边缘热带、中热带及赤道热带。

（1）寒温带

寒温带的范围很小，仅出现在我国大兴安岭北部的根河地区。此带生长季约 3 个月。冬季极寒，1 月平均气温低达 -30℃以下；夏季气温不高，7 月平均气温为 16 ~ 18℃，气温年较差为全国之冠，近 50℃。年降水量为 400 ~ 500mm，属湿润气候型。

（2）中温带

我国中温带范围很广，从东北地区一直向西伸展到新疆。在我国，中温带包含有从湿润气候到极干旱气候的 5 种干湿气候型。又由于地势高差悬殊、下垫面复杂，气候区之多也为各气候带之冠。生长季为 3.5 ~ 5.5 个月，年降水量从湿润地区的 600 ~ 800mm 以上到极干旱区的50 ~ 60mm 以下，雨量主要集中在 7 ~ 8 月。年内气温变化从东到西比较复杂。有的区 1 月平均气温在 -20℃以下，7 月平均气温不到 20℃；有的区 1 月平均气温在 -12℃左右，7 月平均气温可达 26℃以上。

（3）暖温带

主要位于黄淮海、渭河汾河流域以及南疆地区。前者属亚湿润气候，年降水量从 500 ~ 600mm 到 800 ~ 900mm，雨量集中在 7 ~ 8 月。后者属极干旱气候，年降水量在 50 ~ 60mm 以下。本带生长季为 5.5 ~ 7.5 个月。年较差在 30℃左右，极端最低气温在 -20 ~ -30℃之间。属于暖温带的还有两个湿润气候区，分别位于云南省北部的横断山脉中段以及四川、云南、贵州三省的交界处。这两个气候小区深入到中亚热带的纬度范围内，主要是由于地势较高所致。两者年降水量为 1000 ~ 1200mm；1 月平均气温在 0℃以上，7 月平均气温分别为 16 ~ 20℃及 18 ~ 22℃；气温年较差都在 20℃左右，极端最低气温为 -5 ~ -10℃。

（4）北亚热带

主要位于长江中下游、汉水流域、贵州中部和云南北部。生长季约 7.5 ~ 8.0 个月。北亚热带只有湿润气候型，但由于受到不同季风环流的影响，本带内东西部气候有较大的不同。滇北区因受西南季风影响，年内有明显的干湿季，雨量主要集中在 6 ~ 9 月。气温年较差比较小，约 15℃，极端最低气温为 -5 ~ -10℃。东部各区的年降水量在 900mm 到 1400 ~ 1600mm，降水以 6 ~ 7 月为多。气温年较差 25 ~ 30℃，极端最低气温 -10 ~ -20℃。贵州区因地势较高，其气温年较差和极端最低气温与滇北区相似。云南高原由于受西南季风影响，其气候特点与东部地区不同，被称为西部型亚热带气候。

（5）中亚热带

主要位于长江中下游的南部、四川盆地以及云南省中部。生长季有 8.0 ~ 9.5 个月。本带也只有湿润气候型。江南区的年降水量为 1400 ~ 1800mm，以 4 ~ 6 月为多；四川盆地区的年降水量在 1000 ~ 1200mm，以 6 ~ 7 月为多。江南区的气温年较差为 20 ~ 25℃，极端最低气温为 -5 ~ -10℃，四川盆地区的气温年较差在 20℃左右，极端最低气温为 0 ~ -5℃。西部型中亚热带的滇中区年降水量在 1000mm 左右，集中在夏季，气温年较差在 12℃左右，极端最低气温为 0 ~ -5℃。

（6）南亚热带

包括台湾省的北部及中部，福建、广东、广西 3 个省份的大部分以及云南省的南部。生长季有 9.5 个月到全年。本带中除金沙江河谷区干燥度系数稍大于 1.0 为亚湿润气候型外，其余都是湿润气候型。东部地区年降水量为 1600 ~ 2000mm，以 5 ~ 6 月为多。气温年较差 15 ~ 20℃，极端最低气温 0 ~ -5℃。西部型南亚热带的滇南区年降水量为 1000 ~ 1500mm，集中在夏半年。

气温年较差10℃左右，极端最低气温0～－2℃。

（7）边缘热带

包括台湾省南部、东沙群岛、雷州半岛、海南岛以及云南南部河谷区。本带主要特点是全年为生长季。本带内有湿润和亚湿润气候型之分。东部地区年降水量在1400～2400mm。但海南岛西部沿海地区因受五指山的屏障影响，年降水量在1000mm以下，形成亚湿润气候型。气温年较差为8～12℃，极端最低气温0～5℃。西部型边缘热带有4个区：德宏区、西双版纳区、河口区和元江区，前三者为湿润气候型，年降水量1200～1500mm以上；后者为亚湿润气候型，年降水量在1000mm以下。气温年较差和极端最低气温与东部型边缘热带相同。

（8）中热带

包括从台湾省南端恒春到海南岛南端崖县一线以南的我国西沙群岛和中沙群岛的南海北部海域。此带属湿润气候型，年降水量在1500mm左右，年内有干湿季之分，大致以6～11月为湿季，12月至翌年5月为干季。气温年较差6℃左右，极端最低气温为15℃左右。

（9）赤道热带

包括南沙群岛至曾母暗沙的南海南部海域。此带属湿润气候型。年降水量1500～2000mm，和中热带一样，年内有干湿季之分。最冷月平均气温不低于26℃，气温年较差仅2℃左右，极端最低气温高于20℃。

青藏高原海拔高、面积大，冬季虽不如同纬度东部平原地区那样易受北方冷空气的侵袭，但夏季温度偏低较多，在气候上自成系统。仍以≥10℃的天数作为划分高原气候带的主要指标（但数值稍有修正）并辅以最热月平均气温，把青藏高原划分为5个气候带，即高原寒带、高原亚寒带、高原温带、高原亚热带山地、高原热带北缘山地。

（1）高原寒带

位于唐古拉山与昆仑山之间，仅北羌塘一个区，平均海拔高度为4800～5100m。本带主要特点是全年日平均气温都低于10℃，日最低气温几乎全年都在0℃以下。年降水量约100mm，有从东向西减少的趋势，并以固态降水为主。冬春多大风。本带是全国夏季温度最低的地区。

（2）高原亚寒带

大致包括冈底斯山以北的南羌塘地区、青海省的南部以及祁连山区。海拔由东往西从3400m升高到4800m。本带日平均气温≥10℃的天数少于50天，种植农作物难以成熟，以牧业为主。降水量自东向西显著减少，东部年降水量约600～800mm，集中在夏秋二季，一般无暴雨。中部约400～700mm，那曲附近多雷暴及冰雹，是我国冰雹最多的地区之一。西部及祁连山区年降水量为100～300mm，是青藏高原的主要牧业区。西部还多风沙，年内大风日数可达200天以上。

（3）高原温带

本带范围较广，包括西藏的阿里地区、雅鲁藏布江中上游、藏东峡谷区、川西山地、青海省中部以及柴达木盆地，呈一马蹄形。带内地势高差较大，日平均气温≥10℃的天数在50天以上，海拔较低处可达150～180天。年降水量差异也大，从川西山地的500～1000mm到柴达木盆地中心的少于50mm，使这一带内出现从湿润到极干旱的全部5类气候型。藏东区、藏南雅鲁藏布江谷地及青海西宁区降水适中，在400～600mm，是青藏高原主要的产粮区，尤其是西宁区的东部河谷低地最热月气温可达17～21℃，可以种植小麦及喜温作物。川西区降水丰富，生长季也较长，在河谷低处还可以两年三熟。阿里地区年降水量50～100mm，不敷作物生长之用，必须灌溉才能有较好的收成。冰雹、秋雪、冬春大风是本区农牧业的主要灾害。柴达木区日平均气温≥10℃的天数约100天，最暖月平均气温达16～18℃，但年降水量稀少，一般都少于50mm，是我国最干旱的地区之一。

（4）高原亚热带山地

本带位于喜马拉雅山南翼低山地区，谷地都在海拔2500m以下，垂直高差大。除达旺、墨

脱、察隅等地成片外，尚有零星的如亚东、聂拉木、吉隆等地以南的小块地区。本带日平均气温≥10℃的天数为 180～350 天，年降水量 1000mm 左右。

（5）高原热带北缘山地

本带为喜马拉雅山南翼外缘低山地区，谷地海拔多在 1000m 至百余米。夏季受西南季风影响降水丰沛，多在 2500mm 以上，其中巴昔卡年降水量约 4500mm，是我国最多降水中心之一。日平均气温≥10℃的天数为 350 天至全年。

1.3 我国植物区系

据《植物区系地理》（王荷生，1992）统计，我国具有野生维管植物 353 科 3180 多属，约 30 560种，约占世界同类科数的 56.9%、属数的 24.5% 和种数的 13% 强，是世界上植物区系特别丰富的国家或区域之一，仅次于马来西亚植物亚区（约45 000种）和巴西（约40 000种），居世界第三位。其中裸子植物 11 科 36 属 215 种，是世界上裸子植物最丰富的国家。森林植物区系以乔灌木为主体，有 187 个木本科（含 17 个藤本科），1200 多个木本属，有乔木 2000 多种，灌木 6000 多种。我国植物区系不仅种类丰富、区系成分复杂，而且具备大量起源古老的、在植物系统演化中居于关键地位的各种类群。我国植物区系是世界植物区系系统中十分重要而富有特色的部分。

根据植物区系和植被统一发生的原则，吴征镒（1979，1983）将我国植物区系分为 2 个植物区，7 个亚区和 23 个地区，其分区系统见表 1－1。

表 1－1 我国植物区系分区简表

泛北极植物区	A. 欧亚森林植物亚区	1. 阿尔泰地区 2. 大兴安岭地区 3. 天山地区	
	B. 亚洲荒漠植物亚区	4. 中国西部地区	（a）塔城、伊犁亚地区 （b）准噶尔亚地区
		5. 中亚东部地区	（a）喀什亚地区 （b）阿拉善亚地区
	C. 欧、亚草原植物亚区	6. 蒙古草原地区	（a）内蒙古亚地区 （b）东北平原亚地区
	D. 青藏高原植物亚区	7. 唐古特地区	
		8. 帕米尔、昆仑、西藏地区	（a）前后藏亚地区 （b）羌塘亚地区 （c）帕米尔、西昆仑亚地区
		9. 西喜马拉雅地区	
	E. 中国—日本森林植物亚区	10. 东北地区	
		11. 华北地区	（a）辽东、山东半岛亚地区 （b）华北平原、山地亚地区 （c）黄土高原亚地区
		12. 华东地区 13. 华中地区 14. 华南地区 15. 滇、黔、桂地区	

（续）

泛北极植物区	F. 中国—喜马拉雅森林植物亚区	16. 云南高原地区 17. 横断山脉地区 18. 东喜马拉雅地区	
古热带植物区	G. 马来西亚植物亚区	19. 台湾地区 20. 南海地区 21. 北部湾地区 22. 滇、缅、泰地区 23. 东喜马拉雅南翼地区	

1.4 我国陆地动物区系

我国是世界上野生动物种类最丰富的国家之一。据统计，我国约有脊椎动物6000多种，占世界种数的10%以上，其中兽类607种（王应祥，2003），鸟类1332种（郑光美，2005），爬行类412种（赵尔宓等，2000），两栖类295种（赵尔宓等，2000），鱼类4060种（李明德，1997）。从已经记录的物种数目来看，兽类种数为世界第5位，鸟类为世界第10位，两栖类为世界第6位。许多物种属于我国特有或主要产于我国，如大熊猫、金丝猴、朱鹮、扬子鳄、白唇鹿、褐马鸡、黑颈鹤等。

从世界范围看，陆栖脊椎动物的现代分布，依据其亲缘关系的远近，通常划分为6个界，分别为古北界、新北界、旧热带界、东洋界、新热带界和澳洲界。我国陆地动物区系分属于东洋界和古北界（表1－2）。根据我国学者的研究，其分界线大致为喜马拉雅山脉南侧（大致沿针叶林带上限）、横断山中部、秦岭、伏牛山、淮河、长江口北岸一线。该线以南，即长江中下游以南，属东洋界；该线以北，即秦岭以北的华北、东北、内蒙古、新疆及青藏高原，属古北界。由于我国东部地区地势平坦，缺乏自然阻隔，因而呈现为广阔的过渡地带。

表1－2　我国陆地动物地理区划

界	亚　界	区	亚　区
古北界	东北亚界	Ⅰ东北区	ⅠA 大兴安岭亚区
			ⅠB 长白山亚区
			ⅠC 松辽平原亚区
		Ⅱ华北区	ⅡA 黄淮平原亚区
			ⅡB 黄土高原亚区
	中亚亚界	Ⅲ蒙新区	ⅢA 东部草原亚区
			ⅢB 西部荒漠亚区
			ⅢC 天山山地亚区
		Ⅳ青藏区	ⅣA 羌塘高原亚区
			ⅣB 青海藏南亚区
东洋界	中印亚界	Ⅴ西南区	ⅤA 西南山地亚区 ⅤB 喜马拉雅亚区
		Ⅵ华中区	ⅥA 东部丘陵平原亚区 ⅥB 西部山地高原亚区
		Ⅵ华南区	ⅦA 闽广沿海亚区 ⅦB 滇南山地亚区 ⅦC 海南岛亚区 ⅦD 台湾亚区 ⅦE 南海诸岛亚区

在我国范围内，古北界和东洋界可进一步划分为三亚界、七区、十九亚区。

1.4.1　古北界

古北界分为两个亚界，即东北亚界和中亚亚界。

（1）东北亚界

东北亚界在我国包括东北和华北地区，国外包括朝鲜，俄罗斯东西伯利亚、乌苏里地区、日本。我国境内属于季风区北部，其南界相当于温暖带的南界。本亚界的植被主要是针叶林、针阔混交林、夏绿阔叶林和森林草原，具有丰富的森林动物。

Ⅰ东北区：东北区位于我国最北部，包括大兴安岭、小兴安岭，东部的张广才岭、老爷岭、长白山地，以及西部的松花江平原和辽河平原。本区气候寒冷，耐寒的森林动物特别繁盛，动物有明显的季节性活动和数量上的季节性变动特征。森林中最常见的啮齿动物有灰鼠、花鼠、棕背䶄、红背䶄、林姬鼠等，这些动物分布广，数量多。食草动物主要有驼鹿、马鹿、梅花鹿、青羊等。鸟类以松鸡科为著名，如松鸡、雷鸟、黑琴鸡等，雉科的斑翅山鹑、环颈雉，啄木鸟科的黑啄木鸟、三趾啄木鸟等，均为代表种。本区的爬行动物不多，比较常见的有北草蜥、棕黑锦蛇、腹蛇等。两栖动物比较贫乏，仅有无斑雨蛙、花背蟾蜍、中国林蛙等分布比较广泛，有尾目中的四趾小鲵等分布在本区松花江和乌苏里江一带。

本区分为大兴安岭亚区、长白山地亚区和松辽平原亚区。

Ⅱ华北区：华北区北临蒙新区与东北区，南抵秦岭、淮河，西起西倾山，东临黄海和渤海，包括西部的黄土高原，北部的冀热山地及东部的黄淮平原。本区属暖温带，其气候特点是东寒夏热，降水分布不均，气候比较干旱，常出现干风。本区广大地区已开垦为农田，仅残留部分森林，植被主要为草地、灌丛。

本区以农耕景观为主，大仓鼠、长尾仓鼠、黑线仓鼠、黑线姬鼠等广泛分布于农田、黄山和黄土沟谷中，其次还有草兔、花鼠、鼢鼠等广泛分布于全境。

属于本区特有或主要分布于本区可以称为华北型的种类很少，只有无蹼壁虎、山噪鹛、褐马鸡、大仓鼠、棕色田鼠、鼢鼠等。东北型的广布成分占主要地位。全北型和古北型的一些种类，也由东北区向本区延伸。蒙新区的一些成分，如小沙百灵、凤头百灵、毛腿沙鸡、石鸡、斑翅山鹑等渗入本区并在本区分布较广。因此，本区既是北方、南方动物混杂的地带，又是季风区及蒙新区动物相互混杂的地带。

本区分为黄淮平原亚区和黄土高原亚区。

（2）中亚亚界

中亚亚界包括亚洲中部地区。在我国境内，自大兴安岭以西，喜马拉雅山、横断山脉北段和华北区以北的广大草原、荒漠和青藏高原均属于本亚界。动物区系在整体上主要由中亚型成分组成，其次是北方类型，高地型的种类比例很少。两栖类贫乏。爬行类中，以蜥蜴目占主要地位。鸟类中百灵、沙鸡、地鸦、雪雀等属的种类可见于全境。兽类中以有蹄类和啮齿类最多，食虫类和翼手类很少。因地域广大，区内动物分布有一定区域分化现象，但不同分布型的成分在分类学上的分化水平低。在干旱区内的山地，如天山、阴山、贺兰山等，由于水热条件的差别，往往拥有一定的森林环境，成为“绿岛”。这种山地环境，对动物分布具有特殊的意义，对某些非干旱区成分，具有吸引力，往往成为季节性的鸟类聚集地，也是若干喜湿动物的避难地。

本亚界在我国境内分为蒙新区和青藏区。

Ⅲ蒙新区：本区包括内蒙古和鄂尔多斯高原、阿拉善（包括河西走廊）、塔里木盆地、柴达木盆地、准噶尔盆地和天山—阿尔泰山地等。境内大部分为典型的大陆性气候，属荒漠和草原环境，寒暑变化剧烈，日差较大，雨量稀少，极为干旱，对本区动物区系的组成和生态特征具有决定性的意义。本区动物主要是适应于荒漠和草原生态环境的种类，尤其是啮齿类、有蹄类和爬行类中的蜥蜴等分布于本区的广大地区。啮齿类中以跳鼠科和沙鼠科占优势，如跳鼠科的五趾跳鼠、三趾跳鼠、长耳跳鼠等，沙鼠科的长爪沙鼠、子午沙鼠、大沙鼠等；有蹄类中的双峰驼、野驴等在本区广泛分布；鸟类方面的典型代表有大鸨、毛腿沙鸡、蒙古百灵、角百灵等；爬行类以沙蜥、麻蜥等种类最多；两栖类非常贫乏，仅有绿蟾蜍、花背蟾蜍、大蟾蜍等几种，且均属从周围湿润地区渗入到本区的种类。

本区分为东部草原亚区、西部荒漠亚区和天山山地亚区。

Ⅳ 青藏区：本区包括青海、西藏和四川西部，为东起横断山脉的北端，南、北由喜马拉雅山脉、昆仑山、阿尔金山和祁连山等各山脉所围绕的青藏高原，平均海拔在4500m左右。气候是冬季长而夏季短的高寒类型。植被为森林、高山草原、高山草甸草原及高寒荒漠等类型。动物区系主要由高地型的成分、适应于高山草甸草原及高寒荒漠的种类所组成，兽类中最典型的代表种是牦牛、藏羚，还有分布于全区的藏原羚、岩羊、藏盘羊、藏野驴等。本区的啮齿动物不少是高原上的代表种，如克什米尔鼠兔、藏鼠兔、达乌尔鼠兔、黑唇鼠兔、大耳鼠兔等，使该区成为鼠兔的分布中心。鸟类中比较常见的种类有鹫、雕、雪鸡、雪鹑、西藏沙鸡、藏雀、雪雀等，爬行类有温泉蛇、西藏沙蜥、青海沙蜥等，高山蛙是高原内唯一的两栖动物，只分布于雅鲁藏布江中游地区。

本区分为羌塘高原亚区和青海藏南亚区。

1.4.2 东洋界

我国范围内的东洋界属中印亚界。

中印亚界为亚洲大陆的东南部，包括中南半岛的越南、柬埔寨、老挝、泰国和缅甸以及除马来半岛以外的附近岛屿。在我国境内，从秦岭山脉和淮河以南的大陆和台湾岛、海南岛及南海诸岛均属于本亚界。动物区系主要由东南亚的热带—亚热带分布型、南中国型和喜马拉雅—横断山区型组成，此外，还有一些旧大陆的成分和少数环球热带—亚热带的成分，并以丰富的森林动物为特征。

中印亚界在我国分为西南区、华中区和华南区。

Ⅴ 西南区：包括四川西部、昌都东部，北起青海、甘肃南缘，南抵云南北部，即横断山脉部分，向西包括喜马拉雅南坡针叶林带以下的山地。境内的横断山脉大多数为南北走向，地形起伏很大，多高山峡谷，一般海拔高度约为1600～4000m，地势愈往北愈高，自然景观垂直差异显著。与此相适应，本区动物亦有明显的垂直变化，在海拔较高的高原上分布着古北界的种类，如兽类中的鼠兔、林跳鼠、旱獭等；鸟类中的斑尾榛鸡、戴菊、旋木雀等。在海拔较低的峡谷林区分布着猕猴、灵猫、竹鼠、黑麂、鹦鹉、太阳鸟等东洋界的种类。

本区动物区系的代表成分，属于横断山脉—喜马拉雅分布型的种类。南北方类型和高地型成分也渗入本区，但以南方类型尤其是东洋型成分为主。兽类中的大熊猫、小熊猫、羚牛和鸟类中的雪雉和虹雉是典型的代表。特产或主要分布在本区的动物很多，横断山脉是某些类群的集中地。如两栖类中的锄足蟾、湍蛙，鸟类中的画眉亚科和雉科，兽类中的鼠兔、绒鼠和食虫类动物等，在此种类特多。

本区分为西南山地亚区和喜马拉雅亚区。

Ⅵ 华中区：本区相当于四川盆地与贵州高原及其以东的长江流域，西半部北起秦岭，南至西江上游，除四川盆地外，地形主要是山地和高原。东半部为长江中下游流域，并包括东南沿海丘陵的北部，主要是平原和丘陵。本区南部为常绿林，北部为落叶阔叶与常绿针叶混交林。平原和丘陵区主要为农耕景观。动物种类组成具有古北界和东洋界的成分，以东洋界成分居多。属于东洋界的有红面猴、灵猫、豪猪、穿山甲等，属于古北界的种类有狗獾、青鼬、灰喜鹊、攀雀、草鸦等。

本区分为东部丘陵平原亚区和西部山地高原亚区。

Ⅶ 华南区：包括云南、广东、广西的南部，福建东南沿海一带，以及台湾、海南岛和南海各群岛，境内自然环境复杂，气候炎热多雨，植物生长茂密，为热带雨林和季雨林植被类型。本区是热带和亚热带类型成分分布最集中的区域，其中最特殊的是许多树栖动物，如灵长目的长臂猿、蜂猴、叶猴、熊猴等，都是热带和亚热带森林的代表种，分布于华中区和西南区的猕猴和红面猴在本区则更常见。

本区广泛分布的热带种类，均属热带典型代表种，如鸟类中的红头咬鹃、橙腹叶鹎，兽类中的棕果蝠，爬行类中的巨蜥等。此外，还有一些在本区分布广泛的种类，如兽类中的红颊獴、百花竹鼠、青毛巨鼠和花松鼠，鸟类中的鹧鸪、白鹇、朱背啄花鸟，爬行类中的变色蜥蜴、长鬣蜥、中国壁虎等，两栖类的台北蛙、花细狭口蛙等。

本区分为闽广沿海亚区、滇南山地亚区、海南岛亚区、台湾亚区、南海诸岛亚区。

第2章 全国陆生野生动物资源调查方法

调查方法是衡量调查结果可靠与否的核心。从理论上讲，调查方法的设计和选择不仅要考虑调查对象的生态生物学特性，而且要考虑调查目的、管理需要及技术、人员、资金等各方面的实际情况。不同的调查对象对应不同的调查方法，不同的调查方法对应不同的调查目的及管理需要。只有在综合考虑各方面因素后，才能设计或鳞选出合理的调查方法。

为了确定全国野生动物资源调查的对象、内容、范围和方法，1995 年，原林业部数次组织召开全国陆生野生动物资源调查研讨会，成立了全国野生动物资源调查领导小组和专家技术委员会，确定了调查对象，编制了《全国陆生野生动物普查工作大纲》* 和《全国陆生野生动物资源调查与监测技术规程》**，用统一的规范来指导各省开展陆生野生动物资源调查工作。但由于我国幅员辽阔，各省自然条件复杂多样，物种组成差异较大，《技术规程》不可能面面俱到地适应各种复杂情况，因此各省又以《工作大纲》和《技术规程》为依据，结合本省实际，编制了调查方案及技术细则。各省编制的方案和细则更加突出了调查物种、调查方法、调查时间上的特殊性，对各省有效开展调查工作发挥了重要作用。

由于调查对象所涉及的物种多，范围大，而不同物种的栖息分布特点和生态生物学习性各不相同，无论哪一种调查方法均不可能适合所有的调查对象，而每一种动物单独采用一种方法进行调查又不现实。因此，根据我国实际，采用了常规调查和专项调查相结合的方法进行调查。对大部分分布较广、数量较大的野生动物采用样带法进行调查；对分布范围狭窄、习性特殊、数量稀少、样带调查不能达到要求的种类或常规调查难以实施的地区，根据动物的习性，采用特殊的方法，进行专项调查。

2.1 调查对象、内容及范围

2.1.1 调查对象

根据《工作大纲》提出的目标、任务和要求，专家委员会确定资源调查的主要对象为陆生脊椎动物中的兽类、鸟类、爬行类和两栖类，在确定具体名录时，重点考虑以下物种：

① 国家重点保护野生动物。

---

* 简称《工作大纲》，下同。

** 简称《技术规程》，下同。

②《濒危野生动植物种国际贸易公约》及其他公约或协定涉及的物种。

③ 有重要经济价值的野生动物。

④ 有重要科学研究价值的物种、环境指示种及生态关键种。

依据上述原则，确定了252个物种作为调查对象。包括两栖类3目4科13种，爬行类4目9科26种，鸟类12目22科135种，兽类7目20科78种（表2－1）。其中，国家Ⅰ级重点保护野生动物83种，占调查物种32.94%，国家Ⅱ级重点保护野生动物70种，占27.78%，非国家重点保护物种99种，占39.28%。《濒危野生动植物种国际贸易公约》附录*Ⅰ物种56种（亚种），附录Ⅱ物种65种（亚种）。

各省在制定调查方案和技术细则时，还根据本省资源状况和实际管理需要，适当增加了部分调查物种。由于各省增加的调查物种不尽相同，这部分物种未纳入全国资源数据进行汇总，而只在各省资源报告中予以体现。

表2－1　调查物种在各地分布情况　　（单位：种）

省　份	国家要求调查物种			
	两栖类	爬行类	鸟类	兽类
北京	2	6	60	8
天津	2	4	30	2
河北	2	5	77	10
山西	4	5	30	7
内蒙古	2	1	76	25
辽宁	2	3	72	14
吉林	2	1	63	19
黑龙江	2	1	37	18
上海	4	4	60	3
江苏	4	7	64	10
浙江	6	13	72	18
安徽	7	11	57	19
福建	6	14	79	19
江西	7	14	40	19
山东	2	2	53	5
河南	5	4	51	15
湖北	10	12	75	28
湖南	8	13	57	20
广东	7	15	55	19
广西	8	18	54	20
海南	4	9	35	11
重庆	5	6	53	22
四川	9	12	83	37
贵州	9	14	56	19
云南	10	18	92	44
西藏	1	3	35	39
陕西	4	5	57	25
甘肃	4	4	42	38
青海	0	0	49	31
宁夏	1	0	53	15
新疆	0	1	45	28

* 指2007年9月13日起生效的《濒危野生动植物种国际贸易公约》附录Ⅰ、附录Ⅱ物种。以下分别简称CITES附录Ⅰ、CITES附录Ⅱ。

2.1.2 调查内容

根据《工作大纲》和《技术规程》，全国陆生野生动物资源调查的主要内容包括：

① 调查对象的数量、分布及生境状况。

② 社会经济状况。

③ 驯养繁殖、利用及贸易状况。

④ 保护管理及研究状况。

⑤ 影响资源变动的主要因子。

2.1.3 调查范围

全国陆生野生动物资源调查是有史以来我国最大规模的一次野生动物资源调查，其调查范围涉及全国除港、澳、台以外的31个省（区、市），从栖息地类型看，既包括森林、灌丛、草原、草甸、湿地、荒漠、高山冻原、农田，又包括部分岛屿和沿海滩涂湿地。扣除城镇和部分不可及的地区，调查覆盖面积达660万km^2。

2.2 常规调查

常规调查采用样带法。即以省为总体，省内再根据景观类型及野生动物分布状况划定副总体，在副总体内根据野生动物的分布情况，随机等概抽取并布设样带，在样带上观察并记录野生动物实体或其活动痕迹，如足迹、粪便、卧迹、挂爪等。根据数理统计学原理，计算出副总体中野生动物的数量，进而获得全省数量及全国数量。

常规调查适合于大部分物种，是全国陆生野生动物资源调查的主要方法。

2.2.1 总体及抽样设计

（1）总体及分层

以省为总体，省内再根据景观类型及野生动物分布状况的不同进行分层，每层为一副总体。为提高抽样效率及调查精度，在划分副总体时，尽量保证调查对象在副总体内有最大的均匀度，并将确知没有调查对象分布的地区从调查范围中扣除，在布点抽样和统计计算时不予考虑。

（2）样本单元

从副总体中一次抽取一套样本单元，即样带，样带内还可均匀地嵌套适合于小型动物调查的亚单元（样方、样点或样线）。在样本单元或亚单元内，进行野生动物调查。

（3）抽样强度

依据《技术规程》规定，各种景观类型的抽样强度参照以下要求：

森林及灌丛　不小于1.0%
草原　不小于2.0%
草甸　不小于1.0%
湿地　不小于1.0%
农田　不小于0.5%
荒漠　不小于2.0%
高山冻原　不小于0.1%

这里的抽样强度是理论抽样强度，即为了计算样带数、确定样带长度和宽度而预设的抽样面积的百分数。如果实际调查中采用固定样带长度和宽度的调查方法，那么实际抽样强度将等于理论抽样强度；如果实际调查中采用可变样带宽度的截线法，那么实际抽样强度有可能与理

论抽样强度存在一定差距。在这种情况下，理论抽样强度对实际抽样来说仅是一种参照。

（4）样带面积的确定

由于常规调查要考虑多种野生动物，而各种野生动物的分布范围、生态习性各不相同，各地的地形地貌差别较大，调查所使用的交通工具也不一样。样带的设计不仅要考虑野生动物的活动范围、生态习性、样带所处的景观类型、透视度和所使用的交通工具，还应保证当天能完成一项连续性的调查工作。为在预定的抽样强度下计算出样带数，完成样带的布设，《技术规程》规定了各种景观中预定的样带长度和宽度（表 2－2）。

表 2－2　各景观类型中样带的预设长度和宽度

景　观	单侧宽度（m）	长度（km）	交通工具
森林、灌丛	10～50	3～10	步行
草原	250～1000	30～50	马、汽车
草甸	50～500	2～5	步行、马
湿地	50～100	2～5	步行
农田	25～100	5～10	步行
荒漠	250～1000	30～50	马、汽车
高山冻原	25～100	3～10	步行

（5）各层样带数及总体样带数的确定

各层样带数（n_i）是根据各层总面积的大小（A_i）、抽样强度（Q_i）和样带面积大小（M_i）来确定的。其计算公式如下：

$$n_i = A_i \times Q_i / M_i$$

总体样带数（n_o）

$$n_o = \sum n_i$$

（6）样带点间距的计算

根据各层总面积（A_i）及其相应的样带数（n_i）确定样带点间距（R_i）。样带点间距根据正方形或长方形进行计算，取千米整数。其公式如下：

$$R_i = \sqrt{A_i / n_i}$$

$$R_i\ (\mathrm{a}) \times R_i\ (\mathrm{b}) = A_i / n_i$$

（7）样带布设

根据全国陆生野生动物资源调查和监测名录在各省的具体分布情况，严格遵守随机等概原则布设样带，每一副总体中样带的长度、宽度和走向基本保持一致，样带的数量须满足抽样强度要求。各省的样带统一编码，并能反映样带所处的景观类型。

布样时一般使用 1/5 万或 1/10 万的地形图为基本工作图，在地形图上先随机抽出一个公里线网的交汇点作为起始点，在副总体内按照样带点间距，找出并标注所有样带的起始点位置，再根据样带长度和走向在地图上标出各样带的具体位置，最终绘制成样带分布图。

（8）外业调查

外业调查中，调查人员使用大比例尺地形图、航片、GPS 或借助森林资源调查固定样地的标桩等，进行定位和找点。找到样带起始点后，调查人员依照预设方向行进，按照野生动物野外调查方法的技术要求，开展外业调查。

2.2.2　野生动物调查

（1）两栖动物及爬行动物数量调查

在常规调查中，两栖动物和爬行动物的数量调查主要采用样线法，即在常规调查的样带上按一定的规律布设若干样线，调查人员沿这些样线观察记录动物的数量。一般样线的长度为100～200m，沿样带前进方向布设，样线数量根据样带的长度而定，一般3～5条以上。

沿样线行进，发现动物后，记录动物名称、数量及与观察者之间的距离和小生境状况。沿样线每往、返一次为一个调查。保持每次行进的速度一致，调查人员的动作尽量不干扰动物的正常活动。

样线法适用于大面积的调查。对白天不易被发现的动物，则安排在夜间调查。

对该方法不适合的种类，进行专项调查。

（2）鸟类数量调查

鸟类调查主要有样带法、样点法、样方法和直接计数法。

① 样带法：样带法是指在调查区域设置一定数量的样带，调查人员通过统计样带上动物实体或其活动痕迹的数量，用数理统计方法，估计调查区域内动物总体数量的方法。在鸟类调查中，调查人员沿样带行进，观察记录鸟类实体的名称、数量及其距离样带中线的垂直距离。对集群活动的鸟类，每一群体视为一点，记录群体中心点到样带中线的垂直距离。观察记录对象还包括预定样带宽度以外的个体或群体。

一般地，调查人员只记录位于前方及两侧的鸟类。繁殖期调查时听到或看到1只成体雄鸟记做1对；在没有见到雄鸟的情况下，见到1只成体雌鸟或1窝卵或雏也视为1对。

调查一般安排在晴朗、无风或风力不大（一般在3级以下）的天气条件下进行；最佳调查时间为清晨或傍晚；步行速度一般为每小时1～2km。

调查主要采用步行方式。在较开阔、均匀的生境，如荒漠、草原等，可利用汽车、马匹等交通工具进行调查。

② 样点法：样点法是在调查区域内均匀设置一定数量的样点，以各个样点作为中心点，计数一定半径的圆形区域内鸟类的种类及数量，以此估计鸟类的数量。样点的数量应有效地估计大多数鸟类的密度。样点半径应保证观测范围内所有的鸟类都能被发现，在视野较开阔地区一般为50m，森林地带一般为25m。

调查条件和时间与样带法相同。调查时调查队员处于样点中心位置，并尽量减少对鸟类活动的干扰。每个样点的统计时间一般为8～10分钟。

样点法用于山体切割剧烈、地形复杂、难于连续行走的特殊地区。

③ 样方法：样方法是在调查区域内布设若干样方，通过计数各个样方内动物数量，估计整个调查区域内动物数量的方法。样方大小一般为20m×20m；每一调查区域的样方数量不低于8个。

④ 直接计数法：直接计数法是直接记录调查区域内鸟类绝对种群数量的方法。主要用于越冬水禽及调查区域较小、便于计数的繁殖群体的调查。

记录对象以动物实体为主，在繁殖季节还可记录鸟巢数量。在记录鸟巢时，每一鸟巢视为1对鸟。

可以借助于单筒或双筒望远镜来进行计数。如果群体数量极大，或群体处于飞行、取食、行走等运动状态时，可以5、10、20、50、100等为计数单元来估计群体的数量。

（3）兽类数量调查

兽类调查主要采用样带法和样方法。

① 样带法：基本原理同鸟类数量调查的样带法。调查队员沿样带行进，记录动物实体、痕迹及其距离样带中线的垂直距离。为避免重复记数或漏记，只记录新鲜的活动痕迹（24小时内）。记录实体时，只记录位于调查人员前方及两侧的个体，包括越过样带的个体。观察记录对象还包括样带预定宽度以外的实体或活动痕迹。

样带法适用于各种生境和大多数兽类。调查时以步行为主，在比较开阔、均匀的地带，如草原、荒漠等，可利用汽车、马匹等交通工具进行调查。

调查一般安排在晴朗、无风或风力不大（一般在 3 级以下）的天气条件下进行；步行速度一般为每小时 2～3km。

② 样方法：基本原理同鸟类数量调查的样方法。但兽类调查中，样方面积一般较大。当利用动物实体进行统计时，样方面积不小于 500m×500m，当利用动物活动痕迹（如粪便、卧迹、足迹链、尿迹等）进行统计时，样方面积不小于 50m×50m。

样方形状可为方形、矩形或圆形等规则几何图形。

样方法用于山体切割剧烈、地形复杂、难于连续行走的特殊地区的动物调查。

2.2.3　栖息地调查

野生动物的栖息地是野生动物赖以生存的环境条件的有机组合，它由一定的地理空间（非生物环境）、植物和其他生物（生物环境）构成，其中由植物组成的植被是其主要因子，是地理空间条件的综合反映。其他主要因子还包括郁闭度、盖度、地貌、坡向、坡位、土壤及气候条件等。

为调查方便，《技术规程》对野生动物栖息地进行了分类，调查人员在进行野生动物野外数量调查的同时，随时记录动物的栖息地及栖息地变化情况，并确保与发现动物的实体或痕迹相对应。

2.2.4　饲养、利用及贸易状况调查

（1）饲养状况调查

野生动物饲养状况的调查。主要是实地调查，实地收集各野生动物饲养场、动物园、野生动物园、马戏团等野生动物养殖单位所饲养动物的种类、各种动物的数量、投资情况、人员数量等基本情况。

（2）猎场及狩猎动物调查

以各猎场管理档案、狩猎证为信息源，收集各猎场建场以来的经营情况以及狩猎动物的情况。调查内容主要包括：建场时间、面积、狩猎者数量、猎取动物数量等。

（3）产品加工状况调查

以各级林业主管部门签发的野生动物经营加工许可证为依据，结合实地调查，了解各企业每年度的经营情况。调查内容主要包括：加工企业的数量、加工利用动物产品的种类、购进货物的类型、数量、规格、金额、来源以及加工后的产品名称、规格、销售地点、销售数量、销售金额、产品中野生动物的含量等。

（4）贸易状况调查

贸易状况调查包括国内贸易和国际贸易。其中国内贸易主要依据各级野生动物主管部门签发的野生动物及其产品运输许可证提供的信息，调查内容主要包括：动物种类、货物类型、数量、规格、含量、贸易额、产地、来源、贸易目的等。国际贸易以中华人民共和国濒危物种进出口管理办公室提供的年度报告为依据，调查多年来我国进出口野生动物及其产品的情况。

2.2.5　社会经济状况及保护管理机构调查

（1）社会经济状况调查

以县为单位，查询有关资料，收集野生动物主要分布区的土地利用类型、国民生产总值、人口和主要少数民族等情况，将其作为分析各地野生动物资源保护、利用、管理状况的背景资料。

（2）野生动物管理机构调查

实地调查省级、地区级和县级野生动物主管部门的日常经费、基础设备和人员素质等情况。

2.2.6 数据处理及统计分析

数据处理包括原始数据的检查、录入、样本单元密度的计算、各层统计量的计算、省级统计量的计算及全国资源数据的汇总等。

（1）原始数据的检查与录入

每天调查结束后，调查人员核对当天的记录表格，外业工作完成后，各省组织专家对外业记录表格进行整理，并录入计算机软件。

（2）样本密度的计算

① 鸟类数据处理

A. 固定样带宽度的数据处理：若以 L 表示样带长度，W 表示样带单侧宽度，N 表示观察到的个体数（包括样带以外的个体数），N_1 表示样带内观察到的个体数，P 表示样带内观察到的个体数占观察到个体数的比例，D 表示密度，则：

样带内绝对密度的计算：$D = N_1/2LW$

当动物的发现概率随至样带中线距离的增加呈直线减少时：$D = 10NK/L$

其中：$K = (1 - \sqrt{1-p})/W$；$p = KW(2-KW)$

当动物的发现概率随至样带中线距离的增加呈负指数函数方式减少时：$D = 5aN/L$

其中：$p = 1 - e^{-aW}$；$a = (-\log e(1-p))/W$

B. 可变样带宽度（截线法）的数据处理：若以 D 表示密度，N 表示观察到的个体数（包括样带以外的个体数），L 表示样带长度，X_i 表示第 i 个个体到样带中线的距离，$\overline{W}$ 表示观察到的个体到样带中线的平均距离，即：$\overline{W} = (\sum_{i=1}^{N} X_i)/N$

当动物的发现概率随至样带中线距离的增加呈负指数方式减少时，以负指数分布探测函数拟合。

当动物的发现概率随至样带中线距离的增加呈半正态函数方式减少时，以半正态截尾分布探测函数拟合。

C. 样点法种群密度的估计：若以 D 表示密度，N 表示每个样点所观测的鸟类个体数，r 表示样点半径，则：$D = N/\pi r^2$

D. 样方法种群密度的估计：若以 D 表示密度，N 表示样方内发现的个体数，B 表示样方面积，则：$D = N/B$

② 兽类数据处理：兽类数据处理原理基本同鸟类。但如果观察对象是痕迹，需根据换算系数将其转换为实体数量。

③ 两栖类及爬行类的数据处理（样线法）：两栖类及爬行类数据处理分两种情形，一种是单样线一次调查的数量统计；一种是多样线多次调查的数量统计。

A. 单线样一次调查的密度估计：若 D 表示某一物种的密度，n 表示被观察到的某一物种的个体数，L 表示样线长度，d_i 表示第 i 个个体与观察者之间的距离，则：$D = \frac{n^2}{2L\sum d_i}$ 或

$$D = \frac{\sum(1/d_i)}{2L}$$

B. 多样线多次调查的密度估计：若 D_i 表示第 i 次调查的某物种居群密度，L_i 表示第 i 条样线的长度，则：$D = \frac{\sum L_i \times D_i}{\sum L_i}$

④ 各层统计量的计算

A. 样带法各层密度的无偏估计：$\overline{D}_i = \sum_{j=1}^{M} D_{ij}/M$

$(j = 1 \cdots M)$

其中，D_i 表示第 i 层密度的无偏估计，D_{ij}表示第 i 层第 j 条带的密度，M 表示第 i 层内的总带数。

B. 样方法或样点法估计各层的密度：$D_i = \sum D_{ijk}/M$

其中，D_i 表示第 i 层的密度，D_{ijk}表示第 i 层第 j 条样带第 k 个样方或样点的密度，M 表示样方或样点总数。

C. 混合法估计各层的密度：对各种方法所求出的密度按所用方法覆盖面积的大小进行加权，所得数据即为该层的估计密度，具体公式如下。

$$D_i = \frac{\text{样带总面积}}{\text{抽样总面积}} \times D_{\text{样带}} + \frac{\text{样方总面积}}{\text{抽样总面积}} \times D_{\text{样方}} + \frac{\text{样点总面积}}{\text{抽样总面积}} \times D_{\text{样点}}$$

（3）省级（总体）统计量的计算

将各层某种动物的密度换算成个体数，各层数量相加即为总体内该种动物的种群数量。

（4）全国数据汇总

由于全国不构成统计总体，某种动物的全国资源总量由各省种群数量相加而获得。

2.3　专项调查

专项调查是对分布范围狭窄、习性特殊、数量稀少、常规调查不能达到要求的种类或常规调查难以实施的地区，根据动物的分布和生态习性，采用专门方法进行的调查。由于专项调查只需考虑一种或一类动物的分布和生态习性，在调查方法设计和调查时间安排上有很强的针对性，其抽样强度一般也比常规调查高。

国家林业局组织开展了鹤类、黑嘴鸥、鸨类、盘羊、麝类、虎、扬子鳄等动物的全国专项调查，各省份组织开展了包括兽类、鸟类、两栖类、爬行类在内的约200 项专项调查。各专项调查针对的物种不同，调查方法各不相同，本书不再叙述。

第 3 章 全国陆生野生动物资源调查组织实施

3.1 组织领导

为保证全国陆生野生动物资源调查工作有组织、有计划地进行，原林业部于1995年成立了全国陆生野生动物资源调查领导小组、全国陆生野生动物调查办公室及全国陆生野生动物资源调查专家技术委员会等。各有关部门各司其职，密切配合，自始至终发挥了应有的作用，有力地组织、协调、领导了全国陆生野生动物资源调查，保证了调查任务的顺利完成。

全国陆生野生动物资源调查领导小组负责组织协调全国陆生野生动物资源调查有关重大事宜。组长由林业部主管部长担任，副组长由林业部保护司司长担任，成员单位有林业部保护司、林业部办公厅、林业部计划司、林业部财务司、林业部资源司、中华人民共和国濒危物种进出口管理办公室、中国野生动物保护协会、林业部调查规划设计院、中国林业科学研究院等。

全国陆生野生动物资源调查办公室设在林业部保护司野生动植物管理处，其主要职责是日常组织管理、协调联络、技术支持、全国资料汇总、监测系统建立、质量检查和技术监督。

为安排部署资源调查工作任务，国家林业局（原林业部）多次组织召开有关会议或下发文件，对野生动物调查进行组织管理。主要工作如下：

- 1995年5月，下发《林业部关于安排全国陆生野生动物普查工作有关问题的通知》（林护通字［1995］60号），安排调查任务、下发《全国野生动物普查工作大纲》、安排调查准备工作，从此拉开全国陆生野生动物资源调查的序幕。
- 1995年，下发《林业部保护司关于印发 <全国陆生野生动物资源调查与监测技术规程> 试行本的通知》（林护动［1995］150号），要求各地结合当地情况制定实施方案和工作细则，报保护司批准后执行。此后，东北、西北、西南地区及内蒙古自治区的野生动物资源调查工作率先启动。
- 1996年9月24～26日，组织召开全国陆生野生动物资源调查工作会议，以总结、交流首批启动资源调查的11个省的工作经验，讨论解决调查工作中存在的问题，部署安排第二批启动的19个省的野生动物资源调查工作。会后，第二批19个省的野生动物资源调查工作相继启动，全国陆生野生动物资源调查全面展开。
- 1996年11月8～10日，组织部分专家、学者和吉林、湖南、贵州等省的野生动物资源调查管

理人员和技术负责人，对《技术规程》进行了认真修改，使之更具操作性。

- 1997 年，以《林业部关于请支持开展野生动物资源调查工作的函》（林函护字［1997］31 号）致函各省人民政府，要求各级政府对调查工作给予关心和支持。
- 1997 年 12 月，下发《关于限期完成野生动物驯养繁殖、经营利用情况调查和上报野生动物资源调查专项调查方案的通知》（林护动植字［1997］172 号），要求各地尽快完成野生动物驯养繁殖和经营利用调查，并要求各省研究确定本地区拟开展专项调查的动物种类、区域、调查方法与数据处理方法等，形成专项调查综合方案。
- 1998 年 10 月 8 ~ 10 日，召开部分省野生动物资源调查研讨会。研讨会上，与会代表总结和交流了 4 年来调查所取得的成绩和经验，青海、贵州、吉林、宁夏、浙江、河南等省介绍了工作经验，各地代表还分组对《全国陆生野生动物资源调查检查验收实施办法》进行了讨论。
- 1998 年 10 月 11 ~ 12 日，组织 10 位专家对《全国陆生野生动物资源调查检查验收实施办法》进行了论证。
- 2000 年 9 月 1 日，发出《国家林业局保护司关于继续做好动植物资源调查工作　按期上报调查成果的通知》（林护动植字［2000］223 号），对野生动植物调查的检查验收、成果报告编制上报等工作做出部署。
- 2001 年 12 月，组织全国陆生野生动物资源调查专家委员会对《全国陆生野生动物资源调查报告（初稿）》进行了认真审查和论证。

全国陆生野生动物资源调查专家技术委员会由东北林业大学、北京师范大学、中国林业科学研究院、中国科学院动物研究所、华东师范大学、东北师范大学、中国科学院昆明动物研究所、中国科学院成都生物研究所、安徽师范大学、兰州大学、苏州丝绸工学院、国家林业局调查规划设计院、全国鸟类环志中心等单位共 13 位专家组成。其职能是为全国野生动物调查提供技术咨询，审议技术文件，进行技术指导和监督。专家技术委员会先后审议了《工作大纲》、《技术规程》、《全国陆生野生动物资源调查报告编写提纲》、《全国陆生野生动物资源调查数据汇总方案》、《全国陆生野生动物资源调查分布图编制方案》等技术文件，参与了全国调查技术培训试点及检查验收工作，对各省调查工作进行了技术指导，调查结束后对《全国陆生野生动物资源调查报告》进行了论证。无论是调查前期、中期还是后期，专家技术委员会均充分发挥了技术保障、支持和把关的作用。

全国陆生野生动物资源调查专家技术委员会的办事机构设在国家林业局调查规划设计院。

1994 年，国家林业局调查规划设计院成立“环境与野生动物监测中心”，专门负责有关工作。此后，随着资源调查在全国逐步展开，有关技术工作也迅速增加，加强技术组织管理日显重要。2000 年 5 月 19 日，国家林业局发出林人发［2000］224 号文件，在国家林业局调查规划设计院成立“国家林业局陆生野生动物与野生植物监测中心”，专门负责野生动植物及资源调查技术组织管理工作。

依据《工作大纲》，国家林业局陆生野生动物资源监测中心的职能是：从技术上组织协调全国陆生野生动物普查工作；执行全国陆生野生动物普查办公室下达的各项任务；开发野生动物资源普查的管理与统计软件。负责全国资料的汇总、监测系统的建立；为各省陆生野生动物普查办公室提供业务咨询，并在全国范围内协调信息交流。

此后，《技术规程》又规定了国家陆生野生动物资源监测中心在陆生野生动物资源监测方面的职责：负责全国陆生野生动物资源调查与监测技术规程的制定与完善；协调和指导各省陆生野生动物监测体系的建设；汇总、分析并提供全国陆生野生动物监测信息；为各省提供业务咨询服务。野生动物信息管理系统和调查统计软件的开发与维护，执行林业部下达的其他任务。

在全国陆生野生动物资源调查中，国家林业局陆生野生动物资源监测中心，主要完成以下工作：

- 1994～1995 年进行了前期调研和技术准备工作。
- 1995 年 5 月制定了《全国陆生野生动物普查工作大纲》。
- 1995 年组织中国科学院成都生物研究所、中国林业科学研究院、东北林业大学等单位编制了《技术规程》，除完成总则、总体及抽样设计、生境类型划分及标准、成果、检查验收等章节的实际编写外，还负责统稿工作，1996 年底对《技术规程》进行了全面修订。
- 1995 年 11 月 13～26 日及 1996 年 8 月 27 日～9 月 2 日，在东北林业大学举办了 3 期全国陆生野生动物资源调查和监测技术培训班。共培训学员近百人。1997 年 4 月，在福建漳州再次举办全国野生动物资源调查技术培训班。
- 1996 年初，组织有关专家和技术人员对黑龙江、吉林、内蒙古、宁夏、青海、甘肃等省的野生动物调查工作进展、《技术规程》的可操作性、调查数据的可靠性等问题进行了实地调查。
- 1997 年，开发了“全国陆生野生动物数据管理系统”软件和“全国陆生野生动物调查统计”软件，并于 1998 年对各省技术人员进行了技术培训。
- 对各省野生动物资源调查方案和工作细则进行了审查。
- 对内蒙古、宁夏、黑龙江、吉林、江苏、江西、山东、广东、重庆、江苏、海南等地进行了阶段性检查和技术指导工作，参加了新疆、安徽、福建、广西、湖北、湖南、江西、山东、河北、北京等省的技术培训和试点调查工作。
- 1999 年，制定了《全国陆生野生动物资源调查成果提纲》、《全国陆生野生动物资源调查图面资料提纲》、《关于换算系数若干问题的原则意见》。
- 分别于 1999 年及 2000 年组织对各省野生动物资源调查工作进行检查验收。
- 对各省野生动物资源调查报告及有关材料进行审查，就报告存在的问题以书面形式或通话形式向各省反馈意见。
- 2001 年 8 月 18 日～10 月 18 日，会同各省有关技术人员进行了全国汇总。此后，组织编制了《全国陆生野生动物资源调查报告》、《全国陆生野生动物资源调查报告简本》、《全国陆生野生动物资源调查工作报告》、《野生动物分布图》及其他有关会议材料。
- 从 1996～2001 年，编制了 29 期《全国野生动植物调查与监测工作快讯》。

根据《工作大纲》和《技术规程》的具体要求，调查之初，各省相继成立了以主管副省长或林业厅厅长、主管厅长为组长的陆生野生动物资源调查领导小组，以加强对资源调查工作的组织领导和协调工作。各省也成立了专家技术委员会，并结合本省实际情况，编制了资源调查方案和技术细则。各省还根据本省的具体情况，及时组建了由专业技术人员组成的野生动物资源调查队伍。与此同时，大部分市、县也相应成立了陆生野生动物资源调查领导小组，以领导、协调、配合资源调查工作的开展。

由于各省的资源状况和技术力量相差较大，调查的组织管理方式也各不相同，归纳起来，大概有以下几种（表 3－1）：

- 省内设技术总负责，省里统一组队对全省进行调查，如黑龙江、吉林、辽宁、海南、四川等省；
- 省里将调查任务直接委托给一个或几个技术单位，由被委托单位具体组织调查，主管部门只进行检查、监督、协调。如宁夏、新疆、内蒙古、河南、河北、浙江等地均采用了该方式；
- 将调查任务分解到各地、市，有的地、市统一组队进行调查，大部分地、市将任务进一步分解到各县，由各县组织调查，省内组织部分专家负责技术管理，如福建、江西、青海、山东等省。

表 3－1　部分省份调查队伍组成情况　　　　（单位：人）

省　份	专家数量	调查队员数量	总　计
山西	4	312	316
黑龙江	35	80	115
黑龙江森工总局	17	230	247
浙江	19	319	338
安徽	10	180	190
福建	16	262	278
江西	10	236	246
山东	—	240	240
河南	16	538	554
湖南	64	80	144

3.2　经费投入

本次调查中，各级财政部门对调查工作给予了大力支持，各级林业主管部门也想方设法筹措调查经费。从 1995～2001 年，中央财政共投入专项经费 3500 多万元用于野生动物资源调查工作，各省财政部门共配套经费 2800 多万元，省级林业主管部门共配套近 1100 万元，地、市、县直接配套 2100 多万元，折算配套 4100 多万元（图 3－1）。全国合计投入调查经费超过 1.36 亿元，国家投入与地方配套比例为 1∶2.9，高于《工作大纲》所要求的 1∶2 的配套比例（表 3－2）。特别是许多基层林业部门在经费十分紧张的情况下，支持资源调查工作，有力地保障了资源调查工作的顺利进行。

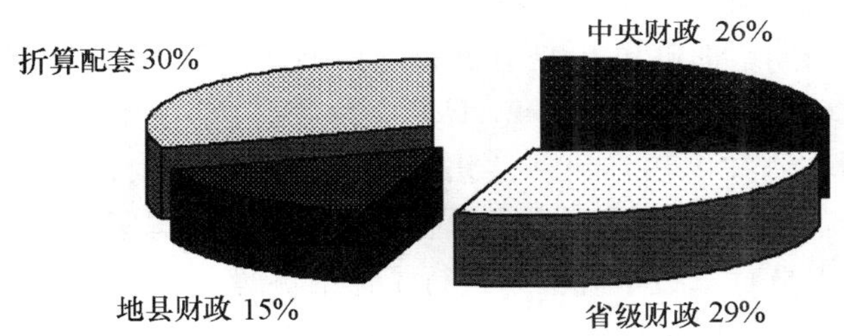

图 3－1　全国野生动物资源调查经费投入比例

本次调查中，绝大多数省份的地方配套资金达到《工作大纲》的要求。其中，浙江地方配套资金与国家投入的比例达到 22.83∶1，为地方配套比例最高的省份；其次，湖南达到 18.51∶1，福建 10.76∶1，河南 10.71∶1，均为全国资金配套比例较高的省份。

表 3－2　各省份地方配套资金与国家投入资金比例

省　份	比　例	省　份	比　例
北京	4.43∶1	湖北	6.37∶1
天津	2.83∶1	湖南	18.51∶1
河北	0.38∶1	广东	3.44∶1
山西	2.88∶1	广西	3.47∶1
内蒙古	1.05∶1	海南	0.88∶1

（续）

省份	比例	省份	比例
辽宁	3.15:1	重庆	3.69:1
吉林	2.16:1	四川	2.75:1
黑龙江	6.41:1	贵州	2.38:1
上海	3.25:1	云南	6.41:1
江苏	3.63:1	西藏	4.94:1
浙江	22.83:1	陕西	4.55:1
安徽	5.81:1	甘肃	3.21:1
福建	10.76:1	青海	1.76:1
江西	4.61:1	宁夏	2.08:1
山东	5.85:1	新疆	1.57:1
河南	10.71:1		

3.3 培训试点

技术培训关系到整个调查工作质量的高低，是野生动物调查工作的关键之一。技术培训分两个层次：一是全国培训，重点培训各省技术负责人和骨干队员，使其全面理解《技术规程》的规定；二是省内培训，培训重点是调查方法、动物识别和野外工作方法等。

3.3.1 全国培训

为使有关人员充分掌握理解《工作大纲》和《技术规程》，正确按照《技术规程》的要求，制定实施方案和工作细则，国家林业局举办了若干次全国性技术培训，其中主要有1995年及1996年在哈尔滨举办的3期培训班和1997年在福建漳州举办的技术培训班。

1995年11月13～26日、1996年8月27日至9月2日，国家林业局组织举办了3期全国陆生野生动物资源调查和监测技术培训班。共培训调查队员近百人，培训内容主要是《技术规程》。东北林业大学野生动物资源学院、中国林业科学研究院、国家林业局调查规划设计院等参与《技术规程》编制的人员对《技术规程》进行了详细讲解。

1997年，东北、西北、西南等地区的野生动物资源调查工作全面开展，其他地区的调查工作也相继展开。针对部分省份在资源调查工作中遇到的实际问题，为进一步提高各地对《技术规程》的理解和掌握程度，1997年4月20～25日，国家林业局组织在福建漳州举办“全国陆生野生动植物资源调查技术培训班”。培训班上，除对《技术规程》、统计理论基础及数据处理技巧、GPS在野生动物资源调查中的应用等内容进行了系统讲解外，还组织学员对森林灌丛、农田及沿海湿地等3种景观类型进行了实地操作。同时，针对各省提出的常规调查与专项调查效率、专项调查方法、南方山地林区样带调查次数、两栖动物及爬行动物调查方法、调查季节、野外调查记录、样带调查控制、样带长度、弃样与挪样、调查结果统计等技术问题，进行了广泛而深入的讨论和细致解答。会后，国家林业局陆生野生动物监测中心在《全国野生动植物调查与监测工作快讯》上对各省提出的有关问题再次进行汇总答复。这次培训是对前期调查工作的阶段性总结，也是各省总结交流经验教训，解决实际问题的一次会议，是对《技术规程》的进一步补充和完善。

为保证调查数据顺利汇总，1998年国家林业局再次组织对各省专业人员进行了野生动物调查统计软件应用培训，有29个省的37名技术人员参加了培训。这次培训，不仅使学员们学会了

如何熟练使用有关软件，而且大大提高了技术人员的计算机应用能力，为调查数据的处理汇总打下基础。

3.3.2　省内培训

各省在外业调查工作开展之前，就先后组织进行了多次技术培训和试点调查工作，使调查队员熟练掌握了《技术规程》、操作细则和仪器设备的应用，提高了调查队员的整体素质。初步统计，全国共开展各种形式的技术培训 300 多班次，受培训人数达 8000 多人。部分省份的培训情况如下：

- 河南省林业厅在 1997 年 5 月举办了全省野生动物资源调查培训班，100 余人参加了培训，培训内容主要是技术细则、调查技术、动物识别、动物生态及动物基本知识，培训后进行了考核。南阳、信阳、平顶山、开封、三门峡、焦作等地、市还进行了二次培训和试点，有的县（市）进行了县级培训和试点。
- 黑龙江省利用国家林业局在哈尔滨进行全国培训的有利条件，组织 33 人参加了国家级培训。此后，省林业厅又组织技术人员及行政人员 100 多人对《技术规程》及动物基本知识进行培训。
- 湖北省于 1997 年 11 月 14 日在武当山举办了全省野生动物资源调查技术培训班，共培训调查队员 93 人；各地（市、州）多次举办培训班，培训内容包括专业知识、技术细则、动物识别和实地操作等。
- 湖南省于 1987 年和 1998 年分别在湖南师范大学、中南林学院举办了"湖南省野生动植物与湿地资源调查技术骨干培训班"，130 多名技术骨干参加了培训。各市（州）在开展外业调查之前，以市（州）为单位，也进行了技术培训，参加培训的人员达 1132 人，经培训后的调查队员基本能识别调查物种、能按技术细则开展各项调查、能独立承担调查任务。所有调查队员经考试、考核合格后才能参加外业调查。
- 吉林省于 1997 年 12 月 2 ~7 日对省专业调查队的 27 名成员进行了技术培训。
- 江西省林业厅在 1997 年 6 月和 11 月举办了两期野生动物资源调查培训班，1998 年 5 月组织野生动物野外识别培训班，10 月举办了鄱阳湖候鸟调查培训班。此外，各地（市）举办各种培训班 11 期，受培训人员 500 余人，培训内容包括专业知识、技术细则、动物识别和实地操作等。
- 福建省在 1997 年 11 月举办全省野生动物资源培训班，每县（市）林业局各派 1 人参加野生动植物资源和经营利用调查培训。在此基础上，1997 年 11 ~12 月，全省以地（市）、县（市、区）为单位，对参加陆生野生动物资源调查的人员进行培训，为期 22 天；1998 年 8 ~9 月，进行两栖动物、爬行动物专项调查培训。全省共举办 12 期培训班，其中社会经济调查 9 期、常规调查 1 期、两栖动物和爬行动物专项调查 2 期，培训人员共计 600 多名。
- 宁夏于 1996 年 3 月 20 ~30 日在银川举办了野生动物调查培训班，有 60 名调查队员参加了培训。
- 云南省在思茅、保山和昆明组织了 3 次省级培训，此后各地（州）又分别邀请省内知名专家对各县的调查队员进行广泛而深入的培训，使全省受培训人数达 200 多人。
- 浙江省在 1997 年 4 月举办了全省野生动物资源调查技术培训班，主要对常规调查方法进行培训；1998 年 2 月对参加两栖动物及爬行动物专项调查的人员进行培训，培训内容为两栖动物及爬行动物的基本知识、技术细则、实地操作等，培训人员 250 人次。
- 广西壮族自治区林业厅于 1997 年 10 月在金秀县举办了"全区资源调查队员培训及调查工作试点"。培训内容包括专业知识、技术细则、动物识别和实地操作等。

3.3.3 试点

试点是陆生野生动物资源调查技术准备工作的重要步骤。通过试点，可以检验《技术规程》是否符合实际，调查人员对《技术规程》的理解是否正确，各省的《调查方案》是否切合实际，以便及时发现问题，解决问题。

国家林业局先后组织在黑龙江、吉林、宁夏、内蒙古、青海、甘肃等地进行了技术试点。试点期间，专家技术委员会成员亲临现场，提供技术咨询，及时解决技术方案，解决调查方法及组织管理上存在的问题。技术试点对《技术规程》的可操作性进行了实地检验，为完善调查技术、修改《技术规程》提供了依据。试点中对 GPS 在野生动物调查中的应用进行了有意义的探索，获得了成功，为在调查工作中大量使用这一先进技术积累了经验。

3.4 外业调查

大多数野生动物主要分布在交通不便、人烟稀少的偏远山区，而且多营晨昏活动，需要在早晨或傍晚进行调查；而对夜行性动物，则需要在夜间进行调查；加之部分地区自然条件恶劣，调查人员难以到达，因此野生动物调查的难度很大。

根据《技术规程》，资源调查以省为总体，省内再根据景观类型及野生动物分布状况的不同进行分层，每层即为一个副总体。由于各省自然条件不同，自然景观差异较大，野生动物的分布也不一致，因此各省副总体划分也各不相同（表 3－3）。其中甘肃划分为森林灌丛、森林草原、草原、荒原、高山冻原、草甸、农田 7 个副总体，青海、宁夏、辽宁等划分为 5 个副总体，但天津、山东、福建、贵州等均将全省作为一个副总体进行抽样和调查。

表 3－3　各省份副总体划分情况

省　份	副总体数量（个）	副总体名称
北京	2	森林灌丛、农田
天津	1	农田
河北	3	坝上草原、平原、山区
山西	2	林区、非林区
内蒙古	3	西部荒漠、中部草原、东部森林
辽宁	5	森林灌丛、湿地、农田、草原、荒漠
吉林	2	东部林区、西部草原
黑龙江	2	森林灌丛、农田湿地
上海	2	农田、湿地
江苏	2	农田、森林
浙江	3	海岛、海岸湿地、森林灌丛
安徽	2	农田、森林
福建	1	
江西	3	森林灌丛、湿地、农田
山东	1	
河南	2	森林、农田
湖北	2	森林、农田
湖南	3	森林灌丛、农田、湿地
广东	3	森林灌丛、湿地、农田
广西	2	农田、重点资源县
海南	3	湿地、农田、森林灌丛

（续）

省　份	副总体数量（个）	副总体名称
重庆	2	森林灌丛、农田
四川	4	农田林灌草地、亚热带林灌草地、高山森林灌丛草甸、高山草甸草原
贵州	1	森林灌丛
云南	1	
西藏	2	藏南、藏北
陕西	3	秦巴山地、关中平原、黄土高原
甘肃	7	森林灌丛、森林草原、草原、荒原、高山冻原、草甸、农田
青海	5	森林灌丛、荒漠、湿地、草原、草甸
宁夏	5	森林灌丛、草原、荒漠、农田、湿地
新疆	4	森林、草原、农田、荒漠

根据《技术规程》的要求，常规调查中森林灌丛、草甸、湿地的抽样强度为 1.0%，草原、荒漠的抽样强度为 2%，农田的抽样强度为 0.5%，高山冻原的抽样强度为 0.1%。在实际抽样设计中，绝大多数省份的抽样满足了《技术规程》的要求，部分省份的实际布样强度远远高于《技术规程》。比如浙江的森林灌丛副总体的实际布样强度达到 1.04%；海岸湿地副总体大于 1.38%，沿海岛屿森林灌丛副总体的布样强度达到 1.11%；北京森林及灌丛副总体抽样强度达到 1.4%，农田副总体抽样强度达 0.7%。全国绝大多数省份的样带在 2000 条左右，湖南、湖北的样带数超过了 3000 条，而福建的样带数多达 5295 条，黑龙江布设样带 5754 条，成为全国布设样带最多的省份。

尽管条件艰苦，交通不便，工作量大，但调查队员克服了重重困难，严格按照《技术规程》和操作细则的要求，准确记录了大量翔实可靠的第一手宝贵资料，完成了调查任务。其中，吉林、北京、河北、辽宁、浙江、福建、湖北、湖南、广东、广西、海南、贵州、西藏完成全部布设的样带，陕西、山东、江西、安徽、新疆、云南、宁夏、山西、黑龙江、青海、天津、内蒙古、江苏完成布设样带的 90% 以上（表 3－4）。

表 3－4　各省份样带布设及完成情况　　（单位：条）

省　份	布设数量	完成数量	完成比例（%）	省　份	布设数量	完成数量	完成比例（%）
北京	351	351	100.00	湖北	3524	3524	100.00
天津	115	108	93.91	湖南	3308	3308	100.00
河北	268	268	100.00	广东	1250	1250	100.00
山西	1283	1249	97.35	广西	770	770	100.00
内蒙古	2544	2358	92.69	海南	456	456	100.00
辽宁	2334	2334	100.00	重庆	1362	1224	89.87
吉林	2059	2063	100.19	四川	2492	2130	85.47
黑龙江	5754	5554	96.52	贵州	1744	1744	100.00
上海	140	120	85.71	云南	1959	1932	98.62
江苏	648	584	90.12	西藏	1135	1135	100.00
浙江	609	609	100.00	陕西	2432	2426	99.75
安徽	1617	1603	99.13	甘肃	2021	1543	76.35
福建	5295	5295	100.00	青海	1495	1428	95.52
江西	2608	2598	99.62	宁夏	1097	1074	97.90
山东	2409	2401	99.67	新疆	2890	2864	99.10

全国外业开始时间较早的是新疆、内蒙古、贵州、吉林、辽宁、青海、宁夏等省（市、区），均在1995年开始外业调查。外业结束时间最早的是贵州，在1999年12月结束外业调查；吉林、上海、内蒙古、河北、江苏、辽宁、宁夏、浙江、江西、广东、重庆、北京、福建、甘肃、山东在2000年结束外业调查；其他省份均在2001年结束外业调查。

全国外业调查共投入76 000多人月，其中湖北完成外业所用人力最多，达到18 000人月，占全国外业工作投入人力的23.68%，外业所用人力较多的省份还有江西（13 500人月）、广西（9840人月），黑龙江（6600人月），贵州（4500人月），河南（4455人月）。

除常规调查外，各省还针对本省实际情况，对重点物种或重点地区进行了专项调查。各省组织的专项调查累计约200项，全国累计投入40 900多人月，累计覆盖面积370万km^2以上。黑龙江、云南、浙江、宁夏、海南、广东等地组织了较多数量的专项调查，涉及的物种也较多。各省的专项调查主要针对食肉目动物、湿地水禽、大型雉鸡类及猛禽等动物，如甘肃雪豹资源调查及分析评价、浙江云豹及其他猫科动物资源调查、贵州野生雉类资源专项调查、贵州野生猫科动物专项调查、四川重点越冬水鸟专项调查等。也有针对某一地区设置的专项调查，如广东对内伶仃岛、深圳市梧桐山、江门市古兜山进行了专项调查，上海对西部佘山丘陵地区进行了专项调查（表3－5）。

表3－5　各省份专项调查数量

省　份	专项调查项数	省　份	专项调查项数
天津	2	广东	24
河北	—	广西	9
山西	3	海南	21
辽宁	8	四川	5
吉林	8	贵州	5
黑龙江	11	云南	13
上海	6	西藏	5
江苏	2	陕西	7
浙江	14	甘肃	5
安徽	5	宁夏	15
河南	3	新疆	5
湖北	8		

3.5　检查验收

为加强全国陆生野生动物资源调查的质量管理，确保按照《技术规程》规定的方法进行调查，从而提供准确可靠的调查成果，《技术规程》规定，开展陆生野生动物资源调查与监测的省级野生动物主管部门及承担调查任务的单位均应设置相应的管理人员，制定质量管理制度，加强质量监管。其中检查验收是质量监管的重要手段。检查验收分为省内检查验收和全国性检查验收。

3.5.1　省内检查验收

陆生野生动物调查外业结束后，各地根据本省的实际情况，制定了相应的检查验收标准，组成检查组进行检查验收。各省首先要求各调查队进行严格自检，在此基础进行严格抽样检查，

抽取样带的数量不少于布设样带数量的5%。如陕西成立了以野生动物管理站为主，省林业设计院、省动物研究所以及各地（市）有关人员参加的检查验收组，对全省10个地（市）的外业调查样带进行了检查，共抽检样带250条。

3.5.2　全国检查验收

为确保调查工作质量，提供准确可靠的调查成果，在各省进行资源调查过程中，国家林业局经常组织专家，奔赴各省进行阶段性检查和技术指导，以及时纠正工作中存在的问题，总结教训，交流经验。为规范检查验收程序，统一检查验收标准，根据《工作大纲》和《技术规程》的具体要求，于1998年制定了《全国陆生野生动物资源调查检查验收实施办法》和《全国陆生野生动物资源调查检查验收标准》。据此，国家林业局于1999年和2000年对各省资源调查工作进行全面系统的检查和评定。

（1）检查内容

检查验收内容包括组织管理、外业调查及内业处理3方面，重点是外业调查和内业处理。组织管理检查主要包括组织机构建设、方案、细则编写送审情况、培训情况、经费配套及使用情况、工作进度等；外业调查的检查内容主要包括副总体划分、抽样强度、样带布设、野外样地定位、野生动物生境描述、调查方法具体应用、野外记录、调查人员识别动物的能力、专项调查方案和方法设计、换算系数处理等；内业处理的检查内容包括数据处理、资料汇总、野生动物监测样地的选择等。

（2）检查方法

组织管理：听取各省林业（农林）厅（局）野生动物主管部门及抽样地县（市）林业局野生动物主管部门的工作汇报，核对有关文件资料，结合实际工作进行检查评定。

外业检查：首先根据各省副总体的划分情况及布设样带数量，确定各副总体的检查地区和检查数量，按照随机抽样或随机集团抽样的方法抽取样带（地）。检查人员跟随原调查人员依照原调查方法对抽取的样带进行重复调查和记录，检查调查队员的调查方法、野外识别能力、记录方法等，对一些相对稳定的指标，如样带起始点定位、生境和小生境描述、生境连续记录、物种和痕迹识别等与原始记录进行核对。

内业检查：随机抽取10%以上的野外调查记录表格进行检查，同时检查资料管理和数据录入等情况。

检查工作结束后，召集主管部门和专家，对检查结果予以通报。

（3）组织实施

根据检查验收实施办法和检查验收标准，检查验收小组由专家技术委员会成员或其他知名专家以及国家林业局调查规划设计院的技术人员共同组成。每个检查小组一般由2~3人组成，其中组长由专家技术委员会成员或知名中青年专家担任，组员由国家林业局调查规划设计院的技术人员担任。

1999年对首批启动的内蒙古、辽宁、吉林、黑龙江、四川、贵州、甘肃、宁夏、青海、新疆10个省份（包括黑龙江森工总局）以及第二批启动的北京、上海、天津、河北4个省份的调查情况进行检查验收，2000年对其他省份进行了检查验收（表3-6）。

表3-6　各地检查抽检样带数

省　份	启动批次	检查日期（年．月．日）	抽检样带数（条）
北京	2	1999. 8. 23 ~30	10
天津	2	1999. 6. 28 至7. 1	10
河北	2	1999. 8. 11 ~25	14

（续）

省　份	启动批次	检查日期（年．月．日）	抽检样带数（条）
山西	2	2000. 7. 11 ~ 27	15
内蒙古	1	1999. 10. 18 至 11. 3	20
辽宁	1	1999. 3. 13 至 4. 3	20
吉林	1	1999. 1. 10 至 2. 3	20
黑龙江	1	1999. 1. 11 至 2. 5	30
黑龙江森工总局	1	1999. 1. 10 至 2. 3	10
上海	2	1999. 3. 16 ~ 27	10
江苏	2	2000. 8. 6 ~ 15	10
浙江	2	2000. 7. 22 至 8. 5	10
安徽	2	2000. 8. 16 ~ 28	10
福建	2	2000. 7. 13 至 8. 4	30
江西	2	2000. 10. 27 至 11. 13	20
山东	2	2000. 8. 11 ~ 30	20
河南	2	2000. 5. 23 至 6. 15	20
湖北	2	2000. 8. 17 至 9. 5	20
湖南	2	2000. 10. 12 ~ 30	28
广东	2	2000. 12. 5 ~ 16	15
广西	2	2000. 5. 23 至 6. 6	20
海南	2	2000. 9. 18 ~ 28	10
重庆	2	2000. 4. 10 ~ 25	14
四川	1	1999. 6. 16 至 7. 10	20
贵州	1	1999. 5. 5 ~ 29	17
云南	2	2000. 4. 14 ~ 30	20
西藏	2	2000. 9. 4 ~ 14	10
陕西	2	2000. 10. 10 ~ 24	20
甘肃	1	1999. 3. 25 至 4. 26	20
青海	1	1999. 7. 23 至 8. 19	15
宁夏	1	1999. 4. 10 ~ 24	14
新疆	1	1999. 7. 6 ~ 23	20

（4）检查结果

从检查结果看，总体上，各省对陆生野生动物资源调查工作高度重视，不仅及时制定调查方案和实施细则，积极组织培训和争取地方配套资金，而且按时开展外业调查工作和内业汇总工作。在组织方式上，各省常规外业调查的组织比较多样化，专项调查一般由专家承担。在外业调查方面，各省副总体划分、抽样强度和样地布设基本满足《技术规程》的要求。大部分被检样地定位准确，大部分骨干调查队员具有准确鉴别野生动物实体和活动痕迹的能力。生境描述基本准确、可靠，用语规范。调查方法按实施细则和专项调查方案的要求操作，换算系数多以就地换算为主。大部分野外调查表格填写认真、规范，无遗漏。在内业处理方面，调查资料由专人进行统一分类管理，有明确的档案管理制度。

但由于全国陆生野生动物资源调查的复杂性，各省的资源调查也存在一些问题，主要有以下几点：

- 资金短缺。虽然多数省份的配套资金达到甚至超过《技术规程》的要求，但调查经费普遍不足，严重制约了调查工作的顺利开展。由于缺乏足够的资金支持，部分特别偏远的地区或人

员难以进入的地区没有进行资源调查，如青海的可可西里，海南的西沙、南沙群岛等，使全国成果不十分完整。

- 专业技术人员匮乏。除北京、上海、黑龙江、吉林、辽宁、陕西、海南、浙江等少数省份外，各省专业技术人员普遍缺乏，虽然调查人员工作认真、不畏艰险，但由于缺乏专业基础知识，影响了调查效果和质量。有些省份虽然专业人员较多，但由于将调查任务层层分解，由各地（州、市）、县组队进行调查，相对缺乏专业技术人员，也影响了调查质量，主要表现在动物名称记录不够规范，有的记录不够准确，有的仅记录当地动物俗称而非学名，如“山鸡”、“野鸡”等。
- 有些省份外业调查启动较晚，内业处理和成果报告的编写相对滞后，致使调查成果不能按时上报，影响到全国成果及时汇总和总报告编写。
- 个别野外样地定位有一定差距。个别表格生境记录不规范，生境连续记录不完整。有的零样带表格记录不规范。缺乏人为活动类型及影响程度记录的统一规范。

检查工作结束后，有关单位根据检查情况和专家意见综合评价，对各省调查工作进行了初步评定。

3.6 内业汇总

内业汇总分为省内汇总和全国内业汇总。省内汇总指各省及时对外业调查所获取的第一手资料进行分类、数据录入、统计处理和分析提炼，形成各省野生动物资源调查报告。全国内业汇总指在各省内业汇总和调查报告的基础上，进行全国数据汇总并形成全国陆生野生动物资源调查报告，以为我国野生动物保护管理提供科学依据。

3.6.1 各省内业汇总及报告编写

各省内业汇总主要包括数据分类、整理、录入、汇总、分析及报告编写。根据《技术规程》规定，全国陆生野生动物资源调查的统计总体是省，省内可根据自然景观的差异划分为若干副总体，所以从理论上讲，内业汇总可分为副总体汇总、省级汇总和国家级汇总。实际操作中，由于部分省份将调查任务层层分解到地、市、县，因此内业汇总时，也是各地市县进行汇总，上报省林业厅（局），省林业厅（局）再进行汇总。

由于数据量很大，数据录入、处理和分析是野生动物资源调查中一项技术性强又十分烦琐的工作。调查统计软件对各省常规调查数据汇总发挥了重要作用，但对南方各省，尤其是需要大量开展专项调查的地区来说，存在一定的局限性。所以，有的省专门为其专项调查开发了一些小的软件程序。

为确保内业汇总工作按要求顺利进行，考虑到各省实际情况，在充分征求专家意见的基础上，国家林业局于1999年召开专家会议，研究制定了《全国陆生野生动物资源调查成果提纲》、《全国陆生野生动物资源调查图面资料提纲》和《关于换算系数若干问题的原则意见》，统一规范成果报告编写内容。这些材料下发各省后，在许多方面促进了各省资源调查工作和数据汇总工作，并对全国数据汇总和报告编写产生了积极的推动作用。主要有：一是规范了数据内容、结构和格式，有利于全国汇总和全国报告的编写；二是进一步明确了对各省调查工作的要求，统一质量标准；三是通过对照提纲，可以帮助各省发现调查工作存在的问题，以便及时采取措施予以补救。为了帮助各省对全国陆生野生动物资源调查成果提纲的理解，国家林业局调查规划设计院编制了详细说明。为使各省调查报告达到质量要求，国家林业局特别规定，各省报告必须经专家论证，并附有省林业厅（局）正式上报函方可受理。国家林业局调查规划设计院在接受各省报告时，均进行了认真的查收和登记。

各省对内业汇总工作高度重视，精心组织力量，完成数据汇总和报告编制工作。全国内业汇总及报告编制共投入力量约5600人月，其中湖北省投入1200个人月，是内业投入最多的省份。其他投入较多的省份有：河南450个人月，云南402个人月，宁夏400个人月，广东300个人月，福建252个人月，黑龙江240个人月，浙江226个人月，新疆220个人月，四川200个人月。

3.6.2 全国数据汇总及报告编制

全国陆生野生动物资源调查数据汇总及报告编写是在各省数据汇总及报告编制的基础上进行的，按计划应于2000年结束。但由于种种原因推迟了一年，在时间紧迫的情况下，国家林业局组织各省有关人员到北京进行集中汇总。2001年8月21日，国家林业局保护司组织召开了全国陆生野生动物资源调查汇总工作会议，启动了全国数据汇总及报告编制工作。

为使全国内业处理和报告编制达到较高水平，2001年9月5日，国家林业局保护司在北京组织召开了专家论证会，来自中国科学院动物研究所、地理研究所、昆明动物研究所、成都生物研究所，北京师范大学，兰州大学，苏州大学，中国林业科学研究院等单位的专家对《全国陆生野生动物资源调查报告编写提纲》、《全国陆生野生动物资源调查数据汇总方案》及《全国陆生野生动物资源分布图编制方案》进行了论证，并对内业处理过程中可能出现的问题进行了研究，统一了全国陆生野生动物资源调查报告的编写思路，为全国报告的编写奠定了基础。

全国陆生野生动物资源调查报告的编写是全国调查成果的集中体现，技术要求高，工作难度大。为保证质量，国家林业局调查规划设计院投入了全部野生动物专业方面的技术骨干，并聘请了东北林业大学、陕西师范大学、黑龙江省野生动物研究所、南京林业大学、中国科学院成都生物研究所等单位8位专家，共同组成了编写组。编写组在认真阅读各省报告及广泛收集资料的基础上，根据报告提纲及专家会议精神，经过两个多月的日夜奋战，于2001年11月完成全国陆生野生动物资源全国调查报告初稿。2001年12月7～11日，国家林业局保护司在北京召开全国陆生野生动物资源调查成果专家论证会，对全国陆生野生动物资源调查成果报告进行了论证。与会专家一致认为：全国陆生野生动物资源调查组织措施有力、方法科学合理、技术路线正确、数据资料翔实、成果显著，为野生动物保护管理和科学研究提供了科学依据，达到了国际领先水平。

此后，编写组根据专家论证会的有关精神，对报告进行了认真修改，并将有关数据下发各省，再次要求各省对调查数据进行核实。同时，为方便成果发布，国家林业局调查规划设计院依据《全国陆生野生动物资源调查报告》编制了《全国陆生野生动物资源调查报告简本》等材料，并绘制了《动物分布现状图》。2002年4月11日，国家林业局调查规划设计院邀请专家技术委员会在京成员再次对《全国陆生野生动物资源调查报告》、《全国陆生野生动物资源调查报告简报》、《全国陆生野生动物资源调查工作报告》等及有关材料进行审定。

3.7 成果发布

2004年6月10日上午10时，国务院新闻办公室举行新闻发布会，邀请国家林业局副局长赵学敏介绍了中国野生动植物保护情况，以及大熊猫、湿地和野生动植物调查结果，并回答了中央电视台、CNN、新华社、日本每日新闻、香港文汇报、人民日报、美联社、基督教科学箴言报等中外各大媒体记者的提问。国家林业局野生动植物保护司司长卓榕生与赵学敏副局长一起出席新闻发布会并回答了记者的提问。会后，各新闻媒体对资源调查进行了广泛报道，对调查成果予以充分肯定。

2004年12月22日，国家林业局召开全国自然保护区建设管理工作会议，对在全国野生动物、野生植物、湿地及大熊猫调查中做出突出贡献的77个先进集体和164个先进个人进行了表彰，并再次将调查成果印发有关单位。

第4章

全国陆生野生动物资源调查结果及分析

全国陆生野生动物资源调查，基本查清了我野生国野生动物资源本底，掌握了我国野生动物保护管理现状，使我国野生动物资源保护和管理工作迈上了新的台阶。本次调查主要取得以下成果：

（1）掌握了调查物种的种群数量、分布及栖息地状况。本次调查，掌握了252个调查物种的种群数量、分布、栖息地状况及主要受威胁因子，在物种分布、数量、生态习性、调查方法等方面积累了珍贵资料，为我国野生动物保护管理决策的制定提供了可靠的科学依据。

（2）首次掌握了191个物种的基础数据，填补了资源数据方面的空白。在本次调查的252个物种中，仅有61个物种以往开展过区域性调查或专项调查并与本次调查结果可进行对比分析，而其余大部分物种在我国尚未进行过资源数量方面的调查，本次调查首次获得了这些物种的种群数量，填补了资源数据方面的空白。

（3）首次掌握了61个物种的种群动态。通过将本次调查结果与以往资料进行对比分析，首次掌握了61个物种的种群动态。

（4）发现了2个新种、1个中国大陆新记录，许多省或地区发现物种新记录或新分布，其中许多是国家重点保护物种或全球濒危物种（表4－1）。

表4－1　各省份发现的新记录、新分布物种（亚种）数　　（单位：种）

省　份	新　种	大陆新记录	本省新记录	新分布
北京	—	—	1	
天津	—	—	1	
山西	—	—	12	
内蒙古	—	—	2	4
辽宁	—	—	3	3
吉林	—	—	3	
黑龙江	—	—	21	
上海	—	—	2	

（续）

省　份	新种	大陆新记录	本省新记录	新分布
浙江	—	1	10	172
安徽	—	—	4	
江西	—	—	6	
河南	1	—	1	5
湖北	—	—	8	
湖南	—	—	—	1
广东	—	—	5	1
广西	—	—	1	3
海南	—	—	4	
四川	1	—	4	3
陕西	—	—	5	2
云南	—	—	4	15

- 浙江：发现中国大陆分布新记录台湾紫啸鸫；浙江省分布新记录赤颈鹛鹛、黄爪隼、小滨鹬、阔嘴鹬、黑枕燕鸥、栗啄木鸟、钩嘴林鵙、黄嘴鸦雀、棕褐短翅莺、芦莺等10个种（亚种）；此外还发现93个种（亚种）属于浙江海岛分布新记录，79个种（亚种）属于宁波市分布新记录。
- 安徽：在宿松县黄大湖发现了斑背大尾莺和红颈苇鹀，在黄山区发现了小角蟾，在宿州市发现了黄脊游蛇，均为安徽省新分布种。
- 北京：发现北京市新记录赤嘴潜鸭。
- 广东：发现广东省新记录海南虎斑鳽、黑鹳、紫水鸡、黑嘴鸥、黑翅鸢等；发现内伶仃岛的新记录水獭等。
- 广西：发现广西壮族自治区的新记录黑脸琵鹭；发现版纳蝾螈、勺鸡、黑颈长尾雉的新分布区。
- 海南：发现海南岛物种新记录黑领剑蛇、横斑钝头蛇、红嘴鸥、黑脸噪鹛等。
- 河南：发现新种豫南小鲵，发现河南省新记录红腰杓鹬；发现鹮嘴鹬、黑翅长脚鹬、叉尾太阳鸟、红腰杓鹬、秃鹳的新分布区。
- 黑龙江：发现的新分布种包括兽类中的水鼩鼱，鸟类中的太平洋潜鸟、红脸鸬鹚、池鹭、黄嘴白鹭、斑背潜鸭、花田鸡、红胸田鸡、红脚鹬、红腹滨鹬、黑嘴鸥、原鸽等，及爬行类中的中介蝮等。
- 湖北：发现8种湖北省新记录。
- 湖南：发现白颈长尾雉的新分布区。
- 吉林：发现吉林省爬行类新记录双斑锦蛇，冬季鸟类新记录白尾海雕和虎头海雕。
- 江西：发现小青脚鹬、鱼鸥、崖沙燕、楔尾伯劳、四川柳莺等江西省新记录。
- 辽宁：发现辽宁省新记录北短翅莺、画眉、黑脸琵鹭等；发现棕黑锦蛇、玉斑锦蛇、白眉腹蛇的新分布区。
- 内蒙古：发现内蒙古自治区新记录红喉潜鸟及川西长尾鼩，发现了遗鸥、大鸨、盘羊、白枕鹤等动物的新分布区。
- 山西：发现山西省新记录遗鸥、小天鹅、灰斑鸻、翘嘴鹬、弯嘴滨鹬、白眼潜鸭等6种鸟类及耳疣壁虎、蓝尾石龙子、王锦蛇、黑头剑蛇、乌梢蛇、蝮蛇短尾亚种等6种（亚种）爬行类。
- 陕西：发现陕西省新记录褐马鸡、沙狐、小天鹅、遗鸥、白喉红臀鹎等；发现宁强为金丝猴

和猕猴的新分布地。

- 上海：发现上海地区的新记录小鸦鹃和赤腹松鼠。
- 四川：发现了新种巴塘攀蜥；发现了四川省新记录大足鼠耳蝠、北棕蝠、草鸮、尖吻蝮；发现四川山鹧鸪、蓝马鸡、横斑锦蛇的新分布区。
- 天津：发现天津市鸟类新记录蓑羽鹤。
- 云南：发现豆雁、鸿雁、蓑羽鹤、黑嘴鸥等云南鸟类新记录；发现骨顶鸡、黑鹳、灰雁、大天鹅、翘鼻麻鸭、罗纹鸭、绿头鸭、斑嘴鸭、赤膀鸭、琵嘴鸭、赤嘴潜鸭、红头潜鸭、白眼潜鸭、斑头秋沙鸭、普通秋沙鸭等鸟类的新分布区。

（5）基本掌握了野生动物驯养繁育状况。通过调查，基本查清了野生动物人工种群数量，了解了我国野生动物驯养繁殖现状。

（6）掌握了我国野生动物管理现状。

（7）绘制了野生动物分布图。

（8）建立了资源数据库。

本次调查不仅基本查清了252 种野生动物的分布现状、栖息地现状和种群数量，进一步掌握了我国野生动物资源的保护管理现状和资源的整体状况，也为我国野生动物保护管理和合理利用政策制定、更好地履行国际公约等提供了科学依据。资源调查极大地宣传了保护野生动物的理念，扩大了社会影响，对提高公众的保护意识，尤其是边远山区群众的保护意识，起到了积极的推动作用。通过资源调查的具体实践，培养了一大批野生动物资源调查人员，锻炼了人才，稳定了队伍，奠定了野生动物资源监测的基础。此外，通过本次资源调查，进一步开辟了野生动物保护管理的经费渠道，增进了国际合作与交流。

4.1　两栖类

两栖类是脊椎动物由水生到陆生的过渡类群，具有较高的科研和经济价值。全国陆生野生动物资源调查，调查了 3 目 4 科 13 种两栖动物，其中棕黑疣螈和虎纹蛙为国家Ⅱ级重点保护野生动物，虎纹蛙为 CITES 附录物种，版纳鱼螈、中华大蟾蜍、黑眶蟾蜍、沼蛙、隆肛蛙、滇蛙、黑斑蛙、海蛙等 8 种为国家保护的有益的或者有重要经济、科学研究价值的陆生野生动物*。调查表明，海蛙仅在海南的 3 个自然保护区中残存少量个体，未进行数量估算；版纳鱼螈的种群数量约 10 000 条，仅分布于云南和广西；棕黑疣螈仅分布于云南，数量约 73 000 只；双团棘胸蛙、滇蛙的数量不足 100 万只；种群数量超过 1000 万只的仅有虎纹蛙、沼蛙、黑眶蟾蜍、中华大蟾蜍、黑斑蛙等 5 种，但也正在遭受环境污染和栖息地破坏的严重威胁（表 4－2，图 4－1）。

表 4－2　两栖类数量分级统计表

序号	数量级（只）	种数（种）	占两栖类调查总种数（%）
1	少量	1	7.7
2	N≤10 000	1	7.7
3	10 000 < N≤1 000 000	3	23
4	1 000 000 < N≤10 000 000	3	23
5	N > 10 000 000	5	38.5
	合计	13	100

* 指2000 年 8 月 1 日国家林业局发布实施的《国家保护的有益的或者有重要经济、科学研究价值的陆生野生动物名录》中的物种，以下简称“三有”动物。

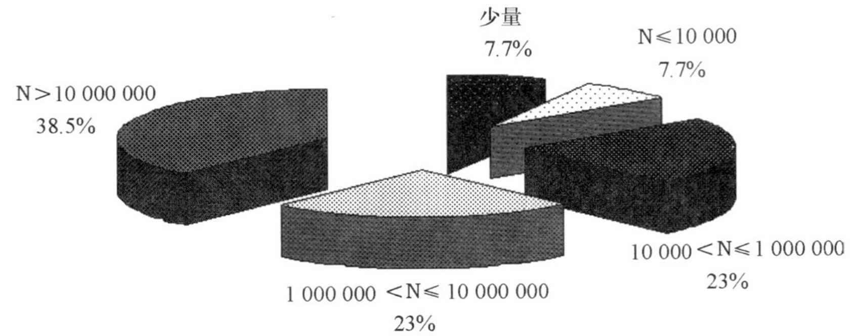

图4－1　两栖类数量分级图

4.2 爬行类

全国陆生野生动物资源调查，调查了4目9科26种爬行动物，其中四爪陆龟、扬子鳄、巨蜥、鳄蜥、蟒蛇等5种为国家Ⅰ级重点保护野生动物，四爪陆龟、扬子鳄、圆鼻巨蜥、伊江巨蜥、蟒蛇、眼镜蛇、眼镜王蛇、滑鼠蛇等8种动物为CITES附录物种，细脆蛇蜥、脆蛇蜥、莽山烙铁头、尖吻蝮等19种爬行动物为“三有”动物。各种动物的种群数量见附表8。调查表明，伊江巨蜥仅存100条；扬子鳄、莽山烙铁头、鳄蜥仅有几百条，四爪陆龟仅分布于我国新疆，种群数量约1700只；温泉蛇、圆鼻巨蜥、蟒蛇、细脆蛇蜥的种群数量不超过10万条，大部分蛇类的种群数量只有几十万条或几百万条。

蛇是啮齿类动物的主要天敌，也是20世纪90年代破坏比较严重的野生动物。全国陆生野生动物资源调查，调查了19种蛇，其中莽山烙铁头仅存500条左右，横斑锦蛇仅10 000条，温泉蛇13 000条，蟒蛇62 000条，赤峰锦蛇、眼镜王蛇、百花锦蛇、金环蛇、三索锦蛇等5种，分别为13万条、17万条、35万条、45万条、79万条，尖吻蝮、眼镜蛇、滑鼠蛇、银环蛇、玉斑锦蛇、棕黑锦蛇、灰鼠蛇、黑眉锦蛇、王锦蛇等9种蛇各有百万条以上，乌梢蛇的数量达1700万条（表4－3，图4－2）。

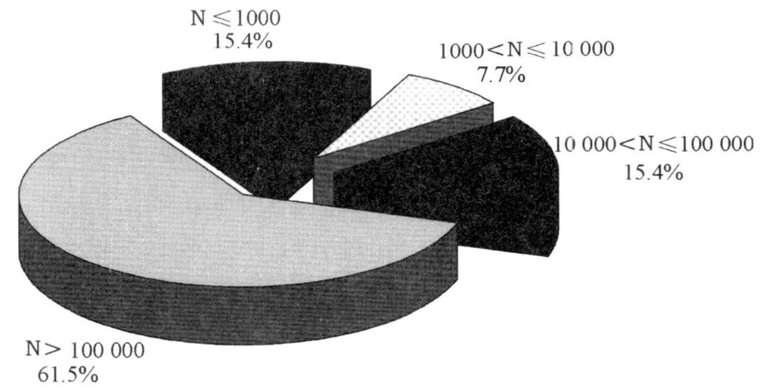

图4－2　爬行类数量分级图

表4－3　爬行类数量分级统计表

序号	数量级（条）	种数（种）	占爬行类调查总种数（%）
1	N≤1000	4	15.4
2	1000 < N≤10 000	2	7.7
3	10 000 < N≤100 000	4	15.4
4	N > 100 000	16	61.5
	合计	26	100

4.3　鸟类

鸟类是适应飞翔生活的特殊类群，也是全国陆生野生动物资源调查涉及种类最多的动物类群。我国有鸟类 1332 种，其中国家Ⅰ级重点保护鸟类 42 种，国家Ⅱ级重点保护鸟类 189 种，列入我国濒危动物红皮书的种类有 183 种。全国陆生野生动物资源调查，共调查了 12 目 22 科 135 种鸟，其中国家Ⅰ级重点保护物种 31 种，国家Ⅱ级重点保护物种 47 种，CITE 附录Ⅰ物种 21 种，附录Ⅱ物种 35 种；“三有”动物 56 种。在调查的 85 种迁徙鸟类中，雪雁、埃及雁、云石斑鸭、小绒鸭、丑鸭、长尾鸭、白背兀鹫、赤颈鸭等 8 种鸟类在冬季调查和夏季调查中均未发现，斑脸海番鸭、树鸭、小䴘等 10 种鸟在冬季调查中未发现，红胸黑雁、黑雁等 7 种鸟的冬季数量不超过 100 只；冬季数量超过10 000只的只有 28 种，占所调查迁徙鸟类的 32. 9%，其中冬季数量超过 10 万只的仅有豆雁、赤膀鸭、赤麻鸭、绿翅鸭、绿头鸭、斑嘴鸭 6 种，占所调查迁徙鸟类的 7. 1%。夏季调查结果表明，除雪雁、埃及雁、云石斑鸭、小绒鸭、丑鸭、长尾鸭、白背兀鹫、赤颈鸭等 8 种鸟在冬季和夏季均未发现外，红胸黑雁、黑海番鸭、花脸鸭、斑背潜鸭等 9 种雁鸭类夏季没有发现，玉带海雕、黑脸琵鹭、黑雁、斑脸海番鸭、斑头秋沙鸭仅发现几只或几十只；种群数量介于 100 只和 1000 只之间的迁徙鸟类有 13 种，种群大于 10 000 只的有 24 种，占所调查迁徙鸟类的 28. 2%，种群数量大于 10 万只的只有红隼、斑嘴鸭、棕头鸥、雀鹰、骨顶鸡、普通鵟、绿头鸭、斑头雁、赤麻鸭等 10 种，占调查迁徙鸟类的 11. 8%（表 4 –4，表4 –5）。

表 4 –4　迁徙鸟类数量分级统计表（冬季数量）

序号	数量级（只）	种数（种）	占迁徙鸟类调查总种数（%）
1	未发现	8	9. 4
2	0 < N≤100	17	20. 0
3	100 < N≤1000	7	8. 2
4	1000 < N≤10 000	25	29. 4
5	N > 10 000	28	32. 9
	合计	85	100

表 4 –5　迁徙鸟类数量分级统计表（夏季数量）

序号	数量级（只）	种数（种）	占迁徙鸟类调查总种数（%）
1	N =0	17	20. 0
2	0 < N≤100	5	5. 9
3	100 < N≤1000	13	15. 3
4	1000 < N≤10 000	26	30. 6
5	N > 10 000	24	28. 2
	合计	85	100

在调查的 50 种非迁徙鸟类中，种群数量不超过 1000 只的有 9 种，占调查的非迁徙鸟类的 18%，其中，白喉犀鸟仅有 4 只，海南鳽仅 80 只左右，棕颈犀鸟、冠斑犀鸟、双角犀鸟仅有 200 多只；种群数量超过 10 万只的有 17 种，占非迁徙鸟类调查种数的 34%，主要是个体较小的雀形目鸟类，如画眉、蒙古百灵、云雀等（表 4 –6）。

表 4－6　非迁徙鸟类数量分级统计表

序号	数量级（只）	种数（种）	占非迁徙鸟类调查总种数（%）
1	0≥N≤1000	9	18.0
2	1000＜N≤10 000	8	16.0
3	10 000＜N≤100 000	16	32.0
4	N＞100 000	17	34.0
	合计	50	100

我国是世界上鸡形目鸟类资源最丰富的国家之一，已记录到野生鸡类 2 科 63 种，本次调查了 32 种。调查表明，数量不足10 000只的有 8 种，占所调查鸡形目种数的 25%，尤其白尾梢虹雉仅 320 只，四川山鹧鸪和绿孔雀仅分别为 1000 只、海南山鹧鸪仅为 1200 只；绿尾虹雉、斑尾榛鸡、白额山鹧鸪、褐马鸡、白冠长尾雉、白颈长尾雉等 13 种的数量介于10 000～100 000只之间，占所调查鸡形目种数的 40.6%；血雉、白马鸡、中华鹧鸪等 9 种的数量介于 10 万到 100 万只之间；只有灰胸竹鸡和环颈雉的数量超过 100 万只，分别为 140 万只和 220 万只。

4.4　兽类

我国有兽类 607 种，其中国家Ⅰ级重点保护物种 49 种，国家Ⅱ级重点保护物种 80 种，列入中国濒危动物红皮书的物种 133 种。全国陆生野生动物资源调查，共调查了 7 目 20 科 78 种，其中国家Ⅰ级重点保护物种 47 种，国家Ⅱ级重点保护物种 21 种，CITES 附录物种 51 种（亚种），“三有”动物 7 种。结果表明，白臀叶猴仅分布在海南，有学者认为可能已经绝迹，此次调查中仍未发现。白掌长臂猿、豚鹿、麝鹿、倭蜂猴 4 种动物的种群数量不足 100 只，已极度濒危；普氏原羚、白颊长臂猿、貂熊、亚洲象等 16 种动物的数量不足 1000 只；种群数量超过 10 万只的兽类仅有 15 种，占调查兽类种数的 19.2%，这些动物主要有野猪、岩羊、狍、喜马拉雅旱獭、灰旱獭等草食性动物。

在调查的 20 种灵长类动物中，白臀叶猴、白掌长臂猿、倭蜂猴、白颊长臂猿、戴帽叶猴、白头叶猴、蜂猴、白眉长臂猿、黔金丝猴、菲氏叶猴、长尾叶猴、黑长臂猿等 12 种的数量不足 1000 只，尤其白臀叶猴在本次调查中没有发现，白掌长臂猿仅有 25 只，倭蜂猴仅有 90 只，白颊长臂猿仅有 165 只，戴帽叶猴仅有 250 只，已经非常濒危；豚尾猴、滇金丝猴、黑叶猴、熊猴 4 种的数量分别为 1700 只、2150 只、3000 只、8200 只；川金丝猴、藏酋猴、短尾猴的数量分别为12 000只、17 000只、23 000只；只有猕猴的数量达到 10 万只（表 4－7，图 4－3）。

表 4－7　兽类数量分级统计表

序号	数量级（只）	种数（种）	占兽类调查总种数（%）
1	调查之中	2	2.6
2	未发现，可能绝迹	1	1.3
3	N≤100	4	5.1
4	100＜N≤1000	16	20.5
5	1000＜N≤10 000	16	20.5
6	10 000＜N≤100 000	24	30.8
7	N＞100 000	15	19.2
	合计	78	100

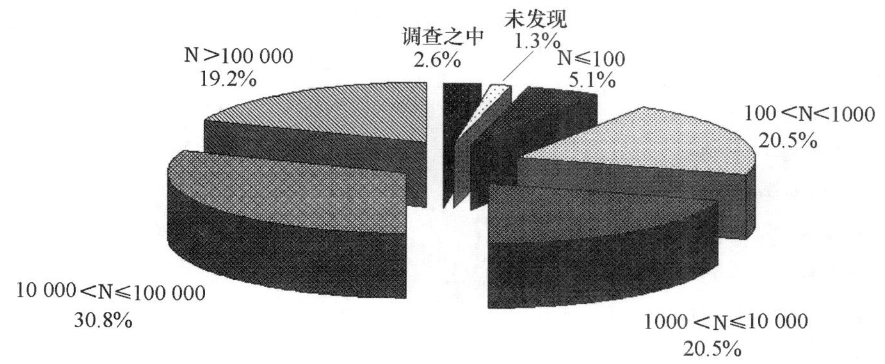

图 4－3　兽类数量分级图

在调查的 17 种食肉目动物中，除大熊猫另有专项报告进行分析外，云豹、豹、雪豹、金猫、小熊猫、貂熊、虎等 7 种的数量均不足10 000只；尤其貂熊的数量仅 180 只，东北虎、印支虎、孟加拉虎的数量仅分别为 14 只、17 只、10 只左右。棕熊、紫貂、猞猁、黑熊、豺、狼等 6 种的数量介于15 000～35 000只之间；种群数量超过 10 万只的仅有豹猫、沙狐、赤狐 3 种，分别是 23 万只、16 万只和 15 万只。

4.5　种群变动趋势

调查结果表明，通过多年的积极保护，尤其是《中华人民共和国野生动物保护法》颁布实施以来，部分野生动物的资源数量趋于稳定并有所上升，其中，国家重点保护野生动物是资源数量保持稳定或稳中有升的主体，但非国家重点保护野生动物，特别是具有较高经济价值的野生动物的种群数量明显下降。

4.5.1　部分物种种群基本稳定或有所上升，国家重点保护物种是种群稳定或稳中有升的主体

在全国陆生野生动物资源调查涉及的 252 个物种中，有扬子鳄、白鹳、黑鹳、朱鹮等 61 个物种以前进行过专项调查或区域性调查，可与本次调查结果进行对比分析。分析表明，有 34 种野生动物的种群数量保持稳定或稳中有升（表 4－8），占可对比分析种类的 55.74%。这些物种均为国家重点保护野生动物，其中很多物种是受到国内外普遍关注的珍稀濒危野生动物。

在可对比分析的 61 种野生动物中，国家重点保护野生动物有 52 种，在种群数量保持稳定或稳中有升的 34 种野生动物中，国家Ⅰ级重点保护野生动物 25 种，Ⅱ级重点保护野生动物 9 种，种群数量保持稳定或稳中有升的国家重点保护野生动物占可对比分析的国家重点保护物种的 65.38%。这表明，国家重点保护野生动物不仅是种群数量基本稳定或稳中有升的主体，而且国家重点保护野生动物也呈总体上升态势。

国家重点保护野生动物种群数量基本稳定或稳中有升，与这些物种的保护管理具有比较完善的法律制度，国家不断加大投入，建立自然保护区，保护其栖息地，建立抢救中心，加大种群拯救力度有直接关系。

在种群数量保持稳定或稳中有升的国家Ⅰ级重点保护野生动物中，扬子鳄自 1986 年建立安徽扬子鳄国家级自然保护区后，有关部门从种群管理、栖息地保护及人工饲养繁殖方面加强管理，采取一系列卓有成效的措施，野生种群数量已由 10 多年前的 200 余条发展到 400 条，人工种群数量也已达 9000 余条；朱鹮从 1981 年重新发现时的 7 只发展到 2000 年的 147 只，2005 年则达到 450 只，不仅野生种群数量持续增长，栖息地质量也不断改善，栖息范围不断扩展，同时

表 4-8　种群数量基本稳定或稳中有升的物种

序号	物　种	种群数量（只）		保护等级
		20 世纪 70 ~ 80 年代	1995 ~ 2000 年	
1	扬子鳄 *Alligator sinensis*	200 余	400	Ⅰ
2	白鹳 *Ciconia ciconia*	2000 ~ 2500	4000	Ⅰ
3	黑鹳 *Ciconia nigra*	1000	1800	Ⅰ
4	朱鹮 *Nipponia Nippon*	7	147	Ⅰ
5	白琵鹭 *Platalea leucorodia*	2500 ~ 3000	7800	Ⅱ
6	大天鹅 *Cygnus cygnus*	10 000 ~ 15 000	22 000	Ⅱ
7	小天鹅 *Cygnus columbianus*	10 000 ±	15 000	Ⅱ
8	黄腹角雉 *Tragopan caboti*	4000 ±	9900	Ⅰ
9	灰孔雀雉 *Polyplectron bicalcaratum*	2700	2800	Ⅰ
10	黑颈鹤 *Grus nigricollis*	4000	7000	Ⅰ
11	白头鹤 *Grus monacha*	1000	1500	Ⅰ
12	丹顶鹤 *Grus japonensis*	877	1400	Ⅰ
13	白枕鹤 *Grus vipio*	3124	3500	Ⅱ
14	白鹤 *Grus leucogeranus*	2877	3000	Ⅰ
15	遗鸥 *Larus relictus*	2730	4700	Ⅰ
16	熊猴 *Macaca assamensis*	8000	8200	Ⅰ
17	豚尾猴 *Macaca leonina*	900 ~ 1000	1700	Ⅰ
18	藏酋猴 *Macaca thibetana*	10 000	17 000	Ⅱ
19	滇金丝猴 *Rhinopithecus bieti*	< 2000	2150	Ⅰ
20	黔金丝猴 *Rhinopithecus brelichi*	750	700	Ⅰ
21	棕熊 *Ursus arctos*	6400 ~ 7500	15 000	Ⅱ
22	黑熊 *Selenarctos thibetanus*	< 20 000	28 000	Ⅱ
23	小熊猫 *Ailurus fulgens*	3500	8000	Ⅱ
24	雪豹 *Phanthera uncia*	2000 ~ 2500	4100	Ⅰ
25	亚洲象 *Elephas maximus*	150 ~ 179	180	Ⅰ
26	蒙古野驴 *Eguus hemionus*	< 2000	14 000	Ⅰ
27	藏野驴 *Equus kiang*	< 70 000	170 000	Ⅰ
28	坡鹿 *Cervus eldi*	46 ~ 70 余	760	Ⅰ
29	梅花鹿 *Cervus nippon*	< 1000	7700	Ⅰ
30	白唇鹿 *Cervus albirostris*	7000	37 000	Ⅰ
31	藏羚 *Pantholops hodgsoni*	100 000	130 000	Ⅰ
32	羚牛 *Budorcas taxicolor*	13 800	22 000	Ⅰ
33	赤斑羚 *Naemorhaedus cranbrooki*	< 1500	2600	Ⅰ
34	盘羊 *Ovis ammon*	40 000 ~ 47 000	64 000	Ⅱ

人工种群也发展迅速，到 2004 年底，人工种群数量达到 422 只。黑鹳从 20 世纪 70 ~ 80 年代的 1000 只增加到 1800 只；黄腹角雉从 4000 只增加到目前的 9900 只，种群数量增加 1 倍多；灰孔雀雉的栖息地遭到严重破坏后，自然保护区作为其最后的避难所，使其种群受到有效保护，种群数量一直稳定在 2700 ~ 2800 只；黑颈鹤、白头鹤、丹顶鹤、白枕鹤、白鹤等鹤类的种群数量

也稳定增长。兽类中滇金丝猴和黔金丝猴由于在其分布区相继建立了自然保护区，加大了保护力度，种群数量基本稳定；豚尾猴虽然一直受到非法猎捕和栖息地破坏的巨大压力，但其种群数量仍然略有增加；坡鹿已由 20 世纪 70 ~ 80 年代的 40 ~ 70 只发展到 760 只，增长 10 倍；羚牛的种群数量也由13 800只增加到22 000只，种群数量增长较快。

种群数量保持稳定或稳中有升的国家Ⅱ级重点保护野生动物有大天鹅、小天鹅、白琵鹭、藏酋猴、棕熊、黑熊、小熊猫、盘羊等。其中白琵鹭由 20 世纪 70 ~ 80 年代的 2500 ~ 3000 只上升为 7800 只，种群数量增加 1 倍多；棕熊和黑熊虽然受到人类猎捕的巨大压力，其种群数量仍然显著增长；盘羊由于受到当地政府和公众的有效保护，种群数量由 1970 ~ 1980 年的 4 万多只增加到当前的64 000只。

此外，有些物种虽然缺乏对比资料，难于具体分析其种群变化趋势，但根据专家多年的观察研究以及本次调查访问资料，其种群数量趋于稳定或增加，如鸬鹚、环颈雉、褐马鸡、黑嘴鸥、棕头鸥、狍、野猪和岩羊等，其中褐马鸡的栖息地已由山西扩展到河北和陕西，种群数量达20 000只，环颈雉的种群数量已达 220 万只，野猪的种群数量已达 100 万只。

4.5.2　部分物种种群数量下降，非国家重点保护物种的种群数量下降趋势明显

调查表明，我国部分野生动物的种群数量呈下降趋势。在可供对比分析的 61 种野生动物中，种群数量下降的有 27 种（表 4 – 9，表 4 – 10），占 61 种的 44.26%，占所有调查物种的 10.71%，其中包括非国家重点保护动物 9 种，国家Ⅰ级重点保护野生动物 14 种，国家Ⅱ级重点保护野生动物 4 种。

表 4 – 9　种群数量下降的兽类

序号	物　　种	保护级别	种群数量（只）	
			1970 ~ 1980 年	1995 ~ 2000 年
1	蜂猴 *Nycticebus bengalensis*	Ⅰ	1500 ~ 2000	630
2	猕猴 *Macaca mulatta*	Ⅱ	200 000	100 000
3	短尾猴 *Macaca arctoides*	Ⅱ	70 000	23 000
4	川金丝猴 *Rhinopithecus roxellana*	Ⅰ	25 000	12 000
5	长尾叶猴 *Semnophithecus schistaceus*	Ⅰ	1000	760
6	戴帽叶猴 *Trachypithecus shortridgei*	Ⅰ	500 ~ 600	250
7	菲氏叶猴 *Trachypithecus phayrei*	Ⅰ	12 000 ~ 17 000	700
8	白掌长臂猿 *Hylobates lar*	Ⅰ	30 多只	25
9	黑长臂猿 *Hylobates concolor*	Ⅰ	2000（50 年代）	820
10	白颊长臂猿 *Hylobates leucogenys*	Ⅰ	530 ~ 620	165
11	貂熊 *Gulo gulo*	Ⅰ	200	180
12	猞猁 *Lynx lynx*	Ⅱ	70 000	27 000
13	豹猫 *Prionailurus bengalensis*		1 000 000	230 000
14	双峰驼 *Camelus ferus*	Ⅰ	730 ~ 880	380
15	原麝 *Moschus moschiferus*	Ⅰ	18 000 ~ 19 000	4500
16	野牛 *Bos gaurus*	Ⅰ	800 ~ 1000	480
17	野牦牛 *Bos mutus*	Ⅰ	6000 ~ 70 000	27 000
18	普氏原羚 *Procapra przewalskii*	Ⅰ	200 ~ 350	130
19	黄羊 *Procapra gutturosa*	Ⅱ	200 000 ~ 300 000	8000

表 4-10　种群数量下降的蛇类

序号	物　　种	种群数量（万条）		
		1991～1994 年	1995～2000 年	
		6 省	6 省	全国
1	眼镜蛇 *Naja naja*	1413.55	139.29	190
2	眼镜王蛇 *Ophiophagus hannah*	14.07	6.36	17
5	王锦蛇 *Elaphe carinata*	755.52	327.02	970
4	棕黑锦蛇 *Elaphe schrenckii*	18.47	18	330
5	百花锦蛇 *Elaphe moellendorffi*	37.15	30	35
6	灰鼠蛇 *Ptyas korros*	252.5	113.69	540
7	滑鼠蛇 *Ptyas mucosus*	438.17	90.2	290
8	乌梢蛇 *Zaocys dhumnades*	483.19	459.35	1700

非国家重点保护野生动物的种群数量呈明显的下降趋势。本次调查了 99 种非国家重点保护野生动物，其中豹猫、眼镜蛇、眼镜王蛇、王锦蛇、棕黑锦蛇、百花锦蛇、灰鼠蛇、滑鼠蛇、乌梢蛇等 9 种动物曾进行过专项调查并与本次调查可做对比分析。结果表明，这些物种均呈明显的下降趋势。其中，豹猫在 20 世纪 70～80 年代约有 100 万只，目前仅存 23 万只，种群数量下降到原来的1/5左右，其余 8 种可以进行比分析的动物均为蛇类，其种群均呈明显的下降趋势。

蛇资源下降趋势明显，保护形势十分严峻。由于大部分蛇为非国家重点保护动物，经济价值较高、市场需求过大，导致过度猎捕严重，资源面临严重危机。本次调查了 19 种蛇，其中有 8 种于 1991～1994 年由中国野生动物保护协会组织在辽宁、安徽、浙江、福建、湖北、广西进行过数量调查。对比分析表明，所有这些蛇的种群均呈明显的下降趋势，有的物种资源储量甚至不到 20 世纪 90 年代初的 1/10。其中眼镜蛇在 90 年代初仅辽宁、安徽、浙江、福建、湖北、广西等 6 省就有 1413.55 万条，目前在该 6 省仅存 139.29 万条，不到 90 年代初的 1/10。百花锦蛇在半个世纪以前，仅广西就有 60 万条，90 年代初在 6 省有 37.15 万条，而今 6 省仅剩 30 万条，全国数量仅为 35 万条；1991～1994 年调查时该 6 省有滑鼠蛇 438.17 万条，目前仅存 90.2 万条，不到当时的 1/4。

由于缺少历史资料，两栖动物的种群趋势难以估计。但两栖动物皮肤裸露、渗透性强，对栖息环境非常敏感，而且很多蛙类因肉味鲜美，长期遭到大量猎捕，随着化肥、农药的大量使用、水体污染、湿地退化、栖息地干扰破坏等各种因素的影响，以及人类对蛙资源的过度利用，其种群数量可能正迅速下降。

猛禽类、部分雁鸭类、大部分雉类和绝大多数观赏鸟类的保护形势也很严峻。如玉带海雕仅存 2800 只；四川山鹧鸪和海南山鹧鸪均为我国特有物种，种群数量分别为 1000 只和 1200 只，已处于极度濒危状态；绿孔雀仅残存 1000 只左右。在我国有分布的 4 种犀鸟科鸟类中，白喉犀鸟仅发现 4 只，棕颈犀鸟仅有 220 只，冠斑犀鸟仅存 250 只，双角犀鸟仅有 270 只，其种群生存面临着严重威胁。

部分兽类的种群数量也均呈下降趋势。本次调查的 78 种兽类中，20 世纪 70～80 年代曾进行过区域性或全国性专项调查、可以进行对比分析的有 38 种，其中 19 种的种群数量呈下降趋势，这些动物多为灵长类、食肉类和大型偶蹄类。其中蜂猴的种群数量由 20 世纪 70～80 年代的 1500～2000 只下降到目前的 630 只，种群数量减少 1/2 还多。豹猫的数量由原来的 100 万只减少到目前的 23 万只，资源量仅为以前的 1/5 强，原麝由 18 000～19 000 只下降到3500 只，资源

量减少到原来的1/4。

4.5.3　部分物种极度濒危

调查表明，我国部分野生动物处于极度濒危状态，单一种群物种面临绝迹的危险。白臀叶猴多年来一直未曾发现，本次调查仍未见到任何踪迹。四爪陆龟、扬子鳄、莽山烙铁头、鳄蜥、朱鹮、黔金丝猴、海南长臂猿、坡鹿、普氏原羚、河狸等单一种群物种不仅种群数量少而且分布狭窄，一旦遭受自然灾害、疫情或其他威胁，将面临绝迹的危险。其中，四爪陆龟在我国仅分布于新疆伊犁河谷地带的霍城县，数量1700只。野生扬子鳄在浙江仅见到2只，在安徽仅存400只。莽山烙铁头仅分布于湖南宜章莽山，分布面积几十平方千米，种群数量仅500只。鳄蜥分布于广西大瑶山地区，现存数量仅700只左右，本次调查在原有分布的桂平县和平南县均未有发现。朱鹮经过20多年的努力，虽然其数量持续恢复增长，种群数量仍然很少，分布范围仅限于陕西秦岭南坡局部地区；黔金丝猴目前仅见于梵净山自然保护区，数量约700只。海南长臂猿仅发现4群21只。经过20多年的抢救保护，坡鹿的数量虽恢复到760只，但仅分布于海南的大田，原有分布的屯昌、儋县、白沙、昌东、乐东等县均已绝迹。普氏原羚只见于青海湖的环湖地区，栖息面积仅1700hm^2，数量130只。河狸仅见于新疆的阿勒泰布尔根河及临近的青格里河河段，数量690只。

此外，两栖类中的版纳鱼螈仅存10 000条，爬行类中的伊江巨蜥仅存100条，鸟类中的黑脸琵鹭、中华秋沙鸭、白尾梢虹雉、小鸨、白喉犀鸟、棕颈犀鸟、冠斑犀鸟、双角犀鸟的种群数量均不足500只；兽类中的东北虎仅存约14只，白颊长臂猿仅存165只，亚洲象仅存180只，双峰驼、野牛的数量也不足500只，这些动物的种群数量很少，处于极度濒危的状态。

4.6　部分物种种群数量减少的原因

4.6.1　栖息地干扰和破坏

栖息地干扰、破坏、退化和缩减是我国野生动物资源下降的主要原因，调查表明，在本次调查的252种野生动物中，有221种动物的栖息地受到不同程度的干扰、破坏、退化、缩减或污染，占全部调查种类的87.7%。我国天然林面积自1970年以来减少了40%左右，野生动物的栖息地严重片断化或岛屿化；长期以来湿地开垦、围湖造田、湖泊淤塞、河水断流等造成湿地萎缩和质量下降；草原过度放牧，造成草地大面积退化和沙化，我国草原面积每年减少60万~70万km^2。栖息地的干扰破坏，已经严重地威胁着野生动物的繁衍生息。

4.6.2　非法猎捕和过度利用

非法猎捕和过度开发利用是我国野生动物资源下降的另一重要原因，调查表明，在本次调查的252种野生动物中，有132种因国内外市场需求过大而遭到偷猎盗猎、乱捕滥猎或过度开发利用，占调查总种数的52.38%。偷猎盗猎使国家重点保护野生动物种群难以恢复，而部分具有较高经济价值的物种，如麝类、鹿类等由于偷猎盗猎和乱捕滥猎，其种群数量持续下降，麝类从1950~1960年的200万~300万只估计种群量，急速下降到目前的60 000~70 000只，下降幅度高达98%，麝资源在多数分布区已几近枯竭；藏羚羊的非法贸易屡禁不止，不法分子在青藏高原北部大肆猎捕藏羚羊，在20世纪90年代后期，估计每年被滥杀20 000只左右。资源过度开发利用同样是非国家重点保护野生动物种群数量急剧下降的重要原因。估计我国每年食用蛇肉约6000t，相当于消耗几百万条蛇的数量；每年捕捉红嘴相思鸟、银耳相思鸟、画眉等观赏鸟类几百万只。巨大的市场需求导致的过度猎捕，使蛇类、蛙类和观赏鸟类等野生动物的种群遭到巨大破坏，种群数量下降，并使部分物种处于濒危状态。

4.6.3 环境污染

环境污染也是野生动物种群数量下降的一个重要原因。随着化肥、农药、灭鼠药、洗涤剂等化学品广泛使用以及工业“三废”严重污染水域和陆地，越来越多的野生动物资源受到威胁。一方面，环境污染或直接造成野生动物伤残或死亡，或污染元素在野生动物体内富集，造成其繁殖力下降。如，云南滇池的污染直接造成滇池蝾螈的绝灭，灭鼠药的大量使用，使以啮齿类为食的猛禽及小型食肉动物发生食物二次中毒而死亡等。另一方面，污染导致栖息地质量下降，功能逐步丧失，如酸雨造成许多植物死亡，从而又严重地威胁着当地野生动物的生存。

4.6.4 驯养繁殖业经营管理粗放，不能缓解野外资源的保护压力

近 20 年来，我国野生动物驯养繁殖业得到迅猛发展。截至 2000 年，全国已有18 238个野生动物饲养单位，成为世界上野生动物养殖场最多的国家之一。虽然我国野生动物养殖场数量较多，总体规模较大，但地区发展不平衡，而且 95% 以上的养殖场为民营企业，大多数养殖场的个体规模较小，部分养殖场设备简陋，效益低下，驯养繁殖技术落后，部分物种种源退化，需要长期依靠野外资源补充种源，加剧了野生种群的濒危程度。而且，我国生产的野生动物产品绝大多数为初级产品或半成品，经济效益低下，不能满足市场需求，难以缓解野外资源的保护压力；也有一些野生动物养殖场为追求经济利益，借驯养繁殖之名，倒卖野生动物，造成野生动物资源下降。

第 5 章 保护管理现状

我国野生动物保护管理工作于 20 世纪 50 年代中期起步，80 年代初期迅速发展，90 年代后基本进入科学管理阶段。《中华人民共和国野生动物保护法》颁布实施以来，经过各级政府、野生动物行政主管部门及其他有关部门的共同努力，我国野生动物保护管理工作取得了长足发展，野生动物保护管理的体制建设、法制建设和野生动物的驯养繁殖、经营利用、运输、进出口管理、自然保护区建设、公众教育、资源调查、科学研究等方面得到了稳步发展，逐步走上了科学管理、持续发展的良性循环轨道。

5.1 管理体制及机构建设

5.1.1 管理体制

根据我国《野生动物保护法》、《陆生野生动物保护实施条例》及《水生野生动物保护实施条例》的规定，国务院林业、渔业行政主管部门分别主管全国陆生、水生野生动物管理工作。省（自治区、直辖市）政府林业行政主管部门主管本行政区域内陆生野生动物管理工作。县级以上地方政府渔业行政主管部门主管本行政区域内水生野生动物管理工作。因此，我国野生动物实行分部门分级管理的管理体制。其中，国家林业局是全国陆生野生动物的行政主管部门，各级林业行政部门主管辖区内的陆生野生动物。

5.1.2 机构建设

行政主管部门

（1）全国陆生野生动物行政主管部门

根据《中华人民共和国野生动物保护法》和国务院关于《国家林业局职能配置和内设机构》方案，国家林业局设陆生野生动物与森林植物保护司，主管全国陆生野生动植物保护管理工作。其管理职能是：按照国务院规定，起草陆生野生动植物资源保护与管理的政策、法规；组织、监督、指导陆生野生动植物资源的保护与合理开发利用；研究提出国家重点保护的野生动物、植物名录的调整意见；在国家自然保护区的区划、规划原则的指导下，指导森林和陆生野生动物类型自然保护区的建设和管理；组织、协调全国湿地保护；负责濒危物种进出口和国家保护的野生动物、珍稀树种、珍稀野生植物及其产品出口的审批工作；组织、协调有关国际公约的履约工作。其具体职能如下。

- 组织拟定全国野生动植物、自然保护区、禁猎区、湿地保护和野生动植物进出口管理的方针、政策和法规，并监督执行。
- 组织编制和审核全国野生动植物、自然保护区、禁猎区、湿地保护的发展战略、规划、规程规范、技术标准和国家级自然保护区总体规划、经营方案（管理规划），并监督执行。
- 组织、指导全国野生动植物保护体系、重点工程和自然保护区、禁猎区的建设和管理；指导、监督全国野生动物驯养繁殖、野生植物培植及合理开发和经营利用，指导全国狩猎工作。
- 组织全国野生动植物、湿地资源、自然保护区的调查、监测、统计和建档。
- 组织、协调全国湿地保护，负责组织履行《湿地公约》规定的义务；负责提出国家重点保护野生动植物和国家、国际重要湿地名录、陆生野生动物禁猎期、禁猎区及其调整意见。
- 组织制定国家重点保护野生动物猎捕、野生植物采集计划；审核国家Ⅰ级重点保护野生动物及其产品的出口；核定非国家重点保护野生动物的年度猎捕量限额和国家Ⅰ级重点保护野生动物产品、国家Ⅱ级和非国家重点保护野生动物及其产品的经营利用限额；审核野生动物（国家Ⅰ级重点保护野生动物除外）出口限额计划；审核国外物种引进计划。
- 组织制定国家禁止、限额出口的珍贵树木的名录，审核珍贵树木出口限额计划，并监督执行。
- 组织评审国家级自然保护区并向国务院提出审批建议；审核国家植物园、野生动物园、国家禁猎区和国际狩猎场，并负责指导和监督管理。
- 组织指导野生动植物和自然保护区管理的行政执法和行政案件的统计分析。
- 组织指导有关野生动植物、自然保护区、禁猎区、湿地保护方面的国际合作与交流；组织、协调履行双边协定和《生物多样公约》林业部分的有关工作；组织和实施全球环境基金（GEF）项目。
- 承办国家林业局交办的其他事项。

（2）各省野生动物行政主管部门

根据我国《野生动物保护法》，各省人民政府林业行政主管部门主管本行政区域内陆生野生动物管理工作。因此，各省林业厅（局）是各省陆生野生动物行政主管部门。一般地，各省林业厅（局）下设野生动植物保护处负责陆生野生动植物的保护管理工作，为行政单位；由于编制等问题，有的省设置野生动植物管理站或管理中心，为事业单位；也有的省同时设置野生动植物保护处及野生动物管理站。截至2000年年底，全国有省级野生动物行政管理机构22个，事业单位24个（表5－1，图5－1）。

表5－1　我国林业系统各级野生动物管理机构统计（截至2000年底）

级　别	省　级		地（市）级		县　级		乡　镇　级	
性质	行政	事业	行政	事业	行政	事业	行政	事业
数量（个）	22	24	142	156	923	908	416	21 425

各省林业厅（局）作为省级陆生野生动物行政主管部门，主要负有以下各项工作职能：管理国家和省级森林和野生动物类型自然保护区；组织、建立地（市）、县级森林和野生动物类型自然保护区并指导其开展工作；组织、指导、监督、管理全省陆生野生动物、植物资源的保护、开发和合理经营利用；拟定本省重点保护的野生动物名录和珍贵树种名录，报省政府批准后公布并组织实施；负责濒危物种进出口管理以及国家保护的野生动物、珍稀树种、珍稀野生植物及其产品的出口审批工作，以及国家林业局或省政府交办的其他工作。

（3）地（市）级野生动物管理机构

截至2000年底，全国有地（市）级野生动物行政管理机构142个，事业单位156个。

（4）县级野生动物管理机构

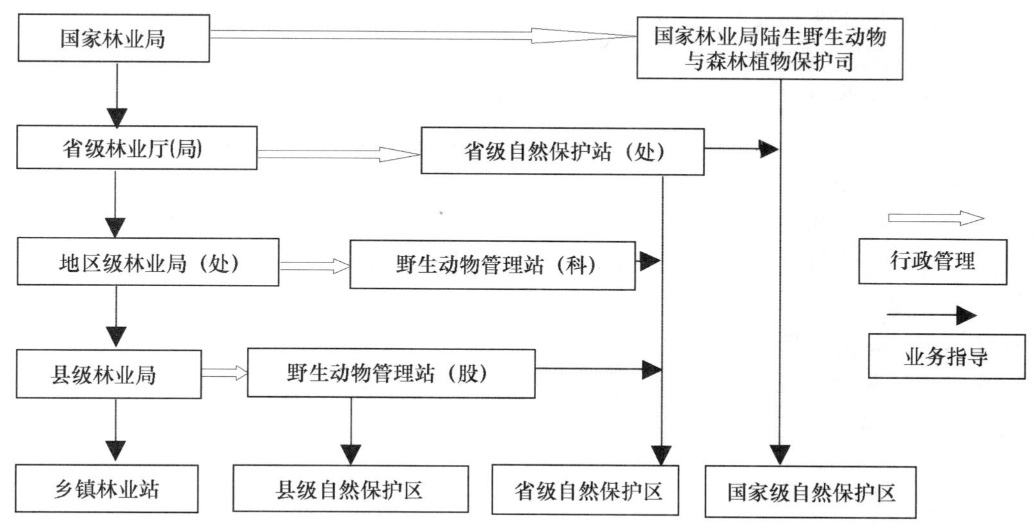

图5-1 我国陆生野生动物保护管理体系示意图

截至2000年底，全国有县级野生动物行政管理机构923个，事业单位908个。

（5）乡（镇）级野生动物管理机构

乡（镇）级野生动物管理机构的构成比较复杂，有的是县级野生动物主管部门的派出机构，属林业部门管理；有的是县级野生动物主管部门的委托机构，属县、乡双重领导或属乡（镇）管理。截至2000年底，全国有乡（镇）级野生动物管理机构416个，事业单位21 425个。

其他管理机构

1981年，我国正式加入《濒危野生动植物种国际贸易公约》（以下简称CITES），成为缔约国。根据CITES要求，国务院设立了中华人民共和国濒危物种进出口管理办公室，作为代表我国政府履行CITES的职能部门，负责对内协调规范各有关部门，对外代表国家履行公约。同时，我国《野生动物保护法》第24条规定，出口国家重点保护野生动物或者其产品的，进出口我国参加的国际公约所限制进出口的野生动物或者其产品的，必须经国务院野生动物行政主管部门或者国务院批准，并取得国家濒危物种进出口管理机构核发的允许进出口证明书。

中华人民共和国濒危物种进出口管理办公室在陆生野生动植物方面的管理职能如下：

- 在国家林业局组织下，参与研究拟定国家野生动植物进出口管理工作的方针、政策和法律、法规，协助主管部门组织协调全国野生动植物进出口管理工作；
- 代表我国政府与CITES所属机构及缔约国CITES管理机构进行事务联系，会同有关部门统一制定履行CITES的对外政策，参与研究处理与CITES相关的重大国际事务和港澳台履约的有关事务；
- 组织研究各缔约国提交CITES的决议、提案等文件，并提出相应的对策；会同有关部门向CITES提出我国的决议、提案等文件草案。负责陆生野生动物和珍稀野生植物的履约工作；
- 在国家确定的年度野生动物猎捕、野生植物采集和经营利用总限额内，负责提出全国野生动植物和珍贵树木进出口限额计划，经主管部门授权，负责审批国家Ⅱ级重点保护野生动物及其产品、国家Ⅰ、Ⅱ级重点保护野生植物及其产品的进出口，核发野生动植物或其产品的《允许进出口证明书》；统一印制和管理使用《允许进出口证明书》；
- 负责对野生动植物或其产品进出口经营单位和个人的登记、注册；负责进出口野生动植物或其产品的鉴别和标记管理工作；负责非盈利性种用野生动植物的进口免税工作；
- 协助监督检查口岸、边贸野生动植物或其产品的贸易情况，配合有关部门开展进出口野生动植物或其产品的执法活动及案件查处工作；
- 会同有关部门开展对非法进出口濒危物种的收容救护和被没收物种的返还、接收及处理工作；
- 负责各办事处的业务管理、财务管理和人员培训，协助国家林业局人教司抓好办事处人事管理工作。协助有关省林业厅（局）抓好办事处的党的建设和机关建设工作；
- 承办国家林业局交办的有关事宜。

目前，中华人民共和国濒危物种进出口管理办公室已在北京、上海、天津、广州、福州、成都、南宁、沈阳、哈尔滨、石家庄、济南、杭州、昆明、拉萨、乌鲁木齐、海口、呼和浩特等城市设立办事处。

除各级林业行政主管部门和中华人民共和国濒危物种进出口管理办公室外，涉及野生动物保护管理的行政管理部门还有公安、工商、海关、动植物检疫、商品进出口检疫、环保、畜牧、园林、交通运输、邮政、医药、卫生等许多部门。

5.1.3 队伍建设

经过多年的发展壮大，全国林业系统已建立起一套比较完整的野生动物保护管理队伍，初步形成了野生动物保护管理网络。

截止2000年年底，全国共有野生动物管理人员77 605人，其中省级管理机构有364人，具有专科或专科以上学历的287人；地（市）级管理机构有1290人，具有专科或专科以上学历的819人，中专及高中学历的356人，高中以下学历的115人；县级管理机构有9296人，具有专科或专科以上学历的3460人，中专及高中学历的3912人，高中以下学历的1924人；乡（镇）级管理机构有66 655人，取得中专及高中学历的33 477人，高中以下学历的23 019人（表5－2）。

表5－2　我国林业系统野生动物管理人员学历状况统计表（截至2000年底）

级别	省级			地（市）级			县级			乡镇级		
学历	专科以上	中专高中	高中以下	专科以上	中专高中	高中以下	专科以上	中专高中	高中以下	专科以上	中专高中	高中以下
人数	287	55	22	819	356	115	3460	3912	1924	10 159	33 477	23 019

调查表明，我国野生动物保护管理体系基本形成，野生动物的保护管理队伍基本稳定并逐步发展壮大，省级以上野生动物管理人员大多受过野生动物管理及相关学科的专业培训，地（市）级、县级、乡（镇）级的管理人员大多没有受过专业训练，缺乏相应的管理技能和专业技术知识，而且多数人员的学历较低。在我国县级野生动物管理机构中，具有专科以上学历的人员占37%，中专、高中及高中以下学历的人员占63%；在乡（镇）级野生动物保护管理机构中，具有专科以上学历的人员仅占15%，而具有中专、高中及高中以下学历的人员占85%。

5.2 法制建设

5.2.1 立法现状

过去，我国野生动物资源的管理处于无法可依、“野生无主，谁猎谁有”的状态。新中国建立后，我国政府高度重视野生动物保护及管理方面的立法工作，经过近50年的努力，基本形成了比较完善的野生动物及其栖息地保护的法律制度。目前，关于野生动物及其栖息地的法律法规主要有：

（1）有关国际公约及协定

① 1981年加入的《濒危野生动植物种国际贸易公约》（即CITES）；

② 1981年3月3日于北京签订的《中华人民共和国政府和日本政府保护候鸟及其栖息环境

协定》；

③ 1986 年 10 月 20 日签订的《中华人民共和国政府和澳大利亚政府保护候鸟及其栖息环境协定》；

④ 1992 年加入的《关于特别是作为水禽栖息地的国际重要湿地公约》（即《湿地公约》）；

⑤ 1993 年加入的《生物多样性公约》。

（2）主要法律

①《中华人民共和国刑法》；

② 1988 年 11 月 8 日，第七届全国人民代表大会常务委员会第四次会议通过，于 1989 年 3 月 1 日起实施的《中华人民共和国野生动物保护法》；

③ 1984 年 9 月 20 日第六届全国人大常委会第七次会议通过，1998 年修正后颁布实行的《中华人民共和国森林法》。

此外，《中华人民共和国进出境动植物检疫法》、《中华人民共和国草原法》、《中华人民共和国环境保护法》、《中华人民共和国农业法》、《中华人民共和国土地管理法》、《中华人民共和国水土保持法》等有关法律也对野生动物或其栖息地进行了规定。

（3）行政法规

① 1988 年 12 月经国务院批准、1989 年 1 月 14 日由林业部和农业部公布实施的《国家重点保护野生动物名录》。

② 1992 年 2 月 12 日国务院批准、1992 年 3 月 1 日林业部发布实施的《中华人民共和国陆生野生动物保护实施条例》。

③ 2000 年 8 月 1 日，经国务院批准，国家林业局公布的《国家保护的有益的或者有重要经济、科学研究价值的陆生野生动物名录》。

④ 1994 年 9 月 2 日经国务院批准发布、1994 年 12 月 1 日起实施的《中华人民共和国自然保护区条例》。

⑤ 1985 年 6 月 21 日经国务院批准，1985 年 7 月 6 日林业部发布实施的《森林和野生动物类型自然保护区管理办法》。

（4）司法解释

最高人民法院关于审理破坏野生动物资源刑事案件具体应用法律若干问题的解释。

（5）地方性法规

《中华人民共和国野生动物保护法》实施后，根据该法第 41 条“省、自治区、直辖市人民代表大会常务委员会可以根据本法制定实施办法”的规定，各地相继制定了地方性法规。其中四川等 9 个省已进行了 1 ~ 2 次修订，地方性法规细化、完善了野生动物保护法的有关内容，增强了其可操作性。

5.2.2　执法状况

自《中华人民共和国野生动物保护法》及《中华人民共和国陆生野生动物保护实施条例》颁布以来，野生动物及其栖息地的保护管理做到了有法可依，有章可循，全国各地的野生动物保护管理取得了明显的进展。

各省主要在以下几个方面进行了严格执法：①每年组织开展野生动物保护管理执法大检查或专项治理行动；②对经营利用、驯养繁殖野生动物的单位定期进行执法检查，严格取缔无证养殖、打击无证经营或超额、变相经营野生动物的违法行为；③对野生动物运输管理做到运输有证，证货一致，证货同行，积极协同民航、铁路、公路、航运等交通单位检查野生动物运输情况；④对进入集贸市场的野生动物及其产品，协同工商行政管理部门进行检查，做到野生动物定点、定量、定种经营，经营利用接受管理部门监督，对违法行为依法处罚；⑤对野生动物的进出口贸易严格按国家规定和国际贸易公约的要求进行，杜绝非法进出口贸易；⑥严格猎枪和弹具的管理，坚持持证狩猎制度；⑦对驯养动物表演团的管理做到严格发放驯养繁殖、运输等证件，严格对其驯养的野生动物种类、数量进行核实，要求各团申报驯养动物的变更情况，对违反规定的表演团依法进行处罚。

近年来，全国各级森林公安机关按照国家林业局、公安部的部署，在各地党委、政府和林业部门、公安机关的统一领导下，在各地野生动物保护部门、公安机关各警种的密切配合下，重拳出击、连续作战，从破坏野生动物资源违法犯罪发生的各个环节入手，打击破坏野生动物资源的行为，不断加强对野生动物及其栖息地的保护，取得了显著成果。

可可西里一号行动：1999 年 4 月 11 ~ 5 月 1 日，国家林业局森林公安局组织青海、新疆、西藏的森林公安机关共170 余名干警在可可西里、阿尔金山、羌塘地区开展了打击盗猎藏羚羊的违法犯罪统一行动。这次行动共打掉盗猎团伙 17 个，抓获盗猎分子 66 人，收缴藏羚羊皮 1658 张、藏羚羊头 545 只，野牦牛头 28 只、野牦牛皮 4 张，各种汽车 18 辆，各种枪支 14 支，子弹 12 000 余发。

南方二号行动：2000 年 1 月 15 ~29 日，国家林业局在云南、广东、广西、福建组织开展了旨在打击破坏野生动物资源的“南方二号行动”。在这次行动中，共出动公安干警 50 000 人次，破获刑事案件 264 起，清理非法市场 8370 个，收缴野生动物 40 000 多只，收缴野生动物产品 28 000kg余、野生动物皮张 1652 张。一批近年来罕见的大案要案也相继告破，有力地震慑了破坏野生动物资源的违法犯罪行为。

猎鹰行动：2001 年 11 月 21 日零时至 12 月 1 日 24 时，国家林业局、公安部、国家工商行政管理总局在全国大中城市开展了严厉打击破坏野生动物资源违法犯罪集中统一行动，代号为“猎鹰行动”。在此次活动中，全国共出动森林公安民警和其他执法人员近 10 万人次，清查宾馆、饭店、酒楼 27 000 余家，清理市场 6000 余个，查处各类破坏野生动物资源案件 4147 起，其中重特大刑事案件 59 起，处理涉嫌违法犯罪人员 4000 余人，收缴活体野生动物 62 万只（头），收缴野生动物制品65 205kg，处理涉嫌违法犯罪人员 4000 余人。

候鸟行动：针对一些不法分子利用候鸟迁徙规律，在迁徙停歇地和栖息地肆意张网捕鸟、投药毒鸟的严重情况，为进一步深入开展林业严打整治斗争，切实保护我国的鸟类资源，国家林业局森林公安局于 2003 年 12 月 16 ~25 日，沿着候鸟迁徙的路线，组织开展严厉打击破坏鸟类资源违法犯罪集中统一行动，代号为“候鸟行动”。行动主要在北京、辽宁、河北、山东、河南、安徽、江苏、上海、湖北、湖南、江西、浙江、福建、广东 14 个重点省全面展开。此次行动，全国 14 个省森林公安机关共出动警力41 625人次，清理宾馆饭店等场所16 385处，清理各种农贸、鸟类市场 3374 个，立刑事案件 77 起，其中重大特大案件 14 起，目前已破获 52 起，抓获犯罪嫌疑人 318 名；查处林政和治安案件 1829 起，处罚 2425 人，收缴各种鸟类活体107 968只，其中国家重点保护鸟类 1223 只，收缴鸟类制品9403. 17kg，收缴枪支 57 支，收缴猎具 6843 套，缴获作案车辆 24 台。

春雷行动：2003 年 4 月 10 ~ 19 日，国家林业局森林公安局在全国范围内统一组织指挥了“春雷行动”。在为期 10 天的行动中，全国森林公安机关共出动警力173 445人次，清理宾馆饭店等场所67 823家，清理野生动物市场14 988处；立刑事案件 342 起，其中重特大案件 86 起，抓获犯罪嫌疑人 1423 人，查处行政案件 8837 起，打击处理违法行为人 8098 人；收缴野生动物 938 501只（头），其中国家重点保护野生动物45 515只（头），收缴野生动物制品30 719. 85kg；收缴枪支 241 支，收缴猎具11 596套，缴获作案车辆 107 台。此次行动从出动警力人次、办理案件数量、打击处理违法犯罪行为人人数以及收缴野生动物数量等各个方面都超过了以往的历次行动。

候鸟二号行动：2004 年 3 月 21 ~30 日，国家林业局、公安部在全国范围内组织开展了严厉

打击破坏野生鸟类资源违法犯罪的“候鸟二号行动”。全国森林公安机关共出动警力102 417人次，检查野生鸟类活动区域7234处，检查清理宾馆、饭店29 655家、野生动物市场8839个。共立案查处各类破坏鸟类资源案件2732起，其中刑事案件66起，抓获犯罪嫌疑人61名，处罚违法行为人3310人次，收缴野生鸟类95 662只（其中国家重点保护鸟类900只），收缴其他野生动物39 951只（头）、制品6127kg，收缴各类枪支246支、其他猎具5173个。行动开展期间，中央电视台、人民日报、人民公安报、中国绿色时报等媒体都对行动进行了专门报道，扩大了行动声势，提高了全社会保护鸟类资源的意识。

5.3　自然保护区建设

截至2004年底，我国林业系统已建立各种类型、不同级别的自然保护区1674个，面积11 869.53万 hm^2，约占国土面积的12.36%（不含台、港、澳地区）。其中，国家级自然保护区166个，面积7141.83万 hm^2；省级自然保护区580个，面积3396.3万 hm^2；地（市）级自然保护区294个，面积584.7万 hm^2；县级自然保护区634个，面积746.7万 hm^2。

根据自然保护区类型划分标准和自然保护区建设职能分工，林业系统管理森林生态系统、湿地生态系统、荒漠生态系统、野生植物、野生动物5种类型自然保护区。在已建的1674个林业系统保护区中，森林类型自然保护区1061个，面积3001.9万 hm^2；湿地类型自然保护区228个，面积3373.0万 hm^2；荒漠类型自然保护区28个，面积3708.6万 hm^2；野生植物类型自然保护区86个，面积75.7万 hm^2；野生动物类型自然保护区271个，面积1710.3万 hm^2。

在林业系统已建的1674个自然保护区中，有1037个自然保护区已建立管理机构，占62%。不同级别自然保护区的管理机构建设存在较大差异，其中，166个国家级自然保护区全部建立了专门的管理机构；省级自然保护区已建管理机构467个，占81%；地（市）级自然保护区已建管理机构176个，占60%；县级自然保护区已建管理机构211个，占33%（表5－3）。

表5－3　林业系统自然保护区统计（截至2004年）

生态系统类型	数量（个）			面积（万 hm^2）		
	合计	国家级	地方级	合计	国家级	地方级
森林生态系统	1061	94	967	3001.92	1193.00	1808.92
湿地生态系统	228	31	197	3372.95	2393.53	979.42
荒漠生态系统	28	7	21	3708.66	3104.12	604.54
野生植物	86	3	83	75.68	5.76	69.92
野生动物	271	31	240	1710.32	445.42	1264.90
合计	1674	166	1508	11 869.53	7141.83	4727.70

5.4　救护中心建设

自1980年以来，尤其是野生动物保护工程实施以来，我国加强了野生动物救护中心建设，先后对虎、朱鹮、亚洲象、麋鹿、雉类、扬子鳄等濒危物种实施了专项拯救繁育工作，建立了专门的拯救繁育研究基地，还根据濒危物种的实际情况，扩展了重点拯救范围，将野马、高鼻羚羊、黑脸琵鹭、猎隼等濒危物种纳入保护工程。

目前，国家林业局批准建立了17处野生动物救护（繁育）中心（基地），许多省也建立了省级、地（市）级、县级救护中心。抢救了一大批受伤、病弱、饥饿、受困、迷途或因其他原因受到伤害的野生动物，拯救繁育了许多珍稀濒危物种，为我国野生动物保护，特别是对珍稀、濒危野生动物保护做出了巨大贡献。

●云南省有野生动物收容救护中心（站）16个，其中云南省野生动物收容拯救中心成立于20世纪90年代初，是全国第一家收容拯救野生动物的机构，占地100亩，有50余种、700多头野生动物在这里得到收容救治，其中国家Ⅰ级重点保护动物9种、Ⅱ级重点保护动物12种。此外，云南省分别在昆明、思茅、西双版纳、德宏、临沧等市建设了5个地（市）级收容救护中心；在孟连、澜沧、江城、瑞丽、陇川、盈江、梁河、耿马、丽江等9个县建设了10个州、县（市）级收容站，其中瑞丽建有2个收容站。

●新疆维吾尔自治区已建立16个野生动物救护中心，总面积达18.52km^2（包括饲养基地），总投资2231万元，基本可实现对自治区内特有珍稀濒危野生动物的救护。救护对象主要有马鹿、北山羊、盘羊、棕熊、雪豹、驼鹿、鹅喉羚、藏野驴等珍稀濒危动物。

●湖南省野生动物救护繁殖中心成立于1992年，到2000年实际投入518万元，已完成各项基础设施建设约20 000m^2，建有办公楼、百鸟园、珍稀雉类救护科研繁殖基地、果子狸良种繁殖基地等。其中果子狸良种繁殖基地为全国规模最大，黄腹角雉繁殖基地为全世界规模最大。中心成立以来，共救护各种野生动物109种，38 537头（只、条），繁殖各种珍稀动物和经济资源动物16种，2万余头（只、条）。

●广西壮族自治区珍稀濒危野生动物救护研究中心，占地面积6hm^2，与广西灵长类实验动物研究中心合署办公，建有动物笼舍26栋，饲养房268个（5360m^2），配套设施有检疫大楼6栋及兽医室、技术室、实验室、仓库、饲料加工房、办公大楼、职工宿舍等，共36 000m^2。此外，广西还建有防城港市野生动物收容救护中心，场地面积133hm^2，已建成有鳄鱼湖、熊山、猴山、豹房、灵长类实验动物养殖场、梅花鹿养殖场、爬行动物馆等。

●陕西省珍稀野生动物抢救饲养研究中心筹建于1987年，1993年经林业部批准正式建立。现有职工13人，其中技术人员5人。其主要任务是对大熊猫、金丝猴、羚牛等国家重点保护物种进行抢救、收容、饲养、繁殖和研究。建有兽舍1115m^2，管理用房326.1m^2；陕西省朱鹮救护饲养中心于1990年开始筹建，1992年由陕西省林业厅正式批准建立，占地面积8700m^2，其中笼舍面积1500m^2，泥鳅养殖池面积3000m^2。

●2005年，北京建成我国最大的野生动物救护繁育中心——北京市野生动物救护繁育中心，占地面积16hm^2，总建筑面积4359m^2，包括动物医院、七大类野生动物笼舍及综合办公楼等。

救护中心建设，不仅救护了受伤、受困的野生动物，而且通过科技攻关，成功解决了大熊猫、虎、朱鹮、金丝猴、扬子鳄等濒危物种的驯养和繁育等技术难题，使数十种极度濒危的野生动物建立了稳定的人工繁育种群，为下一步的野化放归，重建和恢复野外种群打下坚实的基础。目前，我国华南虎人工种群数量已发展到60余只，东北虎达1300余只；我国的扬子鳄人工种群已经从200多条发展到10 000余条，并在安徽成功地进行了放归自然试验；野马和麋鹿人工种群数量分别达到180只和1300多只，开始进行放归实验，并取得重大突破，初步建立起较为稳定的野生种群。珍稀濒危野生动物的野化放归，标志着我国濒危野生动物救护工作已经由单纯的物种迁地保护阶段迈向以物种回归自然为代表的野外种群恢复阶段。

5.5 监测体系建设

《中华人民共和国野生动物保护法》规定，野生动物行政主管部门应当定期组织对野生动物资源的调查，建立野生动物资源档案；各级野生动物行政主管部门应当监视、监测环境对野生动物的影响。从而奠定了野生动物监测的法律基础。从1994年全国陆生野生动物资源调查开始，我国开始组织构建全国野生动物监测体系，但因种种原因，发展缓慢。虽然成立了国家林业局陆生野生动物监测中心，但各省尚未建立相应机构，监测体系尚未真正建立。陆续开展的一些

监测项目也比较零散。

（1）2000 年 5 月 19 日，国家林业局陆生野生动物与野生植物监测中心正式成立。

（2）《技术规程》提出在调查的基础上建立全国野生动物监测体系，并对全国陆生野生动物监测的内容、样地选择、监测方法等做出了初步规定，并提出我国野生动物监测网络将包括国家陆生野生动物监测中心、省级野生动物监测站和野生动物定位监测点三部分；监测内容包括鸟类、兽类、两栖类、爬行类等，以及野生动物的栖息环境、饲养状况、贸易状况等。

（3）全国陆生野生动物资源调查之后，国家林业局组织开展了一系列专项调查，对金钱豹、东方白鹳、中国林蛙、瑶山鳄蜥、蒙古野驴、北山羊、四爪陆龟、黑琴鸡等进行了调查。

（4）制定了《全国陆生野生动物资源监测工作方案》并组织专家进行了评审。

（5）制定了《全国大熊猫及其栖息地监测技术规程》，规程确定了大熊猫监测的范围、内容、指标、方法等。

（6）国家林业局从 2005 年起，在 10 个省实施野生动植物监管项目。

此外，省级野生动物监测也陆续展开。

5.6　宣传教育

多年来，各级林业主管部门和社会团体，采取多种形式，向社会公众尤其是青少年广泛开展了野生动物保护宣传教育，使社会公众的野生动物保护意识普遍提高，群众参与野生动物保护的积极性大大增强，极大地推动了野生动物保护工作的发展。我国野生动物保护的宣传教育主要开展了以下几个方面的工作。

5.6.1　积极开展“爱鸟周”和“野生动物保护宣传月”活动

20 世纪 80 年代初，根据国务院规定，各省陆续开展了“爱鸟周”和“野生动物保护宣传月”活动。各地举办“爱鸟周”和“野生动物宣传月”的时间不一致，但大多数省份的“爱鸟周”在每年的 4 月或 5 月份的某一周，“野生动物保护宣传月”在 9、10 或 11 月份。有些地区还选择了“爱鸟周”的某一天作为“爱鸟节”。“爱鸟周”和“野生动物保护宣传月”在有些省份已举办了近 20 届，取得了非常好的效果。

各省利用“爱鸟周”和“野生动物保护宣传月”大力开展宣传活动，集中时间在各地（市）同时开展爱鸟护鸟、爱护野生动物、保护大自然的宣传。在“爱鸟周”和“野生动物保护宣传月”期间，各地野生动物行政主管部门、野生动物保护协会及有关大学、科研院（所）组织宣传队上街向广大人民群众、中小学生宣传有关野生动物保护的法律、法规和野生动物保护的知识。同时利用广播、电视、报刊、杂志等各种新闻媒体进行宣传活动。各地的宣传活动内容丰富、形式多样。

5.6.2　与新闻媒体合作，开展多种形式科普教育和保护宣传

新闻媒体具有信息快、覆盖面广的优势，利用新闻媒介进行宣传具有事半功倍的效果。各级林业行政主管部门、野生动物保护协会、野生动物研究机构等积极与电台、电视台、报刊、杂志等新闻媒体合作，进行野生动物保护宣传活动。“人与自然”、“绿色空间”、“东芝动物乐园”等电视栏目家喻户晓，深入人心。其中许多内容取材于我国野生动物保护方面的典型实例，很多期节目是新闻媒体与野生动物行政主管部门、自然保护区、有关科研机构共同合作完成的。这些节目的播出无疑对野生动物保护宣传有重大的推动作用。

各级林业行政主管部门、野生动物研究机构等大量报道野生动物保护方面的事迹、宣传文章等，也是野生动物保护宣传的重要手段。《中国绿色时报》、《中国环境报》等都经常刊登野生

动物保护方面的文章，还经常开辟野生动物专栏，号召社会各界参与讨论有关野生动物保护的政策法规。各地方报刊也经常报道野生动物保护事例或野生动物保护知识，取得良好的效果。

各类杂志是各级野生动物行政主管部门进行野生动物知识普及和野生动物保护宣传的又一个重要阵地，《野生动物》、《大自然》、《自然与人》、《森林与人类》等都是国内在野生动物保护宣传、科普教育方面很有影响的刊物，对普及野生动物保护知识提高社会各界的野生动物保护意识发挥了重要作用。

中国林业出版社等国家级出版社出版了一大批有科学价值、有社会影响的图书。如科学出版社出版的《中国濒危动物红皮书·兽类》、《中国濒危动物红皮书·鸟类》、《中国动物志》等；中国林业出版社出版的《中国西北地区珍稀濒危动物志》、《中国东北地区珍稀濒危动物志》、《中国猛禽——鹰隼类》、《中国雉类——褐马鸡》、《中国雉类——白腹锦鸡》、《中国白唇鹿》、《中国羚牛》、《中国朱鹮》、《中国鹭类》、《中国普氏原羚》、《中国麝类》、《大熊猫繁殖研究》、《中国湿地保护行动计划》、《湿地：人与自然和谐共存的家园》、《大熊猫——人类共有的自然遗产》、《中国哺乳动物彩色图鉴》、“神奇多彩的中国湿地系列”等等，对我国的生物多样性研究与保护起到了促进作用，也提高了我国在国际研究领域的地位。

5.6.3 举办专业培训，提高人员素质

野生动物保护管理工作难度大，涉及面广，技术要求高，需要大量专业技术人员，但我国野生动物专业人员十分缺乏。进行专业培训，提高专业技能十分必要。各级林业部门积极利用各种机会，开展了多种形式的培训活动。全国各省每年都派送大量的基层管理人员到有关大专院校、科研机构学习、进修，或邀请专家来本地进行野生动物保护管理法律法规、野生动物管理学、珍稀动物识别、自然保护区管理学等方面的培训，以拓展其专业知识，提高管理效能。

5.7 科学研究

5.7.1 科学研究体系

建立野生动物科学研究队伍，完善研究体系是野生动物科学研究的首要工作。新中国建立后，我国政府就开始野生动物科研人才的培养和野生动物科学研究体系的建设工作。经过几十年的努力，我国建立了一批从事野生动物研究的科研机构，培养了一支能吃苦、善钻研的科研队伍。我国从事野生动物科学研究的机构和人员不仅分布在国家林业局的有关直属研究机构，还分布在中国科学院有关研究所、有关大专院校以及各省的有关研究机构。我国野生动物科学研究体系基本形成。

我国野生动物科学研究机构主要有：

（1）中国科学院的有关研究所

中国科学院系统很早就开始了野生动物方面的研究，许多老一代的科研工作者在新中国建立之前就从事这方面的工作。目前，中国科学院所属的动物研究所、昆明动物研究所、西北高原生物研究所、新疆土壤沙漠生物研究所、成都生物研究所等都是从事野生动物科学研究的机构。

（2）林业系统的直属科研机构

林业系统直属的从事野生动物科研及监测的机构主要包括：2000 年成立的国家林业局陆生野生动物与野生植物监测中心，1982 年成立的全国鸟类环志中心，1999 年成立的国家林业局野生动物研究与发展中心。

（3）有关大专院校

1959 年在东北林学院（东北林业大学）设立野生动物教研室和狩猎专业，以培养野生动物管理、科研方面的专门人才，进行野生动物科学研究。20 世纪 90 年代后期以来，西南林学院、中南林学院、北京林业大学也先后成立了野生动物专业。

各大学生物系、生命科学学院是我国野生动物研究的一个重要组成部分，如北京师范大学生命科学院、北京大学生命科学院、兰州大学生命科学院、浙江大学生命科学院等。许多省属大学也承担野生动物研究重要课题并取得突出成就，如安徽师范大学对扬子鳄的研究，四川师范学院对大熊猫的研究，西北大学对金丝猴的研究等，均处于国际、国内领先地位。

（4）各省科研院所

我国省级野生动物研究机构数量较少，比较有代表性的如黑龙江省野生动物研究所（东北濒危动物研究所）、陕西动物研究所（西北濒危动物研究所）、华南濒危动物研究所、广东昆虫研究所、四川资源动物研究所、贵州生物研究所等。

5.7.2　科学研究现状

自 20 世纪 80 年代后期，我国野生动物研究进入蓬勃发展时期，各种现代生态学的理论和研究技术被引入到野生动物的研究领域，如计算机技术、数学模型与计算机分析、无线电遥测技术、“3S” 技术以及分子生物学技术等，使我国野生动物的研究水平不断提高，研究领域不断扩展，为我国野生动物保护发挥了重要作用。

兽类

（1）兽类生态学

兽类生态学是我国兽类学研究领域中最活跃的一部分，近 20 年来，我国兽类生态学又有了较大进展，但各分支学科发展很不平衡。在种群生态学方面，其研究对象不再局限于鼠类，对许多大型兽类的种群生态学研究有了明显的增加，如野生大熊猫生命表的编制，由大熊猫的年龄结构评估其种群发展趋势等等。小型兽类的研究已从一般的数量动态、季节消长逐步转向为基于长期定位的种群动态监测和规律的探讨。在个体生态学方面，有关大型、珍稀、濒危兽类个体生态学的研究有明显增加，如胡锦矗和潘文石对大熊猫的系列研究、盛和林在鹿科动物方面的研究、马逸清等在熊类动物方面的研究等。在兽类行为生态学方面，我国改革开放的前 10 年（1980 ~ 1990），大型兽类行为生态学主要集中在一些濒危、珍稀兽类，如金丝猴、大熊猫、猕猴等，此后，我国动物行为生态学发展步入比较快的时期，研究对象比较广泛。在群落生态学方面，研究对象主要是以啮齿目为主的小型兽类，侧重于森林采伐、皆伐和草原开垦、撩荒后，随着植被剧烈地演替，导致鼠类的演替，其群落的组成和结构发生的变化。在生态系统生态学方面，80 年代初期在我国兴起了研究高潮，兽类在不同生态系统中的地位及所扮演的角色，受到大家的重视。此后，生物多样性的生态系统功能受到广泛重视。在应用生态学方面，主要集中在鼠害综合治理及兽类资源管理和持续利用两方面。我国在兽类管理及持续利用领域起步较迟，但近 20 年有了长足发展，为我国兽类资源管理和持续利用奠定了良好基础。《野生动物保护原理及管理技术》、《保护生物学》 等著作相继出版。《中国濒危动物红皮书 · 兽类》 一书，结束了我国作为兽类资源大国而无自己的红皮书的局面。

（2）分类、区系

20 年来，我国兽类分类和区系研究取得了较大的发展，研究专著不断问世。据不完全统计，1980 ~ 2000 年期间，共出版兽类分类学专著 20 余部，涉及全国和地区的兽类志就有 17 部，其中地方兽类志就占了 15 部，此外，涉及特产、濒危、稀有兽类专著 8 部，如《西藏的哺乳动物》、《白头叶猴生物学》 等。陆续出版的还有《中国哺乳动物种和亚种分类名录与分布大全》、《中国鸟类分类与分布名录》 等。以论文形式发表的兽类学分类方面或专题研究论文明显增加，反映了我国兽类中某些科、属的分类工作的不断深入。同时，分子生物技术得到广泛应用。

（3）形态解剖学

我国兽类形态解剖学研究主要集中在几种特产、珍稀兽类上，如大熊猫、白暨豚和几种灵长类动物，有蹄类和啮齿类的研究开展的不多。

（4）动物地理学

对50年代由郑作新、张荣祖提出的《中国动物地理区划》进行了再次修订。大部分省区及一些重要城市均已完成啮齿类区系和区划工作。以鼠兔亚目为对象，运用国际生物地理学领域中新兴的隔离分化生物地理学方法，对其地理分布格局进行分类，提出系统分支与地区分支的对应及其形成假说。从动物地理学的角度对灵长类的分布和现状进行了探讨并发表了许多论文。出版物有《中国哺乳动物分布》、《中国动物地理》等。

鸟类

（1）繁殖

繁殖是鸟类生态学研究中最引人关注的领域，长期以来一直是我国鸟类生态学研究最重要内容。20世纪80年代以来，国内学者在进行鸟类繁殖生态学研究中，开始越来越多地关注珍稀濒危鸟类的繁殖生态学问题，如对鹳形目、隼形目、鸡形目、鹤形目等鸟类的研究。人们越来越多地运用定量与定性相结合的方法研究鸟类繁殖生态学问题，进行了探讨繁殖成功率与其影响因素、窝卵数与繁殖对策、繁殖生产力和繁殖方式及其影响因素等较为深入的研究工作，同时，行为生态学的理论与方法逐步渗入繁殖生态学领域。

（2）行为研究

90年代后期，我国鸟类行为生态学的研究有了长足发展，其研究内容不断丰富。在领域行为方面，开展了白枕鹤、黑眉苇莺和红隼等鸟类的领域行为，以及大山雀、沼泽山雀、丹顶鹤、白枕鹤的领域行为研究。在集群与社群行为方面，对冬季丹顶鹤及白鹳、环颈雉、白鹇、斑尾榛鸡、花尾榛鸡等进行了较为深入的研究，与此同时，在鸟类捕食行为、觅食行为、争斗与警戒行为、日活动与运动行为等方面进行了相关的研究工作。

（3）栖息地

随着生物多样性保护研究工作的开展，人们越来越认识到研究鸟类栖息地特征、鸟类栖息地选择的主要影响因子及其栖息地选择机制的重要意义，开展了大量的研究工作。特别是栖息地选择机制的研究已成为当前我国鸟类生态学的研究热点之一。80年代末，我国首次采用无线电遥测技术对黄腹角雉栖息地进行研究，推动了我国鸟类栖息地研究。此后，我国相继开展了鸟类栖息地及栖息地内各种生态小区选择主要因子与选择机制的深入研究，如对黄腹角雉、红腹角雉、大石鸡、环颈雉、白颈长尾雉的栖息地选择和栖息地利用影响因子的研究，对朱鹮、鹭科鸟类、斑翅山鹑、黄腹角雉等的巢址与巢位研究，朱鹮觅食地及白颈长尾雉夜宿地选择的研究等。

（4）种群

我国鸟类种群生态学的研究主要集中在种群数量及其动态方面，还有种群年龄鉴定与种群年龄结构、种群生命表、种群分布型、种群生存力等内容的研究。

（5）群落

80年代以后，我国学者开展了森林鸟类群落、湿地鸟类群落、高原草甸与草原鸟类群落、荒漠地区鸟类群落、景观鸟类群落等方面的大量研究。其中，有关鸟类群落集团结构、生态位与种间关系、生态分布型、群落动态与演替、植被与鸟类群落的关系和城市化对鸟类群落的影响等方面的研究较为深入。

第 6 章

发展思路

6.1 我国陆生野生动物资源管理存在的主要问题

自 20 世纪 80 年代以来，尤其是林业六大重点工程实施以来，我国陆生野生动物保护管理的法律制度不断健全，执法能力不断加强，管理人员的素质逐渐提高，野生动物及其栖息地保护的管理体系日趋完善，为社会可持续发展做出了巨大贡献。但是，我国陆生野生动物管理工作仍然存在一些问题，这些问题主要表现在几个方面。

6.1.1 管理体系尚不完善，管理水平和专业技能有待提高

80 年代以来，我国不断加强野生动物保护管理体系建设，陆生野生动物保护管理体系基本形成，各省、地（市）、县，甚至很多乡（镇）建立了野生动物保护管理机构。但是我国野生动物管理体系仍不完善，很多县及乡（镇）没有独立的野生动物保护管理机构，没有野生动物专职管理人员。近年来，我国不断加强自然保护区的建设力度，自然保护区数量增长较快，但是相对于我国野生动物种类多、分布广、栖息地类型多种多样的特点，仅靠自然保护区难以完成野生动物的保护任务。我国禁猎区建设才刚刚开始，栖息地保护站建设、保护小区建设、社区共管共建等尚未受到应有的重视，很多野生动物重要栖息地没有专门的管理机构和人员，管理仍比较薄弱，急需加强完善。

虽然我国野生动物管理人员基本能适应工作需要，但基层管理人员的管理水平和专业技能有待进一步提高。调查表明，省级以上野生动物管理人员大多受过野生动物管理及相关学科的专业培训，但地（市）级、县级、乡（镇）级的管理人员大多学历较低，没有受过专业训练，缺乏相应的管理技能和专业技术知识。

6.1.2 法律体系有待完善，对破坏野生动物的行为打击力度不够

自 1989 年《中华人民共和国野生动物保护法》实施以来，经过多年的努力，我国野生动物保护的法律体系基本建立。《中华人民共和国野生动物保护法》、《中华人民共和国陆生野生动物保护实施条例》、《中华人民共和国森林法》、《中华人民共和国自然保护区条例》及相应的地方性法规共同构筑了保护野生动物及其栖息地的法律屏障，对野生动物及其栖息地的保护管理做出了巨大贡献。但是野生动物保护法颁布已经十多年，很多规定已经不适应社会经济发展的需要，急需修改完善。《国家保护的有益的或者有重要经济、科学研究价值的陆生野生动物名录》

颁布后，其相应的配套法律制度尚未建立，野生动物进出口管理条例尚未颁布，野生动物流通领域的管理制度需要完善，野生动物福利方面的立法尚未进行，不完善的法律制度制约了野生动物保护事业继续健康发展。在执法方面，虽然取得了显著成效，但对破坏野生动物行为的打击力度仍然不够。偷猎盗猎、侵占破坏野生动物栖息地、非法收购、贩卖、运输、携带、走私野生动物及其产品的现象时有发生，甚至成为部分物种种群下降、局部地区野生动物资源枯竭、某些种类濒危的主要原因。

6.1.3 资源调查不足，监测工作尚未全面开展，科学研究工作滞后

野生动物种群数量不清，资源本底不明一直制约着我国野生动物保护事业的健康发展。新中国建立以来，虽然我国各级野生动物主管部门和有关机构先后组织了一系列野生动物资源调查，但这些调查大多为局部的、区域性的区系调查或仅针对少数物种的数量调查，不能反映我国野生动物资源的整体状况。本次调查，虽然对252个物种进行了全国数量调查，初步了解了我国野生动物资源本底，但相对于我国丰富的野生动物资源，调查种类仍很不够。我国野生动物监测工作刚刚起步，野生动物资源监测体系尚未建立。使得政府主管部门难以及时全面了解野生动物资源状况及其发展趋势，野生动物保护管理决策的制定缺乏科学的理论依据。

在科学研究方面，现行的科研体制已经不适应市场经济发展要求，科研经费短缺，科研人才不足而且流失严重，野生动物生态保护管理方面的研究机构屈指可数。由于受设备、人员、技术水平的限制，许多重大急需的研究课题难以顺利完成。在研究项目方面，基础理论研究不够，各个物种之间的研究不平衡，珍稀濒危物种的研究相对较多，而非国家重点保护物种的研究较少；关于物种生态习性方面的观察研究相对较多，而关于物种保护、栖息地恢复的研究相对较少。研究项目相互独立，缺少经过充分协调组织的重大科研项目的高技术成果。总之，科学研究滞后，难以适应现代化的野生动物保护要求，也是我国野生动物保护管理缺乏科学依据的重要原因。

6.2 发展思路

针对我国陆生野生动物保护所面临的形势，我国将进一步加强野生动物资源调查与监测，掌握野生动物资源动态，加大资源保护管理力度，健全保护管理机构，促进自然保护区工程建设，结合天然林保护工程和退耕还林工程，促进栖息地的恢复，规范驯养繁殖活动，促进野生动物驯养繁殖业健康发展。

6.2.1 强化栖息地保护管理，促进栖息地恢复和改善

自然保护区建设对野生动物及其栖息地保护发挥了重要作用，今后将在继续加强自然保护区建设。同时，还应注重自然保护区外的野生动物重要栖息地建设，建设多层次野生动物栖息地保护管理体系。根据调查结果，分析各个物种的分布和栖息地状况，根据野生动物生存繁衍的要求，在其重点分布区域抢救性地建设一批保护区、保护小区和保护站点，实行抢救性保护。采取有效措施，完善自然保护区布局和网络体系建设，通过增建保护区或保护小区、建设野生动物生态通道、扩大、改善栖息地等措施，促使破碎化的栖息地连接成片。结合天然林保护工程和退耕还林工程，应用先进技术，对栖息地进行恢复和改善，提高栖息地质量。加强禁猎区建设，注重栖息地保护站建设和保护小区建设。采取综合措施，使野生动物及其栖息地均得到有效保护。

6.2.2 强化综合管理，实行全面保护

野生动物保护管理是综合性、系统性很强的工作，我国将综合运用法律手段、行政手段和

经济手段，强化野生动物资源保护管理，工作重点逐步实现由重点物种的抢救保护向所有物种的全面保护转变，由濒危物种的抢救性保护向预防性保护转变。在资源调查的基础上，逐步开展珍稀濒危野生动物的濒危等级划分和评定工作，根据调查结果，将栖息地或种群破坏严重、资源量较少的非重点保护野生动物上升为国家重点保护野生动物或地方重点保护野生动物，进行严格管理。强化依法管理，从生态优先、保护第一的要求出发，进一步规范和处理好保护与利用、保护与发展之间的关系，严格限制或禁止利用直接来源于野外的野生动物，对即使是允许适当利用的野生动物，也将实行限额管理和宏观调控，特别是对非国家重点保护野生动物，尽快研究提出防止资源过度消耗的保护政策和管理措施。在资源出口方面，根据各地的资源状况和管理水平，分省按物种逐一核定资源消耗限额，充分估计国内资源消耗量，合理确定出口限额，做到既要正确引导国内需求以免过度消耗资源，也要防止国际需求的刺激对资源带来的冲击。依法强化对野生动物的猎捕、收购、运输、加工和经营的监督管理，既要严厉打击偷猎盗猎行为，加强野生动物保护的源头管理，也要加强对野生动物利用的执法监管，努力避免无节制的消费对野生动物资源的破坏。加强法制建设，确保国家有关保护管理的法律、法规和政策得到切实落实。同时，加强野生动物保护宣传教育，提高全社会保护意识和法制观念，使全社会都意识到保护野生动物的重要意义。

6.2.3　加强濒危物种的人工繁育工作，确保物种不灭绝

采取有效措施，进一步加强极度濒危的野生动物的人工繁育工作，积极发展人工种群，确保物种不灭绝。对于极度濒危的物种，在强化栖息地保护的同时，采取措施，加强种源繁育和基因保护工作，应用先进技术和科学手段，按物种系统地研究和实施物种救护、饲养、繁育、野化和放归技术，促进物种的生存和发展。根据资源调查结果，深入分析各物种的濒危程度，研究栖息地恢复对种群保护的重要性，逐一确定必须立即辅以人工繁育以免灭绝的物种，列入全国野生动植物保护及自然保护区建设工程，予以布局和实施。

6.2.4　加强野生动物驯养繁育工作，逐步实现由利用野外资源向利用人工资源转变

加强野生动物驯养繁育工作，不断扩大人工种群是解决社会发展对野生动物及其产品的需求日益增长、缓解野生动物野外资源保护压力的根本出路和当务之急。今后将依据全国陆生野生动物调查结果，研究制定促进野生动物驯养繁育的政策机制，努力实现由利用野外资源向利用人工资源转变。我们将进一步解放思想，创新机制，制定野生动物驯养繁育的鼓励扶持政策，逐步实行“谁养谁有谁受益”的激励机制，鼓励社会资金向野生动物养殖业注入，促进野生动物驯养繁殖业的进一步发展。从管理上、政策上、机制上为人工繁育创造良好的发展环境。对于养殖技术成熟的物种，建立种源基地和技术推广基地，加快种源繁育和技术推广。采取市场机制，优化产业结构，扩大养殖规模，逐步实现野生动物驯养繁育和经营利用的规模化、集约化、现代化，促进利用野外资源向利用人工驯养繁殖资源的转变。

6.2.5　加大人才培养力度，完善保护管理体系

管理机构和管理队伍建设是野生动物管理的必备条件。今后，我国将在继续加强管理体系建设，完善野生动物保护管理体系的同时，重点加强基层保护管理机构建设，建立健全县、乡级保护管理机构，使野生动物保护管理工作深入到基层，做到所有的野生动物都有机构负责，有人抓，有人管。在不断加强自然保护区建设的同时，在资源集中分布的地区建设禁猎区、栖息地保护站，实行禁猎期制度，建立比较完善的野生动物及其栖息地综合保护管理体系。加大人才培养力度，强化队伍培训，尤其要加强基层管理队伍的培训工作，使野生动物保护管理工作深入基层，确保国家有关野生动物保护管理的法律法规能够得到全面贯彻落实。

6.2.6 完善法律法规，严厉打击破坏野生动物及其栖息地的行为

完善的法律制度是野生动物保护工作的根本保障。在我国社会公众的野生动物保护意识仍然比较淡泊，人口日益增多，社会经济快速发展，人与野生动物的矛盾仍然比较突出的今天，实行依法保护显得优为重要。我国将加快有关立法工作，推进野生动物保护管理法律制度的建立和完善。首先要加快野生动物保护法的修改进程，争取濒危野生动植物进出口管理条例早日颁布实施，制定《国家保护的有益的或者有重要经济、科学研究价值的陆生野生动物名录》的配套法规，建立野生动物致人损害补偿办法等。同时，研究制定野生动物流通领域管理的法律制度及野生动物福利保护的法律制度等，并对大熊猫、虎、麝等一批特别珍贵、濒危的野生动物制定专项保护法律法规。继续加大执法力度，对非法猎捕、收购、运输野生动物及其产品和破坏野生动物栖息地的违法犯罪行为给予坚决打击。加强执法队伍的能力建设，杜绝有法不依、执法不严、知法犯法的行为发生，为野生动物资源的保护和合理利用创造良好的社会环境。

6.2.7 继续开展资源调查

本次调查，限于资金、人员和技术条件的限制，我国仅仅调查了252种野生动物，调查种数不到我国两栖类、爬行类、鸟类和兽类总种数的10%，大量的野生动物尚未进行调查，而且很多物种从未进行过全国性或区域性的资源调查或研究，在本次调查中，有的物种没有见到实体或痕迹，很多物种的种群发展趋势尚不明确，需要继续进行更为深入的调查。这次调查，虽然初步了解了我国野生动物资源的本底，但离全面掌握我国野生动物资源现状还有一定距离。因此，在今后相当长的时期内，继续开展野生动物资源调查，了解各物种的种群数量及变动趋势，仍是我国野生动物工作的重要任务。我国将在这次调查的基础上，总结经验，吸取教训，应用先进技术，提高调查水平，逐步开展有关物种调查工作，以全面掌握我国野生动物资源状况和变动趋势，为全面保护、合理利用我国的野生动物资源提供科学依据。

6.2.8 尽快建立资源监测体系，实现对资源的动态监测

野生动物资源调查和监测是野生动物保护管理的基础，我国将以这次调查为契机，尽快建立健全野生动物资源监测体系。首先进一步完善国家林业局野生动物资源监测中心建设，建立各省野生动物资源监测站，确定监测点，划定监测样地，制定监测技术标准，逐步开展国家重点保护野生动物、CITES附录物种、《国家保护的有益的或者有重要经济、科学研究价值的陆生野生动物名录》所列物种及环境指示种、生态关键种的监测。对野生动物的种群状况及其影响因素、栖息地状况及其影响因素、驯养繁育及利用状况等进行动态监测，掌握野生动物资源的消长变化趋势及影响因素，为我国野生动物的有效保护和合理利用提供科学依据，提高我国野生动物保护管理决策的科学性。

6.2.9 加强科学研究，建立科技支撑体系

针对我国野生动物科研力量薄弱，科研手段落后，人才流失严重的现状，我国将逐渐培育完善适合社会主义市场经济发展的野生动物科学研究机制，加大科研投入，改善科研条件，组建一支具有献身精神的高素质的野生动物科学研究队伍，建立野生动物科技支撑体系。在研究项目方面，除继续加强基础研究外，还将对野生动物的保护拯救技术、繁育技术、栖息地恢复技术等方面进行技术攻关，加强具有较高经济价值的物种的驯养繁育研究。对珍稀濒危物种除继续加强抢救保护等方面的研究外，还要注重种群恢复、野化放生等方面的研究。加强协调，组织优势力量，集中攻关，完成一批国际领先研究项目，为有效保护和科学利用野生动物提供科技支撑。

下篇　调查结果

第 7 章

两栖动物资源状况

我国有 3 目 11 科 295 种两栖动物（赵尔宓等，2000），物种丰富度居世界前 10 位。全国陆生野生动物资源调查对 3 目 4 科 13 种两栖动物进行了调查，本章就这 13 种两栖动物的调查结果进行论述，其中所述文献记载的分布区是根据费梁等（1990）、杨大同等（1991）、赵尔宓（1995）等诸篇文献综合而得，本次调查的分布情况则是根据各省（区、市）调查报告汇总而得。

7.1 无足目 GYMNOPHIONA

无足目动物是环全球热带分布的动物，共有 5 科，我国仅有 1 科 1 种，即版纳鱼螈，本次对其进行了调查。

版纳鱼螈 *Ichthyophis bannanica*

我国特有种。

（1）分布

据文献记载，版纳鱼螈分布于广东（肇庆）、广西（玉林、容县、北流、桂平、防城、岑溪、梧州、南宁）、云南（勐腊、景洪、盈江、沧源）。

本次调查，版纳鱼螈在文献记载的分布区中均未发现，广西博白为其新分布地。

（2）数量

由于版纳鱼螈生活方式特殊，本次调查实际遇见率极低，仅在广西博白采到 7 号标本。云南和广西的估计数量分别为 5000 只，因此全国估计有10 000只左右（表 7－1）。

表 7－1　版纳鱼螈分布及数量

分　布	面积（km^2）	密度（只/km^2）	数量（万只）
广西	—	0.446	0.5
云南	15 390	—	0.5
合计			1

版纳鱼螈具有极高的科研价值，数量较为丰富。

（3）栖息地

版纳鱼螈的栖息地为海拔 600m 以下林木茂密、湿润的土山地区，多发现于山脚地带，离山区较远的开阔平坦地带没有发现。生活于水流缓慢、岸边水草丛生、土质松软肥沃的山溪或小河边，或有水生植物的池塘、农田边。版纳鱼螈营穴居，能够自己钻孔形成隧道，并形成网状互相沟通，白天隐藏于洞中，夜晚外出觅食。

人类大量使用农药、化肥造成栖息地质量下降甚至部分栖息地丧失，是版纳鱼螈濒危的主要原因；森林减少和破碎使其栖息地湿润度降低，也是其濒危原因之一。

7.2　有尾目 CAUDATA

我国有 3 科 37 种，其中东洋种 30 种，古北种 6 种，广布种 1 种。本次仅调查了 1 种，即棕黑疣螈。

棕黑疣螈 *Tylototriton verrucosus*

国家Ⅱ级重点保护野生动物。

（1）分布

据文献记载，棕黑疣螈见于云南（中部、西部、西南部、南部）。另据文献（Zhao & Adler, 1993）记载，我国西藏墨脱县南部有分布。

本次调查，棕黑疣螈见于云南的德宏、保山、临沧、思茅、西双版纳、红河、文山等地、州和漾濞、泸水、丽江、双柏、大姚、会泽、新平、通海、峨山、元江等。

（2）数量

棕黑疣螈在云南的分布区内为常见种，目前云南有 68 000 只，西藏有 5000 只（表 7－2）。棕黑疣螈在云南的分布区较广，数量较为丰富，但由于该物种有一定的经济价值，去内脏的干制品被作为“蛤蚧”出售，因此遭到大量捕杀。棕黑疣螈色彩艳丽，容易饲养，近年来作为宠物被大量贩卖到外地；加之人口增长，大量山区林地被开发，使其栖息地日益缩小，因此棕黑疣螈的野外数量正在急剧减少。

（3）栖息地

棕黑疣螈生活于海拔 2000m 以下的亚热带、热带山区，其生活史分两个阶段，幼体在水塘等静水环境中生活，成体则栖息于陆地，隐藏于森林边缘潮湿环境中，仅在繁殖季节集中于静水环境中交配和产卵。因此夏秋季节常能在水田、水塘或沟渠附近潮湿多杂草有隐蔽的地方采到该物种。

由于人口增长，大量毁林开荒，棕黑疣螈成体的栖息地正日益缩小；而农药、化肥的使用也使其产卵场遭到不同程度的破坏。因此棕黑疣螈的栖息环境正在日益恶化。

表 7－2　棕黑疣螈分布及数量

分　布	面积（km^2）	密 度（只/km^2）	数 量（万只）
云南	176 178	0.3851	6.8
西藏	—	—	0.5
合计			7.3

7.3　无尾目 ANURA

无尾目是两栖纲动物中最大的一个目，我国有 7 科 31 属 257 种，其中包括国家Ⅱ级重点保护动物 1 种。本次调查了 11 种无尾目动物，包括我国无尾目动物中唯一的国家Ⅱ级重点保护野生动物虎纹蛙。

7.3.1 中华蟾蜍 *Bufo gargarizans*

（1）分布

据文献记载，中华蟾蜍分布于除台湾、海南、云南、西藏、青海、宁夏、新疆之外的所有省份。

本次调查，中华蟾蜍见于北京（通州、平谷、怀柔、密云）、山西（河曲、保德、怀仁、繁峙、宁武、静乐、神池、岚县、榆社、左权、武乡、汾西、古县、浮山、翼城、洪洞、泽州、万荣、平陆、原平）、内蒙古（通辽、呼伦贝尔盟）、广东（乳源）、广西（桂林、柳州、百色、梧州、玉林）、重庆（城口、巫溪、万州、奉节、巫山、石柱、南川、武隆、彭水、黔江、綦江、万盛、秀山、开县）、四川（四川盆地及川东大部）、甘肃（兰州、天水、平凉、文县、武山、徽县、两当、临夏、甘南）等地的局部地区。在其他分布省均为大部或全境分布。

（2）数量

为我国最常见的蟾蜍类，本次调查表明，全国有12亿只左右（表7-3）。

表7-3　中华蟾蜍分布及数量

分　布	面积（km^2）	密度（只/km^2）	数量（万只）
北京	—	—	50
天津	11 305	0.7961	0.9
河北	—	8.23726	157
山西	—	0.076～0.738	9
内蒙古	0.7	1	0.7
辽宁	—	1151.95	14 330
吉林	149 149	744.22	11 200
黑龙江	267 567	758.68	20 400
上海	2930	48 464.16	14 300
江苏	—	4265～5239	53 000
浙江	—	32.06	335
安徽	139 000	28.78	400
山东	—	50	787
福建	—	—	15
江西	82 256.5	—	1600
河南	167 000	77.84	1350
湖北	135 567	2.6555	35.87
湖南	203 302.35	0.838～0.407	132
广东	100	13	0.13
广西	—	17.24	202
四川	43 00	296.13	1300
重庆	41 13	0.010212～0.100082	0.4
贵州	—	—	未调查
陕西	170 814	3.51	60
甘肃	—	5	335
合计			120 000

（3）栖息地

中华蟾蜍的适应能力非常强，全国适宜其生存的栖息地也非常广：溪流边、江河边、水田边、村庄附近，只要不是非常干燥的环境，均能发现其踪迹。繁殖季节常集中在水塘等静水环境中交配和产卵，冬季则多在泥土中冬眠。目前，可供中华蟾蜍成体选择的栖息地环境非常广，没有威胁到其生存，但由于农药、化肥等化学产品的使用或其他原因造成的水体污染，破坏了其产卵场，使其繁殖率降低，是中华大蟾蜍所面临的严峻问题。

7.3.2　黑眶蟾蜍 *Bufo melanostictus*

（1）分布

据文献记载，黑眶蟾蜍见于浙江、福建、台湾、江西、湖北（鄂西）、湖南、广东、广西、四川、贵州、云南。

本次调查，黑眶蟾蜍见于浙江（南部）、广东（连山、连州、英德、乐昌、始兴、平远、兴宁、五华、龙川、丰顺、河源源城区、东源、新丰江林管局、博罗、陆河、陆丰、潮阳、澄海、潮安、饶平、普宁、揭西、东莞、清新、佛冈、清远清城区、云安、云城、郁南、高明、廉江、信宜、高州、阳春）、海南（万宁、琼中、乐东、通什、保亭、三亚、霸王岭林区、尖峰岭林区、五指山林区、吊罗山林区、南湾、东寨港）、四川（凉山、木里、攀枝花、盐边、会东、马边、屏山）的局部地区。在其他分布省份为大部或全境分布。

（2）数量

本次调查表明，全国约有 3000 万只黑眶蟾蜍（表 7－4）。黑眶蟾蜍是我国南方常见的蟾蜍类动物之一，由于其耳后腺分泌物是制取蟾酥的原料，因而有少量个体遭到捕杀。

（3）栖息地

黑眶蟾蜍和中华蟾蜍的栖息环境非常相似：水塘边、农田边、河沟边、路边及村庄附近都是其适宜的栖息地。由于栖息环境的多样化，黑眶蟾蜍成体的生存空间非常广阔，但由于其卵的孵化和蝌蚪的变态均需在静水环境中完成，因此化肥、农药或其他化学产品的使用以及水污染对其繁殖率造成影响。

表 7－4　黑眶蟾蜍分布及数量

分　布	面积（km^2）	密度（只/km^2）	数量（万只）
浙江	—	9.68	29
江西	9884.5	—	2303
湖南	132 382.52	0.15108	2
广东	72 480	9.0～11.09	76
海南	—	2.94	10
广西	—	20.63	441
四川	6000	79	47
贵州	—	—	未调查
云南	242 893	0.4474	11
福建	—	—	81
合计			3000

7.3.3　沼蛙 *Rana guentheri*

（1）分布

据文献记载，沼蛙见于江苏、浙江、安徽（黄山、歙县、桐城）、福建、台湾、江西、河南

(伏牛山区和大别山、桐柏山区)、湖北(鄂西)、湖南、广东、海南、广西、重庆(万州、巫山、丰都、长寿、涪陵)、四川、贵州、云南。

本次调查，沼蛙见于浙江(南部)、河南(开封、栾川、鲁山、林州、长垣、台前、渑池、商丘)、湖北(宜昌)、广东(蕉岭、平远、兴宁、五华、龙川、紫金、连州、阳山、英德、乳源、曲江、乐昌、南雄、连南、丰顺、河源源城区、新丰江林管局、惠东、惠阳、博罗、海丰、陆河、陆丰、潮阳、澄海、潮安、饶平、普宁、揭西、东莞、佛冈、清远清城区、新丰、云安、云城、增城、廉江、信宜、阳春、阳东)、海南(霸王岭林区、尖峰岭林区、五指山林区、吊罗山林区、南开、东寨港)、重庆(城口、石柱、南川、武隆、黔江、綦江、万盛)、云南(红河州及昭通、巧家、镇雄、彝良、广南、富宁、宜良、通海、峨山、元江、楚雄、南华、大姚、沧源)等地的局部地区。江苏、安徽未发现。其他分布省份为大部或全境分布。

(2) 数量

本次调查表明，全国大约有5400万只沼蛙(表7-5)。沼蛙是我国南方常见的农田蛙类之一，它捕食农田害虫，对人类非常有益。但由于其肉味鲜美，长期以来遭到人类大量捕食，再加上化肥、农药的大量使用，已经使沼蛙的数量大幅度下降。

(3) 栖息地

沼蛙是典型的静水型蛙类，水塘、鱼塘、水田及溪流边均是其主要活动场所。虽然适宜沼蛙生存的栖息地在我国还非常广，但化肥、农药或其他化学品对水域的污染已经对其生存造成了严重的威胁。

表7-5　沼蛙分布及数量

分　布	面积(km^2)	密度(只/km^2)	数量(万只)
浙江	—	36.25	120
江西	84 129	—	3600
河南	167 000	44.91018	750
湖北	42 400	0.401	1.7
湖南	203 302.35	0.299178 ~ 0.722528	9.1
广东	72 500	8.17 ~ 11	74.09
海南	—	0.06	0.2
广西	—	27.69	500
四川	39 000	42	160
重庆	4392	0.001870 ~ 0.189951	0.08
贵州	—	—	未调查
福建	—	—	177.43
云南	72 167	1.0242	7.4
合计			5400

7.3.4　隆肛蛙 *Rana quadranus*

(1) 分布

据文献记载，隆肛蛙在山西(垣曲、夏县、阳城)、安徽(皖西大别山区)、河南(大别山、桐柏山区)、湖北(利川、神农架林区、宣恩、来凤、恩施、咸丰、建始、五峰、兴山、秭归、长阳、保康、崇阳、通山、通城)、湖南、四川、重庆(巫溪、巫山、武隆)、陕西、甘肃有分布。

本次调查，隆肛蛙见于山西(垣曲)、河南(栾川、鲁山、台前、灵宝、淅川、济源、修

武、嵩县、西峡、商城、新县、内乡、南召、卢氏）、湖北（利川、神农架、宣恩、来凤、恩施、咸丰、建始、五峰、兴山、秭归、长阳、保康、崇阳、通山、通城）、重庆（城口、丰都、石柱）、陕西（秦巴山区）、甘肃（文县、天水、武山、两当、徽县）等地的局部地区。安徽、四川未发现。湖南大部分地区有分布。

（2）数量

本次调查表明，全国约有 580 万只隆肛蛙（表 7-6）。

（3）栖息地

隆肛蛙属流溪型蛙类，分布于我国中西部温带、亚热带的山间溪流中，也有部分个体见于静水环境如水塘、水田中。白天隐伏，夜晚外出活动和觅食。由于全球气候变化使降水过于集中，再加上人类不断砍伐森林，使部分隆肛蛙所生活的山溪环境发生变化，严重影响到隆肛蛙的繁殖和生存；而化肥、农药等化学品的使用也使生活于静水环境中的隆肛蛙受到威胁。因此，隆肛蛙的栖息地质量正在恶化。

表 7-6　隆肛蛙分布及数量

分　布	面积（km^2）	密度（只/km^2）	数量（万只）
山西	—	1.0256	0.5
河南	167 000	8.102814	140
湖北	45 436	5.0621	22.3
湖南	—	—	0.196
重庆	1629	0.042892	0.004
陕西	171 204	23.26	400
甘肃	—	5.5	17
合计			580

7.3.5　棘胸蛙 *Paa spinosa*

（1）分布

据文献记载，棘胸蛙在江苏、浙江、安徽（皖南各山区县）、福建、江西、湖北（利川、咸丰、竹溪、通城、通山、崇阳、阳新、神农架林区、宣恩、来凤、恩施、五峰、兴山、秭归、长阳、保康、房县）、湖南、广东、广西、贵州、云南有分布。

本次调查，棘胸蛙见于湖北（利川、咸丰、竹溪、通城、阳新、神农架林区、宣恩、来凤、恩施、五峰、兴山、秭归、长阳、保康、房县）、广东（平远、兴宁、龙川、连州、阳山、英德、乳源、乐昌、丰顺、东源、新丰江林管局、博罗、揭西、花都、信宜、阳春、阳西）、广西（桂林、柳州、百色、梧州、玉林）、云南（红河、思茅、玉溪三地、州南部各县及楚雄、大姚、姚安、马龙、文山、富宁等县、市）等地的局部地区。江苏、安徽未发现。其他分布省份为大部或全境分布。

（2）数量

本次调查表明，全国大约有 250 万只棘胸蛙（表 7-7）。

（3）栖息地

棘胸蛙属流溪型蛙类，多见于海拔 500～1500m 山间溪流的洄水潭或溪水附近的水塘内，特别喜欢躲在山涧瀑布下或溪流洄水潭边的石头下。由于棘胸蛙生活于山间流溪中，受化肥、农药污染的影响不是很大，其栖息地的质量尚好。但随着森林不断被砍伐以及异常气候的出现，降水趋于集中，一些山溪要么在丰水期暴发洪水，要么在枯水期水流减少甚至干涸，影响到棘胸蛙的繁殖甚至生存。

表 7－7　棘胸蛙分布及数量

分　布	面积（km^2）	密度（只/km^2）	数量（万只）
浙江	—	4.35	43
江西	80 454	—	36
湖北	52 330	1.7199	9
湖南	203 302.35	0.086156～0.133528	2.4
广东	40 000	8.23～12.4	41
广西	—	7.85	97
贵州	—	—	未调查
云南	45 988	0.9785	4.5
福建	—	—	17.1
合计			250

7.3.6　棘腹蛙 *Paa boulengeri*

（1）分布

据文献记载，棘腹蛙见于山西（永济、运城、垣曲、沁水、阳城、陵川）、江西、湖北（利川、咸丰、通山、通城、崇阳、神农架林区、宣恩、恩施、兴山、秭归、长阳、保康）、湖南、广西、重庆（城口、巫溪、巫山、武隆、开县、渝北、涪陵）、四川、贵州、云南、山西、甘肃。

本次调查，棘腹蛙见于山西（历山、蟒河）、湖北（通山）、广西（桂林、柳州、百色、梧州、玉林）、重庆（万州、丰都、石柱）、云南（昭通、红河、宜良、马龙、文山、西畴、广南、富宁）、陕西（佛坪）、甘肃（康县）的局部地区。江西未发现。其他分布省份为大部或全境分布。

（2）数量

本次调查表明，全国大约有 130 万只棘腹蛙（表 7－8）。

（3）栖息地

表 7－8　棘腹蛙分布及数量

分　布	面积（km^2）	密度（只/km^2）	数量（万只）
山西	不详	不详	不详
湖北	52 330	3.2868	17.2
湖南	203 302.35	0.235317～0.075643	3.7
广西	—	7.85	95
四川	2000	20	4
重庆	3216	0.002042～0.038807	0.04
贵州	—	—	未调查
云南	54 466	1.8889	10
陕西	698	—	不详
甘肃	—	2	0.06
合计			130

棘腹蛙栖息环境与棘胸蛙非常相似，二者呈替代分布。森林消失、异常气候和水污染是其面临的主要威胁。

7.3.7　双团棘胸蛙 *Paa yunnanensis*

（1）分布

据文献记载，双团棘胸蛙在湖北（利川、神农架林区、来凤、恩施、五峰、兴山、秭归、长阳、保康、房县、通山、崇阳、通城）、湖南、四川、贵州、云南有分布。

本次调查，双团棘胸蛙见于湖北（利川、神农架林区、来凤、恩施、五峰、兴山、秭归、长阳、保康、房县）、四川（盐边、会东）、云南（大理、丽江、楚雄、昆明、红河、会泽、玉溪、峨山、元江、景东、镇沅、景谷、景洪、勐海、腾冲、保山、龙陵、永德）。湖南未发现。

（2）数量

本次调查表明，全国大约有 16 万只双团棘胸蛙（表 7－9）。

（3）栖息地

双团棘胸蛙的栖息环境与棘胸蛙、棘腹蛙相似，但双团棘胸蛙分布的海拔要高，同域分布时，双团棘胸蛙一般位于溪流的上游。另外，双团棘胸蛙也能在部分静水区域或非常小的水沟中生活。相对于其他棘胸蛙，双团棘胸蛙受人类活动的干扰小一些，栖息地质量也相对较高。

表 7－9　双团棘胸蛙分布及数量

分　布	面积（km^2）	密度（只/km^2）	数量（万只）
湖北	52 330	0.8599	4.5
四川	1000	15	1.5
贵州	—	—	未调查
云南	144 896	0.7078	10
合计			16

7.3.8　滇蛙 *Rana pleuraden*

（1）分布

据文献记载，滇蛙在四川、贵州、云南有分布。

本次调查，滇蛙见于四川（盐边、会东、德昌、西昌）、云南（昆明、玉溪、大理、红河、楚雄、大姚、武定、双柏、保山、腾冲、龙陵、永胜、丽江、华坪、凤庆、云县、会泽、西畴、马关、富宁）。

（2）数量

本次调查表明，全国约有 22 万只滇蛙（表 7－10）。

（3）栖息地

表 7－10　滇蛙分布及数量

分　布	面积（km^2）	密度（只/km^2）	数量（万只）
四川	2000	62.3	13
贵州	—	—	未调查
云南	138 684	0.6458	9
合计			22

滇蛙是云贵高原及大凉山区的优势静水型蛙类，常见于海拔1500m以上的半高山地区的水稻田、水塘、水沟边，与黑斑蛙呈替代分布。威胁滇蛙生存的最主要因素是化肥、农药等对水体的污染，不但破坏了其产卵场，甚至直接对成蛙造成伤害。

7.3.9 黑斑蛙 *Rana nigromaculata*

（1）分布

据文献记载，黑斑蛙分布在除台湾、海南、西藏、青海、新疆之外的其他地区。

本次调查，黑斑蛙见于山西（垣曲、芮城、运城、新绛、离石、中阳、汾阳、沁县、朔州、山阴、平鲁、浑源、大同、安泽、霍州、蒲县、临汾、平遥、左权、五寨、静乐、岢岚、忻州、繁峙、偏关、榆社、和顺、阳泉）、广东（平远、紫金、乳源、曲江、乐昌、丰顺、惠阳、博罗、惠州惠城区、海丰、陆河、潮阳、澄海、南澳、饶平、普宁、揭西、东莞、高明、云城、信宜）、广西（桂林、柳州、梧州）、重庆（城口、巫溪、奉节、巫山、丰都、石柱、南川、武隆、彭水、黔江、綦江、万盛、秀山、开县、北碚、荣昌）、云南（昭通、宣威、马龙、宜良、邱北、马关、广南、富宁、新平、元江、楚雄、大姚、禄丰、武定、双柏）、甘肃（舟曲、武都、两当、天水、兰州、文县）、宁夏（中卫、中宁、青铜峡、利通、灵武、永宁、银川、贺兰、平罗、惠农、石嘴山、陶乐）等地的局部地区。其他分布省份为大部或全境分布。

（2）数量

黑斑蛙为我国最常见的农田蛙类，本次调查表明，我国约有12亿只（表7－11）。在本次调查中，有些地区将卵粒折算成幼体的数量加在总数中，而使调查的数量偏高。但相对于全国如此宽广的分布面积，黑斑蛙有12亿只并不为多。

表7－11 黑斑蛙分布及数量

分 布	面积（km^2）	密度（只/km^2）	数量（万只）
北京	—	—	41
天津	9144	4. 3745	4
河北	—	48. 1147	920
山西	—	0. 8552 ~ 2. 1610	31
内蒙古	8000	11 495	9196
辽宁	—	2202. 27	214 57
吉林	24 100	9326. 9709	22 478
黑龙江	175 922	1103. 5	19 413
上海	2930	3488. 0546	1022
江苏	—	880 ~ 1034	17 370
浙江	—	121. 61	1226
安徽	139 000	100. 8633	1402
山东	—	20	317
河南	167 000	134. 6107	2248
湖北	59 700	23. 9531	143
湖南	203 302. 35	18. 757346 ~ 13. 945932	3065
福建	—	—	143
江西	82 256. 5	—	5415
广东	72 300	8. 53 ~ 11	15

（续）

分　布	面积（km^2）	密度（只/km^2）	数量（万只）
广西	—	20.49	123
重庆	38 390	0.233645 ~ 3.096895	12
四川	39 000	2881.7948	11 239
贵州	—	—	未调查
云南	63 014	0.3174	2
陕西	206 485	32.1572	664
甘肃	—	2	10
宁夏	3000	6810	2043
合计			120 000

（3）栖息地

黑斑蛙是我国分布最广的静水型蛙类，广泛分布于水稻田、水塘、水沟、沼泽等静水区域及一些流速缓慢的河流边，白天隐匿，夜晚外出活动觅食。由于黑斑蛙最主要的栖息地是水稻田及水塘，而化肥、农药的大量使用不但破坏了黑斑蛙的产卵场，同时也直接威胁到成蛙的生存，使黑斑蛙的数量大幅度下降。20 世纪 80 年代前在春夏时节，每亩稻田中至少有数十只黑斑蛙，夏夜嘹亮的蛙鸣主要是黑斑蛙的合奏，但近年来蛙鸣声已经变得稀稀落落。另外，在我国许多地方，黑斑蛙被称为“田鸡”，遭到大量捕杀，也是其面临的主要危胁。

7.3.10　虎纹蛙 *Rana rugulosa*

国家Ⅱ级重点保护野生动物；CITES 附录Ⅱ。

（1）分布

据文献记载，虎纹蛙在我国主要分布于江苏、浙江、安徽（淮河以南的各平原丘陵区域）、福建、台湾、江西、河南（大别山区）、湖北（平原丘陵地区）、湖南、广东、海南、广西、四川（峨眉山）、贵州、云南等地。

本次调查，虎纹蛙见于上海（青浦、南汇、宝山、嘉定、奉贤、松江）、河南（固始、商城、罗山）、湖北（咸宁、黄梅、大冶、红安、洪湖、监利、公安、汉川、仙桃、潜江、天门、随州、安陆、云梦、应城）、广东（平远、兴宁、五华、龙川、英德、飞来霞、乳源、乐昌、南雄、连南、丰顺、河源源城区、东源、惠东、惠阳、博罗、海丰、陆河、陆丰、潮阳、澄海、南澳、饶平、普宁、揭西、东莞、清新、佛冈、鹤山、云安、云城、新兴、增城、番禺、南海、高明、台山、中山、斗门、遂溪、信宜、高州、化州、电白、阳江市区、阳春、阳西）、海南（白沙、昌江、东方、乐东、保亭、五指山林区、吊罗山林区、大田）、云南（西双版纳、德宏、红河、保山、云县、凤庆、沧源、耿马、景谷、思茅、澜沧、邱北、广南、富宁）的局部地区。江苏、安徽、四川未发现。其他分布的省份为大部或全境分布。

（2）数量

本次调查表明，全国约有 4900 万只虎纹蛙（表 7 - 12）。从本次调查的绝对数值看其数量还可观，但种群密度较低。

（3）栖息地

虎纹蛙生活于热带、亚热带地区的农田、水塘、水沟等静水环境中。虎纹蛙的生活能力较强，轻微的化肥、农药污染对其成体的影响不大，但对其卵的孵化和蝌蚪的变态却是致命的，就栖息地而言，产卵场破坏是其最大的威胁。

表 7－12　虎纹蛙分布及数量

分　布	面积（km^2）	密度（只/km^2）	数量（万只）
上海	115	57.5～150	1
浙江	—	5.40	56
福建	—	—	27.5
江西	83 473.5	—	1400
河南	167 000	14.900503	250
湖北	57 500	1.0435	7
湖南	203 302.35	2.784408～3.582643	2500
广东	72 444	5.91～41.4	30
海南	—	1.38	4.6
广西	—	37.76	620
贵州	—	—	未调查
云南	81 483	0.4788	3.9
合计			4900

7.3.11　海蛙 *Rana cancrivora*

（1）分布

据文献记载，海蛙在海南（海口、文昌）、广西（北海、防城、合浦）有分布。

本次调查，海蛙仅见于海南文昌、琼山、陵水。

（2）数量

本次调查仅在海南的陵水（南湾）、琼山（东寨港）、文昌（清澜港）3 个自然保护区发现少量成体，没有进行数量估算。海蛙的栖息地非常狭窄，种群数量稀少，已处于濒危状态。

（3）栖息地

海蛙生活于沿海的红树林沼泽、潮间海滩，是我国唯一可在咸水或半咸水环境中生存的两栖类动物。白天隐藏在红树林根系之间或洞穴中，傍晚到海滩觅食。海蛙的卵仍然要在淡水环境（主要是岸边临时性水坑）中孵化。栖息地遭到严重破坏和污染是海蛙面临的主要危胁。

第 8 章 爬行动物资源状况

我国现有 3 目 24 科 412 种爬行动物（赵尔宓等，2000），即龟鳖目 6 科 40 种、有鳞目 17 科 371 种、鳄目 1 科 1 种。其中有鳞目又分为蜥蜴亚目和蛇亚目。

全国陆生野生动物资源调查对 3 目 9 科 26 种爬行动物进行了调查，包括龟鳖目 1 种，鳄形目 1 种，有鳞目的蜥蜴亚目 5 种、蛇亚目 20 种。

8.1 龟鳖目 TESTUDINES

我国龟鳖目动物共有 6 科 40 种，其中国家Ⅰ级重点保护野生动物有 6 种，国家Ⅱ级重点保护野生动物 11 种。本次调查了 1 种，即四爪陆龟。

四爪陆龟 *Testudo horsfieldii*

国家Ⅰ级重点保护野生动物；CITES 附录Ⅱ。

（1）分布

据文献记载，四爪陆龟在国外分布于中亚及阿富汗，在我国仅分布于新疆维吾尔自治区西部伊犁河谷地带的霍城县。

（2）数量

本次调查表明，四爪陆龟在分布区内的种群密度为 2 只/km^2，数量为 1700 多只（表 8－1）。2006 年国家林业局再次组织对其进行了专项调查，种群数量为 1128～1586 只。

四爪陆龟已处于极危状态，其原因主要是过度利用、栖息地干扰和范围缩小。

（3）栖息地

四爪陆龟的栖息地主要是海拔 700～1000m 的蒿类荒漠草原和黄土丘陵荒漠，植物除蒿类植物外还有伏地肤、紫菀等其他植物，年均气温 9.2℃，年降水量 217mm。

据记载，20 世纪 60～70 年代，四爪陆龟在新疆的分布区域主要是霍城县境内，面积约有 1000km^2。全国陆生野生动物资源调查时，适于其生存的栖息地面积约有 100km^2。2006 年进行专项调查时，其分布区面积约 50km^2。农田开垦是其栖息地缩减的主要原因。

表 8－1 四爪陆龟分布及数量

分 布	面积（km^2）	密度（只/km^2）	数量（只）
新疆	—	2	1700

8.2 鳄目 CROCODYLIA

我国鳄目动物共有 1 科 1 种，即扬子鳄。

扬子鳄 *Alligator sinensis*

国家Ⅰ级重点保护野生动物；CITES 附录Ⅰ；我国特有种。

（1）分布

历史上扬子鳄的分布较广，在上海、江苏、浙江、安徽、江西、湖北、湖南等地均有分布。20 世纪 80 年代在安徽、浙江和江苏有分布。

本次调查，扬子鳄仅在安徽和浙江有分布，而且浙江种群已基本消失，扬子鳄的栖息地面积呈显著下降趋势。

（2）数量

本次调查表明，安徽省扬子鳄的种群数量为 398 条左右（包括部分幼鳄），浙江省 2 条。两省共 400 条（表 8 – 2）。

安徽省的扬子鳄 20 世纪 60 年代有 3000 条，70 年代有 1000 条，80 年代有 500 条，本次调查 398 条。1983 年浙江省还有 56 条，本次调查仅 2 条，数量显著下降。数量下降的原因主要是水体污染、栖息地缩小和破碎化及修建水库等。

（3）栖息地

扬子鳄的栖息地主要是海拔 20 ~ 200m 的平原及浅丘地带植物茂盛的池塘、湖泊、河流、沼泽地。历年来随着城市化的发展、农田开垦、农药、化肥的大范围使用以及各种水利设施的修建，扬子鳄的栖息地破碎化加剧，栖息地质量下降，这些因素是扬子鳄处于濒危状态的主要原因。

表 8 – 2　扬子鳄分布及数量

分　布	面积（km^2）	密度（条/km^2）	数量（条）
浙江	—	—	2
安徽	433	—	398
合计			400

8.3 有鳞目 SQUAMATA

我国的有鳞目动物分为两个亚目：蜥蜴亚目（LACERTILIA）和蛇亚目（SERPENTES）。

蜥蜴亚目动物在我国有 9 科 162 种，蛇亚目有 8 科 209 种。全国陆生野生动物资源调查对 5 种蜥蜴目动物、19 种蛇亚目动物进行了调查。

8.3.1 圆鼻巨蜥 *Varanus salvator*

国家Ⅰ级重点保护野生动物；CITES 附录Ⅱ。

（1）分布

据文献记载，圆鼻巨蜥见于广东、广西、海南、云南等地。

（2）数量

本次调查表明，全国约有圆鼻巨蜥 19 000 条，其中，广西数量不详，海南未发现，广东 15 000条，云南 4000 条（表 8 – 3）。

(3) 栖息地

圆鼻巨蜥栖息于热带及亚热带海拔 200 ~ 1000m 的山区溪流附近。部分地区由于过度砍伐天然林，使其栖息地质量下降和破碎化。

表 8－3　圆鼻巨蜥分布及数量

分　布	面积（km^2）	密度（条/km^2）	数量（条）
广东	—	0.03 ~ 0.07	15 000
云南	14 063	0.2844	4000
广西	—	—	不详
海南	—	—	未发现
合计			19 000

8.3.2　伊江巨蜥 *Varanus irrawadicus*

CITES 附录Ⅱ。

(1) 分布

伊江巨蜥仅在云南省瑞丽市畹町河流域有分布。

(2) 数量

本次调查表明伊江巨蜥的数量为 100 条（表 8－4）。伊江巨蜥是我国学者杨大同 1987 年发表的新种，据文献记载，1986 年仅在模式标本产地采得 1 号标本。该种在我国的分布区狭窄，数量稀少。

(3) 栖息地

伊江巨蜥栖息于热带山区海拔 200 ~ 600m 森林内的溪流附近。目前栖息地未受到严重干扰。

表 8－4　伊江巨蜥分布及数量

分　布	面积（km^2）	密度（条/km^2）	数量（条）
云南	—	—	100

8.3.3　鳄蜥 *Shinisaurus crocodilurus*

国家Ⅰ级重点保护野生动物；我国特有种。

(1) 分布

据文献记载，鳄蜥仅分布于广西的金秀、贺县、昭平、五宣、桂平、平南和蒙山等地。

本次调查，鳄蜥仅见于金秀、贺县、昭平、五宣，在桂平和平南未发现。2004 年专项调查时，鳄蜥发现于广东的曲江和广西的贺州、昭平、蒙山、金秀、桂平。

(2) 数量

文献记载，20 世纪 80 年代我国有 3000 条鳄蜥，本次调查表明有 700 条（表 8－5）。2004 年专项调查结果为 950 条。

表 8－5　鳄蜥分布及数量

分　布	面积（km^2）	密度（条/km^2）	数量（条）
广西	326	—	700

(3) 栖息地

鳄蜥栖息于海拔 700m 以下的亚热带山区常绿针阔混交林内的溪流、水池附近。调查表明，分布区域逐年缩小，栖息地破碎化和质量下降严重，毁林开荒和一些大型工程是其主要原因。

8.3.4 细脆蛇蜥 *Ophisaurus gracilis*

（1）分布

据文献记载，细脆蛇蜥在广西、四川、贵州、云南、西藏有分布。

本次调查，细脆蛇蜥在贵州、四川未发现，在广西、云南、西藏、贵州有分布。

（2）数量

本次调查表明，全国约有 10 万条细脆蛇蜥，其中四川、贵州未发现，西藏自治区有20 000条，广西仅发现 1 条，云南80 000条（表 8－6）。

（3）栖息地

细脆蛇蜥栖息于海拔 1000m 左右的山坡干旱石块地，乡村城市化是其栖息地破碎化和缩小的主要原因。

表 8－6　细脆蛇蜥分布及数量

分　布	面积（km^2）	密度（条/km^2）	数量（万条）
广西	—	—	1（条）
云南	153 788	0. 5324	8
西藏	—	—	2
贵州	—	—	未发现
合计			10

8.3.5 脆蛇蜥 *Ophisaurus harti*

（1）分布

据文献记载，脆蛇蜥在江苏、浙江、安徽、福建、湖北、湖南、广西、重庆、四川、云南、贵州等地有分布。

本次调查脆蛇蜥仅见于湖北、四川、云南、广西、湖南、福建。

（2）数量

本次调查表明，全国约有 11 万条脆蛇蜥（表 8－7）。其中湖北有55 000条，四川30 000条，云南15 000条，广西 1 条，湖南 8000 条，福建 2000 条。

表 8－7　脆蛇蜥分布及数量

分　布	面积（km^2）	密度（条/km^2）	数量（万条）
湖北	—	—	5. 5
湖南	132 382. 52	0. 0604	0. 8
广西	—	—	1（条）
福建	—	—	0. 2
四川	—	0. 9 ~ 1. 8	3
云南	63 653	0. 2431	1. 5
合计			11

脆蛇蜥是著名的中药材，长期以来一直被过度利用。在其分布区内的有些地区目前已很难发现野生种群（如广西），某些地区已基本消失（如浙江、安徽、贵州）。因此该物种的资源状况呈快速下降的趋势，应当限制利用。

（3）栖息地

脆蛇蜥栖息于海拔 400～1500m 的较潮湿的山地树林、农田、碎石地，化肥、农药的大面积使用以及乡村城市化建设使该物种的栖息地质量显著下降和片断化。

8.3.6　蟒蛇 *Python molurus*

国家Ⅰ级重点保护野生动物；CITES 附录Ⅱ。

(1) 分布

据文献记载，蟒蛇见于福建、海南、广西、四川、贵州、云南。

本次调查，蟒蛇见于广东、广西、云南、西藏、福建。

(2) 数量

本次调查表明，全国约有 62 000 条蟒蛇（表 8－8），其中广东有50 000条，广西 3500 条，云南 5300 条，西藏 1880 条，福建 1320 条。

蟒蛇具有极高的经济价值，因此长期以来被过度利用，调查表明，其种群状况呈锐减态势。

(3) 栖息地

蟒蛇栖息于热带、亚热带低山丛林溪流或水塘附近。由于过度砍伐森林和开垦农田，使其栖息地急剧缩小、破碎，栖息地质量严重下降。

表 8－8　蟒蛇分布及数量

分　布	面积（km^2）	密度（条/km^2）	数量（条）
广东	—	0.7～4.55	50 000
广西	—	0.207	3500
云南	219 51	0.2407	5300
福建	—	—	1320
西藏	30 000	0.0627	1880
合计			62 000

8.3.7　莽山烙铁头蛇 *Ermia mangshanensis*

我国特有种。

(1) 分布

据文献记载，莽山烙铁头蛇仅在湖南宜章莽山有分布，分布面积仅几十平方千米。

本次调查，莽山烙铁头蛇仅见于湖南宜章莽山。

(2) 数量

本次调查表明，湖南有 500 条莽山烙铁头蛇（表 8－9）。因受到过度利用，目前数量稀少。

表 8－9　莽山烙铁头蛇分布及数量

分　布	面积（km^2）	密度（条/km^2）	数量（条）
湖南	100	—	500

(3) 栖息地

莽山烙铁头蛇栖息于海拔 700～1300m 的亚热带针、阔叶混交林。

8.3.8　尖吻蝮 *Deinagkistrodon acutus*

我国特有种。

(1) 分布

据文献记载，尖吻蝮在浙江、安徽、福建、江西、湖北、广东、广西、重庆、贵州有分布。本次调查，尖吻蝮除在上述地区有分布外，还在四川和云南有发现，是该种的分布新记录。

（2）数量

本次调查表明，全国约有 180 万条尖吻腹（表 8－10）。

（3）栖息地

尖吻腹生活在海拔 1000m 左右的山区和丘陵林区阴湿地方，其栖息地面临的主要危胁是森林采伐和乡村城市化造成栖息地质量下降和破碎化。

表 8－10　尖吻蝮分布及数量

分　布	面积（km^2）	密度（条/km^2）	数量（万条）
浙江	—	1.40	28
福建	—	—	2.9
安徽	26 743	—	26
江西	—	—	86
湖北	—	1.32	9
湖南	132 382.52	0.0726	20
广东	—	0.03～0.66	1
广西	—	0.967	4
重庆	2771	0.002042	50（条）
四川	—	1.7	0.6
贵州	—	—	2.4
云南	—	—	0.095
合计			180

8.3.9　眼镜蛇 *Naja naja**

CITES 附录Ⅱ。

（1）分布

据文献记载，眼镜蛇在浙江、安徽、福建、江西、湖北、湖南、广东、广西、四川、贵州、云南有分布。

本次调查表明，眼镜蛇除在上述地区有分布外，还见于海南。

（2）数量

本次调查表明，全国共有眼镜蛇 190 万条（表 8－11）。

表 8－11　眼镜蛇分布及数量

分　布	面积（km^2）	密度（条/km^2）	数量（万条）
浙江	—	2.80	59
安徽	26 743	—	13
福建	—	—	8.2
江西	—	—	8
湖北	—	0.56	3.7

* 有学者认为我国眼镜蛇仅 1 种，即眼镜蛇 *Naja naja*，包括舟山亚种 *N. n. atra* 及孟加拉亚种 *N. n. kaouthia*。近年来，许多学者认为该两个亚种应独立为两个种，即舟山眼镜蛇 *Naja atra* 和孟加拉眼镜蛇 *Naja kaouthia*。

（续）

分　布	面积（km^2）	密度（条/km^2）	数量（万条）
湖南	132 382.52	0.0143	5
广东	—	2.11～3.18	17
海南	—	0.74	2.7
广西	—	2	59.5
四川	—	1.3	1
贵州	—	—	7.4
云南	228 941	0.2304	5.5
合计			190

（3）栖息地

眼镜蛇栖息于海拔 70～1500m 的平原、丘陵和山区的灌木丛，近年来乡村城市化使其栖息地面临破碎化的趋势。

8.3.10　眼镜王蛇 *Ophiophagus hannah*

CITES 附录Ⅱ。

（1）分布

据文献记载，眼镜王蛇在我国的分布区包括福建、贵州、广东、海南、广西、浙江南部、江西、湖南、四川、云南、西藏。本次调查四川未发现。

（2）数量

本次调查表明，全国有眼镜王蛇约 17 万条（表 8－12）。

眼镜王蛇长期以来被过度利用，数量呈显著下降趋势。在其分布区内的大部分地区已很难见到野生个体。

表 8－12　眼镜王蛇分布及数量

分　布	面积（km^2）	密度（条/km^2）	数量（万条）
浙江	—	—	10（条）
福建	—	—	0.4
湖南	—	—	4.1
江西	—	—	0.7
广东	—	0.47～3.91	3
广西	—	0.285	6
贵州	—	—	1.1
云南	23 414	0.5979	1.4
西藏	20 000	—	0.3
四川	—	—	未发现
合计			17

（3）栖息地

眼镜王蛇栖息于海拔 20～1800m 的山区林边近水处，森林砍伐和城市化使其栖息地有减少和恶化的趋势。

8.3.11 金环蛇 *Bungarus fasciatus*

（1）分布

据文献记载，金环蛇在福建、广东、广西、海南、云南有分布。此次调查表明，云南、广东、广西、海南、江西、福建有分布，其中江西是分布新记录。

（2）数量

本次调查表明，全国约有45万条金环蛇（表8－13）。

（3）栖息地

金环蛇栖息于海拔200～1000m的平原、丘陵、山区植被较好的水体附近，目前面临的主要威胁是由于农田开垦使栖息地破碎化。

表8－13　金环蛇分布及数量

分　布	面积（km^2）	密度（条/km^2）	数量（万条）
福建	—	—	0.6
江西	—	—	16
广东	—	1.15～1.63	4
海南	不详	不详	不详
广西	—	1.689	22
云南	98 292	0.246	2.4
合计			45

8.3.12 银环蛇 *Bungarus multicinctus*

（1）分布

据文献记载，银环蛇在浙江、安徽、福建、江西、湖北、湖南、广东、海南、广西、四川、贵州、云南等地有分布。本次调查，安徽、海南、四川、贵州未发现银环蛇。

（2）数量

本次调查表明，全国约有310万条银环蛇（表8－14）。

银环蛇长期被过度利用，数量有下降的趋势。

（3）栖息地

银环蛇栖息于海拔1300m以下的平原、丘陵、山区灌丛、农田等近水处。

表8－14　银环蛇分布及数量

分　布	面积（km^2）	密度（条/km^2）	数量（万条）
浙江	—	1.35	40
福建	—	—	22.1
江西	—	—	180
湖北	—	0.66	4.5
湖南	132 382.52	0.033	10
广东	—	2.48～3.06	10
广西	—	1.448	40
重庆	636	0.007862	10（条）
云南	144 107	0.2111	3
西藏	—	—	0.4

（续）

分　布	面积（km^2）	密度（条/km^2）	数量（万条）
安徽	—	—	未发现
海南	—	—	未发现
四川	—	—	未发现
贵州	—	—	未发现
合计			310

8.3.13　王锦蛇 *Elaphe carinata*

（1）分布

王锦蛇为广布种，广泛分布于华中、西南，向南可达广东、广西的北部，向北可达北京、天津地区。本次调查天津未发现。

（2）数量

本次调查表明，全国约有 970 万条王锦蛇（表 8－15）。

（3）栖息地

王锦蛇栖息于海拔 300～1200m 山地、丘陵草地、灌丛、农田附近。

表 8－15　王锦蛇分布及数量

分　布	面积（km^2）	密度（条/km^2）	数量（万条）
北京	2357.26	0.21	0.05
河北	—	0.04	0.7
山西	—	0.1607～2.2222	0.5
上海	—	—	2（条）
江苏	—	0.87～1.75	2.94
浙江	—	4.57	93
安徽	38 556	—	168
福建	—	—	10.5
江西	—	—	160
河南	167 000	7.8352	130
湖北	—	3.93	50
湖南	132 382.52	0.1182～0.2155	100
广东	—	0.41～0.78	3.7
广西	—	0.402	3.6
重庆	7533	0.012255	0.01
四川	—	3.8～8.9	21
贵州	176 167	—	39
云南	138 484	0.403	5.6
陕西	23 862	75	179
甘肃	—	2	2.4
合计			970

8.3.14　赤峰锦蛇 *Elaphe anomala*

（1）分布

据文献记载，赤峰锦蛇在辽宁、内蒙古、河北、北京、天津、山东、山西、陕西、甘肃、湖北、江苏、浙江、湖南、安徽等地有分布。本次调查仅在北京、内蒙古、辽宁、浙江有发现。

（2）数量

调查表明，全国约有13万条赤峰锦蛇（表8－16）。

（3）栖息地

赤峰锦蛇栖息于海拔450～1500m的平原、丘陵、山区的灌丛、水边、农田和民居附近，鼠药和农药对其食物链构成很大威胁。

表8－16　赤峰锦蛇分布及数量

分　布	面积（km^2）	密度（条/km^2）	数量（万条）
北京	9724.722	4.29	4.18
内蒙古	300	2	0.06
辽宁	—	0.6465	8.4
浙江	—	5.09	0.36
合计			13

8.3.15　玉斑锦蛇 *Elaphe mandarina*

（1）分布

据文献记载，玉斑锦蛇在北京、天津、辽宁、上海、江苏、浙江、安徽、福建、江西、湖北、湖南、广东、广西、四川、重庆、贵州、云南、西藏、陕西、甘肃有分布。本次调查在安徽、上海、贵州、西藏未发现。

（2）数量

本次调查表明，全国约有310万条玉斑锦蛇（表8－17）。

（3）栖息地

玉斑锦蛇栖息于海拔300～1400m山区森林的民居、草丛、溪流附近。

表8－17　玉斑锦蛇分布及数量

分　布	面积（km^2）	密度（条/km^2）	数量（万条）
北京	232.65	4.3	0.05
天津	—	0.95	0.03
河北	—	0.08	1.5
山西	—	1.8217	0.35
辽宁	—	0.0241	0.28
江苏	—	5	4.9
浙江	—	0.39	7.9
福建	—	—	0.11
江西	—	—	50
河南	167 000	5.8083	97
湖北	—	0.85	7
湖南	—	—	101
广东	—	—	0.45
广西	—	0.077	0.97
重庆	9251	0.012255	0.01

（续）

分　布	面积（km^2）	密度（条/km^2）	数量（万条）
四川	—	0.6～2.9	4
云南	38 390	0.2222	0.88
陕西	2633	128	33
甘肃	—	0.5	0.57
安徽	—	—	未发现
上海	—	—	未发现
贵州	—	—	未发现
西藏	—	—	未发现
合计			310

8.3.16　横斑锦蛇 *Elaphe perlacea*

（1）分布

据文献记载，横斑锦蛇仅在四川有分布。本次调查仅四川有分布。该种是我国特有种，分布区狭窄。

（2）数量

本次调查表明，四川有10 000条横斑锦蛇（表 8－18）。

（3）栖息地

横斑锦蛇栖息于海拔 2000～2500m 山区湿润落叶、常绿针阔混交林。目前天然林资源保护工程有利于横斑锦蛇栖息地的保护。

表 8－18　横斑锦蛇分布及数量

分　布	面积（km^2）	密度（条/km^2）	数量（条）
四川	—	3.8	10 000

8.3.17　三索锦蛇 *Elaphe radiata*

（1）分布

据文献记载，三索锦蛇在福建、广东、广西、贵州、云南有分布。本次调查在贵州未发现。江西为该种分布的新记录。

（2）数量

本次调查表明，全国约有 79 万条三索锦蛇（表 8－19）。文献记载我国在 20 世纪 50 年代有 150 万条三索锦蛇，而到了 90 年代只有 25 万条，因此推测本次调查的数量可能过高。

表 8－19　三索锦蛇分布及数量

分　布	面积（km^2）	密度（条/km^2）	数量（万条）
福建	—	—	0.9
江西	—	—	22
广东	—	1.0～2.95	6
广西	—	2.028	47
云南	143 621	0.2176	3.1
合计			79

（3）栖息地

三索锦蛇栖息于海拔700m以下的平原、丘陵和山区的农田、民居附近。滥用鼠药对三索锦蛇的食物链造成了威胁。

8.3.18 棕黑锦蛇 *Elaphe schrenckii*

（1）分布

据文献记载，棕黑锦蛇在黑龙江、吉林、辽宁有分布。本次调查除上述地区有分布外，天津、河北、山西、山东、江苏、湖南、陕西也有分布，是该种分布的新记录，因此其分布区也由东北区扩展到华北区以及东洋界华中区。

（2）数量

本次调查表明，全国约有330万条棕黑锦蛇（表8－20）。

（3）栖息地

棕黑锦蛇栖息于海拔1000m以下的平原、丘陵、山区的森林、草丛、民居、农田。

表8－20 棕黑锦蛇分布及数量

分　布	面积（km^2）	密度（条/km^2）	数量（万条）
天津	—	0.088	0.1
河北	—	0.4493	8.5
山西	—	0.0895～0.3044	2.1
辽宁	—	1.4696	18
吉林	—	—	5.5
黑龙江	501.3	909.6	46
江苏	—	2.08	6.8
山东	—	5.5	78
湖南	—	—	99
陕西	4542	146	66
合计			330

8.3.19 百花锦蛇 *Elaphe moellendorffi*

（1）分布

据文献记载，百花锦蛇分布在广东、广西。本次调查云南为该种分布的新记录。

（2）数量

调查表明，全国约有35万条百花锦蛇（表8－21）。该种20世纪50年代的数量有60万条，目前数量呈下降趋势。

（3）栖息地

百花锦蛇栖息于海拔300m以下的山区灌丛、农田、民居。

表8－21 百花锦蛇分布及数量

分　布	面积（km^2）	密度（条/km^2）	数量（万条）
广东	—	0.31～1.51	4.4
广西	—	2.43	30
云南	21 834	0.3148	0.6
合计			35

8.3.20　黑眉锦蛇 *Elaphe taeniura*

（1）分布

黑眉锦蛇为广布种，全国除内蒙古、西藏、宁夏、青海、新疆外，其他绝大部分省份均有分布。本次调查，安徽未发现。

（2）数量

本次调查表明，全国约有 830 万条黑眉锦蛇（表 8－22）。

（3）栖息地

黑眉锦蛇栖息于海拔 300～2000m 的平原、丘陵、山区的灌丛、农田、民居附近。

表 8－22　黑眉锦蛇分布及数量

分　布	面积（km^2）	密度（条/km^2）	数量（万条）
北京	14 249.2	1.75	2.5
天津	—	0.239	0.27
安徽	—	—	未发现
河北	—	0.5605	11
山西	—	0.1727～0.326	3.2
辽宁	—	0.5893～5.1406	30
上海	—	11.1～39.7	1.5
江苏	—	1.95～6.45	34
福建	—	—	7.7
江西	—	—	15
浙江	—	0.83	34
山东	—	2	31
河南	167 000	3.2088	54
湖北	—	7.77	119
湖南	132 382.52	0.1429～0.3122	150
广东	—	0.14～0.41	1.6
广西	—	1.467	40
重庆	39 225	0.03～0.09	0.21
四川	—	5.8～8.7	66
贵州	176 167	—	82
云南	210 488	0.5792	12
陕西	13 416	101	130
甘肃	—	3	5.02
合计			830

8.3.21　灰鼠蛇 *Ptyas korros*

（1）分布

据文献记载，灰鼠蛇在浙江、安徽、福建、江西、湖南、广东、海南、广西、云南、贵州有分布。本次调查，安徽未发现。湖北为该种分布新记录。

（2）数量

本次调查表明，全国约有 540 万条灰鼠蛇（表 8－23）。

（3）栖息地

灰鼠蛇栖息于海拔 200～1600m 的平原、丘陵的灌丛、树林、农田和民居附近。

表 8－23 灰鼠蛇分布及数量

分 布	面积（km^2）	密度（条/km^2）	数量（万条）
浙江	—	1.04	23
江西	—	—	210
福建	—	—	12
湖北	—	0.53～9.92	10.2
湖南	132 382.52	0.0527～0.1844	100
广东	—	0.67～1.97	4
海南	—	0.55	1.6
广西	—	3.863	76
贵州	—	—	97
云南	230 091	0.2753	6.2
安徽	—	—	未发现
合计			540

8.3.22 滑鼠蛇 *Ptyas mucosus*

CITES 附录Ⅱ。

（1）分布

据文献记载，滑鼠蛇在浙江、安徽、福建、江西、湖南、湖北、广东、海南、广西、四川、贵州、云南、西藏有分布。本次调查西藏未发现。

（2）数量

调查表明，全国约有 290 万条滑鼠蛇（表 8－24）。

（3）栖息地

滑鼠蛇栖息于海拔 400～3000m 的平原、丘陵近水处。

表 8－24 滑鼠蛇分布及数量

分 布	面积（km^2）	密度（条/km^2）	数量（万条）
浙江	—	0.74	15
安徽	不详	不详	不详
福建	—	—	9.49
湖北	—	1.81	5.5
江西	—	—	63.1
湖南	132 382.52	0.0209～0.1797	100
广东	—	1.63～6.3	21
海南	—	0.06	0.21
广西	—	2.001	57
贵州	—	—	16
云南	106 324	0.2528	2.7
西藏	—	—	未发现
合计			290

8.3.23 温泉蛇 *Thermophis baileyi*

我国特有种。

（1）分布

温泉蛇为古北界青藏区物种，分布于喜玛拉雅山脉的雅鲁藏布江流域。目前仅在西藏拉萨周围沿雅鲁藏布江流域有分布，分布区极为狭窄。

（2）数量

本次调查表明，全国约有13 000条温泉蛇（表 8－25）。该种科研价值极高，须加强保护。

（3）栖息地

温泉蛇栖息于海拔 3800～4800m 的高原温泉附近。由于在温泉蛇的栖息地建有各种设施（电站、旅游等），其栖息地受到极大破坏，在其栖息地设立保护区是较好的保护方式。

表 8－25　温泉蛇分布及数量

分　布	面积（km^2）	密度（条/km^2）	数量（条）
西藏	5000	2.6	13 000

8.3.24 乌梢蛇 *Zaocys dhumnades*

我国特有种。

（1）分布

乌梢蛇为广布种，在古北界华北区和东洋界华中区、华南区、西南区有分布。

（2）数量

本次调查表明，全国共计有约 1700 万条乌梢蛇（表 8－26）。

（3）栖息地

乌梢蛇栖息于海拔 50～1600m 的平原和丘陵的农田、灌丛、民居附近。

表 8－26　乌梢蛇分布及数量

分　布	面积（km^2）	密度（条/km^2）	数量（万条）
天津	—	0.1853	0.21
河北	—	0.7694	14
山西	—	3.2061～11.8254	1.2
上海	—	22.2～133	7.2
江苏	—	1.47～4.97	43
浙江	—	4.08	85
安徽	—	—	233
福建	—	—	13.4
江西	—	—	223
河南	167 000	21.2406	355
湖北	—	8.14	122
湖南	132 382.52	0.4222～0.468	202
广东	—	1.77～2.02	13
广西	—	1.766	13
重庆	18 342	0.01～0.16	0.23

（续）

分　布	面积（km^2）	密度（条/km^2）	数量（万条）
四川	—	2.7~8.6	51
贵州	176 167	—	84
云南	23 000	1.4501	3.3
西藏	—	—	1.06
陕西	13 416	171	232
甘肃	—	3	3.4
合计			1700

第9章 鸟类资源状况

我国是世界上鸟类资源最为丰富的国家之一，复杂多样的地理环境和千变万化的气候条件孕育了我国鸟类极其丰富的生物多样性。我国现有鸟类 24 目 101 科 1332 种（郑光美，2005），其中国家Ⅰ级重点保护动物 42 种，国家Ⅱ级重点保护动物 189 种。

全国陆生野生动物资源调查，对 12 目 22 科 135 种鸟类进行了调查，其中包括鹈形目 2 种、鹳形目 7 种、雁形目 46 种、隼形目 18 种、鸡形目 32 种、鹤形目 12 种、鸻形目 5 种、鹦形目 1 种、鹃形目 1 种、犀鸟目 4 种、雀形目 7 种，约占中国鸟类总数的 10%，其中国家Ⅰ级重点保护野生动物 31 种；国家Ⅱ级重点保护野生动物 47 种。

9.1 鹈形目 PELECANIFORMES

我国有 5 科 17 种，即鹲科（3 种）、鹈鹕科（3 种）、鲣鸟科（3 种）、鸬鹚科（5 种）、军舰鸟科（3 种）。其中国家Ⅰ级重点保护野生动物 1 种，国家Ⅱ级重点保护野生动物 8 种。本次调查了 2 种，即斑嘴鹈鹕和普通鸬鹚。

9.1.1 斑嘴鹈鹕 *Pelecanus philippensis*

国家Ⅱ级重点保护野生动物。

（1）分布

据文献记载，斑嘴鹈鹕分布于新疆、河北、山东、山西、陕西、江苏、江西、浙江、云南、福建、广东、海南、台湾（郑作新，1976）。

本次调查，斑嘴鹈鹕见于内蒙古（桃—阿海子、巴彦淖尔盟乌梁素海）、新疆（博斯腾湖、罗布泊、开都河、焉耆、塔城、额敏、天山西部的伊犁河谷和塔里木盆地）、宁夏（灵武、永宁、银川、贺兰、平罗）、安徽（东至县升金湖、金寨、颍上）、河南（伏牛山区、太行山区、豫东平原）、江苏（连云港及长江口北支岛屿、盐城、大丰）、江西（鄱阳湖国家级自然保护区、赛城湖）、湖北（武汉东湖、沉湖湿地珍禽自然保护区、天门市老观湖）、湖南（洞庭湖）、陕西（神木）、浙江（湖州、台州、宁海、温州湾）、福建（长乐、福清、福州）。云南未见到。其他地区未调查。

（2）数量

据文献记载，斑嘴鹈鹕冬季在我国长江下游和东南沿海一带比较常见（La Touche，1931 ~ 1934）。在福州、上海、宁波等地有过多次采集的记录；1924 年 6 月曾在河北和北京采到过标本；在辽宁庄河亦有记录。据国际水禽研究局组织的隆冬水鸟调查，1990 年我国仅见到 45 只，1992 年见到 115 只，整个亚洲的数量也仅为 1995 只（IWRB，1990、1992）。受人类经济活动的影响，斑嘴鹈鹕的栖息地面积逐渐减少，数量有所下降。

本次调查表明，斑嘴鹈鹕的繁殖种群和越冬种群数量分别为 3100 只和 250 只（表 9－1）。数量稀少，栖息地状况恶化，应加强种群及栖息地的保护管理。

对于该物种的分类问题存在分歧，有些学者认为斑嘴鹈鹕分为 2 个亚种：指名亚种 *P. p. philippensis* 和新疆亚种 *P. p. crispus*（郑作新，1976、1987、1994、2000；赵正阶等，1988）。而另一种意见将新疆亚种独立为一种——卷羽鹈鹕 *P. crispus*（Howard and Moore，1991；赵正阶，1995）。本次调查涉及全国 13 个省，覆盖了 2 个亚种（或 2 个种）的分布区，因此调查结果应为斑嘴鹈鹕 2 个亚种或 2 个种（斑嘴鹈鹕和卷羽鹈鹕）的总数量。

（3）栖息地

斑嘴鹈鹕主要栖息于湖泊、河流、沼泽等水域，喜群居和游泳，常位于河边或沼泽的浅水区。由于径流减少、湖泊缩小，其栖息地有进一步减少的趋势。食物以小鱼类为主，兼食甲壳动物、小型两栖类和小型鸟类。越冬期栖息于沿海滩涂、盐水沼泽；喜成群在离岸较远的开阔、僻静的泥质滩涂浅水中活动和觅食，在盐水沼泽边栖息。

表 9－1　斑嘴鹈鹕分布及数量

分　布	面积（km^2）	密度（只/km^2）	数量（只）
内蒙古	300	0.0500	15（迁徙）
河南	—	0.000301	2（迁徙）
新疆	10 526	0.2945	3100（夏）
宁夏	—	—	13（迁徙）
陕西	—	—	1（迁徙）
湖北	—	0.0588～0.2857	4（冬）
湖南	—	—	不详
云南	—	—	未发现
安徽	—	—	1（冬）
浙江	—	—	20（冬）
江苏	—	—	190（冬）
福建	—	—	30（冬）
江西	—	—	5（冬）
合计			3100（夏）250（冬）

9.1.2　普通鸬鹚 *Phalacrocorax carbo*

（1）分布

据文献记载，普通鸬鹚在东北地区分布于黑龙江（齐齐哈尔、哈尔滨、乌苏里江、兴凯湖、镜泊湖）、吉林（长白山、松花江、白城）、辽宁（鸭绿江、大连）、内蒙古（东北部的呼伦池、中部的乌梁素海）。在国内还见于青海、甘肃、新疆、西藏、河北、山东、江苏、河南、四川、广东、海南等地，其中在长江以南地区为冬候鸟（赵正阶，1999）。

本次调查，普通鸬鹚见于黑龙江（齐齐哈尔、泰来、泰康、林甸、安达、巴彦、木兰、通河、依兰、汤原、牡丹江、宁安、东宁、密山、虎林、饶河、抚远、绥滨、萝北、嘉荫、逊克、孙吴、黑河、呼玛）、内蒙古（呼伦贝尔盟、兴安盟、赤峰市、锡林郭勒盟、乌兰察布盟、呼和浩特市、包头市、伊克昭盟、巴彦淖尔盟、阿拉善盟）、吉林（大安、洮南、向海自然保护区、

莫莫格自然保护区、松花江三湖自然保护区、珲春敬信湿地、安图）、辽宁（长海）、河北（唐海沿海、康保、沽源水淖、白洋淀）、天津、北京（通州、密云水库、延庆野鸭湖）、河南（光山、淮滨、信阳浉河区、新县、商城、罗山、泌阳、嵩县、宝丰、汝州市、卢氏、济源、镇平、南召、淅川）、甘肃（河西黑河、苏干湖阿克塞、碌曲尕海、玛曲黄河首曲）、陕西（黄河滩涂湿地、汉江流域）、湖北（武汉蔡甸区、孝感、洪湖、荆州、黄石、黄梅、鄂州、襄樊、宜昌、咸宁、神农架）、湖南（湘南、湘中、湘东、湘北）、贵州（威宁、清镇、贵阳、兴义、罗甸、江口、铜仁）、安徽（颍上、霍邱、长丰、合肥、滁州、明光、凤阳、金寨、霍山、舒城、桐城、枞阳、太湖、望江、宿松、东至、贵池、黄山、郎溪、当涂）、江苏（常熟、长江口北支岛屿、大丰、金坛）、江西（进贤、乐平、芦溪、余江、丰城、高安、德兴）、浙江（桐庐、淳安、余姚、慈溪、镇海、北仑、鄞县、奉化、象山、宁海、三门、椒江、温岭、玉环、乐清）、福建（光泽、龙海、漳浦、闽侯、蕉城、永定、福清、罗源）、上海（崇明岛）、四川（万州、云阳、南川、黔江、云阳、梁平、合川、垫江、渝北、巴南）、云南（勐腊、洱源、剑川、丽江、曲靖、石屏、沾益）、广东（惠阳、潮阳、潮安、福田、湛江、海丰）、广西（富川）、海南（东方）。未调查的省份有青海、山东和山西。

（2）数量

普通鸬鹚的种群数量比较稳定。据国际水禽研究局（IWRB）亚洲隆冬水鸟调查，1990 年我国内地见到 2031 只，香港和台湾分别见到 3407 和 130 只，总计 5568 只；1992 年调查，我国国内数量 273 只，香港 1473 只，台湾 337 只，总计 2083 只（IWRB，1990、1992）；1996 年 5 月 ~ 2003 年 7 月调查，湖北省的普通鸬鹚种群数量为 5850 只（葛继稳等，2004）；2003 年 1 月 9 ~ 20 日和 2004 年 1 月 18 日 ~2 月 19 日调查，发现海南沿海湿地的普通鸬鹚越冬种群数量为 1 只（张国钢等，2005）。

本次调查涉及全国 24 个省，普通鸬鹚的繁殖种群和越冬种群数量分别为 7700 只和29 000只（表 9－2）。调查表明，普通鸬鹚的数量并不令人乐观，需进一步调查其生存状况以制定必要的保护措施。

（3）栖息地

普通鸬鹚栖息于江、河、湖泊及有大面积明水面的沼泽地中，活动于中等水深（1 ~2m）的缓流区或静水区及其附近的地面上。岸边的植被类型包括森林和密度较大的芦苇沼泽，在黑龙江流域，其栖息地中多有老龄树木生长，普通鸬鹚尤其喜欢在树龄较大的枯柳树上栖息，而很少在缺乏此类植被的水域中活动。

表 9－2　普通鸬鹚分布及数量

分　布	面积（km^2）	密度（只/km^2）	数量（只）
黑龙江	116 593	0.02688	3134（夏）
内蒙古	15 000	0.0471	707（夏）
吉林	—	—	90（夏）
辽宁	—	—	132（夏）
河北	—	0.01118	2099（迁徙）
天津	—	—	20（冬）
北京	343.59	0.08	50（冬）
河南	—	0.060734	404（冬）
甘肃	—	—	不详

（续）

分　布	面积（km^2）	密度（只/km^2）	数量（只）
宁夏	2222	—	560（夏）
西藏	—	—	3077（夏）
陕西	3879	—	不详
湖北	2425	2.0619	3000（冬）
湖南	—	—	800（冬）
贵州	—	—	1800（冬）
四川	—	—	300（冬）
云南	2500	—	1950（冬）
安徽	—	—	1000（冬）
浙江	—	0.0045～1.3460	2270（冬）
江苏	—	—	650（冬）
江西	—	0.　0512	12226（冬）
上海	—	—	60（冬）
广东	—	0.015	2500（冬）
广西	50	—	170（冬）
福建	—	—	1800（冬）
合计			7700（夏）29 000（冬）

9.2　鹳形目 CICONIIFORMES

我国有3科34种，即鹭科（23种）、鹳科（5种）、鹮科（6种）。其中国家Ⅰ级重点保护野生动物3种，国家Ⅱ级重点保护野生动物10种。本次调查了7种，占我国鹳形目鸟类的20.6%。

9.2.1　黄嘴白鹭 *Egretta eulophotes*

国家Ⅱ级重点保护野生动物。

（1）分布

据文献记载，黄嘴白鹭分布于内蒙古、吉林、辽宁、河南、山东、江苏、浙江、广东、福建、海南、台湾（郑作新　1976）。

本次调查，黄嘴白鹭见于内蒙古（赤峰）、吉林（镇赉、通榆、大安、乾安、前郭、安图、抚松、松花江三湖省级自然保护区、榆树、梨树、东丰）、辽宁（大连金州区、大连甘井子区、旅顺、瓦房店、普兰店、庄河）、河北（滦南、昌黎）、河南（大别山、桐柏山）、安徽（望江、东至、宿松等县）、江苏（宜兴、江浦）、上海（松江、青浦、金山、奉贤海滩）、浙江（南部沿海地区）、福建（长汀、泉州丰泽区、惠安、龙海、闽侯、泉州泉港区、清流、上杭、邵武）、广东（惠东、龙门、海丰、潮阳、潮安、饶平、揭西、深圳、农垦、吴川、阳江）。

（2）数量

据文献记载，裴晓鸣等（1994）报道，1990年6月7日在辽宁蛇岛附近的海猫岛上发现黄嘴白鹭的繁殖区，统计数量为150～200只赵肯堂等（1995）报道；1990年在苏州虎丘山繁殖的黄嘴白鹭为8～10只，1991年为13～15只（郑光美、王岐山，1998）；1996年5月至2003年7月调查，湖北省黄嘴白鹭种群数量为25只（葛继稳等，2004）。1999年6～8月调查，在辽宁省

长海县石城乡形人岛发现黄嘴白鹭繁殖群约400余只（尹祚华等，2000）；2002年3～8月调查，在广西防城万鹤山发现黄嘴白鹭繁殖种群，包括8只成鸟，14只雏鸟；2003年1月9～20日和2004年1月18日～2月19日调查，发现海南岛沿海湿地黄嘴白鹭越冬的种群数量为1只（张国钢等　2005）。

本次调查表明，黄嘴白鹭繁殖种群数量为8100只，越冬种群数量为640只（表9－3）。相对于在分布区内多为优势种的其他鹭科鸟类，黄嘴白鹭的生存状况十分危急。除了繁殖地的过度开垦和海岸越冬地的开发等原因外，黄嘴白鹭在与其他鹭科种类的竞争中处于劣势地位是其数量下降的内在原因。

（3）栖息地

黄嘴白鹭栖息在江河沿岸、湖泊、沿海湿地的潮间带、盐田以及内陆的树林、鱼塘、沼泽、草甸等隐蔽度较好的芦苇或杂草丛中。常在浅水处觅食蛙、鱼、虾、甲壳类等。

表9－3　黄嘴白鹭分布及数量

分　布	面积（km^2）	密度（只/km^2）	数量（只）
内蒙古	100	0.500	50（夏）
吉林	—	—	2（夏）
辽宁	24 400	0.0293	3650（夏）
河北	—	0.00808	1516（迁徙）
河南	—	0.395219	2610（夏）
云南	60	—	2（夏）
安徽	—	—	1（夏）
浙江	—	—	246（夏）
江苏	—	—	500（夏）
上海	—	—	40（夏）
广东	—	0.19	990（夏）
广西	—	—	9（夏）
福建	—	—	640（冬）
合计			8100（夏）640（冬）

9.2.2　海南鳽 *Gorsachius magnificus*

国家Ⅱ级重点保护野生动物。

（1）分布

海南鳽是我国特有鸟类。文献记载，海南鳽分布于浙江、安徽、福建、广东、广西、海南（郑作新，1976）。

本次调查，海南鳽仅见于湖北（神农架林区和五峰县后河国家级自然保护区）、广西（扶绥、上思，留鸟）。安徽未见到。

（2）数量

据文献记载，海南鳽数量极为稀少，1996年5月～2003年7月调查，湖北省海南鳽的数量为3只（葛继稳等，2004）。国内采到3号标本，具体数量不详。

本次调查仅在湖北发现10只海南鳽，在广西（扶绥、上思）发现70只（表9－4）。在安徽、海南及其他分布区均未发现，需要对其进行深入调查。

（3）栖息地

海南鳽栖息于海边岩石、河谷溪流、水库以及林中小溪附近沼泽地的稠密低矮草丛中。调查发现，广西扶绥县东门镇海南鳽的取食地（池塘）受到了工厂废水的严重污染，其中的各种鱼类几乎绝迹，海南鳽的生存状况受到严重威胁。

表 9－4　海南鳽分布及数量

分　布	面积（km^2）	密度（条/km^2）	数量（只）
湖北	740	0.0162	10
安徽	—	—	未发现
浙江	—	—	未调查
福建	—	—	未调查
广东	—	—	未调查
广西	5700	—	70
海南	—	—	未发现
合计			80

9.2.3　白鹳* *Ciconia ciconia*

国家Ⅰ级重点保护野生动物；CITES 附录Ⅰ（东方白鹳）。

（1）分布

据文献记载，白鹳 *Ciconia ciconia* 可能在新疆西部天山及喀什地区有繁殖，迷鸟在内蒙古东北部见到。

据文献记载，东方白鹳 *Ciconia boyciana* 分布于黑龙江和乌苏里江以及长江中下游地区。主要繁殖地有黑龙江（东部抚远三角洲、洪河、萝北都鲁河下游、宝清七星河流域、挠力河流域、伊春友好、依兰达连河、桦南孟家岗、迎春、东方红、虎林、阿布沁河下游、加格达奇、松岭、呼中、兴凯湖地区，西部黑河地区的嫩江、富裕、扎龙）、吉林（莫莫格、向海）、内蒙古（科尔沁）。迁徙时途径吉林（莫莫格、向海、安图、敦化、靖宇）、辽宁（双台子河口、朝阳、法库、沈阳、辽中、台安、大洼、盖县、熊岳、庄河、大连）、河北（北戴河）、山东（微山、济南北部黄河附近、胶东地区、长岛）、四川（阿坝、若尔盖）；越冬地在江苏（洪泽湖、盐城、崇明岛、邵伯湖）、安徽（升金湖、武昌湖、白臼湖）、江西（鄱阳湖）、湖北（沉湖、洪湖、梁子湖、梅县孔垄沼泽区）、湖南（洞庭湖）等地。此外，在天津（北大港）、陕西（平利）、贵州（草海）、四川、云南（泸沽湖）、深圳（福田）、台湾和香港等地也有越冬的记录。

本次调查，白鹳见于新疆（喀什、塔里木河上游、天山山地、伊犁及河尔泰南部水域、福海）、西藏（墨脱）。东方白鹳见于黑龙江（绥滨、桦南、洪河自然保护区、加格达奇、松岭、呼中、牡丹江、三江自然保护区、兴凯湖自然保护区）、内蒙古（兴安新佳木湿地、哲里木荷叶花湿地、赤峰达里湖湿地、桃—阿海子）、吉林（莫莫格自然保护区、向海自然保护区、大安、辉南、吉林丰满、安图、汪清）、辽宁（东港、瓦房店、普兰店、长海）、河北（滦南）、天津（大港、塘沽、东丽、宁河、汉沽）、北京（顺义）、河南（叶县、卢氏、济源），陕西（平利）、湖北（武汉蔡甸区、黄梅、神农架林区、洪湖、鄂州）、湖南（洞庭湖）、安徽（颍上、五河、霍邱、明光、寿肥、合肥、巢湖、当涂、枞阳、桐城、庐江、望江、宿松、东至、贵池、郎溪）、江苏（连云港、徐州、淮安、盐城地区及镇江、长江口北支岛屿，江西（南昌、新建、永

* 白鹳 *Ciconia ciconia* 在我国有3个亚种，即指名亚种、亚细亚亚种、东方亚种。自1983年起，东方亚种作为独立种从 *Ciconia ciconia* 中划分出来，定名为东方白鹳 *Ciconia boyciana*。本书仍将其视为白鹳的一个亚种，但分别叙述。

修、湖口、进贤、德安、星子、都昌、波阳、余干等环鄱阳湖区域)、福建(福清湾)、上海(杭州湾北岸漕泾边滩)、四川(若尔盖)、云南(宁蒗)。其他地区未调查。

(2) 数量

据文献记载,白鹳种群数量稀少。Wiliams et al. (1992) 报道,东方白鹳在我国主要越冬地的总数量约为2000~2500只。1991~1992年冬季洞庭湖有404只(1988~1989年为917只),沅湖635只,鄱阳湖625只,升金湖110只(1988~1989年为250只),盐城1只(1993~1994年为68只),以上共为1775只。根据1984~1986年的调查数据,东方白鹳在我国的繁殖数量为211只、25个繁殖巢。1986年10月11日~11月16日经北戴河南迁的东方白鹳的数量为2729只,1990年11月2~14日为848只(郑光美、王岐山,1998)。1996年5月至2003年7月调查,湖北省白鹳种群数量为880只(葛继稳等,2004)。

本次调查表明,东方白鹳的繁殖种群和越冬种群数量分别为125只和3925只,白鹳的繁殖和越冬数量分别为295只和75只(表9-5)。

表9-5　白鹳与东方白鹳分布及数量

分　布	面积 (km^2)	密度 (只/km^2)	数量 (只)
黑龙江**	—	—	99 (夏)
内蒙古**	200	0.1200	24 (夏)
吉林**	—	—	2 (夏)
辽宁**	24 400	0.0019	243 (迁徙)
河北**	—	0.00783	1470 (迁徙)
天津**	—	—	850 (迁徙)
北京**	343.59	0.05	17 (迁徙)
河南**	—	0.003458	23 (冬)
新疆*	114 948	0.007940	295 (夏)
西藏*	—	—	75 (冬)
陕西**	—	—	不详
湖北**	1550	0.6452	790 (冬)
湖南**	—	—	630 (冬)
四川**	—	—	1 (冬)
云南**	60	—	2 (冬)
安徽**	—	—	169 (冬)
江苏**	—	—	80 (冬)
江西**	—	0.0007	2226 (冬)
上海**	—	—	3 (冬)
福建**	—	—	1 (冬)
合计			420 (夏) 4000 (冬)

* 为白鹳 *Ciconia ciconia* 分布; ** 为东方白鹳 *Ciconia boyciana* 分布。

(3) 栖息地

东方白鹳栖息于江河、湖泊、沼泽或浅水岸边,在河流生境中,两岸常有较完整的以阔叶林为主的森林植被,林内有相对孤立生长的古老大树;在湖泊或沼泽生境中,其边缘常有高大乔木如白桦、榆、柳等生长。

冬季活动于宽阔的沼泽、海岸滩涂等湿地中。休息时单脚站立,有时会在高大树冠上停落。

食物种类以鱼类、蛙类和昆虫类为主，间或有小型啮齿类。

9.2.4 黑鹳 *Ciconia nigra*

国家Ⅰ级重点保护野生动物；CITES附录Ⅱ。

（1）分布

据文献记载，黑鹳主要在东北、西北、华北等地区繁殖，在长江以南地区越冬。繁殖于内蒙古（呼伦湖、科尔沁保护区）、黑龙江（三江平原、大兴安岭、松嫩平原）、吉林（长白山）、辽宁（千山）、北京（门头沟）、山东（泰山）、青海（隆宝自然保护区）、山西（恒山、太白山、五台山、芦芽山、关帝山、马鞍山、太行山、太岳山、紫荆山和中条山地区）、新疆（南部塔里木河以及塔里木盆地边缘的绿洲湿地）；迁徙途经新疆（罗布泊）、辽宁（辽河三角洲）、河北（北戴河）、河南（花园口黄河河滩）；越冬见于云南（纳帕海）、贵州（草海）、湖南（洞庭湖）、湖北（沉湖、洪湖、龙感湖）以及安徽（升金湖）（郑光美、王岐山，1998）。

本次调查，黑鹳见于黑龙江（绥滨、同江、松岭、加格达奇、韩家园子、洪河、五常）、内蒙古（呼伦贝尔伊敏流域及辉河流域南部的大部分湿地、哲里木盟科尔沁湿地、赤峰达里湖湿地、锡林郭勒盟乌拉盖等较大湿地、乌兰察布盟各较大湿地水域、呼和浩特市哈素海、包头市黄河流域、巴彦淖尔盟乌梁素海、狼山前山湿地水域、伊克昭盟湿地、阿拉善盟额济纳旗水库等）、吉林（长白山保护区、莫莫格保护区、向海保护区）、辽宁（东港、北宁、建昌）、河北（井陉、丰润、涉县、丰宁、阜平）、北京（延庆白河堡水库、官厅水库、香村营水库、怀柔水库、密云水库、房山、门头沟）、天津（大港、塘沽、东丽、宁河）、河南（洛阳孟津黄河湿地水禽自然保护区、平顶山叶县孤石滩水库、三门峡卢氏范里水库、济源曲阳湖、南阳南召冢岗庙水库、三道岭水库、磁塔岩水库、疗庄水库、铁河、灌河、排路河、白河，淅川灌河、丹江河、丹江水库、修武、辉县）、山西（灵丘、五台、繁峙、方山、交城、宁武、五寨、安泽）、新疆（和田、墨玉、皮山、叶城、莎车、喀什、阿克陶、阿图什、乌恰、巴楚、伽师、麦盖提、阿合奇、阿克苏、温宿、新和、沙雅、库车、轮台、和静、焉耆、博湖、吐鲁番、若羌、且末、尉犁、托克逊、昌吉、阜康、福海、伊犁、阿勒泰、奎屯、乌苏、奇台）、甘肃（平凉、天水、武都，兰州、玛曲、天祝、张掖）、西藏（察隅、芒康）、宁夏（青铜峡、永宁、银川）、陕西（黄陵、富县、铜川，为繁殖鸟；榆林、神木、长安、西安、临潼、周至、眉县、华阴、大荔、合阳、洛南，为冬候鸟）、湖北（武汉蔡甸区、武汉黄陂区、黄梅、洪湖、鄂州）、湖南（湘中和湘北地区）、安徽（青阳、贵池、东至的升金湖和宿松泊湖梢、五河、明光、舒城）、江苏（大丰、盐城）、四川（若尔盖、雅江、石渠、白玉）、云南（保山、泸水、丽江、巧家，其中巧家、保山和泸水为本次调查新分布地点）、福建（云霄）。其他地区未调查。

（2）数量

根据1990～1993年冬季数量调查，全国约有350～500对黑鹳。1990年（6个湿地）和1991年（4个湿地）均为48只，通常仅见3～5只，在鄱阳湖越冬的数量最多，为11只。在长白山北坡及其附近800km^{2}范围内的平均密度为0.75只/100km^2；1982～1984年在山西4680km^{2}范围内的繁殖种群数量估计为40只；新疆南部黑鹳的总数为500～1000只。依此估计中国黑鹳的总数约为1000只（郑光美、王岐山，1998）。1996～1998年调查，黑鹳在山西宁武县天池的种群数量平均为繁殖期前5只，繁殖期后9只（邱富才等，2001）；1998～2000年调查，山西芦芽山自然保护区黑鹳繁殖后种群数量分别为：13只、13只、12只（郭建荣等，2002）。1996年5月至2003年7月调查，湖北省黑鹳种群数量为141只（葛继稳等，2004）。2004年6～8月调查发现辽宁朝阳有黑鹳12只（周正等，2005）。

本次调查表明，黑鹳的繁殖种群和越冬种群数量分别为1800只和470只（表9－6）。

（3）栖息地

繁殖期间黑鹳栖息和活动于偏僻而又较少干扰的森林河谷、悬崖峭壁和森林沼泽水域地带，也常出现在荒山附近的湖泊、水库和溪流岸边。冬季主要生活在开阔的湖泊及河流岸边，有时也出现在农田和草地中。巢址生境以森林为主，繁殖期集群或单独营巢于森林岩隙或高大乔木上，常居于阔叶杂木林中。喜在沼泽及潮湿的土地上取食，冬季常呈小群活动。在沼泽和湿润的地区觅食，食物以小型鱼类、蛙类、甲壳类为主。休息时常单腿或双腿站立于水边沙滩或草地上，颈缩成驼背状。

表 9－6　黑鹳分布及数量

分　布	面积（km^2）	密度（只/km^2）	数量（只）
黑龙江	—	—	25（夏）
内蒙古	15 000	0.0039	59（夏）
吉林	—	—	2（夏）
辽宁	24 400	0.0001	16（夏）
河北	—	0.01384	2597（迁徙）
天津	—	—	不详
北京	343.59	0.05	18（迁徙）
河南	—	0.012177	81（迁徙）
山西	—	—	90（夏）
新疆	71 877	0.013203	917（夏）
甘肃	13 581	0.00081～0.03684	792（迁徙）
西藏	—	—	250（冬）
宁夏	5000	0.0379～0.181	491（夏）
陕西	1178	—	200（夏）
湖北	832	0.1671	139（冬）
湖南	—	—	24（冬）
安徽	—	—	17（冬）
云南	16.6	0.0162	27（冬）
四川	—	—	不详
江苏	—	—	10（冬）
江西	—	—	未发现
福建	—	—	3（冬）
合计			1800（夏）470（冬）

9.2.5　朱鹮 *Nipponia nippon*

国家Ⅰ级重点保护野生动物；CITES 附录Ⅰ。

（1）分布

文献记载，朱鹮在中国曾广泛分布，但到 1958 年，仅在甘肃、江苏、陕西等省可采到标本，此后几近销声匿迹，1981 年 5 月才在陕西洋县重新发现了仅有的 7 只。目前仅分布于陕西洋县、城固、汉中、勉县、西乡和佛坪，在陕西为留鸟。

（2）数量

朱鹮在 1981 年重新被发现时仅有 7 只（2 个巢）。经过 20 多年的保护，种群数量不断增加，野生种群数量 1999 年底为 84 只，2000 年达到 147 只，2003 年 7 月达 260 只，2005 年底达 450 只。同时，朱鹮人工繁殖也取得巨大成就，截至 2004 年底，人工种群数量达 422 只。

（3）栖息地

朱鹮是亚洲东部的特有珍禽，20 世纪 60～80 年代相继在西伯利亚东南部、朝鲜半岛和日本消失。现仅存于中国陕西秦岭南坡海拔 1200m 以下的低山丘陵和汉江谷地。分布范围包括洋县、城固、西乡、汉中等地，栖息地总面积 9223km^2。从地形上可将其栖息地分为山地、丘陵、平川 3 种类型。洋县境内汉江以北秦岭低山区（海拔 700～900m）的阳坪、花园、关帝、四郎等乡是目前朱鹮的主要营巢区，植被类型为马尾松、侧柏林带，朱鹮的营巢树种为马尾松；海拔 900～1200m 秦岭中山区的窑坪、铁河、八里关等乡是 1990 年前的主要营巢地，植被类型为栓皮栎、油松林带，朱鹮的营巢树种为高大的栓皮栎。随着朱鹮种群数量的增长和亚成体的扩散，朱鹮的营巢区开始向低山丘陵区迁移，甚至连汉江北岸纸坊乡的草坝和西乡县私渡乡的河湾村（海拔均低于 500m）也成为朱鹮的繁殖地。汉江河谷地带是朱鹮秋季游荡群体觅食活动的主要场所。

朱鹮赖以生存的环境条件有营巢地、食物基地和夜宿地等：

① 营巢地：有一定高度和胸径的高大乔木是朱鹮营巢繁殖的场所，是其栖息的重要环境条件之一。明、清时期，陕北榆林的府谷、神木一带森林茂密，水资源丰富，曾是朱鹮理想的栖息地。由于人类经济活动的不断加剧，植被遭到严重破坏，随之而来的气候恶化使该地区变成了茫茫荒漠，朱鹮被迫向南迁移。20 世纪 50 年代，关中的眉县、长安等县可见朱鹮在高大的杨树上营巢繁殖，50 年代末大规模的滥砍乱伐使关中平原的高大乔木损失殆尽，朱鹮随之消失。洋县朱鹮栖息地中尚保留了一定数量的可供其营巢的高大乔木，这也是它们赖以生存的重要因素。如姚家沟巢区保留着 10 余棵清代道光年间（1821～1850）栽植的栓皮栎，平均高度 24.6 ± 4.9m（n = 15），平均胸径 0.60 ± 0.12m（n = 15）。秦岭低山区分布有成片的马尾松，朱鹮营巢树的平均高度为 14.2 ± 0.82m（n = 7），虽然高度较栓皮栎低，防御敌害的能力和在大风中稳定性较差，总体看来，基本上适合朱鹮营巢繁殖。

② 食物基地：朱鹮主要以蛙类、鱼类、软体动物、甲壳动物、水生昆虫和陆栖昆虫等为食（史东仇、于晓平等，1991）。它们的觅食地包括河流浅滩、山涧小溪、稻田、塘库边缘和潮湿的山脚草地。秦岭南坡汉江支流众多，由于植被覆盖率高，水源涵养林功能完善，水土流失甚微，河水清澈，鱼蟹丰富，是朱鹮良好的觅食场所；境内丘陵区的塘库密布，仅洋县就有大中型水库 40 余座，水库边缘的草坡是朱鹮秋季游荡期家族群体休息觅食之处；汉中盆地的水田面积为 190 000hm^2，占全省水田总面积的 63.7%，为朱鹮和其他涉禽提供了丰富的食物来源。海拔 1200m 左右的中低山区气温较低，作物生长缓慢，当地实行一季耕作制，稻田在种植收割后翻犁蓄水（冬水田），恰好成为朱鹮越冬期和繁殖期的主要觅食地。这也是朱鹮种群得以生存的关键因素之一。

③ 夜宿地：除了繁殖期之外，无论觅食还是夜宿，朱鹮都成群活动，尤其在秋季游荡期会集中较大的群体，夜宿地是否稳定直接影响群体活动的稳定与否。一般情况下，朱鹮的夜宿地都是位于村落或水库旁边小山丘上的小片次生林内，有几棵供朱鹮停歇的高大乔木，隐蔽条件较好。因此，对其停歇大树的保护和夜宿地周围放牧及其他人为活动的控制是保护朱鹮的关键。

朱鹮生存中存在的问题及采取的保护措施：

① 营巢及停歇大树的保护：朱鹮与大熊猫、金丝猴、羚牛不同，它属于人类的伴生种，因为海拔 1200m 左右的中山区是朱鹮的繁殖地，同时仍然处于人类经济活动的边缘地带，该区毁林垦荒式的生产方式对环境造成了一定的破坏。为了保护巢区环境，陕西朱鹮保护观察站对朱鹮繁殖地中固定的营巢树群挂牌编号，征为国有，严禁砍伐。对朱鹮游荡活动区内夜宿地的高大乔木也进行了挂牌保护。近 20 年来共征购营巢树 54 株，停歇树 18 株，高度均在 25m 左右，胸径 0.4～0.7m，树龄均在百年以上。

② 人工投食：朱鹮巢区冬水田面积较小，加之农药的频繁使用等原因，水田中食物量贫乏。

所以在巢区朱鹮经常觅食的水田中进行人工投食是减轻亲鸟育雏负担、提高幼鸟成活率的重要措施。投食种类以鲜活泥鳅为主，1982～1997 年共投放泥鳅 14273.6kg，年均 892.1kg。

③ 天敌预防：由于低山区朱鹮营巢树种马尾松高度较低，常有蛇类（王锦蛇）、青鼬等动物攀缘巢树，袭击巢中的卵或雏鸟，给朱鹮繁殖造成了巨大威胁（曹永汉、于晓平等，1995）。针对这一问题，保护人员在巢树下设置监护棚，在巢树树干上挂设金属网罩等物防止敌害爬树，成效显著。

④ 伴生种保护：观察结果表明，朱鹮巢区常有大嘴乌鸦、斑头鸺鹠等种类在朱鹮巢树附近甚至与朱鹮在同一棵大树上营巢，在猛禽入侵骚扰时，它们与朱鹮组成了共生防御体系，合力驱赶来犯之敌，大大减轻了较大型的猛禽如鸢、苍鹰等对朱鹮构成的威胁。在觅食地中，常有小白鹭、苍鹭等鹭科鸟类与朱鹮混群停歇或觅食，在天敌预防中起到了报警作用，减少了朱鹮受威胁的程度。所以应对上述种类适当加以保护。

⑤ 环境污染：为了提高粮食产量，人们在水田中施用大量的化肥农药，已使其中的各种水生生物急剧减少。通过对朱鹮食物、粪便等样品的分析，发现有机氯、有机汞的污染含量偏高（陕西省环境科学研究所，1990）。这也是人类生产活动与朱鹮保护之间的矛盾。为此，保护管理部门在朱鹮巢区和游荡区采取了一系列保护措施，严禁在朱鹮觅食的水田、塘库边缘的草地中施用化肥农药，并设专人进行巡护观察，同时对当地村民进行经济扶持、宣传教育以缓解朱鹮保护与生产之间的矛盾。

⑥ 狩猎管理：自保护朱鹮工作开展以来，洋县境内在 1982～1993 年之间先后共发生朱鹮猎杀案 4 起，死亡朱鹮 6 只。1996 年 2 月至 1997 年 1 月，在汉江沿岸相继发生了几例朱鹮中毒事件，这是捕猎者以毒饵捕杀汉江流域其他越冬水禽时所致。每年的 7～11 月，朱鹮的活动范围涉及汉中地区的洋县、城固、汉中、勉县、南郑、佛坪 6 县（市）40 多个乡（镇），觅食的水田、河流、小溪、草地总面积 130km^2。区域内人烟密集，干扰因素多，保护管理工作任务繁重。为此，洋县人民政府于 1990 年 9 月 30 日向全县发布了《关于保护朱鹮划定禁猎区的通告》。将朱鹮经常活动的谢村、城关、汉江、华阳等所属乡镇划为禁猎区，区内禁止任何形式的狩猎活动；对危及野生动物安全的猎枪、弹具、毒品等一律交当地主管部门封存，全县共收缴猎枪 2000 余只。同时禁止在朱鹮觅食的水域、稻田、旱地内投放毒饵，禁止在水沟、水田、河流内捕捞水生生物和放养家禽；严格保护朱鹮夜宿环境；在区内设立禁猎员和信息员，与专业人员相互配合，加强宣传，实施综合有效的保护管理。

9.2.6　白琵鹭 *Platalea leucorodia*

国家Ⅱ级重点保护野生动物；CITES 附录Ⅱ。

（1）分布

据文献记载，白琵鹭在黑龙江、吉林、辽宁、内蒙古、山西、甘肃、新疆繁殖，在长江下游地区以及广东、台湾越冬。繁殖地有黑龙江（扎龙、洪河、虎林）、内蒙古（科尔沁）；迁徙经过吉林（向海自然保护区、莫莫格自然保护区、长白山自然保护区）、辽宁（大连湾、旅顺、营口、大洼、双台河口、沈阳）、河北（秦皇岛沿海草甸、北戴河滩涂、唐山、沧州、衡水等地）、河南（信阳）、天津、新疆（准噶尔盆地西部及南疆东部、塔里木河中下游平原）、甘肃（兰州、河西走廊的湿地）、宁夏（青铜峡、平罗、石炭井）、陕西（北部长城风沙区的内陆湖泊、关中平原东部的黄河滩涂湿地以及陕西南部的汉江流域）；越冬地有江西（鄱阳湖）、湖南（洞庭湖、岳麓山）、湖北（沉湖、洪湖）、安徽（升金湖）、浙江（嘉兴、镇海、瑞安）、四川（西昌和川西）、江苏（盐城）、贵州（草海）以及广西（桂林、涠州岛）（郑光美、王岐山，1998）。

本次调查，白琵鹭繁殖见于黑龙江（三江平原和松嫩平原，包括宝清、同江、林甸、泰康等)、内蒙古(呼伦贝尔盟呼伦湖、辉河湿地、兴安盟南部各大湿地、哲里木盟科尔沁湿地、赤峰市达里湖、锡林郭勒盟乌拉盖湿地及周边水域、呼和浩特市哈素海、伊克昭盟湿地、巴彦淖尔盟乌梁素海及狼山前山湿地、阿拉善盟额济纳水库及周边湿地);迁徙经过吉林(向海自然保护区、莫莫格自然保护区、长白山保护区)、河北(滦南、唐海等县)、河南(孟津黄河湿地水禽自然保护区)、陕西(合阳黄河滩涂沼泽湿地)、新疆(准噶尔盆地西部及南疆东部、塔里木河中下游平原)、宁夏(青铜峡、平罗、石炭井);越冬于江西(鄱阳湖)、湖北(沉湖、洪湖)、湖南(洞庭湖、长沙)、贵州(草海)、安徽(升金湖、菜子湖、泊湖、龙感湖、城西湖和八里河等湖区)、浙江(慈溪、乐清和瓯海)、福建(云霄)、四川(若尔盖)、广东(深圳、福田、湛江、海丰)。其他地区本次调查未见到。

(2)数量

据文献记载,冯科民等(1995)报道,1984 年 5 月 5 ~ 19 日航调,发现黑龙江乌裕尔河地区有白琵鹭 43 只,嘟噜河地区有 2 只,七星河地区 32 只,共 77 只,已开始产卵孵化。根据 1990 ~ 1993 年中国水鸟隆冬统计表明,1990 年为 761 只(5 个湿地),1991 年 1182 只(7 个湿地),1992 年 878 只(6 个湿地)。近年来报道的几处主要越冬地的数量为:鄱阳湖 1000 多只(1987 ~ 1988 年),沉湖 405 只(1988 年 1 月),洞庭湖 78 只(1988 年 1 月),升金湖 250 只(1988 年 1 月)(1994 年 2 月 21 日 258 只),盐城 20 只(1988 年 1 月)(1990 年 1 月 63 只),草海 19 只(1988 年 1 月)。因此估计白琵鹭的种群数量在 2500 ~ 3000 只(郑光美、王岐山,1998)。1998 ~ 2003 年调查,在孟津保护区白琵鹭种群的最大数量为 57 只(李亚峰,2004)。1996 年 5 月 ~ 2003 年 7 月调查,湖北省白琵鹭种群数量为 520 只(葛继稳等,2004)。2003 年 1 月 9 ~ 20 日和 2004 年 1 月 18 ~ 2 月 19 日调查,在海南沿海湿地发现 1 只(张国钢等,2005)。

本次调查表明,白琵鹭的繁殖种群和越冬种群数量分别为 160 只和 7800 只(表 9 – 7)。

(3)栖息地

白琵鹭栖息于沼泽、湖泊及溪沟边的浅水地带。巢址多选择在常年积水、人迹罕至的芦苇沼泽和漂筏苔草沼泽及高大树木上。繁殖季节觅食范围广,常集小群在浅水湖泊或溪沟岸边觅食。越冬时喜在湖泊浅水处活动,觅食时常分散成小群飞至湖泊浅水处,有时也到少人活动的大水塘中觅食,饱食后又飞回原栖息处集成大群,停在浅水中休息。

表 9 – 7 白琵鹭分布及数量

分 布	面积(km^2)	密度(只/km^2)	数量(只)
黑龙江	6926	0.011406	78(夏)
内蒙古	11 000	0.0065	72(夏)
吉林	—	—	10(夏)
河北	—	0.00093	174(迁徙)
天津	—	—	不详
河南	—	0.01203	8(迁徙)
新疆	—	—	不详
宁夏	1568	0.126126	505(迁徙)
陕西	—	—	50(冬)
湖南	—	—	200(冬)
贵州	—	—	10(冬)
安徽	—	—	822(冬)
云南	30	0.005	8(冬)
四川	—	—	14(冬)

（续）

分　布	面积（km^2）	密度（只/km^2）	数量（只）
江苏	—	—	300（冬）
江西	—	0.0062	6371（冬）
浙江	—	0.0055	5（冬）
广东	—	0.005	10（冬）
广西	—	—	未发现
福建	—	—	10（冬）
合计			160（夏）7800（冬）

9.2.7　黑脸琵鹭 *Platalea minor*

国家Ⅱ级重点保护野生动物。

（1）分布

据文献记载，黑脸琵鹭在国内主要繁殖于黑龙江（扎龙、乌苏里江流域）、吉林（向海自然保护区、长白山区、四平、东南部沿海）；迁徙途经鸭绿江河口、青岛沿海、杭州、四川（南充、南部、阆中及营山）、盐城和崇明岛东部滩涂区。在江苏（盐城、连云港）、江西（鄱阳湖）、重庆（长寿湖）、贵州（草海）、福建（金门）、广东（福田）、广西、海南（东寨港）、台湾（曾文河口）以及香港（米埔）等地越冬（郑光美、王岐山，1998）。

本次调查，黑脸琵鹭见于辽宁（长海石城）、浙江（温州、苍南、平阳、瑞安、三门湾的宁海和三门、象山港）、江苏（盐城）、江西（鄱阳湖）、广西（合浦、防城，为新分布地）、上海（陈行水库）、海南（东寨港）、福建（长乐）。其他地区调查未见到。

（2）数量

据文献记载，20 世纪 90 年代初：台湾曾文河口有黑脸琵鹭 250 只、香港米蒲有 70 只、盐城有 13 只、福田保护区有 48 只、海南东寨港有 13 只（郑光美、王岐山，1998）。1999 年 6 月 15 日调查，在大连长海县石城乡发现 9 只黑脸琵鹭（尹祚华等，1999）。2003 年 1 月 9 ~ 20 日和 2004 年 1 月 18 日 ~ 2 月 19 日调查，发现海南沿海湿地黑脸琵鹭越冬的种群数量为 62 只（张国钢等，2005）。

本次调查表明，黑脸琵鹭的繁殖种群和越冬种群数量分别为 9 只和 120 只（表 9 – 8）。需要对该物种的生存状况，特别是繁殖和越冬地的情况开展深入调查研究。

表 9 – 8　黑脸琵鹭分布及数量

分　布	面积（km^2）	密度（只/km^2）	数量（只）
辽宁	—	—	9（夏）
江苏	—	—	82（冬）
江西	—	—	未发现
浙江	—	—	10（冬）
上海	—	—	9（冬）
广西	—	—	16（冬）
海南	—	—	3（冬）
福建	—	—	1（迁徙）
合计			9（夏）120（冬）

（3）栖息地

黑脸琵鹭栖息于沼泽、湖泊及溪沟边的浅水地带。巢址多选择在人迹罕至的岛屿和海岸悬崖上。在沿海地带开阔的泥质浅滩上、盐水沼泽、内陆湖泊、沼泽地停歇、活动、觅食。繁殖季节觅食范围广，常在浅水海边。越冬时，喜在湖泊浅水处活动。觅食时常分散成小群飞至湖泊各浅水处，有时也到少人活动的大水塘中觅食，饱食后又飞回原栖息处集成大群，停在浅水中休息。

目前黑脸琵鹭受到的主要威胁来自湿地开发、水质污染、营巢条件的丧失以及过度捕捞造成的食物短缺，需加强对繁殖栖息地的保护。

9.3 雁形目 ANSERIFORMES

我国有1科（即鸭科）共50种。其中国家Ⅰ级重点保护野生动物1种，国家Ⅱ级重点保护野生动物6种。本次调查了46种，占我国雁形目鸟类的92%。

9.3.1 黑雁 *Branta bernicla*

（1）分布

据文献记载，黑雁在国内分布于吉林（通榆、镇赉）、辽宁（旅顺、辽河、营口）、山西（北部）、山东（沿海）、福州（赵正阶，1999）。

本次调查，黑雁仅见于内蒙古（兴安盟南部水域）和天津（西青鸭淀水库），均为新分布。

（2）数量

据文献记载，黑雁分布区较狭窄，数量较少，仅在1990年冬季发现46只，1992年未见到（IWRB，1990、1992）。

本次调查表明，黑雁的越冬种群和繁殖种群数量分别为5只和10只，其中内蒙古10只，天津3只，福建2只（表9－9）。

（3）栖息地

黑雁在繁殖期主要栖息在北极海岸苔原低洼地上，通常离海水湖汐带不远，特别是被很多湖汐溪流分割的苔原平原上最常见。繁殖期小鸟孵化后迁至各种湖泊和水塘中。冬季多活动于植物生长茂密的海岸、河口、陡峭的河岸、湖泊及芦苇沼泽地。以海藻、各种草本植物种子及贝类等水生无脊椎动物为食。

表9－9　黑雁分布及数量

分　布	面积（km^2）	密度（只/km^2）	数量（只）
内蒙古	—	—	10（夏）
天津	—	—	3（冬）
福建	—	—	2（冬）
合计			10（夏）5（冬）

9.3.2 红胸黑雁 *Branta ruficollis*

国家Ⅱ级重点保护野生动物；CITES附录Ⅱ。

（1）分布

据文献记载，红胸黑雁为我国冬季迷鸟，分布区域极其狭窄，仅见于福建（长乐），湖南（洞庭湖）、广西。

（2）数量

红胸黑雁在中国为迷鸟，数量极其稀少，本次调查仅福建见到5只。

（3）栖息地

红胸黑雁属北极海洋耐寒鸟类。多栖息于海湾、海口及河口等地，冬天活动于盐沼地及内陆湖泊。以植物嫩茎叶和种子等为食。繁殖于北极的冰原地带，冬季迁徙到黑海和咸海一带越冬。在中国为偶见迷鸟。

9.3.3　鸿雁 *Anser cygnoides*

（1）分布

据文献记载，鸿雁在国内分布于黑龙江、内蒙古、吉林、辽宁、河北、天津、北京、河南、山西、山东、新疆、青海、宁夏、湖北、湖南、安徽、江西、浙江、重庆、四川、云南、广东、福建、台湾（郑作新，1976）。

本次调查，鸿雁见于黑龙江（加格达奇、爱辉、宝清、桦南、同江、抚远、饶河、齐齐哈尔、林甸、泰康）、内蒙古（除阿拉善盟以外的大部地区的湿地）、吉林（镇赉、通榆、前郭、洮南、扶余、三湖自然保护区、安图、珲春）、辽宁（盘山、大洼、彰武、北宁、义县、朝阳、北票、喀左）、天津（大港、塘沽、蓟县、宝坻、静海）、北京（密云水库、怀柔水库、官厅水库、大兴、房山）、河北（昌黎、张北、康保、沽源、冀州、桃城区）、河南（泌阳板桥水库、郏县汝河、鲁山沙河、叶县孤石滩水库、卢氏范里水库、方城吕家水库、镇平陡坡水库、高垃水库、赵湾水库）、重庆（长寿）、四川（会东）、新疆（阿尔泰山、天山西部等地）、宁夏（中宁、灵武、青铜峡、永宁、银川、贺兰、平罗、惠农）、江西（南昌、进贤、九江、星子、永修、新建、湖口、德安、都昌、波阳、余干、彭泽）、湖北（洪湖、沉湖、龙感湖、梁子湖、汈汊湖、网湖、大冶湖、保安湖、丹江口水库、陆水水库、漳河水库等）、安徽（枫沙湖、陈瑶湖、武昌湖、莱子湖、升金湖、石臼湖等）、浙江（三门）、福建（闽侯、清流）、云南（会泽，为新记录）。山东、山西、青海、湖南、广东未调查。

（2）数量

据文献记载，20 世纪 60 年代全国鸿雁数量有 10 万只左右（赵正阶，1999）。据国际水禽研究局 1990 年组织的亚洲隆冬水鸟调查，我国越冬种群数量为20 942只（IWRB，1992）。1996 年 5 月 ~2003 年 7 月调查，湖北省鸿雁种群数量为 2580 只（葛继稳等，2004）。

本次调查表明，鸿雁的繁殖种群和越冬种群数量分别为 8200 只和24 000只（表 9－10）。

表 9－10　鸿雁分布及数量

分　布	面积（km^2）	密度（只/km^2）	数量（只）
黑龙江	4503	0.029154	1326（夏）
内蒙古	15 000	0.0740	1110（夏）
吉林	—	—	26（夏）
辽宁	24 400	0.0301	3748（迁徙）
河北	—	0.01166	2189（迁徙）
天津	1717	—	260（冬）
北京	343.59	0.26	88（冬）
河南	—	0.032321	215（冬）
山东	—	—	未调查
山西	—	—	未调查
新疆	35 638	0.080516	5738（夏）
宁夏	—	—	不详
湖北	1649	1.5949	2630（冬）

（续）

分　布	面积（km^2）	密度（只/km^2）	数量（只）
湖南	—	—	未调查
安徽	—	—	2007（冬）
云南	—	—	2（冬）
四川	—	—	未发现
江苏	—	—	未调查
江西	—	3.1331	18 428（冬）
浙江	—	0.4376	260（冬）
福建	—	—	110（冬）
合计			8200（夏）24 000（冬）

（3）栖息地

鸿雁栖息于沼泽、湖泊及水域草滩地带，筑巢于人迹罕见的芦苇沼泽、漂筏苔草沼泽及草本植物茂密的水中小岛。迁徙时集群栖息于沼泽及湖泊大的明水面中。有时也活动于苔草沼泽化草甸和近海湿地附近，特别是平原上湖泊附近水生植物茂盛的地方，迁徙时常集结成群，越冬时栖息于沼泽及湖泊等较大的明水面中。

受到目前排水、围湖造田、投毒捕杀等因素的影响，鸿雁的栖息地正在逐渐丧失，种群数量日益减少，需加强对其栖息地的保护和管理。

9.3.4　豆雁 *Anser fabalis*

（1）分布

据文献记载，豆雁在国内分布于黑龙江（大、小兴安岭和三江平原、松嫩平原，包括加格达奇、爱辉、宝清、桦南、同江、抚远、饶河、齐齐哈尔、林甸、泰康。繁殖仅限于松嫩平原）、内蒙古（除阿拉善盟以外的大部地区的湿地）、吉林（镇赉、通榆，为繁殖鸟；大安、前郭、扶余、九台、农安、德惠、珲春、三湖自然保护区）、辽宁（东港、本溪、抚顺、大连湾、旅顺、营口、大洼、盘山、兴城）、河北、天津、北京（房山、通州、顺义）、河南、山西（大同、朔州、运城黄河沿岸）、宁夏、湖北（江汉平原）、安徽（淮北平原、江淮丘陵和沿江平原地区）、浙江（杭州、宁波、镇海、乐清、平阳、嘉兴、台州）、上海、重庆（长寿）、四川（南充、苍溪）（郑作新，1976）。

本次调查，豆雁在黑龙江、内蒙古、吉林、天津、北京、山西的分布区没有变化。辽宁（桓仁、清原、新宾、辽阳、灯塔、阜新、葫芦岛、锦州、朝阳、新民、辽中、法库）、河北（安新的白洋淀、冀州的衡水湖等地）、河南（信阳、许昌、驻马店、孟州黄河、白墙水库、温县黄河，孟津黄河湿地水禽自然保护区，封丘黄河滩涂，湛河白龟山水库，卢氏范里水库，济源赵庄水库，社旗百亩堰、湾刘水库，扶沟）、宁夏（中宁、灵武、青铜峡、永宁、银川、贺兰、平罗、惠农、陶乐）、湖北（沉湖、洪湖、梁子湖、龙感湖、网湖、长湖、汈汊湖、陆水水库、丹江口水库）、安徽（八里河、女山湖、瓦埠湖、花园湖、武昌湖、泊湖、黄湖、升金湖、石臼湖等）、浙江（宁海、平湖）、上海（崇明岛）、福建（华安、长乐、平潭）、四川（雷波金沙江边）、云南（丽江）为分布新记录。重庆调查未见到。

（2）数量

据文献记载，1990 年冬季豆雁数量为10 229只（IWRB，1990）。1992 年 11 月在吉林西部牛心套保草原一次发现豆雁 1200 只，估计在我国越冬的豆雁数量可达30 000（赵正阶，1995）。

1996～1997年调查，山西省豆雁种群数量为2000余只（11月中旬）（张龙胜，1999）。1996年5月至2003年7月调查，湖北省豆雁种群数量为3450只（葛继稳等，2004）。

豆雁分布广，数量大，局部地区还有一定的资源量。1999年1月初在陕西三河湿地自然保护区黄河河心岛上一次发现了近8000只的大群。本次调查，豆雁的繁殖种群和越冬种群数量分别为140只和11万只（表9－11），远远高于文献记载的数据。

（3）栖息地

豆雁栖息于沼泽、湖泊及水域草滩，筑巢生境为人迹罕见的芦苇沼泽、漂筏苔草沼泽及草本植物茂密的水中小岛。迁徙时集群栖息于沼泽及湖泊大的明水面中，有时也活动于苔草沼泽化草甸和近海湿地附近，特别是平原上湖泊附近水生植物茂盛的地方。迁徙时常集结成群，越冬时白天成群栖息于河流、湖泊等较宽阔的水面或河心滩、河岸，晚上到岸边或农田中寻找食物。

豆雁目前在我国的种群数量虽然较大，但却有下降趋势，主要原因是由于围湖造田、湿地开发使其栖息环境不断缩小，栖息地质量不断下降。

表9－11 豆雁分布及数量

分 布	面积（km^2）	密度（只/km^2）	数量（只）
黑龙江	3454	0.022059	94（夏）40 000（迁徙）
内蒙古	15 000	0.0027	40（夏）
吉林	—	—	6（夏）
辽宁	24 400	0.5362	66 818（迁徙）
河北	—	0.00057	107（迁徙）
天津	1717	—	92（冬）
北京	343.59	0.77	265（冬）
河南	—	0.132192	22 076（迁徙）
山东	—	—	未调查
山西	—	—	4500（冬）
宁夏	6000	1.036036	4144（迁徙）
陕西	2929	—	25 000（冬）
湖北	1601	1.8738	3000冬）
安徽	—	—	3694（冬）
云南	10	—	1（冬）
四川	—	—	未发现
上海	—	—	4（冬）
江西	—	0.0007	72 508（冬）
浙江	—	0.0166	900（冬）
福建	—	—	36（冬）
合计			140（夏）11万（冬）

9.3.5 白额雁 *Anser albifrons*

国家Ⅱ级重点保护野生动物。

（1）分布

据文献记载，白额雁在国内除陕西、甘肃、宁夏、青海、云南、广东、海南外，其他各地均有分布（郑作新，1976）。

本次调查，白额雁见于黑龙江（松嫩平原的齐齐哈尔、林甸、泰康）、内蒙古（呼伦贝尔盟、兴安盟）、吉林（镇赉、通榆、珲春）、辽宁（金州、普兰店、瓦房店、庄河、长海）、天津、河南（泌阳板桥水库、孟津黄河湿地水禽自然保护区）、新疆（天山以南地区塔里木河上游、天山西部及阿尔金山高原湖泊等）、江西（南昌、新建、永修、九江、湖口、进贤、德安、星子、都昌、波阳、余干）、湖北（武汉沉湖、洪湖、阳新网湖、黄梅龙感湖、鄂州梁子湖）、湖南（洞庭湖）、安徽（升金湖）、浙江（宁海）、福建（长乐、罗源）、四川（若尔盖）。其他分布区未调查。

（2）数量

据文献记载，1990 年冬季白额雁的数量为 2170 只（IWRB，1990）。1996 年 5 月至 2003 年 7 月调查，湖北省白额雁种群数量为 450 只（葛继稳等，2004）。

白额雁的分布涉及全国 24 个省，但本次调查中，近半数的省份未对该物种进行调查或情况不详。对调查省份进行统计表明，白额雁的越冬数量为55 000只（表 9－12），与 10 年前相比数量有明显增加，但也不容乐观。需要在分布区内进行补充调查，以掌握白额雁资源的真实状况和发展动态。

表 9－12　白额雁分布及数量

分　布	面积（km^2）	密度（只/km^2）	数量（只）
黑龙江	—	—	不详
内蒙古	—	—	100（迁徙）
吉林	—	—	不详
辽宁	24 400	0.0026	319（迁徙）
河北	—	—	107（迁徙）
天津	—	—	38（冬）
北京	—	—	未调查
河南	—	0.001443	16（冬）
山东	—	—	未调查
山西	—	—	未调查
新疆	—	0.00666	1036（冬）
西藏	—	—	未调查
湖北	—	0.1070～1.3529	320（冬）
湖南	—	—	20 000（冬）
贵州	—	—	未调查
安徽	—	—	200（冬）
浙江	—	—	670（冬）
江苏	—	—	未调查
江西	—	0.1013	32 707（冬）
上海	—	—	未调查
重庆	—	—	未调查
四川	—	—	3（冬）
广西	—	—	未调查
福建	—	—	10（冬）
合计			55 000（冬）

（3）栖息地

白额雁主要栖息于开阔的湖泊、水库、河湾及其附近开阔的平原、草地、沼泽和农田。迁徙停歇于湖泊、沼泽及江岸沙滩等环境。栖息生境以湿地水域为主。以多种水草为食，亦食谷类、种子及多种秋季作物的幼叶和嫩枝。觅食多在白天，晚上多在水面上休息。

9.3.6　小白额雁 *Anser erythropus*

（1）分布

据文献记载，小白额雁分布于黑龙江、吉林（镇赉县莫莫格自然保护区、通榆县向海自然保护区、大安市月亮泡）、辽宁（大连的大连湾、鸭绿江口、营口、辽河）（水野馨，1934）、内蒙古、河北、天津、北京、河南、江苏、江西、浙江、安徽、山东、华中、四川、广东、广西、福建、台湾（郑作新，1976）。

本次调查，小白额雁见于黑龙江（松嫩平原的齐齐哈尔、林甸、泰康）、河北（东北部）、河南、江西（南昌、新建、永修、星子、德安、余干）、福建（长乐、福清）、湖北（武汉沉湖、洪湖、阳新网湖、黄梅龙感湖、鄂州梁子湖）、湖南（洞庭湖）、安徽（枞阳菜子湖）。小白额雁在辽宁已绝迹，吉林、四川未发现。其余有分布的地区未进行调查。

（2）数量

据文献记载，1990 年小白额雁在中国的越冬数量为 970 只（IWRB，1990），但近 20 年来，种群数量明显减少，已变得非常稀少，罕见（Jonsson，1992）。据 1996 年 5 月 ~2003 年 7 月调查，湖北省小白额雁种群数量为 430 只（葛继稳等，2004）。

本次调查涉及 22 个分布省份，其中有 13 个省份未进行调查，资源状况不清，有 3 个省份在调查中未发现，有一个省（辽宁）已经绝迹，其余 5 个省份的越冬种群数量为21 000只（表 9 - 13），需要对该物种的资源状况进行补充调查。

（3）栖息地

小白额雁主要栖息于开阔的湖泊、水库、河湾及其附近开阔的平原、草地、沼泽和农田。迁徙停歇于湖泊、沼泽及江岸沙滩等环境。集小群活动，以多种水草为食，亦食谷类、种子及多种秋季作物幼叶、嫩枝。觅食多在白天，晚上多在水面上休息。

表 9 - 13　小白额雁分布及数量

分　布	面积（km^2）	密度（只/km^2）	数量（只）
黑龙江	—	—	未调查
内蒙古	—	—	未发现
吉林	—	—	未发现
辽宁	—	—	
河北	—	—	未调查
天津	—	—	未调查
北京	—	—	未调查
河南	—	—	未调查
山东	—	—	未调查
山西	—	—	未调查
湖北	864	0.5208	450（冬）
湖南	—	—	14 000（冬）
安徽	—	—	34（冬）

（续）

分　布	面积（km^2）	密度（只/km^2）	数量（只）
浙江	—	—	未调查
江苏	—	—	未调查
江西	—	0.0391	6496（冬）
上海	—	—	未调查
重庆	—	—	未调查
四川	—	—	未发现
广东	—	—	未调查
广西	—	—	未调查
福建	—	—	20（冬）
合计			21 000（冬）

9.3.7　灰雁 *Anser anser*

（1）分布

据文献记载，灰雁在国内分布于黑龙江（三江平原、松嫩平原、大兴安岭的绥滨、同江、泰康、林甸，为繁殖鸟；兴凯湖自然保护区、洪河自然保护区、长林岛自然保护区、扎龙自然保护区等，为迁徙鸟）、内蒙古（呼伦贝尔、呼伦湖、哲里木科尔沁湿地，为繁殖鸟）、吉林（通榆向海自然保护区、镇赉莫莫格自然保护区、大安月亮泡、珲春敬信湿地）、河北、北京、河南、山东（威海）、山西、新疆（西部和北部）、甘肃（西北部）、青海（柴达木盆地和青海湖）、宁夏、湖北（武汉沉湖、洪湖、黄梅龙感湖、鄂州梁子湖等水域）、湖南、贵州（威宁草海）、安徽（女山湖、巢湖、石臼湖、南漪湖、黄湖等地）、江苏（扬州、徐州、盐城、连云港、长江口北支岛屿及南京、镇江）、重庆（渝北、沙坪坝、大渡口、九龙坡、渝中、江北、南岸、巴南等）、四川（若尔盖、红原、松潘、炉霍、理塘、德格、石渠、西昌、盐源、成都、金堂、安岳等地）、云南（嵩明、会泽、大理、剑川、洱源、中甸）、广东、福建。

本次调查，灰雁在黑龙江、内蒙古、吉林、贵州、湖北、安徽等地的分布区没有变化。有分布区为河北（昌黎、沽源、冀州）、河南（泌阳、尉氏、孟津黄河湿地自然保护区、叶县、登封、南召铁河、灌河、白河）、宁夏（中宁、灵武、青铜峡、永宁、银川、贺兰、平罗、惠农、陶乐）、江苏（靖江江段）、江西（进贤、永修、余江、丰城、泰和、广昌）、福建（建阳、武平、仙游）、四川（若尔盖、石渠）、云南（洱源、宁蒗，其中宁蒗为新分布地点）。其他分布地区未进行调查。

（2）数量

据文献记载，1990 年在我国统计到灰雁的越冬数量仅为 4906 只（IWRB，1990）。而且该物种的数量还在持续下降，估计我国的越冬种群的数量在10 000只以下（赵正阶，1999）。1996 年 5 月至 2003 年 7 月调查，湖北省灰雁种群数量为 1870 只（葛继稳等，2004）。

本次调查涉及 27 个分布省，其中有 13 个省份未调查。调查省份的繁殖种群和越冬种群数量分别为 650 只和24 000只（表 9－14）。越冬数量有明显增加。

（3）栖息地

灰雁主要栖息在不同生境的淡水水域中，在迁徙期也常见于碱度较轻的水域中。繁殖期活动于芦苇和水草丰富的湖泊、水库、河口、水淹平原、湿草地、沼泽地和草地。其他季节栖息于芦苇和水草丰富的淡水湖泊、水库、河溪（缓流）等地。以杂草茎叶、种子及水生昆虫为食。

表9-14 灰雁分布及数量

分 布	面积（km^2）	密度（只/km^2）	数量（只）
黑龙江	4726	0.035838	250（夏）19 000（迁徙）
内蒙古	—	—	400（夏）3000（迁徙）
吉林	—	—	450（迁徙）
辽宁	—	—	未调查
河北	—	—	2211（迁徙）
北京	—	—	未调查
河南	—	0.013259	147（迁徙）
山东	—	—	未调查
山西	—	—	未调查
新疆	—	—	未调查
甘肃	—	—	未调查
青海	—	—	未调查
宁夏	—	0.18108	432（迁徙）
湖北	—	0.1690~2.2941	400（冬）
湖南	—	—	未调查
贵州	—	—	3（冬）
云南	500	—	35（冬）
安徽	—	—	740（冬）
浙江	—	—	未调查
江苏	—	—	300（冬）
江西	—	0.0062	21 332（冬）
上海	—	—	未调查
重庆	—	—	未调查
四川	—	—	1150（冬）
广东	—	—	未调查
广西	—	—	未调查
福建	—	—	40（冬）
合计			650（夏）24 000（冬）

9.3.8 斑头雁 *Anser indicus*

（1）分布

据文献记载，斑头雁在国内分布于内蒙古、新疆（西部）、甘肃（东南部）、青海（东部昂欠、治多以及柴达木盆地）、西藏（南部羊卓雍湖、拉萨河、西部阿里、昌都）、陕西（南部）、湖南（洞庭湖）、贵州（威宁县的草海）、四川（夏季见于康定、石渠及德格，冬季偶见于江油，迁徙时见于金堂及盐源等地）、云南（寻甸、宣威、会泽、丽江、大理、剑川、洱源、中甸、昭通）。

本次调查，斑头雁见于内蒙古（鄂尔多斯、锡林郭勒盟、兴安盟、赤峰市、呼伦贝尔）、新疆（天山以南地区，仅在塔里木河上游、天山西部及阿尔金山高原湖泊等水域繁殖）、甘肃（甘南玛曲、碌曲、迭部、卓尼，河西的敦煌、民勤、阿克塞及兰州）、青海（玉树、海西、海北、海南）、西藏（全境）、贵州（威宁草海）、云南（会泽、昭通、丽江、中甸）、四川（白玉、石渠）、陕西（渭河、汉江流域）。湖南未调查。

斑头雁整体分布区有缩小的趋势。

（2）数量

据文献记载，1992年冬季调查，在雅鲁藏布江及其支流流域内共有斑头雁6411只，拉萨河流域见到2555只，年楚河流域为1025只，羊卓雍湖90只（宋延龄，1994）。

本次调查表明，斑头雁的繁殖种群和越冬种群数量分别为12万只和1300只（表9－15）。

（3）栖息地

斑头雁在高原湖泊繁殖，栖息于湖泊、沼泽、河湾等多水、多沼泽的区域，每年3～4月迁入繁殖地，在湿地周围的草墩或岛屿上筑巢。主要以植物性食物如禾本科、莎草科植物的汁、茎和豆科植物的种子等为食，兼食贝类、软体动物及其他小型无脊椎动物。觅食多在植物茂密、人迹罕至的湖边或浅滩多水草的地方。冬季也到稻田中觅食农作物。

表9－15　斑头雁分布及数量

分　布	面积（km^2）	密度（只/km^2）	数量（只）
内蒙古	—	—	51（夏）200（迁徙）
新疆	—	0.005349	3445（夏）
甘肃	4897.25	0.01523～0.1236	4665（夏）
青海	21 300	3.55	75 344（夏）
西藏	—	0.0396	31 645（夏）
陕西	—	—	不详
湖南	—	—	未调查
贵州	—	—	500（冬）
云南	500	—	4850（夏）
四川	—	—	800（冬）
合计			12万（夏）1300（冬）

9.3.9　雪雁 *Anser caerulescens*

（1）分布

据文献记载，雪雁在河北、长江口为冬季迷鸟。在国外繁殖于北美洲极北地区，越冬于北美洲大部分地区及西伯利亚东部沿海和日本。

（2）数量

本次调查未见到。

（3）栖息地

雪雁繁殖于北美极地的苔原冻土带，越冬于沿海稻田及农田地中。

9.3.10　埃及雁 *Alopochen aegyptiaca*

据文献记载，仅1866年5月Berthemy在北京发现，以后一直未见到。

本次调查未见到。

9.3.11　大天鹅 *Cygnus cygnus*

国家Ⅱ级重点保护野生动物。

（1）分布

文献记载大天鹅分布于黑龙江南部、吉林、辽宁、河北、北京、天津、山东、山西、陕西、宁夏、甘肃、内蒙古、新疆西北部、云南、贵州、四川、安徽、江苏、浙江、台湾。

本次调查，大天鹅见于黑龙江（松嫩平原、三江平原、东部山地）、内蒙古（呼伦贝尔、兴安盟、哲里木盟、赤峰市、锡林郭勒盟）、吉林（镇赉莫莫格自然保护区、通榆向海自然保护区、大安月亮泡、长白、安图、珲春敬信湿地）、辽宁（本溪、桓仁、辽阳、灯塔、建昌、建平、喀左、新民、法库）、河北（白洋淀、井陉、赤城、尉县、平山）、天津（大港、塘沽、东丽、宁河、蓟县）、北京（密云、官厅、怀柔、白河堡、金海湖、十三陵水库、斋堂水库、珠窝水库等大中型水库、潮白河、永定河、颐和园、圆明圆的水面）、河南（信阳罗山石山口水库、安阳林州弓上水库、南谷洞水库、平顶山湛河白龟山水库、三门峡卢氏洛河、老灌河、范里水库，三门峡库区湿地自然保护区、郑州二七尖岗水库、南阳内乡湍河）、山东（荣成沿海、内陆湖面及沿黄水域）、山西（滹沱河、汾河、桑干河、运城新绛湿地自然保护区、河津黄河段、临猗、万荣、永济黄河段、芮城圣天湖，平陆黄河段、垣曲小浪底水库）、新疆（巴音布鲁克天鹅自然保护区、赛里木湖、艾比湖、伊犁河流域、乌伦古河湖、额尔齐斯河、巴里坤湖、石河子蘑菇水库、玛纳斯河流域、乌鲁木齐河流域、博斯腾湖、塔里木河流域的沙雅、尉犁、阿克苏等地，和田河、喀什噶尔河、叶尔羌河的泽普、巴楚等地，车尔臣河下游的若羌、策勒达玛沟水库）、甘肃、青海（青海湖、可鲁克湖—托素湖、扎陵湖—鄂陵湖、尕海、君曲滩、旦荣滩等湿地）、宁夏（青铜峡、平罗沙湖）、陕西（神木红碱淖、无定河、黄河滩涂湿地）、湖北（武汉沉湖、黄梅龙感湖、洪湖、阳新网湖、鄂州梁子湖）、湖南（洞庭湖）、安徽（凤阳花园湖、明光女山湖）、江苏（盐城）、重庆（长寿湖）、四川（若尔盖、雅江、得荣、石渠）、云南（丽江、南涧，为新分布）、福建（邵武、长乐）。

（2）数量

据文献记载，梁果栋（1982）报道，新疆巴音布鲁克天鹅湖自然保护区是我国大天鹅最大的繁殖地，过去数量有20 000只。20 世纪 80 年代初据下降到 2000 只，建立自然保护区后，上升到 3000 ~ 5000 只；马鸣等（1993）估计冬季国内种群数量约为10 000 ~ 15 000只（郑光美、王岐山，1998）；1990 年在我国统计到 474 只（IWRB，1990）；1996 年 5 月至 2003 年 7 月调查，湖北省大天鹅种群数量为 95 只（葛继稳等，2004）；1996 ~ 1997 年调查，在山西省运城鸭子池和芮城圣天湖发现大天鹅 2000 余只（张龙胜，1999）。

本次调查表明，大天鹅的繁殖种群和越冬种群数量分别为15 000只和22 000只（表 9 - 16）。近年来随着保护力度的加强，其种群数量得到恢复，相继在山东荣城沿海、河南黄河流域、陕西关中东部黄河滩涂和陕西北部发现了数百只或上千只的大群，与过去相比数量有明显增加。

（3）栖息地

大天鹅在繁殖期喜欢栖息于开阔、食物丰富的浅水水域中，尤喜活动于有丰富水生植物的湖泊、水塘和流速缓慢的河流，特别是在针叶林带、桦林带和无林的高原湖泊、水塘中。大天鹅巢址多选择于人迹罕至的湖泡或沼泽的泥滩处，距离明水面 30 ~ 60m，巢四周多生长矮生植被，地形相对开阔。筑巢地属沉水水生植物群落类型，由巢中心向外依次为挺水水生植物（如芦苇）和旱生植被。觅食地生境类型主要为芦苇沼泽、稀疏小叶樟明水草甸等挺水植物群落和狸藻、眼子菜等组成的浮水水生植物群落。冬季则喜欢栖息在多草的大型湖泊、水库、水塘、河流和开垦的农田地带。

目前，大天鹅受到的主要威胁来自于湿地过度开发、水质污染、营巢条件的丧失等。需加强保护。

表 9－16　大天鹅分布及数量

分　布	面积（km^2）	密度（只/km^2）	数量（只）
黑龙江	—	—	70（夏）1750（迁徙）
内蒙古	—	—	237（夏）20 000（迁徙）
吉林	—	—	150（迁徙）
辽宁	24 400	0.01090～0.5568	60（冬）13 586（迁徙）
河北	—	—	295（迁徙）
天津	1717.8	—	200（迁徙）
北京	343.59	2.10	720（迁徙）
河南	—	0.148372	1645（迁徙）
山东	—	—	12 750（冬）
山西	—	—	4500（迁徙）
新疆	—	0.047695	14 693（夏）
甘肃	18 541	0.11316	2034（迁徙）
青海	4500	0.48	2500（冬）
宁夏	6000	—	不详
陕西	—	—	5561（冬）
湖北	—	0.1043	90（冬）
湖南	—	—	500（冬）
云南	500		2（冬）
安徽	—	—	不详
江苏	—	—	10（冬）
江西	—	—	未调查
重庆	—	—	474（90 年冬）
四川	—	—	3（冬）
福建	—	—	50（冬）
合计			15 000（夏）22 000（冬）

9.3.12　小天鹅 *Cygnus columbianus*

国家Ⅱ级重点保护野生动物。

（1）分布

据文献记载，小天鹅分布于黑龙江（牡丹江、齐齐哈尔、兴凯湖）、内蒙古（呼伦贝尔、兴安盟、锡林郭勒盟、赤峰市、鄂尔多斯）、吉林（通榆向海自然保护区、长白山）、辽宁（大连、旅顺、康平、营口、盖州）、河北（北戴河、唐海、灵寿、沧州）、天津、河南、山东（烟台、长岛）、新疆（天山和巴州及阿尔泰山山地）、甘肃（河西走廊高台黑河流域）、宁夏（青铜峡、平罗、盐池、灵武、永宁、银川、贺兰、惠农、陶乐）、江西（鄱阳湖）、湖北（武汉沉湖、洪湖、阳新网湖、黄梅龙感湖、鄂州梁子湖、石首天鹅洲等地）、湖南（洞庭湖）、安徽（沿淮湖泊和江淮丘陵地区、黄陂湖、南漪湖、武昌湖、升金湖、七里湖、白荡湖、菜子湖、花凉亭水库等地）、浙江（偶见）、上海（崇明东滩、长兴岛和长江口南岸三甲港以及朝阳农场边滩）、重庆（长寿湖）、四川（若尔盖、成都、西昌、南江、营山、三台、仁寿、简阳）、广东（偶然见到）、福建。

本次调查，小天鹅在黑龙江、内蒙古、天津、新疆、甘肃、宁夏、江西、湖北、湖南、安

徽的分布区没有变化。其他有分布地区为：河北（赤城、冀州、黄骅）、河南（洛阳孟津黄河湿地水禽自然保护区、平顶山孤石滩水库、济源曲阳湖）、上海（崇明岛东滩、长兴岛）、四川（若尔盖、雅江、石渠）、陕西（镇安，为分布新记录）、福建（邵武、顺昌）。此外，辽宁新发现小天鹅的分布点有喀左、新民、法库。吉林、重庆未见到。其他省份未进行调查。

（2）数量

据文献记载，中国鸟类学会水鸟组（1994）报道，1986～1990 年，在上海崇明岛东滩越冬的小天鹅数量稳定在 3000～5000 只，在鄱阳湖最大群可达 3940 只；1990 年越冬数量为 3032 只（IWRB，1990）。马鸣（1993）估计小天鹅在中国越冬数量在10 000只左右（郑光美、王岐山，1998）。1996 年 5 月至 2003 年 7 月调查，湖北省小天鹅种群数量为 410 只（葛继稳等，2004）。

本次调查涉及 14 个省份，大部分省份均有调查数据。本次调查的结果较客观地反映了小天鹅的数量状况，其越冬种群数量为15 000只左右（表 9－17）。

（3）栖息地

小天鹅繁殖期主要栖息于辽阔的湖泊、水塘、沼泽、水流缓慢的河流和邻近的苔原低地、苔原沼泽地上。冬季主要栖息在多芦苇、蒲草和其他水生植物的大型湖泊、水库、水塘、河湾等地，也出现在湿草地和水淹平原、沼泽、海滩及河口地带，有时甚至出现在农田原野。迁徙时停歇地的栖息生境与越冬地相同。主食水生植物，在长江河口区越冬的小天鹅主食海三棱藨草的地下球茎。小天鹅在长江河口区 3 处越冬地的共同特点都是在海三棱藨草外缘，这里受潮汐的冲刷，地下球茎暴露于表面或表层，易被小天鹅取食。目前，小天鹅受到的主要威胁来自于湿地过度开发，水质污染，栖息地丧失以及过度捕捞造成的食物短缺。需加强对小天鹅越冬地的保护。

表 9－17　小天鹅分布及数量

分　布	面积（km^2）	密度（只/km^2）	数量（只）
黑龙江	—	—	不详
内蒙古	—	—	500（迁徙）
辽宁	24 400	0.0004	10（迁徙）
河北	—	—	273（迁徙）
天津	1718	—	112（迁徙）
河南	—	0.009471	105（迁徙）
新疆	—	0.060516	4203（迁徙）
陕西	—	—	1（迁徙）
甘肃	48	0.01579	284（迁徙）
宁夏	6000	0.126126	505（迁徙）
湖北	—	0.0508～0.2941	110（冬）
湖南	—	—	500（冬）
安徽	—	—	1031（冬）
上海	—	—	116（冬）
江西	—	0.0296	13 113（冬）
四川	—	—	不详
福建	—	—	130（冬）
合计	—	—	15 000（冬）

9.3.13 疣鼻天鹅 *Cygnus olor*

国家Ⅱ级重点保护野生动物。

（1）分布

据文献记载，疣鼻天鹅在国内繁殖于新疆（乌伦古湖、艾比湖、赛里木湖、伊犁河流域和巴音布鲁克）、甘肃（苦水）、青海（柴达木盆地）、内蒙古（锡林郭勒盟、巴彦淖尔、伊克昭盟、阿拉善盟，其中：巴彦淖尔乌梁素海、阿拉善额济纳旗为繁殖地）、四川（德格、若尔盖）。迁徙经过黑龙江、吉林、辽宁（旅顺）、河北、山东（青岛）、新疆（天山山地、北疆地区），越冬于湖北（江汉平原湖群）、青海（青海湖）以及长江中、下游。

本次调查表明，疣鼻天鹅在新疆、内蒙古的分布区没有变化。湖北仅见于洪湖，四川未见到，天津（宁河）发现60只。其他省份未调查。

（2）数量

根据以往资料统计，疣鼻天鹅在中国的数量不到3000只，近年来繁殖数量有下降的趋势，根据袁国映等（1992）统计，新疆艾比湖1982年夏季有250只，到1986年仅剩108只；马鸣（1993）报道，赛里木湖也只有百余只（郑光美、王岐山，1998）。1990年隆冬水鸟调查仅见到8只（IWRB，1990）。1996年5月至2003年7月调查，湖北省疣鼻天鹅种群数量为11只（葛继稳等，2004）。

本次调查表明，疣鼻天鹅的繁殖种群和越冬种群数量分别为2700只和60只（表9－18）。

（3）栖息地

疣鼻天鹅主要栖息于富有植物的池塘、湖泊、水库、海湾、沼泽和水流缓慢的河流等水域中，也出现在沼泽和四周有植物覆盖的水塘和溪流中，通常喜欢隐匿在高草丛中，或成群栖息于水面上。食物主要为水生植物的叶、根、茎、芽和果实，也吃水藻和小型水生动物，白天觅食活动，晚上休息。

疣鼻天鹅的栖息地有进一步减少和恶化的趋势，需加强对其栖息地的保护。

表9－18 疣鼻天鹅分布及数量

分　布	面积（km^2）	密度（只/km^2）	数量（只）
新疆	—	0.015316	2590（夏）
内蒙古	—	—	110（夏）500（迁徙）
天津	1718	—	不详
湖北	355	0.0338	60（冬）
四川	—	—	不详
合计			2700（夏）60（冬）

9.3.14 栗树鸭 *Dendrocygna javanica*

（1）分布

据文献记载，栗树鸭在国内分布于江苏、湖北、云南、广西、广东、海南、福建、台湾。

本次调查栗树鸭仅见于广西（浔江）、广东（潮安）、云南（景洪）。其他各地未调查。

（2）数量

据文献记载，2003年1月9～20日和2004年1月18日至2月19日调查，海南沿海湿地的栗树鸭越冬种群数量为980只（张国钢等，2005）。本次调查表明，全国栗树鸭的繁殖种群数量为140只，其中广西2只，广东98只，云南40只。

（3）栖息地

栗树鸭栖息于丘陵谷间小盆地或面积不大而水浅的水域和水库中潮湿多草的小岛上。以植物种子及嫩茎叶为食，尤喜食农作物及稻谷。在荒山山坡草丛中营巢（也有在树洞中营巢的报道）。目前数量稀少，应加强保护。

表 9－19　栗树鸭分布及数量

分　布	面积（km^2）	密度（只/km^2）	数量（只）
云南	—	—	40（夏）
广东	—	0.002	98（夏）
广西	—	—	2（夏）
合计			140（夏）

9.3.15　赤麻鸭 *Tadorna ferruginea*

（1）分布

据文献记载，赤麻鸭在国内分布于黑龙江（松嫩平原，包括林甸、龙江、泰来、泰康，在其他地区也有零星分布，如镜泊湖、五常、尚志、带岭、沾河等）、内蒙古、吉林（吉林三湖自然保护区、通榆向海自然保护区、镇赉莫莫格自然保护区、大安、洮南、前郭、农安、德惠等县）、辽宁（东港、本溪、桓仁、抚顺、灯塔、大连、旅顺、大连金州区、庄河、营口、大洼、盘山、兴城、葫芦岛）、河北、天津、北京、河南、山东、山西、新疆、甘肃（大、小苏干湖及南湖、黑河流域、干海子、黄河首曲、兰州）、青海、宁夏、西藏、陕西（陕北长城风沙草滩区的内陆湖泊、黄河及其支流无定河、渭河、汉水流域等）、湖北、湖南（洞庭湖和湘中地区）、贵州（西北部、中部和西南部）、安徽、江苏、江西、浙江、上海（崇明东滩）、重庆（巫溪、云阳、奉节、巫山、丰都、石柱、武隆、开县、渝北、长寿、涪陵）、四川、云南、广东、广西、福建。

本次调查表明，赤麻鸭在黑龙江、内蒙古、吉林、河南、山西、甘肃、青海、宁夏、西藏、陕西、安徽的分布区没有变化，他有分布地区为辽宁（清原、新宾、辽阳、大石桥、盖州、鞍山、岫岩、海城、辽西各市、新民、辽中、新城子）、河北（唐山、乐亭、唐海、昌黎、沽源、阜平、冀州等）、天津（大港、塘沽、东丽、宁河、静海、蓟县）、北京（官厅水库、密云水库、怀柔水库、十三陵水库、崇青水库、颐和园等）、湖北（武汉蔡甸区、洪湖、石首、荆州、仙桃、汉川、黄石、黄冈、鄂州、十堰、赤壁、秭归）、湖南（洞庭湖）、贵州（威宁、大方、清镇、兴义等）、上海（宝山陈行水库、南汇庙港边滩）、重庆（江津、忠县、永川等）、四川（邻水、阆中、射洪、松潘、西昌、雷波、阿坝、炉霍、石渠、白玉、金川、若尔盖、雅江、安岳、荣县、南江、盐边、木里、得荣、巴塘等）、广东（龙川、博罗、深圳福田区、湛江、海丰、汕头沿海、澄海、公平水库等）、福建（建阳、清流）。其他省份未调查。

（2）数量

据文献记载，国际水禽研究局 1990 年隆冬水鸟调查，赤麻鸭在中国的越冬数量为 2834 只（IWRB，1992）；1996～1997 年调查，山西省赤麻鸭种群数量为 2000 余只（11 月中旬）（张龙胜，1999）；2002 年 1 月 18 日和 19 日，在云贵高原分别记录到赤麻鸭 3442 只和 5444 只（李凤山等，2003）。

本次调查表明，赤麻鸭的繁殖种群和越冬种群数量分别为 11 万只和 14 万只（表 9－20）。分布较广，数量较大。

（3）栖息地

赤麻鸭主要生活于高山草原、湖泊、河岸、湖边及靠近绿洲附近的戈壁滩上、开阔的水库、水塘等，有时结集成大群行于湖边漫滩处。其生境有蒿草高寒草甸和沼泽化草甸。白天多活动在水草茂盛的开阔地带，栖息于湖湾、半岛、沼泽滩地和小溪边，夜晚回到其巢穴处休息。调查发现，赤麻鸭除在湖泊、沼泽湿地栖息活动外，凡有水域或河流漫滩、低洼地处均有其踪迹。春秋季节在湖边水域的农田地里活动较多，一般集群栖息，生境较广泛，常见于山区和平原地区的江河、湖泊等各类水域中。筑巢于水边，巢周是草甸及次生林林缘、人为干扰较少的地段。或在高山湖泊、海子边、幽静小河中的小岛上营巢，巢筑于草丛、灌丛及废弃的兽类洞穴中。

表 9－20　赤麻鸭分布及数量

分　布	面积（km^2）	密度（只/km^2）	数量（只）
黑龙江	9835	0.084～0.187	750（夏）
内蒙古	—	—	6693（夏）50 000（迁徙）
吉林	—	—	800（冬）
辽宁	24 400	2.3504	16 000（冬）57 349（迁徙）
河北	—	—	78 576（迁徙）
天津	1718	—	55（冬）
北京	—	—	500（冬）
河南	—	—	6406（夏）
山东	—	—	未调查
山西	—	—	5000（冬）
新疆	—	—	未调查
甘肃	426.6	0.0034～0.0763	3641（夏）
青海	31 370	2.51	83 429（夏）
宁夏	6000	0.0163～2.2702	9081（夏）
陕西	—	—	30 000（冬）
湖北	—	0.3750～2.6667	4000（冬）
湖南	—	—	50（冬）
云南	3000	0.08722	13 914（冬）
安徽	—	—	727（冬）
江苏	—	—	未调查
江西	—	0.0073	3094（冬）
重庆	414	0.035～0.361	310（冬）
四川	—	—	2500（冬）
广东	—	0.008～0.01	600（冬）
广西	—	—	未调查
西藏	—	—	58 640（冬）
福建	—	—	810（冬）
合计			11 万（夏）14 万（冬）

9.3.16　翘鼻麻鸭 *Tadorna tadorna*

（1）分布

文献记载，翘鼻麻鸭在国内分布于黑龙江（松嫩平原西部的泰来、泰康、林甸）、内蒙古、吉林（镇赉莫莫格自然保护区、通榆向海自然保护区、大安月亮泡、乾安、长岭、扶余）、辽宁（大连、普兰店、庄河、营口、盘山、大洼、凌海、葫芦岛、兴城、朝阳）、河北、天津、北京（官厅水库、怀柔水库）、河南、山东、山西、新疆、甘肃、青海、宁夏（中卫、中宁、青铜峡、

永宁、银川、贺兰、平罗、同心、盐地、固原、彭阳、西吉)、西藏、湖北、湖南（洞庭湖)、贵州、安徽（霍邱、寿县、东至、贵池)、江苏、江西、浙江（杭州、宁波、瓯海、乐清、嘉兴、绍兴、舟山、台州、温州)、上海（浦东、崇明东滩)、重庆、四川（南充、金堂、盐源、成都)，云南、广东、广西、福建。

本次调查表明，翘鼻麻鸭在黑龙江、吉林、河南、山西、新疆、青海、甘肃、宁夏、湖南、安徽的分布区没有变化。有分布地区为辽宁（丹东、东港、宽甸、本溪、抚顺、辽阳、灯塔、大石桥、盖州、鞍山、海城、台安、岫岩、辽西除建平外均有分布)、河北（唐山、滦南、唐海、昌黎、张北、沽源、黄骅)、北京（康西草原、怀柔水库)、浙江（镇海、慈溪、宁海、三门)，福建（平潭、长乐、罗源)、上海（长江河口区)、四川（万源)。其他省份未调查。

（2）数量

据文献记载，我国翘鼻麻鸭的越冬数量约为20 000只（赵正阶，1999)。1996 年 5 月 ~2003 年 7 月调查，湖北省翘鼻麻鸭种群数量为 850 只（葛继稳等，2004)。

本次调查表明，翘鼻麻鸭的繁殖种群和越冬种群数量分别为11 000只和17 000只（表 9 - 21)。

（3）栖息地

翘鼻麻鸭繁殖期主要栖息于河流、辽阔的盐碱平原草地、碱水和淡水湖泊及其附近的沼泽地带，营巢多在湖泊附近有沙丘及岩石崩塌而便于掘穴营巢的地方，一般多在地面上自己掘土营巢，有的也利用其他兽类废弃的洞穴营巢。迁徙和越冬期栖息于淡水湖泊、水库、河湾、河口浅水处及稻田等地。冬季常集成数十只至百只的大群。以昆虫、软体动物、甲壳类等动物性食物为食。也以植物的叶片、嫩芽和种子等植物性食物为食。

表 9 - 21　翘鼻麻鸭分布及数量

分　布	面积（km^2）	密度（只/km^2）	数量（只）
黑龙江	2539	0.009210	30（夏）
内蒙古	—	—	7450（夏）50 000（迁徙）
吉林	—	—	150（夏）
辽宁	24 400	1.3819	16 800（冬）33 718（迁徙）
河北	—	—	374 222（迁徙）
天津	—	—	未调查
北京	—	—	50（冬）
河南	—	—	125（迁徙）
山东	—	—	未调查
山西	—	—	未调查
新疆	—	0.064430	3368（夏）
甘肃	—	—	2（迁徙）
青海	—	—	未调查
西藏	—	—	未调查
宁夏	6000	—	2（夏）
陕西	—	—	不详
湖北	—	—	未调查
湖南	—	—	20（冬）
云南	—	—	6（冬）

（续）

分　布	面积（km^2）	密度（只/km^2）	数量（只）
安徽	—	—	10（冬）
江苏	—	—	未调查
江西	—	—	未调查
重庆	—	—	未调查
四川	—	—	500（迁徙）
广东	—	—	未调查
广西	—	—	未调查
福建	—	—	114（冬）
合计			11 000（夏）17 000（冬）

9.3.17　针尾鸭 *Anas acuta*

（1）分布

据文献记载，针尾鸭在国内分布于黑龙江（除大兴安岭外的其他地区）、内蒙古（除阿拉善外的其他地区）、吉林（镇赉莫莫格自然保护区、通榆向海自然保护区、大安月亮泡、安图、敦化大山、抚松、长白、珲春敬信湿地、吉林三湖自然保护区）、辽宁（本溪、旅顺、营口、盘山、大洼、凌海、朝阳）、河北、天津、北京、河南、山东、山西、陕西（汉江）、新疆、甘肃、青海、西藏、宁夏（中宁、灵武、利通、中卫、青铜峡、永宁、陶乐、固原、彭阳、平罗）、湖北、湖南（洞庭湖）、贵州、安徽（淮北、颍上、五河、霍邱、寿县、凤阳、明光、滁州、合肥、长丰、枞阳、巢湖、东至、贵池、当涂、郎溪）、江苏、江西（南昌、新建、永修、九江、湖口、进贤、德安、星子、都昌、波阳、余干、南城）、浙江、上海（浦东、青浦淀山湖）、重庆（渝北、沙坪坝、大渡口、九龙坡、渝中、江北、南岸、巴南等）、四川（成都、金堂、石渠、泸县、西昌、盐源）、云南、广东、广西、福建。

本次调查，针尾鸭在黑龙江、内蒙古、吉林、天津、河南、陕西、新疆、宁夏、湖南、江西、重庆的分布区没有变化。有分布地区为辽宁（东港、辽阳、灯塔、新民，辽西除建平、义县外均有分布），河北（衡水、冀州）、北京（怀柔水库、密云水库、延庆野鸭湖）、湖北（洪湖、武汉沉湖、汉川汈汊湖、天门张家湖、阳新网湖、黄梅龙感湖、鄂州梁子湖、赤壁陆水水库及石首天鹅洲等湿地）、浙江（慈溪、宁海、椒江、瓯海、定海）、福建（大田、清流）、上海（长江河口），四川（石渠、乐山）、云南（剑川、丽江为新发现的分布地，昭通、会泽）。其他省份无调查数据。

（2）数量

据文献记载，1990 年隆冬水鸟调查，针尾鸭的数量为25 277只（IWRB，1992）；1996 年 5 月至 2003 年 7 月调查，湖北省针尾鸭的种群数量为14 420只（葛继稳等，2004）；1997 年 4 月至 1999 年 7 月调查，浙江省针尾鸭的种群数量为17 930只（刘安兴等，2001）；2003 年 1 月 9 ~ 20 日和 2004 年 1 月 18 日至 2 月 19 日调查，海南沿海湿地针尾鸭的越冬种群数量为 421 只（张国钢等，2005）。

本次调查，针尾鸭的繁殖种群和越冬种群数量分别为 4400 只和 31000 只（表 9 – 22）。

（3）栖息地

针尾鸭栖息于较大明水面的近岸浅水处或沼泽水域中，栖息生境以芦苇沼泽为主；也到浮水水生植被生境中取食。繁殖期栖息于内陆大型湖泊、流速缓慢的河流、河湾及其附近的沼泽和湿草地上。越冬期和迁徙期栖息于各种类型的河流、湖泊、沼泽、盐碱湿地、水塘等处。

表 9-22　针尾鸭分布及数量

分　布	面积（km^2）	密度（只/km^2）	数量（只）
黑龙江	31 311	0.14053	450（迁徙）
内蒙古	—	—	42（迁徙）
吉林	—	—	850（迁徙）
辽宁	24 400	0.6545	10 000（冬）15 971（迁徙）
河北	—	—	931（迁徙）
天津	—	—	10 000（冬）
北京	—	—	100（冬）
河南	—	—	45（迁徙）
山东	—	—	未调查
山西	—	—	未调查
新疆	—	0.007293	4400（夏）
甘肃	—	—	14（迁徙）
青海	—	—	未调查
西藏	—	—	未调查
宁夏	6000	0.252252	1009（迁徙）
陕西	—	—	不详
湖北	—	0.1257	200（冬）
湖南	—	—	5000（冬）
云南	800	—	800（冬）
安徽	—	—	2884（冬）
江苏	—	—	未调查
江西	—	0.0013	218（冬）
重庆	—	—	未调查
四川	—	—	200（冬）
广东	—	—	未调查
广西	—	—	未调查
福建	—	—	1598（冬）
合计			4400（夏）31 000（冬）

9.3.18　绿翅鸭 *Anas crecca*

（1）分布

文献记载绿翅鸭在全国各地均有分布。

本次调查，绿翅鸭见于黑龙江、内蒙古、吉林、辽宁（本溪、桓仁、抚顺、大连湾、旅顺、庄河、灯塔、营口、盘山、大洼、凌海、葫芦岛、建昌、朝阳、辽中、康平、丹东振安区、东港、清原、新宾、辽阳、新民、辽中、法库、新城子）、河北（井陉、阜平、桃城、冀州）、天津、北京（密云水库、延庆野鸭湖、怀柔水库）、河南、山西、甘肃（兰州黄河段）、宁夏（中宁、灵武、利通、中卫、青铜峡、永宁、陶乐、固原、彭阳、平罗）、陕西（汉江、黄河滩）、湖北（蔡甸沉湖、洪湖、石首天鹅洲、汈汊湖、天门、网湖、龙感湖、梁子湖、陆水水库、五峰后河、咸丰忠建河、竹溪万江河等）、湖南（洞庭湖、湘中地区）、贵州、安徽、江苏（盐城的滨海、大丰及南京的江宁）、江西（九江、丰城、高安、南丰、广昌、南昌、新建、永修、湖口、进贤、德安、星子、都昌、波阳、余干）、浙江（建德、淳安、镇海、北仑、鄞县、象山、宁海、诸暨、温岭、乐清、瓯海、苍南）、上海、重庆（万州、丰都、酉阳、秀山、巫溪、云阳、奉节、巫山、丰都、石柱、武隆、梁平、忠县、合川、北碚、铜梁、九龙坡、巴南、永川、开县、忠县、北碚、渝北、长寿、涪陵、巴南）、四川（邻水、金堂、洪雅、阆中、射洪、高县、古蔺、雷波、白玉、金川、乐山、若尔盖、阿坝、雅江、屏山、开江、安岳、万源、南江、天全、剑阁、盐边、木里、马边、石棉）、云南（昆明、大理、会泽、剑川、江川、昆明、丽江、曲靖、石屏、昭通、中甸）、广东（潮阳、澄海、揭东、湛江、深圳福田区、海丰、汕头沿海、公平水库）、广西、福建（沙县、莆田、晋江、建瓯、连城、闽侯、清流、邵武、延平、漳平、长乐、罗源、福清）。新疆、山东、青海、西藏、海南等省份未调查。

（2）数量

据文献记载，1990年隆冬水鸟调查，绿翅鸭在我国大陆的越冬数量为26 936只，包括台湾、香港在内的总数量为37 967只（IWRB，1990）；1996年5月至2003年7月调查，湖北省绿翅鸭的种群数量为65 750只（葛继稳等，2004）；2003年1月9～20日和2004年1月18日至2月19日调查，发现海南沿海湿地绿翅鸭越冬的种群数量为4只（张国钢等，2005）。

本次调查，绿翅鸭的繁殖种群和越冬种群数量分别为16 000只和31万只（表9－23）。绿翅鸭是我国数量最多和最常见的一种鸟类。本次调查表明，绿翅鸭分布于我国28个省份，数量虽有减少，但仍有一定的资源量。

（3）栖息地

绿翅鸭的栖息生境多样，在芦苇沼泽、河边草甸、林中沼泽、水泡及湖泊沿岸的草甸中都有繁殖。栖息地人为干扰小，植被稀疏。越冬期常集结成几百上千只的大群在江河、湖泊、水库、池塘和沿海地带的滩涂、近岸浅海水域活动。白天栖息于水库、开阔的河湾、沙滩、池塘以及很少有人活动的水田，黄昏时全部飞往附近的水田中觅食，凌晨又飞回白天栖息的地方。食物主要为植物的种子、浮萍、水草及水生昆虫和蠕虫。

表9－23　绿翅鸭分布及数量

分　布	面积（km^2）	密度（只/km^2）	数量（只）
黑龙江	72 297	0.100862	7250（夏）22 500（迁徙）
内蒙古	—	—	1803（夏）50 000（迁徙）
吉林	—	—	3600（夏）
辽宁	24 400	1.4438	11 000（冬）35 228（迁徙）
河北	—	—	16 808（迁徙）
天津	—	4.91～13.72	8433（冬）23 565（迁徙）
北京	—	—	100（冬）
河南	—	—	3347（夏）30 032（冬）
山东	—	—	未调查
山西	—	—	未调查
新疆	—	—	未调查
甘肃	—	—	64（迁徙）
青海	—	—	未调查
西藏	—	—	未调查
宁夏	6000	0.252252	1009（迁徙）
陕西	—	—	10 000（冬）

（续）

分　布	面积（km^2）	密度（只/km^2）	数量（只）
湖北	10 285	2.4414	25 110（冬）
湖南	—	—	20 000（冬）
云南	4200	0.03333	59 353（冬）
安徽	—	—	13 140（冬）
江苏	—	0.944	100 366（冬）
江西	—	0.0426	6859（冬）
重庆	1768	0.1368 ~ 2.5269	5700（冬）
四川	—	—	6000（冬）
广东	—	0.03 ~ 0.41	5700（冬）
广西	—	—	820（冬）
海南	—	—	未调查
福建	—	—	7387（冬）
合计			1.6 万（夏）31 万（冬）

9.3.19　花脸鸭 *Anas formosa*

CITES 附录Ⅱ。

（1）分布

据文献记载，花脸鸭在国内分布于黑龙江（三江平原的七星河和饶力河流域）、内蒙古（呼伦贝尔、兴安盟）、吉林（镇赉莫莫格自然保护区、通榆向海自然保护区、九台、德惠、榆树、梨树、东丰、长白山）、辽宁（丹东、本溪、营口、朝阳、辽中）、河北、天津，北京（怀柔水库）、河南、山东、陕西（汉水）、湖北（洪湖、武汉沉湖、石首天鹅洲、阳新网湖、黄梅龙感湖、鄂州梁子湖、汉川汈汊湖、赤壁陆生水库）、湖南（洞庭湖）、贵州、云南、安徽（颍上、五河、霍邱、凤阳、寿县、肥西、巢湖、庐江、枞阳、东至、当涂、郎溪）、江苏、江西、浙江（杭州、萧山、嘉兴、温州、瓯海、平阳）、上海（崇明岛东滩）、重庆（长寿）、四川（成都市郊）、广东（潮阳、深圳福田区、湛江、海丰、汕头沿海、公平水库）、广西、福建。

本次调查表明，花脸鸭在黑龙江、内蒙古、吉林、北京、河南、湖北、湖南、安徽、广东的分布区没有变化。有分布地区为辽宁（桓仁、连山区、北票、兴城、绥中、朝阳、开原、昌图）、福建（光泽、浦城）、浙江（丽水）。陕西、上海、重庆、四川未发现。其他省份未调查。

（2）数量

据文献记载，1990 年隆冬水鸟调查花脸鸭的越冬数量为 4384 只（IWRB，1990）。1996 年 5 月至 2003 年 7 月调查，湖北省花脸鸭种群数量为 2550 只（葛继稳等，2004）。

本次调查的 21 个分布省的统计数据表明，花脸鸭的越冬种群数量为 1400 只（表 9 – 24）。

（3）栖息地

花脸鸭主要栖息于各种淡水、咸水水域，包括湖泊、江河、水库、沼泽、河湾、沿海滩涂以及农田原野等各种生境。白天常结成小群或与其他野鸭混群游泳、或漂浮于开阔的水面上休息、或在滩涂附近的浅水水域歇息或活动，夜晚则成群飞往附近田野、沟渠或湖边及草滩浅水处觅食。主食谷粒、草籽、幼嫩茎叶，也吃螺类和贝类。

表 9-24 花脸鸭分布及数量

分 布	面积（km^2）	密度（只/km^2）	数量（只）
黑龙江	—	—	120（迁徙）
内蒙古	—	—	8（迁徙）
吉林	—	—	100（迁徙）
辽宁	24 400	0.0455	200（冬）1100（迁徙）
河北	—	—	未调查
天津	—	—	未调查
北京	—	—	20（冬）
河南	—	—	22（冬）
山东	—	—	未调查
陕西	—	—	未发现
湖北	—	0.0053～0.6667	500（冬）
湖南	—	—	200（冬）
安徽	—	—	85（冬）
江苏	—	—	未调查
江西	—	—	未调查
重庆	—	0.175	7（冬）
四川	—	—	未发现
云南	—	—	未发现
广东	—	0.006	300（冬）
广西	—	—	未调查
福建	—	—	66（冬）
合计			1400（冬）

9.3.20 罗纹鸭 *Anas falcata*

（1）分布

文献记载，罗纹鸭在国内分布于黑龙江、内蒙古、吉林（镇赉莫莫格自然保护区、通榆向海自然保护区、大安月亮泡、牛心套堡、前郭、安图、珲春敬信湿地）、辽宁（旅顺、熊岳、盘山、大洼、营口、凌海、葫芦岛、朝阳、辽中）、河北、天津、北京（密云水库、延庆野鸭湖、顺义潮白河）、河南、山东、山西、陕西（汉水、黄河滩）、湖北（蔡甸沉湖、荆州长湖、洪湖、石首天鹅洲、孝感西湖、野猪湖、天门张家湖、仙桃芦林湖、阳新网湖、龙感湖、梁子湖、陆水、宜昌、长阳、神农架等地）、湖南（洞庭湖、湘南地区）、贵州、云南、安徽（淮北、阜南、颍上、怀远、五河、固镇、蚌埠、淮南、霍邱、寿县、舒城、凤阳、明光、合肥、巢湖、庐江、枞阳、望江、宿松、东至、贵池、当涂、郎溪）、江苏、江西、浙江（杭州、宁波、瓯海、乐清、嘉兴、台州、象山）、重庆（长寿）、四川（乐山、南充、西昌、盐源）、广东、广西、福建、海南。

本次调查表明，罗纹鸭除在浙江（江北、鄞县、松阳）、四川（乐山、荣县及安岳）、辽宁（辽阳、灯塔、海城、鞍山、台安、岫岩、辽西各地）的分布区有变化外，在其他省份的分布区没有变化。山东、山西、江苏、贵州、江苏、广东、广西未调查。

（2）数量

据文献记载，1990 年隆冬水鸟调查，罗纹鸭的越冬数量为 3879 只（IWRB，1990）；1996

年 5 月至 2003 年 7 月调查，湖北省罗纹鸭的种群数量为31 260只（葛继稳等，2004）；1997 年 4 月至 1999 年 7 月调查，浙江省罗纹鸭的种群数量为11 530只（刘安兴等，2001）。

本次调查表明，罗纹鸭的繁殖种群和越冬种群数量分别为 7800 只和63 000只（表 9－25）。

（3）栖息地

罗纹鸭栖息于湖泊、沼泽和河流中，繁殖期喜欢在偏僻而又富有水生植物的中小型湖泊中栖息和繁殖。营巢于池塘、河岸或沼泽地茂密的苇丛及草丛中。越冬期主要栖息于江河、湖泊、水库等水域，尤其喜欢在偏僻而又富有水生植物的中、小型水域活动，集成 10 多只到几十只的大群，与其他雁鸭类混群活动。

表 9－25　罗纹鸭分布及数量

分　布	面积（km^2）	密度（只/km^2）	数量（只）
黑龙江	69 231	0.087547	6065（夏）
内蒙古	15 000	0.0156	235（夏）
吉林	120 000	0.0125	1500（夏）
辽宁	24 400	0.6357	79 236（迁徙）
河北	—	0.01856	3483（迁徙）
天津	—	—	8（迁徙）
北京	343.59	0.76	260（迁徙）
河南	—	0.052165	347（冬）
山东	—	—	未调查
山西	—	—	未调查
陕西	1325	—	1500（冬）
湖北	—	3.9126	29 600（冬）
湖南	—	—	800（冬）
贵州	—	—	未调查
安徽	—	—	2654（冬）
江苏	—	—	未调查
江西	—	0.0022	15 367（冬）
重庆	—	0.175	7（冬）
浙江	—	0.1155	11 530（冬）
四川	—	—	150（冬）
云南	600	—	10（冬）
广东	—	—	未调查
广西	—	—	未调查
福建	—	—	971（冬）
海南	—	—	64（冬）
合计			7800（夏）63 000（冬）

9.3.21　绿头鸭 *Anas platyrhynchos*

（1）分布

文献记载，绿头鸭分布于除海南外的全国各省（郑作新，1976）。

本次调查，绿头鸭见于黑龙江、内蒙古、吉林（洮南、大安、镇赉、通榆、前郭、九台、家安、德惠、榆树、双辽、梨树、公主岭、珲春敬信湿地、安图、和龙、敦化、抚松、靖宇、磐石、永吉、蛟河）、辽宁（丹东、本溪、大连湾、旅顺、瓦房店、长海、灯塔、营口、盘山、大洼、绥中、朝阳；本次调查新发现的分布点有东港、桓仁、抚顺市顺城区、辽阳、新民、辽中、法库、苏家屯、辽西各地）、河北（唐山、滦南、乐亭、唐海、沽源、黄骅、安新、曲阳、阜平、衡水桃城区、冀州）、天津、北京（密云水库、延庆野鸭湖、怀柔水库）、河南、山东、山西、甘肃（兰州）、宁夏（中宁、灵武、利通、中卫、青铜峡、永宁、陶乐、西吉、贺兰、同心、固原、彭阳、平罗）、陕西（汉江、黄河滩）、湖北（武汉、荆州、仙桃、天门、潜江、孝感、黄石、黄冈、鄂州、十堰、襄樊）、湖南（洞庭湖、湘中地区）、贵州（威宁、三都、清镇）、云南、安徽（颍上、五河、蚌埠、霍邱、寿县、舒城、巢湖、枞阳、太湖、霍山、望江、东至、贵池）、江苏（射阳、大丰、东台及长江河口等地）、江西（进贤、九江、宜丰、婺源、峡江、永新、南城、南昌、新建、永修、湖口、德安、星子、都昌、波阳、余干）、浙江（淳安、海宁、余姚、慈溪、镇海、北仑、奉化、象山、宁海、三门、椒江、温岭、玉环、瓯海、苍南、岱山、定海）、上海（宝山陈行水库、宝山石洞口边滩、南汇老港边滩、南汇庙港边滩、崇明东滩、崇明岛北沿虹桥垦区、崇明岛北沿跃进农场、长兴岛中央沙、横沙岛东滩、九段沙）、重庆（万州、丰都、綦江、酉阳、巫溪、云阳、奉节、巫山、石柱、彭水、忠县、合川、垫江、潼南、渝北、大足、铜梁、荣昌、永川、开县、忠县、北碚、长寿、涪陵、沙坪坝、大渡口、九龙坡、渝中、江北、巴南、南岸）、四川（南充、南部、筠连、兴文、宜宾、高县、长宁、屏山、南溪、阆中、苍溪、营山、岳池、乐山、峨眉、雅安、宝兴、雅江、巴塘、邻水、金堂、阆中、射洪、高县、西昌、雷波、炉霍、白玉、若尔盖、雅江、乐山、屏山、开江、安岳、万源、古蔺、南江、天全、盐边、木里、马边、剑阁、石棉）、云南（大理、鹤庆、会泽、剑川、昆明、丽江、蒙自、宁蒗、曲靖、石屏、思茅、通海、寻甸、沾益、昭通、中甸等地，其中鹤庆、蒙自、曲靖、思茅、通海、沾益、昭通、中甸为本次调查的新分布）、广东（高明、新丰江、惠东、揭东、雷州、深圳福田区、湛江、海丰、汕头沿海）、福建（沙县、德化、龙海、屏南、清流、邵武、长乐、罗源、云霄）。未调查的省份为新疆、青海、广西。

（2）数量

据文献记载，1990 年绿翅鸭的越冬数量为55 567只；1992 年冬季数量为39 048只（IWRB，1990、1992）；1996～1997 年调查，山西省绿头鸭种群数量为2000余只（张龙胜，1999）；1996 年5月至2003年7月调查，湖北省绿头鸭种群数量为85 690只（葛继稳等，2004）；1997 年4月至1999 年7月调查，浙江省绿头鸭种群数量为16 240只（刘安兴等，2001）；2003 年1月9～20日和2004年1月18日至2月19日调查，在海南沿海湿地发现1只绿头鸭（张国钢等，2005）。

本次调查表明，绿翅鸭的繁殖种群和越冬种群数量分别为15 万只和53 万只（表9－26）。是雁鸭类中分布最广、数量最大的种类之一。

（3）栖息地

绿头鸭主要栖息于江河、湖泊、沿海滩涂、水库等水草茂盛的僻静生境中，常与绿翅鸭、斑嘴鸭等种类结群游憩、活动、觅食，冬季可结成大群。主食植物种子、谷粒、茎叶和嫩芽，也食螺类等。

表9－26　绿头鸭分布及数量

分布	面积（km^2）	密度（只/km^2）	数量（只）
黑龙江	148 843	0.343684	53 155（夏）
内蒙古	15 000	2.3290	36 453（夏）
吉林	120 000	1.3402	19 500（夏）
辽宁	24 400	0.3225	40 194（迁徙）

（续）

分　布	面积（km^2）	密度（只/km^2）	数量（只）
河北	—	0. 17244	34 365（夏）
天津	—	—	不详
北京	343. 59	14. 26	4900（迁徙）
河南	—	0. 039084	6527（夏）16 349（迁徙）
山东	—	—	9801（冬）
山西	—	—	9000（冬）
新疆	—	—	未调查
甘肃	—	—	550（冬）
青海	—	—	未调查
宁夏	6000	5. 675676	22 703（冬）
西藏	—	—	未调查
陕西	2929	—	11 659（冬）
湖北	15 160	5. 277	80 000（冬）
湖南	—	—	3000（冬）
贵州	—	—	37 000（冬）
安徽	—	—	2643（冬）
江苏	—	—	250 000（冬）
江西	—	0. 029	3348（冬）
重庆	—	0. 864486	2780（冬）
浙江	—	0. 1170 ~7. 262	16 240（冬）
上海	—	—	49 600（冬）
四川	—	—	5000（冬）
云南	2000	0. 003472	18 436（冬）
广东	—	0. 023	120（冬）
广西	—	—	未调查
福建	—	—	8120（冬）
合计			15 万（夏）53 万（冬）

9. 3. 22　斑嘴鸭 *Anas poecilorhyncha*

（1）分布

文献记载，斑嘴鸭在国内分布于除新疆、海南外的其他各省（郑作新，1976）。

本次调查，斑嘴鸭见于黑龙江、内蒙古、吉林、辽宁（东港、本溪、桓仁、抚顺、灯塔、大连湾、庄河、长海、盘山、大洼、凌海、兴城、葫芦岛、兴城、彰武、开原、朝阳、沈阳、辽中、丹东振安区、凤城、宽甸、辽西）、河北、天津、北京、河南、山东、山西、甘肃、青海、甘肃（兰州）、宁夏（中卫、中宁、青铜峡、利通、永宁、贺兰、银川、平罗、陶乐、同心、固原、彭阳、西吉）、陕西、湖北、湖南（洞庭湖、湘中地区）、贵州、安徽、江苏（盐城的射阳、大丰、东台及长江河口、太湖、尚湖、洪泽湖、高邮湖）、江西（南昌、九江、永修、星子、瑞昌、奉新、波阳、永新、临川、南城、东乡、高安、上高、万载、靖安、新建、湖口、进贤、德安、都昌、余干）、浙江（余姚、慈溪、镇海、宁海、三门、温岭、玉环、瓯海）、上海（宝山陈行水库、宝山石洞口边滩、浦东施湾边滩、南汇朝阳农场边滩和南汇庙港边滩；崇明东滩、崇明岛北沿、虹桥垦区边滩、横沙东滩、长兴岛)、重庆（巫溪、万州、云阳、奉节、巫山、丰都、石柱、武隆、垫江、北碚、大足、永川、开县、忠县、渝北、长寿、涪陵、巴南等)、四川（南充、西充、阆中、苍溪、南江、乐山、峨边、雅安、宝兴、西昌、米易、甘孜、宜宾、屏山、金堂、西昌、雷波、炉霍、白玉、若尔盖、乐山、洪雅、万源、南江、盐边)、云南（景洪、会泽、剑川、江川、景谷、昆明、丽江、宁蒗、曲靖、石屏、思茅、腾冲、寻甸、永胜、沾益、昭通，其中会泽、剑川、景谷、曲靖、沾益、昭通为本次调查的新分布地点)、广东（南海、源城、潮阳、揭东、深圳福田区、湛江、海丰、汕头沿海、澄海、公平水库)、广西（宁明、桂林、富川)、福建（清流、泰宁、福鼎、霞浦)。未调查的省份有山东、青海、贵州、西藏。

（2）数量

据文献记载，1990 年斑嘴鸭的越冬数量为23 722只，1992 年冬季数量为21 038只（IWRB，1990、1992)；1996 年 5 月至2003 年 7 月调查，湖北省斑嘴鸭种群数量为25 430只（葛继稳等，2004)。

本次调查表明，斑嘴鸭的繁殖种群和越冬种群数量分别为 27 万只和 65 万只（表 9－27)，是雁鸭类中分布广泛、数量较多的种类之一。

（3）栖息地

斑嘴鸭栖息于湖泊、池塘和河流的岸边以及沼泽之中，栖息生境广泛。筑巢地多为芦苇沼泽或湿草甸，草本植物较茂密，隐蔽性好，人为干扰少。冬季数十只甚至上百只结群活动、游荡、栖息于沿海开阔僻静的滩涂、水生植物丛生的河口、河流、湖泊、水库、沼泽地等处。夜间在稻田、沟渠、泥塘觅食。善游泳和潜水。植食性，主食杂草种子、谷粒、嫩芽、茎叶，偶尔也食昆虫和螺类等。

表 9－27　斑嘴鸭分布及数量

分　布	面积（km^2）	密度（只/km^2）	数量（只）
黑龙江	142 670	0. 093867	13 392（夏）
内蒙古	15 000	2. 982	44 730（夏）
吉林	120 000	1. 4487	25 600（夏）
辽宁	24 400	1. 0041	125 244（夏）
河北	—	0. 24689	46 340（夏）
天津	1718	13. 63（35. 45）	23 417（冬）60 913（迁徙）
北京	343. 59	0. 03	12（冬）
河南	—	0. 058～0. 1078	14 694（夏）18 008（迁徙）
山东	—	—	未调查
山西	—	—	3000（冬）
甘肃	—	—	184（冬）
青海	—	—	未调查
宁夏	6000	2. 837838	11 351（冬）
西藏	—	—	未调查
陕西	2929	—	20 000（冬）
湖北	—	1. 5236	14 940（冬）
湖南	—	—	200（冬）
贵州	—	—	未调查

（续）

分　布	面积（km^2）	密度（只/km^2）	数量（只）
安徽	—	—	13 452（冬）
江苏	—	—	450 000（冬）
江西	—	—	11 735（冬）
重庆	—	1.051402	1300（冬）
浙江	—	2.7752	4790（冬）
上海	—	—	73 100（冬）
四川	—	—	3000（冬）
云南	2500	0.009167	18 321（冬）
广东	—	0.019	100（冬）
广西	—	—	17（冬）
福建	—	—	1081（冬）
合计			27 万（夏）65 万（冬）

9.3.23　赤膀鸭 *Anas strepera*

（1）分布

据文献记载，赤膀鸭分布于除甘肃、西藏、海南外的全国各省（郑作新，1976）。

本次调查，赤膀鸭见于黑龙江（松嫩平原的扎龙自然保护区及东部山地的尚志、宁安、五常、密山等地）、内蒙古、吉林（镇赉莫莫格自然保护区、通榆向海自然保护区、大安月亮泡、牛心套堡、前郭查干泡、安图二道白河低山带泡沼湿地、珲春敬信湿地、敦化大山水库、吉林三湖自然保护区）、辽宁（桓仁、瓦房店、盘山、大洼、营口、凌海、兴城、朝阳、沈阳、辽中、东港、宽甸、辽西各地）、河北（无极、滦南、唐海、昌黎、张北、沽源、怀安、围场、廊坊）、天津、北京（颐和园、延庆野鸭湖）、河南、新疆（天山西部、塔里木河流域、阿勒泰地区和哈密盆地）、宁夏（中宁、灵武、利通、中卫、青铜峡、永宁、陶乐、西吉、贺兰、同心、固原、彭阳、平罗）、陕西（黄河滩）、湖北（武汉蔡甸区、洪湖、荆州、仙桃、天门、潜江、汉川、黄石、黄梅、鄂州、十堰、赤壁）、湖南（洞庭湖、湘中地区）、贵州（威宁）、云南、安徽（霍邱、六安、寿县、凤阳、舒城、巢湖、枞阳、望江）、江苏（长江河口、太湖、尚湖及沿海滩涂湿地）、浙江（嘉兴、宁波、瓯海、杭州、绍兴、建德、定海）、上海（浦东、崇明东滩和青浦淀山湖）、重庆（万州、长寿）、四川（成都、金堂、南充、岳池、西昌、盐源、泸县、若尔盖）、云南（剑川、江川、昆明、丽江，其中江川、丽江为本次调查的新分布地点）、广东（潮阳、深圳福田区、湛江、海丰、汕头沿海、澄海、公平水库等）、福建（平潭、长乐、福清）。未调查的省份有山东、山西、青海、江西、广西。

（2）数量

据文献记载，1992 年，赤膀鸭的越冬数量为 5067 只（IWRB，1992）。1996 年 5 月至 2003 年 7 月调查，湖北省赤膀鸭的种群数量为35 540只（葛继稳等，2004）。

本次调查表明，赤膀鸭的繁殖种群和越冬种群数量分别为15 000只和 13 万只（表 9－28）。分布广泛，数量较大，可适当利用。

（3）栖息地

赤膀鸭栖息于水生植物丛生的河流、湖泊、水库、河湾、水塘和沼泽等水域及其他类型水域沿岸。筑巢于水生植物（如芦苇、小叶樟及苔草等）茂密、人为干扰少、隐蔽性好的地区。食物以水生植物为主，也食各类作物、植物浆果及杂草种子。越冬期常集成大群，白天在泥滩浅水域活动，常与其他雁鸭类混群；夜晚与其他雁鸭类一起飞进草滩觅食。栖息地有减少的趋势。

表 9－28　赤膀鸭分布及数量

分　布	面积（km^2）	密度（只/km^2）	数量（只）
黑龙江	64 436	0.019337	1246（夏）
内蒙古	15 000	0.4051	6077（夏）
吉林	120 000	0.0375	4300（夏）
辽宁	24 400	0.0946	11 798（迁徙）
河北	—	0.14755	27 695（迁徙）
天津	—	—	不详
北京	343.59	0.12	40（冬）
河南	—	0.00466	31（冬）
山东	—	—	未调查
山西	—	—	未调查
新疆	470 827	0.006896	3377（夏）
青海	—	—	未调查
宁夏	2200	10.28829	41 153（迁徙）
陕西	—	—	不详
湖北	7900	5.063	4000（冬）
湖南	—	—	200（冬）
贵州	—	—	不详
安徽	—	—	631（冬）
江苏	—	—	100 000（冬）
江西	—	—	未调查
重庆	—	1.15	46（冬）
浙江	—	0.0378	4760（冬）
上海	—	—	7200（冬）
四川	—	—	150（冬）
云南	700	—	9219（冬）
广东	—	0.008	40（冬）
广西	—	—	未调查
福建	—	—	3683（冬）
合计			1.5 万（夏）13 万（冬）

9.3.24　赤颈鸭 *Anas penelope*

（1）分布

据文献记载，赤颈鸭在全国各地均有分布，在内蒙古、黑龙江为繁殖鸟，在吉林、辽宁、河北、山东（威海、青岛）为旅鸟，在其他省为冬候鸟（郑作新，1976）。

本次调查，赤颈鸭见于黑龙江（林甸、泰康、牡丹江、五常、密山、呼中、阿木尔）、内蒙古、吉林（镇赉莫莫格自然保护区、通榆向海自然保护区、大安月亮泡、牛心套堡、前郭查干泡、安图二道白河低山带泡沼湿地、珲春敬信湿地、敦化大山水库、吉林三湖自然保护区）、辽宁（灯塔、营口、辽河口、盘锦双台河口、朝阳、沈阳、辽西各地）、河北（无极、滦南、唐

海、昌黎、张北、沽源、怀安、围场、廊坊等)、天津、北京(怀柔水库、密云水库、顺义潮白河)、河南、新疆(天山、沙车)、甘肃(兰州)、宁夏(中宁、灵武、利通、中卫、青铜峡、永宁、陶乐、西吉、贺兰、同心、固原、彭阳、平罗)、陕西(黄河滩)、湖北(武汉蔡甸区、洪湖、荆州、仙桃、天门、潜江、汉川、黄石、黄梅、鄂州、十堰、赤壁)、湖南(洞庭湖、湘中地区)、云南、安徽(淮北、霍邱、六安、寿县、凤阳、舒城、巢湖、枞阳、望江等)、浙江(嘉兴、宁波、温州、乐清、平阳、绍兴、西湖、余姚、慈溪、北仑、奉化、三门、乐清)、上海(长江河口、崇明东滩、青浦)、重庆(万州、长寿、涪陵)、四川(南充、宝兴、金堂、西昌、屏山、泸县、盐边、射洪、炉霍)、云南(大理、洱源、江川、昆明、丽江、蒙自、石屏)、广东(博罗、深圳福田区、湛江、海丰、汕头沿海、澄海、公平水库等)、福建(晋江、清流、霞浦、罗源、蕉城、福清、泉州、莆田、厦门、云霄)。未调查的省份有山东、山西、新疆、青海、西藏、江苏、江西、广西、海南。

(2) 数量

据文献记载，赤颈鸭 1992 年的越冬数量为48 348只(IWRB, 1992)。2003 年 1 月 9 ~ 20 日和 2004 年 1 月 18 日至 2 月 19 日调查，海南沿海湿地赤颈鸭越冬的种群数量为 270 只(张国钢等, 2005)。

本次调查表明，赤颈鸭的繁殖种群和越冬种群数量分别为 4000 只和75 000只(表 9－29)。

(3) 栖息地

赤颈鸭栖息于丘陵、平原地带的湖泊、江河、沼泽、大水塘、水库和沿海滩涂。常于浅水沼泽及湖泊中觅食、栖息，尤喜在富有水生植物的开阔水域中活动。栖息地沉水水生植物丰富，岸边水草较茂密，筑巢地在水中岛状地水草茂密的地方。越冬期常结群活动，也和其他雁鸭类混群。植食性，食物种类包括根茎、草籽、嫩芽等。

表 9－29　赤颈鸭分布及数量

分　布	面积(km^2)	密度(只/km^2)	数量(只)
黑龙江	34 463	0.018106	650(夏)
内蒙古	15 000	0.0567	850(夏)
吉林	120 000	0.0208	2500(夏)
辽宁	24 400	0.0801	9979(迁徙)
河北	—	0.00001	1(迁徙)
天津	—	—	不详
北京	343.59	0.07	25(冬)
河南	—	0.013229	88(冬)
山东	—	—	未调查
山西	—	—	未调查
新疆	—	—	未调查
甘肃	—	—	10(迁徙)
青海	—	—	未调查
宁夏	6000	0.155102	729(迁徙)
陕西	—	—	不详
湖北	7820	0.6579	5145(冬)
湖南	—	—	100(冬)
贵州	—	—	15 000(冬)

（续）

分　布	面积（km^2）	密度（只/km^2）	数量（只）
安徽	—	—	703（冬）
江苏	—	—	未调查
江西	—	—	未调查
重庆	—	—	不详
浙江	—	0.0423～2.3985	5660（冬）
上海	—	—	7590（冬）
四川	—	—	900（冬）
云南	2000	—	29 040（冬）
广东	—	0.004	20（冬）
广西	—	—	未调查
福建	—	—	10 729（冬）
海南	—	—	未调查
合计			4000（夏）75 000（冬）

9.3.25　白眉鸭 *Anas querquedula*

（1）分布

据文献记载，全国各地均有白眉鸭分布，新疆西部、内蒙古、黑龙江为繁殖鸟，其他省份为旅鸟和冬候鸟（郑作新，1976）。

本次调查，白眉鸭见于黑龙江（大、小兴安岭及松嫩平原、三江平原）、内蒙古、吉林（莫莫格自然保护区、向海自然保护区、洮南、前郭、大安、乾安、农安、德惠、榆树、梨树、双辽、东丰、三湖自然保护区、安图、敦化、珲春敬信湿地）、辽宁（本溪、盘锦、大连、庄河、灯塔、大洼、凌海、朝阳、开原、辽西各地）、河北（唐海、抚宁沿海）、北京（怀柔水库、顺义潮白河）、河南、甘肃、宁夏（中宁、灵武、利通、中卫、青铜峡、永宁、陶乐、西吉、贺兰、同心、固原、彭阳、平罗）、湖北（武汉蔡甸区、洪湖、荆州、仙桃、天门、潜江、黄石、黄冈、鄂州、赤壁）、湖南（洞庭湖、湘南地区）、云南、安徽（巢湖、寿县瓦埠湖、安丰塘、霍邱西湖、六安、枞阳莱子湖、宿松泊湖、望江武昌湖、东至升金湖）、浙江（杭州、宁波、温州、舟山、台州、余姚、宁海、三门、苍南）、福建（沙县、罗源、清流）、上海（长江口南岸——南汇朝阳农场边滩和南汇滨海边滩、岛屿边滩——崇明岛东滩和崇明岛北沿虹桥垦区、沙州——九段沙）、重庆（长寿）、四川（成都、金堂、南充、西昌、盐源）、云南（丽江拉市海）。未调查的省份有天津、山东、山西、陕西、新疆、青海、西藏、贵州、江苏、江西、广东、广西、海南。

（2）数量

据文献记载，1992年白眉鸭的越冬数量为4434只（IWRB，1992）。1996年5月～2003年7月调查，湖北省白眉鸭种群数量为25 260只（葛继稳等，2004）。2003年1月9～20日和2004年1月18日至2月19日调查，海南沿海湿地白眉鸭越冬的种群数量为20只（张国钢等，2005）。

本次调查表明，白眉鸭的繁殖种群和越冬种群数量分别为5100只和33 000只（表9－30）。

（3）栖息地

白眉鸭栖息于平原地带的河滩、湖泊、水田、池塘、河流岸边及沼泽地带，也见于海滩，多在明水处取食，取食地距人类居住区较远。在岸边以及沼泽深处的草丛及苇丛中筑巢。越冬期常结群或与绿翅鸭及其他雁鸭类混群，白天一般停歇在草滩外面的浅水域。主食水生植物的

茎叶、种子等，也到岸上觅食青草和谷物，也食植物地下球茎和根茎以及少量的螺类。

表 9－30　白眉鸭分布及数量

分　布	面积（km^2）	密度（只/km^2）	数量（只）
黑龙江	84 540	0.043321	3720（夏）
内蒙古	15 000	0.0913	1370（夏）
吉林	120 000	—	10（夏）
辽宁	24 400	0.2037	25 397（迁徙）
河北	—	0.01829	3432（迁徙）
天津	—	—	未调查
北京	343.59	0.01	7
河南	—	0.063891	425（冬）
山东	—	—	未调查
山西	—	—	未调查
新疆	—	—	未调查
青海	—	—	未调查
宁夏	6000	0.666667	2667（迁徙）
陕西	—	—	未调查
湖北	7944	1.8882	15 000（冬）
湖南	—	—	50（冬）
贵州	—	—	未调查
安徽	—	—	不详
江苏	—	—	未调查
江西	—	—	未调查
重庆	—	5.37～23.1	275（冬）
浙江	—	0.0906～0.1329	9130（冬）
上海	—	—	2500（冬）
四川	—	—	不详
云南	—	—	2（冬）
广东	—	0.004	未调查
广西	—	—	未调查
福建	—	—	5618（冬）
海南	—	—	未调查
合计			5100（夏）33 000（冬）

9.3.26　琵嘴鸭 *Anas clypeata*

（1）分布

据文献记载，琵嘴鸭在全国各地均有分布，在新疆西部、内蒙古、黑龙江为繁殖鸟，其他地区为旅鸟和冬候鸟（郑作新，1976）。

本次调查，琵嘴鸭见于黑龙江（大、小兴安岭及松嫩平原、三江平原）、内蒙古、吉林（莫莫格自然保护区、向海自然保护区、大安月亮泡、珲春敬信湿地、敦化大山水库）、辽宁（大连湾、金州、旅顺、庄河、营口、盘山、大洼、兴城、绥中、朝阳）、河北（唐海沿海、围场）、北京（怀柔水库、密云水库、延庆野鸭湖、顺义潮白河）、河南、甘肃、宁夏（中宁、灵武、利通、中卫、青铜峡、永宁、陶乐、西吉、贺兰、同心、固原、彭阳、平罗)、陕西（汉中、黄河滩)、湖北（武汉蔡甸区、洪湖、荆州、仙桃、天门、潜江、黄石、黄冈、黄梅、鄂州、嘉鱼)、湖南（洞庭湖、湘中地区)、云南、安徽（淮北平原、江淮丘陵、沿江平原地区)、浙江（椒江、路桥、乐清)、上海（南汇、崇明岛)、重庆（长寿)、四川（成都、金堂、峨眉、宝兴、西昌、南充、屏山)、云南（昆明滇池、丽江吉子水库、丽江拉市海、宣威钱屯水库)、福建（平潭、清流)。未调查的省份有天津、山东、山西、新疆、青海、西藏、贵州、江苏、江西、广东、广西。

（2）数量

据文献记载，1992 年琵嘴鸭的越冬数量为23 910只（IWRB，1992)。1996～1997 年调查，山西的琵嘴鸭种群数量为2000 余只（张龙胜，1999)。2003 年1 月9～20 日和2004 年1 月18 日至2 月19 日调查，发现海南岛沿海湿地琵嘴鸭越冬的种群数量为18 只（张国钢等，2005)。

本次调查涉及30 个分布省，有12 个省份未调查或情况不详。调查表明，琵嘴鸭分布虽然广泛，但种群数量稀少，其繁殖种群和越冬种群数量分别为4700 只和2400 只（表9－31)。

（3）栖息地

琵嘴鸭栖息于平原地带的河滩、湖泊、水田、池塘、河流岸边，在沼泽地带活动、栖息、觅食，也见于海滩，多在明水面取食。取食地距人类居住区较远，筑巢地在岸边以及沼泽深处的草丛及苇丛中。越冬期常结群或与绿翅鸭及其他野鸭混群。主食水生植物的茎叶、种子等，也到岸上觅食青草和谷物。白天一般停歇在草滩外面的浅水域。也食植物地下球茎和根茎以及少量的螺类。

表9－31　琵嘴鸭分布及数量

分　布	面积（km^2）	密度（只/km^2）	数量（只）
黑龙江	48 892	0.019717	995（夏）
内蒙古	15 000	0.1003	1505（夏）
吉林	120 000	0.0183	2200（夏）
辽宁	24 400	0.0336	4193（迁徙）
河北	—	0.00213	399（迁徙）
天津	—	—	未调查
北京	343.59	0.03	12（冬）
河南	—	0.001052	7（冬）
山东	—	—	未调查
山西	—	—	未调查
新疆	—	—	未调查
甘肃	—	—	18（迁徙）
青海	—	—	未调查
宁夏	2200	—	3（迁徙）
陕西	—	—	不详
湖北	4932	0.0203	100（冬）
湖南	—	—	200（冬）
贵州	—	—	未调查
安徽	—	—	不详
江苏	—	—	未调查

（续）

分　布	面积（km^2）	密度（只/km^2）	数量（只）
江西	—	—	未调查
重庆	—	—	不详
浙江	—	0.0609	40（冬）
上海	—	—	180（冬）
四川	—	—	不详
云南	1000	—	1250（冬）
广东	—	—	未调查
广西	—	—	未调查
福建	—	—	540（冬）
海南	—	—	71（冬）
合计			4700（夏）2400（冬）

9.3.27　云石斑鸭 *Marmaronetta angustirotris*

（1）分布

据文献记载，云石斑鸭仅在新疆西部的克坎克依湖有过繁殖记录（Harvey，1986）。

本次调查未见到。

（2）数量

数量极其稀少，本次调查未见到。应对其进行详细调查。

（3）栖息地

云石斑鸭栖息于小且浅的湖泊及池塘中，在繁殖期呈小群活动。

9.3.28　赤嘴潜鸭 *Netta rufina*

（1）分布

据文献记载，赤嘴潜鸭在新疆（西部喀什、天山、中部若羌）、青海（柴达木盆地）、内蒙古（乌梁素海）繁殖；迁徙经过四川（西部）、重庆（东南部）、西藏（南部）；冬季在山西、河北、湖北（沙市）等地越冬，福建（福州）为迷鸟（郑作新，1976）。

本次调查，赤嘴潜鸭见于内蒙古（阿拉善盟、巴彦淖尔、鄂尔多斯、赤峰）、河北（塘海）、宁夏（中宁、灵武、利通、中卫、青铜峡、永宁、陶乐、西吉、贺兰、同心、固原、彭阳、平罗）、四川（成都、金堂、南部、阆中、长宁、屏山、冕宁、西昌、盐源）、北京（怀柔）、重庆（南川、璧山、沙坪坝、大渡口、九龙坡、渝中、江北、南岸、巴南）、云南（大理、丽江、宁蒗、石屏，丽江为本次调查新分布地点）。新疆、青海、西藏、山西、河北、湖北未调查。福建未发现。

（2）数量

过去数量不详。1996 年 5 月至 2003 年 7 月调查，湖北的赤嘴潜鸭种群数量为 170 只（葛继稳等，2004）。

本次调查，赤嘴潜鸭的繁殖种群和越冬种群数量分别为69 000只和 7800 只（表 9－32），其中在内蒙古乌梁素海（本次调查发现的该种唯一的繁殖地）的繁殖种群数量达69 000只。

（3）栖息地

赤嘴潜鸭主要栖息于富有水生植物的开阔湖泊、水库、河湾等各类水域中，营巢于湖泊、沼泽中的小岛上、河湾固定漂浮物上以及近水苇垛等处，有集群营巢的习性。常 7～8 只成群活动，可多达数十只。日间在大江湾沱的宽阔缓流水面嬉戏潜水，或在近水卵石滩休息，夜间飞往附近农田及其他浅水区域觅食。当人船接近时，一般是先在宽阔水域中周游，不得已才展翅飞逃。常在黄昏和清晨觅食，食物主要有水藻和水生植物叶、茎、根、种子等。

表 9-32　赤嘴潜鸭分布及数量

分　布	面积（km^2）	密度（只/km^2）	数量（只）
内蒙古	11 000	6.2740	69 000（夏）
河北	—	0.00027	51（迁徙）
北京	—	—	50（迁徙）
宁夏	6000	0.018018	72（冬）
云南	850	—	7728（冬）
重庆	—	—	不详
四川	—	—	不详
合计			69 000（夏）7800（冬）

9.3.29　红头潜鸭 *Aythya ferina*

（1）分布

据文献记载，红头潜鸭在全国各地均有分布，在新疆西部为繁殖鸟，在其他地区为旅鸟或冬候鸟（郑作新，1976）。

本次调查，红头潜鸭见于黑龙江（龙江、富裕、林甸、泰康、泰来、安达）、内蒙古、吉林（莫莫格自然保护区、向海自然保护区、大安月亮泡、前郭查干湖、安图、敦化大山等地）、辽宁（丹东振安区、凤城、宽甸、凌海、北票、兴城、绥中、康平）、河北（滦南、唐海、黄骅、衡水桃城区、冀州）、北京（怀柔水库、密云水库、官厅水库、白河堡水库）、河南、宁夏（中宁、灵武、利通、中卫、青铜峡、永宁、陶乐、西吉、贺兰、同心、固原、彭阳、平罗）、湖北（沉湖、洪湖、芦林湖、网湖、龙感湖、梁子湖、陆水水库、神农架）、湖南（洞庭湖）、云南、安徽（淮北平原、江淮丘陵、沿江平原）、福建（清流、闽侯）、上海（崇明岛）、重庆（长寿）、四川（炉霍、若尔盖、金堂、西昌）、云南（剑川、昆明、丽江、蒙自、宁蒗、石屏，其中剑川、蒙自和石屏为本次调查的新分布地点）。未调查的省份有天津、山东、山西、新疆、甘肃、青海、西藏、贵州、江苏、江西、浙江、广东、广西、海南。

（2）数量

据文献记载，1992 年红头潜鸭的越冬数量为 5321 只（IWRB，1992）。

本次调查表明，红头潜鸭的繁殖种群和越冬种群数量分别为13 000只和15 000只（表 9-33）。

（3）栖息地

红头潜鸭主要栖息于富有水生植物的开阔湖泊、水库、水塘、河湾等水域中，在水流缓慢的江河、开阔的湖面、水库等水域中活动。在芦苇沼泽中繁殖，巢距水较近。主要在深水地方潜水觅食，食物主要为水藻及水生植物的叶、根、茎、种子。

表 9-33　红头潜鸭分布及数量

分　布	面积（km^2）	密度（只/km^2）	数量（只）
黑龙江	114 690	0.047805	5479（夏）
内蒙古	11 000	0.6679	7213（夏）

（续）

分　布	面积（km^2）	密度（只/km^2）	数量（只）
吉林	34 100	0. 1672	300（夏）
辽宁	24 400	0. 0387	4830（迁徙）
河北	—	0. 35674	6695（迁徙）7（冬）
天津	—	—	未调查
北京	343. 59	1. 54	529（冬）
河南	—	0. 012778	85（冬）
山东	—	—	未调查
山西	—	—	未调查
新疆	—	—	未调查
青海	—	—	未调查
宁夏	6000	—	8（夏）
陕西	—	—	500（冬）
湖北	3369	0. 2226	750（冬）
湖南	—	—	50（冬）
贵州	—	—	未调查
安徽	—	—	1369（冬）
江苏	—	—	未调查
江西	—	—	未调查
重庆	—	—	不详
浙江	—	—	未调查
上海	—	—	360（冬）
四川	—	—	1250（冬）
云南	—	—	10 070（冬）
广东	—	—	未调查
广西	—	—	未调查
福建	—	—	30（冬）
海南	—	—	未调查
合计			13 000（夏）15 000（冬）

9. 3. 30　白眼潜鸭 *Aythya nyroca*

（1）分布

据文献记载，白眼潜鸭繁殖于新疆（北部、西部喀什、天山）、内蒙古（乌梁素海）、西藏（南部）。迁徙经过甘肃（兰州）、陕西（南部）、四川（松潘）、贵州、云南（昆明、嵩明、石林、江川、丽江、个旧、石屏、蒙自、大理、剑川、洱源）、广西（西南部）；越冬于山东、湖北、湖南（郑作新，1976）。

本次调查，白眼潜鸭见于内蒙古（呼伦贝尔、伊克昭盟、巴彦淖尔、阿拉善盟）、新疆（乌伦古河下游、乌伦古湖、天山西部、博斯腾湖、塔里木河流域、哈密盆地）、宁夏（中卫、中宁、青铜峡、利通、灵武、永宁、银川、贺兰、平罗、固原、彭阳、西吉）、四川（若尔盖、西昌）、福建（福鼎）、云南（嵩明、丽江、石屏、昭通、中甸，其中昭通和中甸为本次调查发现的新分布地点）。陕西未见到。山东、湖北、湖南、贵州、西藏未调查。

(2) 数量

过去数量不详。1996 年 5 月至 2003 年 7 月调查，湖北的白眼潜鸭种群数量为 220 只（葛继稳等，2004）。

本次调查，白眼潜鸭的繁殖种群和越冬种群数量分别为 2600 只和 4900 只（表 9 - 34）。分布范围相对狭窄，数量也很稀少。

(3) 栖息地

白眼潜鸭在繁殖期主要栖息于开阔地区富有水生植物的淡水湖泊、池塘和沼泽地带。善潜水，但在水下停留时间不长，常在富有芦苇和水草的水面活动，并潜伏其中。在四川，白眼潜鸭夏季主要栖息于川西高原海拔 3200m 以上富有水生植物的淡水湖泊、池塘和沼泽等开阔地带。冬季则栖息于海拔 2600m 以下的大型湖泊及水流缓慢的江河、河口等温暖水域。越冬地均在阔叶林带。性胆小而机警，常成对或成小群活动，仅在繁殖后和迁徙期才集成较大的群。常在水边浅水处植物茂盛的地方觅食，主食各种水生植物的球茎、叶、芽、嫩枝、种子，也食甲壳类、软体动物、水生昆虫及其幼虫、蠕虫、蛙、小鱼类等。栖息地有减少的趋势。

表 9 - 34　白眼潜鸭分布及数量

分　布	面积（km^2）	密度（只/km^2）	数量（只）
内蒙古	11 000	0. 1125	1238（夏）
新疆	237 188	0. 005276	1362（夏）
四川	—	—	4000（冬）
宁夏	2200	—	94（迁徙）
云南	800	0. 277778	850（冬）
福建	—	—	50（冬）
合计			2600（夏）4900（冬）

9. 3. 31　青头潜鸭 *Aythya baeri*

(1) 分布

据文献记载，除新疆、青海、西藏、甘肃、云南、贵州、海南没有青头潜鸭分布外，其他省份均有分布，其繁殖地在黑龙江、内蒙古、吉林、辽宁，其他省份为旅鸟或冬候鸟（郑作新，1976）。

本次调查，青头潜鸭见于黑龙江、内蒙古、吉林（莫莫格自然保护区、向海自然保护区、大安月亮泡、乾安牛心套堡，珲春敬信湿地、敦化大山水库、三湖自然保护区、抚松）、辽宁（葫芦岛连山区、凌海、兴城、绥中）、河北（唐海、任丘、冀州）、天津、北京（延庆野鸭湖）、河南、宁夏（中宁、灵武、利通、中卫、青铜峡、永宁、陶乐、西吉、贺兰、同心、固原、彭阳、平罗）、湖北（武汉蔡甸区、洪湖、荆州、仙桃、天门、潜江、黄石、黄冈、黄梅、鄂州）、湖南（洞庭湖）、云南、安徽（淮北平原、江淮丘陵、沿江平原）、江西（丰城、新干、黎川、南昌、九江、永修、星子、新建、湖口、进贤、德安、都昌、余干）、浙江（杭州西湖、余姚、慈溪、三门、椒江、临海、仙居）、福建（福鼎、清流）、上海（崇明岛）、四川（阆中、金堂、雷波、炉霍、石渠、白玉、雅江及若尔盖）、云南（大理，另外洱源为新分布）、福建。山东、山西、陕西、重庆、江苏、广东、广西未调查。

(2) 数量

据文献记载，1990 年青头潜鸭的越冬数量为 853 只，1992 年越冬数量为 435 只（IWRB，1990、1992）。

本次调查表明，青头潜鸭的繁殖种群和越冬种群数量分别为10 000只和13 000只（表 9 -

35）。

（3）栖息地

青头潜鸭主要栖息于富有水生植物的开阔湖泊、水库、水塘、河湾等水域中。繁殖于芦苇沼泽中，巢距水域较近。常成群活动于水流较缓的江河及河口，善于潜水。在深水处潜水觅食，食物主要为水藻及水生植物的叶、根、茎、种子。

表 9－35　青头潜鸭分布及数量

分　布	面积（km^2）	密度（只/km^2）	数量（只）
黑龙江	175 801	0.04165	6923（夏）
内蒙古	11 000	0.0433	477（夏）
吉林	120 000	0.0217	2600（夏）
辽宁	24 400	0.0303	3773（迁徙）
河北	—	0.01343	2520（迁徙）
天津	—	—	40（冬）
北京	343.59	0.11	38（冬）
河南	—	0.10889	725（冬）
山东	—	—	未调查
山西	—	—	未调查
甘肃	—	—	28（迁徙）
宁夏	6000	20.93694	83 748（迁徙）
陕西	—	—	未调查
湖北	4159	0.1827	760（冬）
湖南	—	—	300（冬）
安徽	—	—	1392（冬）
江苏	—	—	未调查
江西	—	0.0109	1822（冬）
重庆	—	—	未调查
浙江	—	0.0317～5.9768	6760（冬）
上海	—	—	未调查
四川	—	—	750（冬）
云南	320	—	154（冬）
广东	—	—	未调查
广西	—	—	未调查
福建	—	—	259（冬）
合计			1万（夏）1.3万（冬）

9.3.32　凤头潜鸭 *Aythya fuligula*

（1）分布

据文献记载，凤头潜鸭在全国各地均有分布，内蒙古、黑龙江为繁殖鸟，其他地区为旅鸟或冬候鸟（郑作新，1976）。

本次调查，凤头潜鸭见于黑龙江（林甸、泰康、牡丹江、五常、密山、呼中、阿木尔）、内蒙古、吉林（莫莫格自然保护区、向海自然保护区、大安月亮泡、牛心套堡、前郭查干泡、安图二道白河低山带泡沼湿地、珲春敬信湿地、敦化大山水库、吉林三湖自然保护区）、辽宁（连山区、兴城、绥中、凌海)、河北(滦南、唐海、沽源、尚义、冀州)、天津、北京(怀柔水库、密云水库、顺义潮白河)、河南、宁夏(中宁、灵武、利通、青铜峡、永宁、陶乐、西吉、同心、固原、平罗)、陕西(黄河滩)、湖北(武汉蔡甸区、洪湖、阳新、黄梅、鄂州)、湖南(洞庭湖)、云南、安徽(淮北平原、江淮丘陵、沿江平原)、浙江(温州)、福建(华安)、重庆(渝北、涪陵、沙坪坝、大渡口、九龙坡、渝中、江北、南岸、巴南、丰都)、四川(西昌、洪雅、石渠)、云南(大理、剑川、昆明、丽江、蒙自、宁蒗、宣威、沾益、中甸,其中宣威、沾益和中甸为本次调查新发现的分布地点)、福建。天津、山东、山西、新疆、甘肃、青海、西藏、贵州、江苏、江西、上海、广东、广西、海南未调查。

(2)数量

据文献记载,凤头潜鸭1992年的越冬数量为2482只(IWRB,1992)。1996~1997年调查,山西省凤头潜鸭种群数量为2000余只(张龙胜,1999)。

本次调查表明,凤头潜鸭的繁殖种群和越冬种群数量分别为4800只和9600只(表9-36)。

(3)栖息地

凤头潜鸭栖息于丘陵、平原地带的湖泊、江河、沼泽、大水塘、水库和沿海滩涂。常在浅水沼泽及湖泊中觅食、栖息,在芦苇沼泽中繁殖,在近水的干燥处营巢,越冬期常结群活动,也和其他雁鸭类混群。善游泳和潜水。食物主要为小鱼、虾、蟹及蚌类等动物性食物,有时也吃少量水生植物的根茎、草籽、嫩芽等。

表9-36 凤头潜鸭分布及数量

分布	面积(km^2)	密度(只/km^2)	数量(只)
黑龙江	9042	0.22583	2040(夏)
内蒙古	11 000	0.0058	60(夏)
吉林	120 000	0.0225	2700(夏)
辽宁	24 400	0.0231	2877(迁徙)
河北	—	0.03530	6625(迁徙)
天津	—	—	未调查
北京	343.59	0.41	140(冬)
河南	—	0.020896	139(冬)
山东	—	—	未调查
山西	—	—	未调查
新疆	—	—	未调查
甘肃	—	—	未调查
青海	—	—	未调查
西藏	—	—	未调查
宁夏	2200	0.216216	865(迁徙)
陕西	—	—	不详
湖北	3502	0.2227	780(冬)
湖南	—	—	1000(冬)
贵州	—	—	未调查
安徽	—	—	145(冬)
江苏	—	—	未调查
江西	—	—	未调查

（续）

分　布	面积（km^2）	密度（只/km^2）	数量（只）
重庆	—	0.004087	2（冬）
浙江	—	—	20（冬）
上海	—	—	未调查
四川	—	—	450（冬）
云南	1500	—	6848（冬）
广东	—	—	未调查
广西	—	—	未调查
福建	—	—	76（冬）
海南	—	—	未调查
合计			4800（夏）9600（冬）

9.3.33　斑背潜鸭 *Aythya marila*

（1）分布

据文献记载，斑背潜鸭分布于内蒙古、吉林、辽宁（辽河、绥中）、河北、北京、天津、山东（烟台、青岛）、甘肃、宁夏、江苏、江西、云南（宁蒗）、浙江、上海、广东、广西、福建、台湾。

本次调查，斑背潜鸭见于内蒙古、辽宁（丹东鸭绿江口、大连湾、营口、绥中）、河北（衡水桃城区、冀州）、河南、宁夏（青铜峡、永宁、陶乐、西吉、平罗）、湖北（黄梅龙感湖）、安徽（淮北平原、江淮丘陵、沿江平原）、四川（石渠）、云南（宁蒗）、福建（霞浦）。吉林、天津、北京、山东、山西、江苏、江西、浙江、上海、广东、广西、海南未调查。

（2）数量

过去数量不详。1996 年 5 月至 2003 年 7 月调查，湖北省斑背潜鸭的种群数量为 280 只（葛继稳等，2004）。

本次调查表明，斑背潜鸭的越冬种群数量为 1400 只（表 9 – 37）。

（3）栖息地

斑背潜鸭栖息于湖泊、江河、沼泽、大水塘、水库和沿海滩涂。常在浅水沼泽及湖泊中觅食、栖息，在芦苇沼泽中繁殖，在近水的干燥处营巢，越冬期常结群活动，也和其他雁鸭类混群。善游泳和潜水。食物主要为小鱼、虾、蟹及蚌类等动物性食物，有时也吃少量水生植物的根茎、草籽、嫩芽等。

表 9 – 37　斑背潜鸭分布及数量

分　布	面积（km^2）	密度（只/km^2）	数量（只）
内蒙古	11 000	0.0048	53（迁徙）
吉林	—	—	未调查
辽宁	24 400	0.0176	2190（迁徙）
河北	—	0.00006	12（迁徙）
天津	—	—	未调查
北京	—	—	未调查
河南	—	0.020445	136（冬）
山东	—	—	未调查

（续）

分　布	面积（km^2）	密度（只/km^2）	数量（只）
山西	—	—	未调查
甘肃	—	—	13（迁徙）
宁夏	2200	—	25（迁徙）
湖北	390	0.1154	45（冬）
安徽	—	—	721（冬）
江苏	—	—	未调查
江西	—	—	未调查
浙江	—	—	未调查
上海	—	—	未调查
四川	—	—	300（冬）
广东	—	—	未调查
云南	52	—	100（冬）
广西	—	—	未调查
福建	—	—	98（冬）
海南	—	—	未调查
合计			1400（冬）

9.3.34　鸳鸯 *Aix galericulata*

国家Ⅱ级重点保护野生动物。

（1）分布

据文献记载，我国除新疆、青海、西藏、陕西、海南、台湾外，其他地区均有鸳鸯分布，其中黑龙江、内蒙古、吉林为繁殖鸟，其他地区为旅鸟或冬候鸟（郑作新，1976）。

本次调查，鸳鸯见于黑龙江（呼玛、塔河、黑河、嫩江、讷河、甘南、五大连池、北安、逊克、孙吴、嘉荫、同江、饶河、桦川、虎林、密山、东宁、宁安、五常、尚志、巴彦、通河、木兰）、内蒙古（呼伦贝尔、兴安、哲里木、赤峰）、吉林（安图、和龙、敦化、抚松、磐石、舒兰、三湖自然保护区、集安、辉南、东丰、梨树、双辽、莫莫格自然保护区、向海自然保护区、大安月亮泡）、辽宁（本溪、桓仁、抚顺、清原、法库、北票、建平、铁岭、开原）、河北（北戴河、唐海、平山、迁西、围场）、天津、北京（延庆野鸭湖）、河南（舞钢石漫滩水库、叶县孤石滩水库、鲁山昭平台水库、卢氏洛河、老灌河、范里水库、漠河水库、淅川灌河、丹江河、滔河、刘营水库、立新水库、南阳宛城区）、山西（晋阳湖、汾河水库、运城盐湖以及沿黄河平陆段、河津段、永济段和小浪底水库）、宁夏（青铜峡、平罗、银川、永宁）、湖北（武汉蔡甸区、洪湖、荆州、黄石、黄冈、石首、鄂州）、湖南（洞庭湖、湘中地区）、贵州（贵阳、贵定、清镇、凯里、江口、石阡、金沙）、云南、安徽（江淮丘陵、沿江平原、大别山区、皖南山区）、江苏（盐城、南京）、福建（大田、建瓯、龙海、屏南、清流、邵武、平和、武夷山、泰宁、建宁、光泽、尤溪、永安、将乐）、江西（丰城、高安、婺源、广丰、玉山、德兴、奉新、靖安、万载、修水、武宁、宜丰）、上海（长江口南岸庙港边滩）、重庆（巫山、酉阳）、四川（高县、万源）、云南、广西（百色、西林、灵川、永福）、福建。山东、浙江、广东未调查。

（2）数量

据文献记载，1984年冬、1985年春～1988年冬及1989年春湖南乌州鸳鸯的种群数量分别为10只、6只、14只、2只、6只（钟福生等，1992）。该物种1992年的越冬数量为3500只

(IWRB，1992)。1996 年 5 月至 2003 年 7 月调查，湖北的鸳鸯种群数量为 557 只（葛继稳等，2004)。2003 年 1 月 9 ~ 20 日和 2004 年 1 月 18 日至 2 月 19 日调查，在海南沿海湿地发现 1 只鸳鸯（张国钢等，2005)。

本次调查表明，鸳鸯的繁殖种群和越冬种群数量分别为14 000只和12 000只（表 9 - 38)。

（3）栖息地

鸳鸯繁殖期主要栖息于山地森林河流、河谷、溪流、湖泊、水塘及沼泽地中。栖息于开阔水面离岸较远的深水区，营巢于地面或树洞内，巢址地植被并不茂密，但巢极其隐蔽。常见于阔叶林和针阔混交林的沼泽、芦苇塘及湖泊等处。冬季栖息于大的湖泊、江河和沼泽地带。喜在溪流、水田中觅食活动，夏收季节也常到麦田中觅食，成对活动。主食动物性食物，包括蚂蚁、石蝇、蝗虫、蚊子、甲虫、蝼蛄、虾以及小型鱼类，同时，也食一些植物性食物，包括青草、草籽、水生苔藓类等。

由于历史上的森林砍伐，适合鸳鸯营巢条件的树洞越来越少，加之河水污染，生境恶化，栖息地质量不断下降，鸳鸯的种群数量日渐减少。应加强鸳鸯栖息生境的保护，特别是繁殖及营巢生境的管理和保护。

表 9 - 38　鸳鸯分布及数量

分　布	面积（km^2）	密度（只/km^2）	数量（只）
黑龙江	96 274	0. 089276	8400（夏）
内蒙古	3000	0. 6000	1800（夏）
吉林	85 900	0. 0442	3800（夏）
辽宁	24 400	0. 0297	3707（迁徙）
河北	—	0. 00291	547（迁徙）
天津	—	—	不详
北京	343. 59	0． 01	3（冬）
河南	—	0. 009922	66（冬）
山东	—	—	未调查
山西	—	—	90（冬）
甘肃	—	—	不详
宁夏	—	—	不详
陕西	—	—	未发现
湖北	1449	0. 2415	350（冬）
湖南	—	—	200（冬）
贵州	—	—	550（冬）
安徽	—	—	123（冬）
江苏	—	—	250（冬）
江西	—	—	5142（冬）
重庆	—	—	40（冬）
浙江	—	—	未调查
上海	—	—	500（冬）
四川	—	—	19（冬）
云南	350	—	50（冬）
广东	—	—	未调查
广西	11 783	—	18（冬）
福建	—	—	4599（冬）
合计			14 000（夏）12 000（冬）

9.3.35 棉凫 *Nettapus coromandelianus*

（1）分布

据文献记载，棉凫分布于河北、北京、天津、河南、陕西、江苏、江西、浙江、上海、安徽、湖北、湖南、贵州、重庆、四川、云南、广东、福建、海南、台湾（郑作新，1976）。

本次调查，棉凫见于河北（沽源）、河南、湖北（洪湖、黄梅、鄂州）、云南、安徽（涂石臼湖，东至升金湖、宿松龙感湖）、浙江（岱山）、重庆（巫山、秀山、长寿）、四川（古蔺、雷波）、云南（耿马、双江、蒙自）、福建（诏安）。天津、北京、陕西、湖南、贵州、江苏、江西、上海、广东、海南未调查。

（2）数量

据文献记载，1990 年棉凫的越冬数量为 123 只（IWRB，1990）。1996 年 5 月至 2003 年 7 月调查，湖北省棉凫种群数量为 8 只（葛继稳等，2004）。

本次调查涉及 19 个有分布的省，有 11 个省份未调查或状况不清，该物种分布虽然广泛，但数量极为稀少，本次调查的繁殖种群和越冬种群数量分别为 480 只和 14 只（表 9－39），需对该物种进行补充调查，以确定资源的实际情况，采取必要的保护措施。

（3）栖息地

棉凫栖息于生有茂密植物的河流、湖泊、水库和沼泽地中，繁殖前成小群活动，通常在水中生活，一般不上岸活动。栖息于水生植物丰富的湖泊浅水处。巢筑于湖边大树的树洞或湖边村庄旧屋的墙洞中，成对活动。杂食性，喜食稻谷、水生植物、小鱼、小虾和昆虫。

表 9－39 棉凫分布及数量

分 布	面积（km^2）	密度（只/km^2）	数量（只）
河北	—	0.0001	19（迁徙）
天津	—	—	未调查
北京	343.59	0.01	未调查
河南	—	0.002281	382（夏）
陕西	—	—	未调查
湖北	1500	0.004	6（夏）
湖南	—	—	未调查
贵州	—	—	未调查
安徽	—	—	2（夏）
江苏	—	—	未调查
江西	—	—	未调查
重庆	—	—	不详
浙江	—	—	20（夏）
上海	—	—	未调查
四川	—	—	65（夏）
云南	—	—	5（夏）
广东	—	—	未调查
福建	—	—	14（冬）
合计			480（夏）14（冬）

9.3.36　小绒鸭 *Polysticta stelleri*

（1）分布

据文献记载，小绒鸭仅分布于黑龙江的乌苏里江河口和黑龙江河口，属偶见冬候鸟，1985年在河北北戴河曾有过记录。本次调查未见到。

（2）数量

本次调查未见到。

（3）栖息地

小绒鸭繁殖于淡水水域，栖息于沿海水域近溪流出海口处，集群活动。在我国有越冬种群，数量极少。应进一步加强保护。

9.3.37　黑海番鸭 *Melanitta nigra*

（1）分布

据文献记载，黑海番鸭仅分布于江苏（镇江）、山东、重庆（渝北、长寿）、四川、福建（连江）（郑作新，1976）。

本次调查仅在重庆（长寿）、福建发现，其他地区未见到。

（2）数量

黑海番鸭为中国非常罕见的冬候鸟，仅偶见于江苏和福建。本次调查，黑海番鸭仅在福建（漳浦）记录到66只，重庆记录到4只。

（3）栖息地

黑海番鸭为海洋鸟类，多栖息于海洋中，常潜入海水深处，以甲壳动物及软体动物为食，也食部分植物。

9.3.38　斑脸海番鸭 *Melanitta fusca*

（1）分布

据文献记载，斑脸海番鸭分布于黑龙江、内蒙古、辽宁、天津、新疆、江苏、山东、江西、湖北、四川、福建、台湾（郑作新，1976）。

本次调查，斑脸海番鸭见于内蒙古（呼伦贝尔、赤峰）、辽宁（连山区、凌海）、天津、新疆（阿尔泰山喀纳斯湖、阿尔泰山地各湿地水域沼泽）、福建（漳浦）、四川（南充）。其他省份未调查。

（2）数量

文献记载，1992年在中国越冬的斑脸海番鸭数量为48只（IWRB，1992）。

本次调查表明，仅辽宁有40只斑脸海番鸭（密度为0.0003只/km^2，栖息地面积为24 400km^2），福建有30只，共计70只。其他省份数量不详。

（3）栖息地

斑脸海番鸭繁殖期主要在有稀疏林木生长的内陆淡水湖和大的水塘中栖息，在泰加林地区的湖水塘中常见。迁徙期也出现在内陆湖与河口地带。除繁殖期外，常成群活动。游泳时尾向上翘起，潜水时两翅微张，常频繁地潜水和捕食。食物主要为鱼类、水生昆虫、甲壳类等动物性食物，也食眼子菜和其他水生植物。

9.3.39　丑鸭 *Histrionicus histrionicus*

（1）分布

据文献记载，丑鸭分布于黑龙江（哈尔滨）、辽宁（旅顺）、河北（北戴河）、山东（青海）

（郑作新，1976）。本次调查未见到。

（2）数量

据文献记载，1992 年丑鸭的越冬数量为 5 只，为非常罕见的冬季过境鸟，极其少见（IWRB，1992）。本次调查无统计数据。

（3）栖息地

丑鸭多栖息于急湍的溪流或岸旁草地。迁徙时集群，每年春秋两季路经我国，在冰岛、西伯利亚等地繁殖。成对或成群活动，在海上多岩石的港湾过冬。

9.3.40 长尾鸭 *Clangula hyemalis*

（1）分布

据文献记载，长尾鸭分布于黑龙江（哈尔滨、松花江、带岭）、辽宁（旅顺、丹东、大连）、河北（沿海）、天津（塘沽）、湖南（洞庭湖）、福建（福州）（郑作新，1976）。本次调查未见到。

（2）数量

据文献记载，1992 年长尾鸭越冬数量为 28 只，为罕见的冬候鸟，极其少见（IWRB，1992）。本次调查无统计数据。

（3）栖息地

长尾鸭属海洋鸟类，多栖息于湍急的河流、开阔水面和海洋中，善于游泳和潜水。以小鱼、软体动物、甲壳类和植物种子、茎、叶为食。

9.3.41 鹊鸭 *Bucephala clangula*

（1）分布

据文献记载，除贵州、海南没有记录外，其他省份均有鹊鸭分布。内蒙古、黑龙江为繁殖鸟，其他省份为旅鸟或冬候鸟（郑作新，1976）。

本次调查，鹊鸭见于黑龙江（大兴安岭、东部山地、松嫩平原、三江平原）、内蒙古（呼伦贝尔、兴安盟、赤峰、鄂尔多斯、巴彦淖尔、阿拉善盟）、吉林（莫莫格自然保护区、向海自然保护区、大安月亮泡、牛心套堡、梨树、九台、德惠、榆树、珲春敬信湿地、吉林三湖自然保护区）、辽宁（丹东、盘锦、本溪、大连湾、葫芦岛、绥中、朝阳）、河北（滦南、乐亭、唐海、秦皇岛、武安、沽源、黄骅、冀州）、天津（大港、塘沽、汉沽、东丽、西青、静海、北辰）、北京（怀柔水库、密云水库、延庆官厅水库）、河南、宁夏（中卫、中宁、灵武、利通、青铜峡、永宁、陶乐、西吉、银川、平罗）、陕西（汉江、黄河滩）、湖北（武汉蔡甸区、洪湖、荆州、天门、潜江、仙桃、汉川、阳新、黄梅、鄂州、赤壁、宜昌）、云南、安徽（淮北平原、江淮丘陵、沿江平原）、浙江（慈溪）、福建（顺昌、延平）、四川（乐山、雅安、石渠，盐源、西昌）、云南（丽江、宁蒗、中甸，均为新的分布地点）、福建。山东、山西、新疆、青海、西藏、江苏、江西、湖南、上海、重庆、广东、广西未调查。

（2）数量

据文献记载，1990 年鹊鸭的越冬种群数量为 1852 只，1992 年的越冬数量为 277 只（IWRB，1990、1992）。

本次调查表明，鹊鸭的繁殖种群和越冬种群数量分别为 6700 只和 13 000 只（表 9－40），越冬种群数量比文献记载明显增加。

（3）栖息地

鹊鸭繁殖期主要栖息于平原森林地带中的溪流、水塘和渠中，尤其喜欢在湖泊与流速缓慢的江河附近的林中溪流与水塘中。在地面或树洞内营巢，巢址地植被并不茂密，但巢极其隐蔽。

非繁殖季节主要栖息于流速缓慢的江河、湖泊。越冬期主要生活于丘陵、平原地带，栖息于湖泊、水库的浅水处以及江河洲滩的夹河中，成小群与其他雁鸭类混群。食物主要是水生昆虫、蠕虫、甲壳类及鱼类等水生动物。

表 9－40　鹊鸭分布及数量

分　布	面积（km^2）	密度（只/km^2）	数量（只）
黑龙江	114 920	0. 048956	5619（夏）
内蒙古	15 000	0. 0720	1081（夏）
吉林	120 000	—	1300（迁徙）
辽宁	24 400	0. 0744	9280（迁徙）
河北	—	0. 71737	134 645（迁徙）
天津	—	—	380（冬）
北京	343. 59	0. 52	180（冬）
河南	—	0. 09531	634（冬）
山东	—	—	未调查
山西	—	—	未调查
新疆	—	—	未调查
甘肃	—	—	51（迁徙）
青海	—	—	未调查
西藏	—	—	未调查
宁夏	2200	—	不详
陕西	1325	—	1500（冬）
湖北	8822	1. 0882	9300（冬）
湖南	—	—	未调查
安徽	—	—	102（冬）
江苏	—	—	未调查
江西	—	—	未调查
重庆	—	—	未调查
浙江	—	0. 0222	10（冬）
上海	—	—	未调查
四川	—	—	450（冬）
云南	—	—	430（冬）
广东	—	—	未调查
广西	—	—	未调查
福建	—	—	14（冬）
合计			6700（夏）13 000（冬）

9. 3. 42　白头硬尾鸭 *Oxyura leucocephala*

CITES 附录Ⅱ。

（1）分布

据文献记载，白头硬尾鸭在新疆西北部阿拉套山脉繁殖，冬季偶见于湖北洪湖，在我国为稀有种（郑作新，1976）。

本次调查仅见于新疆（天山西部、北疆西部和阿勒泰地区）。

（2）数量

白头硬尾鸭为稀有种。本次调查仅在新疆发现600只（密度为0.00253只/km^2，栖息地面积为237 188km^2）。其他省份无统计数据。

（3）栖息地

白头硬尾鸭主要栖息于开阔的淡水湖泊，尤喜邻近大湖泊的一些浅水小湖和水塘，特别是在岸边生长有植物和挺水植物的淡水湖泊中活动，在咸水湖泊也有分布。与其他雁鸭类混群活动，善于游泳。以鱼、蛙、水生昆虫为食。栖息地有减少的趋势。

9.3.43 斑头秋沙鸭 *Mergellus albellus*

（1）分布

据文献记载，除宁夏、西藏、贵州、海南、台湾外，其他省份均有斑头秋沙鸭分布。其中在内蒙古海拉尔为繁殖鸟，其他省份为旅鸟或冬候鸟（郑作新，1976）。

本次调查，斑头秋沙鸭见于内蒙古（呼伦贝尔、兴安盟、鄂尔多斯、巴彦淖尔）、吉林（莫莫格自然保护区、向海自然保护区、大安月亮泡、牛心套堡、前郭查干湖、安图、珲春敬信湿地、敦化、抚松、长白山）、辽宁（灯塔）、河北（沽源）、天津（大港、东丽、汉沽、北辰、西青）、北京（延庆官厅水库、怀柔水库、密云水库、十三陵水库、颐和园）、河南、宁夏（中卫、中宁、灵武、利通、青铜峡、永宁、陶乐、西吉、银川、平罗）、陕西（汉江、黄河滩）、湖北（武汉蔡甸区、洪湖、荆州、天门、潜江、仙桃、阳新、黄梅、鄂州、赤壁、宜昌）、湖南（洞庭湖）、安徽（淮北平原、江淮丘陵、沿江平原）、上海（崇明东滩、崇明岛北沿虹桥垦区）、重庆（巴南、涪陵、万州河段）、四川（金堂、邻水）、云南（宁蒗）。未调查的省份有黑龙江、山东、山西、新疆、甘肃、青海、江苏、江西、浙江、广东、广西、福建。

（2）数量

据文献记载，1992年斑头秋沙鸭的越冬数量为3290只（IWRB，1992）。

本次调查表明，斑头秋沙鸭的繁殖种群和越冬种群数量分别为80只和9500只（表9-41），越冬种群数量较过去有明显增长。

（3）栖息地

斑头秋沙鸭繁殖生境主要为森林或森林附近的湖泊、河流等水域，但更喜欢低地河岸地带。在树洞筑巢繁殖。迁徙时见于湖泊、河流、水库、河口和沿海沼泽地带。尤其喜欢在湖泊与流速缓慢的江河附近的林中溪流与水塘中。常结成小群，有时也结大群，善游泳和潜水。主食鱼类，也食底栖动物和少量植物性食物。斑头秋沙鸭一般在泥滩与水域间的过渡地带浅水域游泳或潜水，觅食小鱼或软体动物。

表9-41 斑头秋沙鸭分布及数量

分布	面积（km^2）	密度（只/km^2）	数量（只）
黑龙江	—	—	未调查
内蒙古	3000	0.0267	80（夏）
吉林	120 000	—	3000（迁徙）
辽宁	24 400	0.0257	3200（迁徙）
河北	—	0.00002	3（迁徙）
天津	1717	0.43~13.22	740（冬）22 706（迁徙）
北京	343.59	5.19	1784（迁徙）
河南	—	0.024654	433（冬）

（续）

分　布	面积（km^2）	密度（只/km^2）	数量（只）
山东	—	—	未调查
山西	—	—	未调查
新疆	—	—	未调查
甘肃	—	—	未调查
青海	—	—	未调查
陕西	2929	—	1000（冬）
湖北	7931	0.7565	6000（冬）
湖南	—	—	30（冬）
安徽	—	—	368（冬）
江苏	—	—	未调查
江西	—	—	未调查
重庆	—	—	不详
浙江	—	—	未调查
上海	—	—	850（冬）
四川	—	—	75（冬）
云南	—	—	4（冬）
广东	—	—	未调查
广西	—	—	未调查
福建	—	—	未调查
合计			80（夏）9500（冬）

9.3.44　中华秋沙鸭 *Mergus squamatus*

国家Ⅰ级重点保护野生动物。

（1）分布

据文献记载，中华秋沙鸭在内蒙古（呼伦贝尔伊敏河）、黑龙江（镜泊湖、小兴安岭）、吉林繁殖；迁徙经过河北、天津、山东；在江苏、四川、云南（西北部）、湖北、湖南、贵州、福建、广东、广西越冬（郑作新，1976）。

本次调查，中华秋沙鸭见于黑龙江（宁安的小北湖、带岭的碧水、朗乡和乌伊岭）、内蒙古（呼伦贝尔）、吉林（安图、龙井、抚松、靖宇）、河北（康保、张北）、天津（大港、西青、宝坻）、湖北（洪湖、鄂州梁子湖）、湖南（洞庭湖）、贵州（都匀、平塘）、江西（鄱阳湖区）、四川（石渠、白玉、阿坝）、云南（丽江）、广西（桂林、北部湾）。其他省份未调查。

（2）数量

据文献记载，1990 年中华秋沙鸭的越冬种群数量为 28 只（IWRB，1990），在东北地区繁殖种群的数量估计为 200～250 对（赵正阶，1995）。1996 年 5 月至 2003 年 7 月调查，湖北的中华秋沙鸭种群数量为 5 只（葛继稳等，2004）。

本次调查表明，中华秋沙鸭的繁殖种群和越冬种群数量分别为 380 只和 300 只（表 9－42）。

（3）栖息地

中华秋沙鸭是典型的森林河流中活动的鸟类，多栖息于低山丘陵地带的河流、小溪、水塘及较大的河渠中，在邻近河流的高大乔木的天然树洞中营巢，有沿用旧巢的习性。常在山间、河流转弯的较平缓的水面上活动，河流两岸生长有茂密的原始森林，林中众多高大枯木上的天然树洞可供其筑巢繁殖。巢距水域的距离一般不足百米。中华秋沙鸭对林型的选择不严格，但对水环境的要求较高，通常在无污染、人为干扰少、食物丰富的山涧河流中活动，高大枯木是其繁殖生境的关键因子。越冬时多栖息于河流、湖泊、小溪、河口等地，呈单只或小群在水中觅食。休息时停歇于岸边或流水中突兀的石头上。食物以鱼类为主，同时还食石蛾及甲虫等。随着原始森林的不断减少，适宜中华秋沙鸭营巢、栖息的生境也随之减少。

表 9－42　中华秋沙鸭分布及数量

分　布	面积（km^2）	密度（只/km^2）	数量（只）
黑龙江	—	—	172（夏）
内蒙古	3000	0.0033	10（夏）
吉林	85 900	0.0023	198（夏）
河北	—	0.00109	205（迁徙）
天津	—	—	9（迁徙）
山东	—	—	未调查
甘肃	—	—	34（迁徙）
湖北	680	0.0059	4（冬）
湖南	—	—	30（冬）
贵州	—	—	25（冬）
江苏	—	—	未调查
江西	—	0.0013	214（冬）
四川	—	—	21（冬）
云南	10	—	6（冬）
广东	—	—	未调查
广西	—	—	不详
福建	—	—	未发现
合计			380（夏）300（冬）

9.3.45　红胸秋沙鸭 *Mergus serrator*

（1）分布

据文献记载，红胸秋沙鸭分布于黑龙江、内蒙古、辽宁（繁殖），河北、天津、北京、甘肃、青海、新疆、江苏、上海、浙江、四川、湖北、湖南、贵州、福建、广东、广西（迁徙及越冬）（郑作新，1976）。

本次调查，红胸秋沙鸭见于黑龙江（齐齐哈尔、林甸、泰康）、内蒙古（呼伦贝尔、巴彦淖尔）、辽宁（东港、大连、旅顺、大洼、兴城）、天津（大港、西青、宝坻、宁河、静海）、福建（福鼎）、河南（新发现）。四川未发现。其他省份未做调查。

（2）数量

据文献记载，1990 年红胸秋沙鸭的越冬数量为 232 只，1992 年的越冬数量为 107 只（IWRB，1990、1992）。

本次调查表明，红胸秋沙鸭的繁殖种群和越冬种群数量分别为 160 只和 60 只（表 9－43）。需对其生存状况开展进一步调查，以确定其种群数量和发展动态。

（3）栖息地

红胸秋沙鸭繁殖期主要栖息于森林中的河流、湖泊及河口地区，也常见于无林苔原地带的水域中。在植被茂盛的河流及湖泊岸边的地面上筑巢。非繁殖期主要栖息于沿海海岸、河口和

浅水海湾地区。迁徙时偶见于内陆淡水湖泊，常与普通秋沙鸭、海番鸭、针尾鸭和鹊鸭混群活动。

表 9－43　红胸秋沙鸭分布及数量

分　布	面积（km^2）	密度（只/km^2）	数量（只）
黑龙江	1300	0. 105820	140（夏）
内蒙古	3000	0. 0066	20（夏）
辽宁	24 400	0. 0238	2966（迁徙）
河南	—	0. 000301	2（迁徙）
天津	—	—	300（迁徙）
河北	—	—	未调查
北京	—	—	未调查
新疆	—	—	未调查
青海	—	—	未调查
甘肃	—	—	未调查
湖北	—	—	未调查
湖南	—	—	未调查
贵州	—	—	未调查
江苏	—	—	未调查
江西	—	—	未调查
浙江	—	—	未调查
上海	—	—	未调查
四川	—	—	未发现
广东	—	—	未调查
广西	—	—	未调查
福建	—	—	60（冬）
合计			160（夏）60（冬）

9. 3. 46　普通秋沙鸭 *Mergus merganser*

（1）分布

据文献记载，除海南没有记录外，其他省（区）均有普通秋沙鸭分布，其中内蒙古、黑龙江、新疆为繁殖鸟，其他省（区）为为旅鸟或冬候鸟（郑作新，1976）。

本次调查，普通秋沙鸭见于黑龙江（大兴安岭、东部山地、松嫩平原、三江平原）、内蒙古（呼伦贝尔、兴安盟、哲里木盟、鄂尔多斯、巴彦淖尔）、吉林（莫莫格自然保护区、向海自然保护区、安图、抚松、长白、三湖保护区、珲春敬信湿地、敦化、集安、辉南）、辽宁（桓仁、抚顺、清原、新宾、辽阳）、河北（灵寿、康保、沽源、黄骅市）、天津（西青、大港、东丽）、北京（怀柔水库、延庆野鸭湖、白河堡水库、密云水库、昌平十三陵水库）、河南、宁夏（中卫、中宁、灵武、利通、青铜峡、永宁、陶乐、西吉、银川、平罗）、陕西、湖北（武汉蔡甸区、洪湖、荆州、天门、潜江、仙桃、汉川、阳新、黄梅、鄂州、赤壁、宜昌）、湖南（洞庭湖）、云南、安徽（淮北平原、江淮丘陵、沿江平原、皖南山区、大别山区）、福建（清流）、江西（永修、德安、星子、九江、九江庐山区、湖口、都昌、波阳、余干、进贤、南昌、新建、广昌）、浙江（岱山、定海）、上海（宝山陈行水库、崇明岛）、重庆（巫山、丰都、北碚、长寿、涪陵）、四川（阆中、高县、松潘、炉霍、石渠、白玉、若尔盖、阿坝、开江）、云南（大理、洱源、会泽、昆明、丽江、祥云、寻甸、沾益、昭通，其中会泽、祥云、沾益和昭通为本次调查的新分布地点）、福建（清流）。山东、山西、新疆、青海、西藏、贵州、江苏、广东、广西未调查。

（2）数量

据文献记载，1990 年普通秋沙鸭的越冬种群数量为 3466 只，1992 年的越冬种群数量为 7256 只（IWRB，1990、1992）。1996 年 5 月 ~2003 年 7 月调查，湖北的普通秋沙鸭种群数量为 2060 只（葛继稳等，2004）。

本次调查表明，普通秋沙鸭的繁殖种群和越冬种群数量分别为 1200 只和 9700 只（表 9 - 44）。

（3）栖息地

普通秋沙鸭繁殖期主要栖息于森林及其附近的江河、湖泊和河口地区，也见于广阔的高原地区的水域中。栖息地的植被类型包括稀疏阔叶林和针阔混交林。在地势较高的高大乔木上营巢。非繁殖期主要栖息于湖泊、江河、水库等淡水水域中。单只活动或与其他雁鸭类混群活动，喜宽阔水域；善潜水，常在多泥的水域中追捕鱼类等水生动物，通常沿着江河做高空飞翔，飞行迅速。食物除鱼类外，还包括少量的虾和水生昆虫等。

表 9 - 44　普通秋沙鸭分布及数量

分　布	面积（km^2）	密度（只/km^2）	数量（只）
黑龙江	96 888	0. 011921	1130（夏）
内蒙古	3000	0. 0233	70（夏）
吉林	120 000	—	3500（迁徙）
辽宁	24 400	0. 1549	19 308（迁徙）
河北	—	0. 04191	7868（迁徙）
天津	—	—	13（冬）300（迁徙）
北京	343. 59	2. 76	950（迁徙）
河南	—	0. 106885	711（冬）
山东	—	—	未调查
山西	—	—	未调查
新疆	—	—	未调查
甘肃	—	—	26（迁徙）
青海	—	—	未调查
西藏	—	—	未调查
宁夏	6000	—	528（迁徙）
陕西	2928	—	800（冬）
湖北	6982	0. 2506	1750（冬）
湖南	—	—	100（冬）
贵州	—	—	未调查
安徽	—	—	189（冬）
江苏	—	—	未调查
江西	—	0. 0026	436（冬）
重庆	—	—	不详
浙江	—	—	90（冬）

（续）

分　布	面积（km^2）	密度（只/km^2）	数量（只）
上海	—	—	150（冬）
四川	—	—	2500（冬）
云南	2000	—	2910（冬）
广东	—	—	未调查
广西	—	—	未调查
福建	—	—	51（冬）
合计			1200（夏）9700（冬）

9.4　隼形目 FALCONIFORMES

我国有 3 科 63 种，即鹗科（1 种）、鹰科（49 种）、隼科（13 种）。其中国家Ⅰ级重点保护野生动物 7 种，其余均为国家Ⅱ级重点保护野生动物。本次调查了 18 种，占我国隼形目鸟类的 28.6%。

9.4.1　凤头蜂鹰 *Pernis ptilorhynchus*

国家Ⅱ级重点保护野生动物；CITES 附录Ⅱ。

（1）分布

据文献记载，凤头蜂鹰在国内见于东北地区（小兴安岭、丹东、朝阳等）（繁殖鸟）；四川（南充、峨眉）、云南（腾冲、丽江、西双版纳）（夏候鸟或旅鸟）；新疆（喀什）、河北、山东（烟台、青岛）、江苏、福建、青海（西宁）、云南、贵州（金沙）、广西、广东（迁徙鸟）、海南、台湾（罕见冬候鸟）（郑作新，1976）。

本次调查表明，凤头蜂鹰分布于河北（冀北、坝上，旅鸟）、山西（灵丘、代县，旅鸟）、内蒙古（赤峰、阿拉善，夏候鸟）、辽宁（本溪、桓仁、青原、新宾、辽阳、辽北，繁殖鸟）、吉林（东部，夏候鸟）、黑龙江（大、小兴安岭和阿城）、福建（清流，旅鸟）、江西（广昌，旅鸟）、河南（西峡，繁殖鸟）、湖北（神农架、房县，冬候鸟）、广东（乳源、潮阳、潮安，留鸟）、广西（大新、上思）、重庆（城口、巫溪）、四川（南充、峨眉、康定、泸定、九龙，夏候鸟或旅鸟）、云南（景洪、勐海、勐腊、思茅、勐连、澜仓、潞西、瑞丽、楚雄、双柏、丽江，冬候鸟或旅鸟）、陕西（定边，旅鸟）、宁夏（贺兰山）、新疆（阿尔泰山、阿尔金山，繁殖鸟）。

（2）数量

调查表明，凤头蜂鹰在我国分布虽然广泛，但数量稀少。本次调查涉及 17 个省份，其中山西、黑龙江、四川、陕西、宁夏未见到实体，除辽宁尚具一定的繁殖数量外，其他地区数量均很稀少。

（3）栖息地

凤头蜂鹰栖息于海拔 800～1800m 的针叶林、阔叶林或针阔混交林中，有时亦到草原、农田或居民点附近活动。

在我国南方地区（如广东等地），凤头蜂鹰主要在松林、杉木林、常绿阔叶林、季雨林、山地雨林、丘陵山地常绿阔叶灌丛中栖息。多单只活动，捕食蜂类及其幼虫，也食鼠、蛙、蛇及小型鸟类。在针叶树或阔叶树上营巢。由于历史上的森林采伐，凤头蜂鹰的栖息地已显著缩减。

表 9-45 凤头蜂鹰分布及数量

分　布	面积（km^2）	密度（只/km^2）	数量（只）
河北	—	0.00036	67（迁徙）
山西	—	—	未见实体
内蒙古	5000	0.002	10（夏）
辽宁	—	0.0263	3966（夏）
吉林	73 190	0.0003	12（夏）
黑龙江	—	—	未见实体
江西	—	0.0007	105（迁徙）
河南	—	0.0023	388（夏）
湖北	—	0.002～0.011	10（冬）
广东	—	0.005～0.012	700（夏）
广西	5571	0.04	220（夏）
重庆	2707	0.002	10（夏）
四川	—	—	未见实体
云南	16 800	0.0028	70（冬）
陕西	—	—	未见实体
宁夏	—	—	未见实体
新疆	35 638	0.00547	194（夏）
福建	—	—	20（冬）
合计			5500（夏）100（冬）

9.4.2 黑鸢 *Milvus migrans*

国家Ⅱ级重点保护野生动物；CITES 附录Ⅱ。

（1）分布

据文献记载，黑鸢繁殖期几乎遍及我国大陆及台湾和海南；冬季除极北带外亦遍布全国（郑作新，1976）。

本次调查表明，黑鸢在 23 个省份有发现，分布广泛，为留鸟或夏候鸟。具体为：天津（留鸟）、河北（广布，夏候鸟）、山西（蒲县、沁水、石楼、武乡、闻喜，留鸟）、内蒙古（广布，夏候鸟）、辽宁（凤城、宽甸、绥中、康平、新宾、辽阳，留鸟）、吉林（东部林区、西部草甸区，夏候鸟或留鸟）、黑龙江（广布，繁殖鸟）、江苏（宜兴、铜山、邳州、常熟、大丰，留鸟）、浙江（广布，留鸟）、福建（广布，留鸟）、江西（广布，留鸟）、河南（广布）、湖北（广布，留鸟）、湖南（广布）、广东（广布，留鸟）、广西（广布）、海南（广布）、贵州（广布）、云南（广布）、西藏（广布）、陕西（广布，留鸟）、甘肃（广布，留鸟）、宁夏（广布）、新疆（广布，留鸟）。

（2）数量

调查表明，全国黑鸢的繁殖种群数量约为 35 万只（表 9-46）。黑鸢野生种群数量较大，特别在西北地区的新疆、宁夏、陕西、甘肃等地资源丰富，数量约 19 万只，占全国总数的 54.3%。

（3）栖息地

黑鸢栖息于多种生态环境中。生境类型在北方包括针叶林、针阔混交林、阔叶林、灌丛、草原草甸、荒漠、冻原、草本沼泽等，在南方则栖息于山地雨林、半常绿季雨林、落叶季雨林、

典型常绿阔叶灌丛、稀树草原等生境中，在农田、村庄、城镇附近较多，喜活动于开阔地，常停歇于树冠、高楼和电线杆上。黑鸢在森林中繁殖，在林内或林缘空地、草甸及湿地区域取食。随着自然环境的变化，黑鸢的适宜生境在逐渐减少，分布区明显缩小，这一趋势在繁殖季节表现尤为明显。

表 9-46　黑鸢分布及数量

分　布	面积（km^2）	密度（只/km^2）	数量（只）
天津	11 305	—	40（夏）
河北	—	0.02071	3888（夏）
山西	—	0.0045～0.0078	807（夏）
内蒙古	900 000	0.0046	4123（夏）
辽宁	—	0.0289	3608（夏）
吉林	93 760	0.0054	510（夏）
黑龙江	328 772	0.0038	1241（夏）
江苏	—	0.107	992（夏）
浙江	—	0.003～0.0573	360（夏）
江西	—	0.0495	8261（夏）
河南	—	0.053～0.37	61 807（夏）
湖北	33 416	0.0554	1850（夏）
湖南	—	0.088	11 645（夏）
广东	—	0.11	4200（夏）
广西	67 043	0.04～0.3	1380（夏）
海南	—	—	8569（夏）
贵州	—	—	46 488（夏）
云南	189 000	—	1250（夏）
西藏	—	0.0058	3458（夏）
陕西	30 870	—	13 117（夏）
甘肃	394 000	0.02～0.109	4686（夏）
宁夏	51 800	0.168～2.46	34 105（夏）
新疆	1 314 884	0.082	133 615（夏）
福建	—	—	120（迁徙）
合计			35 万（夏）

9.4.3　苍鹰 *Accipiter gentiles*

国家Ⅱ级重点保护野生动物；CITES 附录Ⅱ。

（1）分布

据文献记载，苍鹰分布于新疆（西部天山，旅鸟或冬候鸟）；东北（西北部呼伦贝尔博克图、小兴安岭，繁殖鸟、旅鸟）；东北（南部、西南部）、河北、甘肃（西北部弱水）、青海（东北部）、四川（雅安）、江苏、上海、湖北、湖南、广西、云南（旅鸟、冬候鸟）（郑作新，1976）。

本次调查，苍鹰在全国 24 个省份有发现，分布极为广泛。具体为：北京（郊区各县）、河北（井陉、张北、谷源、怀安、平泉，旅鸟）、山西（广布，旅鸟）、内蒙古（广布，夏候鸟）、辽宁（凤城、宽甸、清源，旅鸟）、吉林（东部林区、西部草甸区，夏候鸟或留鸟）、黑龙江

（广布，繁殖鸟）、上海（宝山区、长江口、崇明岛，迁徙鸟，少量越冬）、江苏（广布，冬候鸟）、浙江（广布，冬候鸟）、福建（广布，冬候鸟）、江西（广布，冬候鸟）、河南（广布）、湖北（广布，留鸟）、湖南（沅陵林区）、广东（广布，冬候鸟）、广西（西部和北部，冬候鸟）、重庆（城口、奉节、石柱、江津）、四川（白玉、石渠、金川、巴塘、雅江、炉霍、色达、平武、绵竹）、贵州（广布）、云南（丽江、绥江、昆明、蒙自、勐腊、景洪，冬候鸟或旅鸟）、西藏（林芝、昌都、喜马拉雅山区）、陕西（汉中、南郑，旅鸟）、甘肃（广布，冬候鸟）、宁夏（宁夏平原、贺兰山、香山、六盘山，冬候鸟或旅鸟）、新疆（阿尔泰地区，繁殖鸟或旅鸟；准西山地，旅鸟；塔里木盆地、塔里木河、北部天山和伊犁谷地，冬候鸟或旅鸟）。

（2）数量

调查表明，苍鹰在其分布区内有一定资源量，其繁殖种群和越冬种群的数量分别为25万只和7万只（表9－47）。

（3）栖息地

苍鹰属于森林鸟类，活动于海拔1700～3100m之间各种类型的森林中，夏季尤为明显。植被类型包括针叶林、针阔混交林、沙丘灌丛等，冬季也见于人工林、草甸及林缘空地和农田。

表9－47　苍鹰分布及数量

分　布	面积（km^2）	密度（只/km^2）	数量（只）
北京	—	—	5400（夏）
河北	—	0.04458	8368（迁徙）
山西	—	0.0097～0.0131	1630（迁徙）
内蒙古	300 000	0.0206	6185（夏）
辽宁	—	0.0637	7970（冬）
吉林	12 100	0.0227	2748（夏）594（冬）
黑龙江	276 272	0.0214	6500（夏）
上海	—	—	99（冬）
江苏	—	0.0625	910（冬）
浙江	—	0.0076～0.0214	810（冬）
江西	—	0.0548	9146（冬）
河南	—	0.216～1.10	187 649（夏）35 721（冬）
湖北	56 438	0.0206	1200（夏）
湖南	—	0.106～0.134	25 303（夏）
广东	—	0.084～0.11	5600（冬）
广西	67 153	0.035～0.298	2361（冬）
重庆	9395	0.008～0.01	80（冬）
四川	—	0.018～0.03	2500（夏）
贵州	176 167	0.0184	3238（夏）
云南	10 300	0.0051	80（冬）
西藏	—	0.0314	1886（夏）
陕西	2710	—	7391（夏）
甘肃	400 000	0.013～0.23	1656（冬）
宁夏	25 000	0.039～0.162	714（冬）
新疆	302 813	0.0107	3259（冬）
福建	—	—	650（迁徙）
合计			25万（夏）7万（冬）

9.4.4　雀鹰 *Accipiter nisus*

国家Ⅱ级重点保护野生动物；CITES 附录Ⅱ。

（1）分布

据文献记载，雀鹰北方亚种见于东北呼伦贝尔博克图、北部大小兴安岭、赤峰、新疆（西部喀什、天山），为夏候鸟、旅鸟；在黑龙江（哈尔滨）、辽宁（辽阳）、山东、河北、内蒙古（呼和浩特）、宁夏，为旅鸟；在华北地区、甘肃（兰州）、四川（西部巴塘、西北部白玉）、云南（西北部、南部西双版纳）、广西（南部）、海南，为旅鸟、冬候鸟。南方亚种分布于青海（东部、东北部、南部），四川（北部松潘）、西藏（南部、昌都地区），为留鸟或夏候鸟；在云南（西北部丽江、西部腾冲）为冬候鸟（郑作新，1976）。

本次调查表明，雀鹰分布于全国 28 个省份，分布极其广泛。具体为：北京（郊县）、天津（留鸟）、河北（广布，夏候鸟）、山西（广布）、内蒙古（贺兰山、阴山、七老图山、罕山、大兴安岭，夏候鸟）、辽宁（清源、新宾、庄河、长海，冬候鸟）、吉林（广布，留鸟）、黑龙江（广布，繁殖鸟）、上海（南汇、崇明，冬候鸟）、浙江（广布，冬候鸟）、安徽（广布，冬候鸟）、福建（广布，冬候鸟）、江西（广布，冬候鸟）、山东（广布）、河南（广布）、湖北（广布，留鸟）、湖南（广布）、广东（始兴、龙川、南海、高明、惠阳、潮安，冬候鸟）、广西（武鸣、融水、靖西、龙州、乐业、西林、扶绥、田林）、海南（广布）、重庆（广布）、四川（广布，冬候鸟）、贵州（广布）、云南（广布）、西藏（工布江达、林芝、朗县、米林、波密）、陕西（周至、洋县、西乡、石泉、定边，留鸟）、甘肃（广布，留鸟）、宁夏（六盘山）、新疆（阿尔泰、准西山地、昆仑、帕米尔、阿尔金山，繁殖鸟；北部天山、东天山，夏候鸟；南部天山、伊犁谷地，留鸟；东疆戈壁、塔里木上游，冬候鸟）。

（2）数量

雀鹰分布广泛，种群数量较大。本次调查表明，全国雀鹰的繁殖种群数量约为 25 万只，越冬种群数量约为 10 万只（表 9－48）。

（3）栖息地

雀鹰为林栖鸟类。在我国北方地区，夏季见于针叶林（如暖性松林）、阔叶林（包括人工林）、永久性（季节性）湿地、沙地灌草丛及半灌丛、山地灌草丛等。冬季的生境十分多样，除上述森林环境外，还到平原、丘陵一带的农田、草原和湿地等环境中游荡越冬。在浙江的沿海岛屿上，雀鹰栖息于针叶林和村落中。在南部热带地区（如海南等地），雀鹰栖息于山地雨林、半常绿季雨林、落叶季雨林、人工林、典型常绿阔叶灌丛、热性刺灌丛、暖性灌草丛、农田（稻田、旱田）、水库、红树林沼泽等生境中。

表 9－48　雀鹰分布及数量

分　布	面积（km^2）	密度（只/km^2）	数量（只）
北京	—	—	8150（夏）
天津	11 305	—	12（夏）
河北	—	0.1847	34 675（夏）
山西	—	0.008～0.064	1608（夏）
内蒙古	228 000	0.1059	24 136（夏）
辽宁	—	0.078	5744（冬）
吉林	12 100	0.0049	5556（夏）4361（冬）
黑龙江	212 240	0.315	6700（夏）
上海	—	—	24（冬）

（续）

分　布	面积（km^2）	密度（只/km^2）	数量（只）
浙江	—	0.0128～0.1068	1490（冬）
安徽	38 556	0.094	3646（冬）
江西	—	0.0192	3211（冬）
山东	—	—	4524（夏）
河南	—	0.355～0.596	101 430（夏）64 605（冬）
湖北	46 236	0.0324	1500（夏）
湖南	—	0.12	32 898（夏）
广东	—	0.017～0.04	1000（冬）
广西	26 687	0.055～0.298	678（冬）
海南	—	—	8718（冬）
重庆	21 009	0.0449	400（夏）800（冬）
四川	—	0.002～0.017	2500（冬）
贵州	176 167	0.0138	2428（冬）
云南	21 400	0.0055	300（冬）
西藏	—	0.1596	5585（夏）
陕西	6683	—	8328（夏）
甘肃	454 000	0.021～0.156	10 137（夏）
宁夏	21 300	0.039～0.098	827（夏）
新疆	344 301	0.0125	3462（夏）
福建	—	—	95（迁徙）
合计			25万（夏）10万（冬）

9.4.5　松雀鹰 *Accipiter virgatus*

国家Ⅱ级重点保护野生动物；CITES附录Ⅱ。

（1）分布

据文献记载，松雀鹰见于东北地区（西北部呼伦贝尔、东北部小兴安岭、中部长白山、南部丹东、西南部朝阳）、河北（北部山地），繁殖鸟、旅鸟；东北地区西南部、河北平原、山东、河南、广西西南部（旅鸟、冬候鸟）；喜马拉雅西部、云南西北部、南部及广西南部（留鸟）；偶见四川峨眉山，陕西南部佛坪，海南；福建、广东（留鸟）（郑作新，1976）。

本次调查，松雀鹰在全国26个省份有发现，分布广泛。具体为：北京（郊县，旅鸟）、河北（冀北、冀西山地，夏候鸟）、山西（武乡、陵川、苛岚、和顺，旅鸟）、内蒙古（广布，夏候鸟）、辽宁（抚顺、清源、新宾、庄河，夏候鸟）、吉林（广布，夏候鸟或留鸟）、黑龙江（广布，繁殖鸟）、上海（嘉定区、长江口，旅鸟）、浙江（广布，留鸟）、安徽（广布，冬候鸟）、福建（广布，留鸟）、江西（广布，留鸟）、河南（广布）、湖北（广布，留鸟）、湖南（广布）、广东（粤东，留鸟）、广西（广布）、海南（广布）、重庆（奉节、巫山、彭水、万盛）、四川（汶川、美姑、马边、绵竹，夏候鸟或旅鸟）、贵州（广布）、云南（广布，留鸟）、西藏（工布江达、林芝、朗县、米林、波密）、陕西（佛坪、周至、太白，夏候鸟）、甘肃（广布，留鸟）、宁夏（贺兰山）、新疆（阿尔泰，留鸟）。

（2）数量

松雀鹰分布广泛，有一定的资源量。本次调查表明，全国松雀鹰繁殖种群数量约为10万

只，越冬种群数量约为6600只（表9-49）。

（3）栖息地

松雀鹰为山地森林小型猛禽，生活于海拔1000~2500m之间的林缘、灌丛、草原、荒漠、农田等各种生境中。巢常筑于高大的针叶树上，冬季到平原活动，栖息于树冠顶部。在热带地区见于山地雨林、半常绿季雨林、海南松林、人工林、典型常绿阔叶灌丛、暖性灌草丛、稻田、水库等生境中。

表9-49 松雀鹰分布及数量

分布	面积（km^2）	密度（只/km^2）	数量（只）
北京	—	—	149（迁徙）
河北	—	0.0080	1518（夏）
山西	—	0.0022~0.0065	484（迁徙）
内蒙古	228 000	0.0785	18 907（夏）
辽宁	—	0.0586	4360（夏）
吉林	12 100	0.0178	2148（夏）891（冬）
黑龙江	209 449	0.0244	5500（夏）
上海	—	—	20（迁徙）
浙江	—	0.0128~0.1388	1550（夏）
安徽	38 556	0.105	4063（冬）
江西	—	0.0456	7614（夏）
河南	—	0.002~0.01	297（夏）1646（冬）
湖北	27 351	0.0914	2500（夏）
湖南	—	0.0914	7861（夏）
广东	—	0.04~0.045	1000（夏）
广西	89 015	0.047~0.117	3580（夏）
海南	—	—	979（夏）
重庆	3845	0.0061~0.0081	28（夏）
四川	—	—	1000（夏）
贵州	176 167	0.1249	23 196（夏）
云南	34 000	0.0049	2500（夏）
西藏	—	0.1393	4877（夏）
陕西	2109	—	1770（夏）
甘肃	454 000	0.037~0.154	7595（夏）
宁夏	3200	0.379	59（夏）
新疆	403 636	0.04	1161（夏）
福建	—	—	890（迁徙）
合计			10万（夏）6600（冬）

9.4.6 普通鵟 *Buteo buteo*

国家Ⅱ级重点保护野生动物；CITES附录Ⅱ。

（1）分布

据文献记载，普通鵟分布于东北地区西北部呼伦贝尔、东北部小兴安岭、中部长白山（繁殖鸟、旅鸟）；新疆西部喀什、天山、青海、四川北部松潘、东北地区南部及西南部、河北、河南、山东威海、青岛（旅鸟）；长江以南地区、四川西部巴塘、云南西北部、西藏南部、云南南部、海南（冬候鸟）（郑作新，1976）。

本次调查，普通鵟在全国25个省份有发现，分布较为广泛。在我国东北、华北和西北地区繁殖；在华中、华南地区越冬。具体为：北京（郊区各县，迁徙鸟）、天津（留鸟）、河北（广布，夏候鸟）、山西（运城、闻喜、新绛、中阳、阳高，旅鸟）、内蒙古（广布，夏候鸟）、辽宁（抚顺、清源、新宾、长海，留鸟）、吉林（广布，留鸟）、黑龙江（大、小兴安岭和东部山地，繁殖鸟）、上海（奉贤、崇明县、崇明岛、长江口，冬候鸟）、浙江（广布，冬候鸟）、福建（广布，冬候鸟）、江西（广布，冬候鸟）、河南（广布）、湖北（广布，冬候鸟）、湖南（广布）、广东（广布，冬候鸟）、广西（钦州、百色）、海南（东方、乐东、五指山）、重庆（广布）、四川（广布，冬候鸟）、贵州（广布）、云南（广布，冬候鸟）、西藏（林芝、山南、昌都）、陕西（广布，留鸟）、甘肃（庆阳、平凉、天水、兰州、肃南、阿克塞，留鸟）、新疆（天山中西部、塔里木河中上游、阿尔泰山、准西山地、帕米尔高原，留鸟）。

（2）数量

普通鵟分布广泛，种群数量较大。本次调查表明，全国普通鵟的繁殖种群数量约为18万只，越冬种群的数量约为30 000只（表9－50）。

（3）栖息地

普通鵟夏季主要栖息于针叶林、针阔混交林、阔叶林（人工林）、灌丛、草甸、荒漠等。冬季除上述生境外，常在开阔平原、丘陵、农耕区以及村镇附近单独活动。在热带地区常在山地雨林、半常绿季雨林、人工林、典型常绿阔叶灌丛、农田、红树林沼泽、乡村及城市等环境中活动。

表9－50　普通鵟分布及数量

分　布	面积（km^2）	密度（只/km^2）	数量（只）
北京	—	—	19 900（夏）
天津	11 305	—	6（夏）
河北	—	0.0889	16 692（夏）
山西	—	0.0026～0.0045	640（迁徙）
内蒙古	800 000	0.1034	82 708（夏）
辽宁	—	0.0566	4255（夏）
吉林	12 100	0.0283	3420（夏）2014（冬）
黑龙江	149 444	0.041	6100（夏）
上海	—	—	260（冬）
浙江	—	0.0068～0.1145	730（冬）
江西	—	0.008	1333（冬）
河南	—	0.019～0.024	3135（夏）4064（冬）
湖北	39 027	0.032	1300（冬）
湖南	—	—	100（冬）
广东	—	0.025	1000（冬）
广西	23 478	0.053～0.375	753（冬）
海南	—	—	612（冬）
重庆	12 754	0.092～0.118	1400（冬）
四川	—	—	2500（冬）
贵州	176 167	0.0692	10 184（冬）
云南	176 000	0.0065	3500（冬）
西藏	—	0.0153	5363（夏）

（续）

分 布	面积（km²）	密度（只/km²）	数量（只）
陕西	61 740	—	24 360（夏）
甘肃	37 956	0.017～0.058	4525（夏）
新疆	1 231 701	0.0073	9536（夏）
福建	—	—	250（冬）
合计			18万（夏）3万（冬）

9.4.7 灰脸鵟鹰 *Butastur indicus*

国家Ⅱ级重点保护野生动物；CITES附录Ⅱ。

（1）分布

文献记载，灰脸鵟鹰分布于东北地区北部小兴安岭、南部旅顺、西南部朝阳，河北（夏候鸟或旅鸟）；河北沿海至福建、海南（旅鸟）；长江以南地区，南抵广东沿海岛屿和云南南部西双版纳（冬候鸟）（郑作新，1976）。

本次调查表明：灰脸鵟鹰分布于辽宁（本溪、桓仁、抚顺、新宾、铁岭、开原，夏候鸟）、吉林（东部林区、中部农田区，留鸟或夏候鸟）、黑龙江（大兴安岭、三江平原，繁殖鸟）、浙江（广布，冬候鸟）、福建（广布，冬候鸟）、湖北（西北部，旅鸟）、广东（乳源、陆河、潮阳、潮安，冬候鸟）、云南（元江、勐腊、景洪、河口，冬候鸟）；内蒙古（旅鸟）、四川（旅鸟）、陕西（秦巴山区，留鸟）。文献记载有分布的许多省份如河北以及长江以南的大多数省份均未进行调查。

（2）数量

据文献记载，灰脸鵟鹰在春、秋季节迁徙经过台湾时有大量出现（郑光美等，1998）。

本次调查表明，全国灰脸鵟鹰的繁殖种群的数量约为6000只，越冬群体数量约1600只（表9－51）。

表9－51 灰脸鵟鹰分布及数量

分 布	面积（km²）	密度（只/km²）	数量（只）
内蒙古	—	—	未见实体
辽宁	—	0.013	1600（夏）
吉林	86 900	0.0495	4300（夏）1054（冬）
黑龙江	418	0.198～0.379	100（夏）
浙江	—	0.0015	120（冬）
湖北	27 885	0.0179	500（迁徙）
广东	—	0.005～0.013	400（冬）
四川	—	—	未发现
云南	3480	0.0024	10（冬）
陕西	—	—	未见实体
福建	—	—	16（冬）
合计			6000（夏）1600（冬）

（3）栖息地

灰脸鵟鹰栖息于山地阔叶混交林以及针叶林等山林地带，主要林型包括松树林、杉木林、常绿阔叶林、季雨林、山地雨林、丘陵山地常绿阔叶灌丛等。有时也在平原、草甸活动，也喜在林缘沼泽和河谷地带活动。在松林及杂木林地带筑巢，巢位于高大树木的下树冠层，巢周林木较稀疏。

9.4.8 金雕 *Aquila chrysaetos*

国家Ⅰ级重点保护野生动物；CITES 附录Ⅱ。

(1) 分布

据文献记载，金雕分布于黑龙江（尚志、沾河、哈尔滨、齐齐哈尔、牡丹江、佳木斯、绥化、伊春、大兴安岭）、吉林（白城、通化、延边、吉林）、辽宁（本溪、丹东、大连、锦州、朝阳）、内蒙古（呼伦贝尔）、新疆（西部昆仑山、天山）、青海（西宁、门源、青海湖）、甘肃（武威、武都、文县、甘南、河西、兰州）、山西（雁北、忻县、太原、吕梁、晋中、上党、临汾、运城）、北京（房山、怀柔、密云）、陕西、湖北、贵州（贵定、兴义）、四川（巴塘、万源、巫溪、金阳、康定、石渠、茂县、汶川、广元、金堂）、云南（西部，为留鸟或旅鸟）（郑作新，1976）。

本次调查，金雕在18个省份有发现，安徽未见实体。在东北、华北、西北、西南等地区为留鸟，在南部地区为旅鸟或冬候鸟。具体为：北京（房山、门头沟、昌平、延庆、怀柔、密云，冬候鸟）、河北（冀北、冀西山地，留鸟）、内蒙古（留鸟）、辽宁（清源、新宾、庄河，留鸟）、吉林（东部林区、西部草甸区，留鸟）、黑龙江（大、小兴安岭和东部山地，留鸟）、河南（广布）、湖北（西部、南部，留鸟）、湖南（石门、张家界、永顺）、广东（乳源、潮安，偶见种）、福建（罗源、闽候，偶见种）、广西（融水）、重庆（城口、巫溪、南川）、四川（白玉、金川、巴塘、石渠、平武、汶川、万源，旅鸟）、云南（腾冲、中甸、德钦、石屏、昆明，冬候鸟）、西藏（广布，留鸟）、陕西（广布，留鸟）、甘肃（武都、文县、卓尼、河西、天祝、兰州，留鸟）、宁夏（六盘山、贺兰山、中卫）、新疆（阿尔泰、准西山地、天山山地、准噶尔盆地、诺敏丘陵戈壁、艾丁湖、塔里木河上游、帕米尔高原、昆仑山、阿尔金山，留鸟）。

(2) 数量

金雕的分布虽然广泛，但数量稀少。而且多集中在西北地区，华北地区在河北、河南也有一定数量。据文献记载，1986～1988 年对山西庞泉沟国家级自然保护区金雕数量进行了统计，平均每平方千米的数量分别为：0.2 只、0.25 只、0.19 只（王建平等，1990）。

本次调查表明，全国金雕的繁殖种群数量约为27 000只，越冬种群数量仅 2200 只（表 9－52）。

(3) 栖息地

金雕为大型猛禽，通常生活在人迹罕至的高山草原、森林、湖泊、河流两岸的开阔原野中，喜欢停留在高山岩石峭壁或大树上，栖址周围林木稀疏、郁闭度差。对林型的选择性不强，阔叶杂木林、针阔混交林和针叶林中都有分布。巢多筑在高大的云杉、桦、杨树上或悬崖峭壁的石坎或岩洞中。

表 9－52 金雕分布及数量

分 布	面积（km^2）	密度（只/km^2）	数量（只）
北京	—	—	20（冬）
河北	—	0.0074	1395（夏）
内蒙古	300 000	0.0048	1441（夏）
辽宁	—	0.042	518（夏）
吉林	73 190	0.0003	22（夏）169（冬）

（续）

分　布	面积（km^2）	密度（只/km^2）	数量（只）
黑龙江	—	—	367（夏）
安徽			未发现
河南	—	0.0086 ~ 0.01	819（夏）1603（冬）
湖北	29 079	0.0034	100（夏）
湖南	—	5.45	36（冬）
广东	—	0.002 ~ 0.005	200（冬）
广西	—	—	2（冬）
重庆	3657	0.002 ~ 0.008	20（冬）
四川	—	0.001 ~ 0.004	600（迁徙）
云南	22 300	0.0043	150（冬）
西藏	—	0.0039	1957（夏）
陕西	102 900	—	5205（夏）
甘肃	19 823	0.00027 ~ 0.109	7239（夏）
宁夏	21 300	0.077 ~ 0.265	2327（夏）
新疆	1 197 174	0.0047	5610（夏）
福建	—	—	5（迁徙）
合计			27 000（夏）2200（冬）

9.4.9　玉带海雕 *Haliaeetus leucoryphus*

国家Ⅰ级重点保护野生动物；CITES 附录Ⅱ。

（1）分布

据文献记载，玉带海雕分布于新疆（和静、喀什）、青海（青海湖、天峻、玉树）、甘肃（兰州、合水、天水、河西走廊、天祝）、内蒙古（鄂尔多斯、呼伦湖）、黑龙江（齐齐哈尔）、西藏（那曲、阿里、拉萨、山南、日喀则、昌都）、四川（北部松潘、若尔盖、红原、石渠），夏候鸟或旅鸟。国外分布于西伯利亚、蒙古、巴基斯坦、印度等地（郑光美、王岐山，1998）。

本次调查，玉带海雕见于河北（围场，迁徙鸟）、内蒙古（乌梁素海、呼伦湖，繁殖鸟）、吉林（三湖自然保护区，旅鸟）、黑龙江（兴凯湖，繁殖鸟）、河南（孟津，冬候鸟）、重庆（江津）、四川（白玉、石渠、炉霍、雅江、色达，旅鸟）、西藏（广布）、甘肃（天水、武山、合水、兰州、肃南、天祝，冬候鸟）。

（2）数量

据文献记载，1963 ~ 1969 年，青海省的玉带海雕多出现于青海湖和玉树等地，每次可见 2 ~ 3 只，但以后在青海、西藏的多次鸟类调查中很难见到（郑光美、王岐山，1998）。

本次调查表明，玉带海雕主要分布于我国东北、华北、西南、西北地区的局部地区，数量极为稀少，尤其是繁殖种群数量更少，仅 8 只；越冬种群数量为 2800 只，以西藏自治区为最多（2414 只）（表 9 – 53）。需对玉带海雕的生存状况开展进一步调查，以制定切实可行的保护措施。

（3）栖息地

玉带海雕栖息于海拔 3200 ~ 4700m 开阔的高原草原、荒漠、稀疏森林、灌丛、湖泊、沼泽、河流及河口地区，尤喜在有高大乔木生长的水域或森林地区的开阔湖泊和河流地带活动。栖息地植被包括针叶林、针阔混交林、森林草原、荒漠、湿地等多种类型。常到草原、高山湖泊及河流附近寻找猎物。在高大乔木的树杈、芦苇丛或高山岩缝间营巢。

表 9－53　玉带海雕分布及数量

分　布	面积（km^2）	密度（只/km^2）	数量（只）
河北	—	0.0004	67（迁徙）
山西	—	—	未发现
内蒙古	3000	0.0023	7（夏）
吉林	—	—	1（冬）
黑龙江	—	—	1（夏）
河南	—	—	1（冬）
重庆	—	—	未发现
四川	—	—	100（迁徙）
西藏	—	0.0047	2414（冬）
甘肃	198 239	0.0036	384（冬）
合计			8（夏）2800（冬）

9.4.10　白尾海雕 *Haliaeetus albicilla*

国家Ⅰ级重点保护野生动物；CITES 附录Ⅰ。

（1）分布

据文献记载，白尾海雕分布于黑龙江（哈尔滨、齐齐哈尔、牡丹江、佳木斯、绥化、伊春、松花江、黑河、大兴安岭）、内蒙古（呼伦贝尔、巴颜淖尔）、甘肃（碌曲、玛曲，留鸟或夏候鸟）；在东南沿海各省为迁徙鸟；在华南沿海地区为冬候鸟。在国外广布于欧亚大陆北部及非洲西北部、印度北部（郑光美、王岐山，1998）。

本次调查，白尾海雕见于内蒙古（乌梁素海、呼伦湖，繁殖鸟）、辽宁（大洼、绥中，冬候鸟）、吉林（东部、西部局部地区，夏候鸟，少数为冬候鸟）、黑龙江（三江平原）、河南（灵宝，冬候鸟）、湖北（洪湖、沉湖、龙感湖等，冬候鸟）、四川（石渠、若尔盖，旅鸟）、云南（大理、丽江、宁蒗、中甸）、甘肃（天水、武山、合水、兰州、天祝、肃南、酒泉、碌曲、玛曲，留鸟）、宁夏（贺兰山、银川平原、灵武、中卫）、新疆（阿尔泰山、伊犁谷地、尤鲁都斯盆地、帕米尔高原、西昆仑山地，冬候鸟）、福建（平潭）。云南西北地区是近 20 年来发现新分布地。

（2）数量

据文献记载，近年在黑龙江抚远县乌苏里江与别拉洪河江汇合处、内蒙古四子王旗等地均见到白尾海雕的巢及雏鸟，但数量不多。许维枢（1994）在河北北戴河的秋季统计结果为：1986 年 15 只，1987 年 5 只，1988 年 9 只，1989 年 4 只，1990 年 4 只。在香港米埔自然保护区越冬的个体数量每年稳定在 8～10 只。

本次调查表明，白尾海雕分布于我国东北、华北、西北和西南地区的局部省份，数量极为稀少，而西北地区的甘肃、新疆和宁夏数量稍多。全国繁殖种群数量约为 4800 只，越冬种群数量约为 1300 只（表 9－54）。需要对白尾海雕的生存状况开展进一步调查。

（3）栖息地

白尾海雕栖息于山地森林、草原、荒漠、沼泽、湖泊、河流、池塘等多种生境中，在水域附近的河滩地或其他近水地带活动。在东北地区，栖息地以沼泽为主，也有稀疏森林、灌丛。高大且孤立生长的乔木和水深适中的明水面是其生境中的关键因子。在悬崖峭壁或高大乔木上营巢。

表 9-54　白尾海雕分布及数量

分　布	面积（km^2）	密度（只/km^2）	数量（只）
山西			未发现
内蒙古	3000	0.0023	7（夏）
辽宁	—	0.0004	53（冬）
吉林	—	—	28（冬）
黑龙江	—	—	13（冬）
安徽			绝迹
河南	—	0.0006	99（冬）
湖北	1104	0.0091	10（冬）
四川	—	—	1（迁徙）
云南	1370	—	15（冬）
甘肃	215 989	0.039 ~ 0.067	3622（夏）
宁夏	6000	0.038 ~ 0.064	1171（夏）
新疆	35 638	0.0012	1082（冬）
福建	—	—	3（迁徙）
合计			4800（夏）1300（冬）

9.4.11　白背兀鹫 *Gyps bengalensis*

国家Ⅰ级重点保护野生动物；CITES 附录Ⅱ。

（1）分布

据文献记载，白背兀鹫在我国仅分布于云南（西部和西南部的西双版纳），为罕见留鸟。在国外分布于伊朗南部、阿富汗、巴基斯坦、印度、孟加拉国、缅甸、泰国南部和老挝北部等地区。

本次调查在云南未发现实体。

（2）数量

据文献记载，1959 年 3 月 26 日在西双版纳勐腊县的勐仓发现 1 只，1960 年 2 月又在该县的勐棒发现 1 只。以后在云南西部和西南部的多次考察中均未发现（郑光美、王岐山，1998）。

此次调查仍然未见白背兀鹫的踪迹，估计数量已很稀少。需要对其生存状况开展专项调查，掌握其资源及栖息地的现状。

（3）栖息地

白背兀鹫栖息于热带雨林和季雨林的林缘开阔地、田坝区或河滩地带。主要致危原因是云南南部热带雨林、季雨林的大量砍伐、热带经济作物（橡胶、甘蔗等）的大面积种植导致其生境的丧失。

9.4.12　胡兀鹫 *Gypaetus barbatus*

国家Ⅰ级重点保护野生动物；CITES 附录Ⅱ。

（1）分布

据文献记载，胡兀鹫在国内分布于新疆（天山）、青海（东北部祁连、青海湖、天峻、昂欠、扎多、玉树）、甘肃（武威、岷山）、宁夏（贺兰山）、四川（理塘、巴塘、德格、玉隆）、西藏（东南部麻江、羊八井、江达、贡觉、昌都、察隅）；偶见于云南（西北部）、山西（太行山）、湖北（宜昌）、河北（怀来）、内蒙古（呼和浩特）、东北（旅顺）。在国外分布于亚洲和欧洲（郑作新，1976）。

本次调查，胡兀鹫分布涉及9个省份，除山西、湖北未发现外，其他地区均有分布，特别是西北地区（新疆、青海、甘肃）和西藏数量较多。具体为：河北（围场，旅鸟）、内蒙古（大青山、巴彦淖尔、锡林郭勒盟，繁殖鸟）、四川（若尔盖、雅江、白玉、金川、巴塘、石渠、炉霍、色达、汶川，留鸟）、云南（德钦，冬候鸟）、西藏（广布，留鸟）、甘肃（玛曲、河西、祁连山、天祝、肃南、阿克塞，留鸟）、青海（玉树、果洛、海南、海东、西宁，留鸟）、新疆（阿尔泰、准西山地、天山山地、天山西部、帕米尔高原、昆仑山，留鸟）。文献中记载的东北地区各省、宁夏、内蒙古未调查。

（2）数量

据文献记载，1964～1971年在青海各考察地区均可见到2～5只胡兀鹫，估计为1～2只/100km^2。但1973～1987年在西藏、青海的鸟类调查中仅在少数偏僻山区或天葬台附近发现，其他地区极为少见，近20年来数量急剧减少（郑光美、王岐山等，1998）。

本次调查表明，胡兀鹫主要分布于西北（甘肃、青海、新疆）和西南地区（西藏），繁殖种群数量约为92 000只（表9－55）。数量减少的主要原因是草原大面积灭鼠（毒杀）造成它们二次中毒。

（3）栖息地

胡兀鹫多栖息于海拔2000～5000m的草原和高山裸岩地带，属山地型鸟类，冬季也常在村镇附近活动。在悬崖峭壁边缘、岩壁凹陷处或峭壁垂岩下营巢。飞翔能力极强，可在7000～8000m的高空盘旋数小时之久。主要以动物尸体为食，通常不吃活体动物，只有在特殊情况下，才会攻击人和动物。

表9－55　胡兀鹫分布及数量

分　布	面积（km^2）	密度（只/km^2）	数量（只）
河北	—	0.0002	34（迁徙）
山西	—	—	未发现
内蒙古	10 000	0.0015	15（夏）
湖北	—	—	未见实体
四川	—	0.001～0.004	800（夏）
云南	2570	—	5（夏）
西藏	—	0.0214	7500（夏）
甘肃	103 163	0.02～0.058	29 126 夏）
青海	11 700	0.36	32 500（夏）
新疆	712 300	0.0306	22 018（夏）
合计			92 000（夏）

9.4.13　蛇雕 *Spilornis cheela*

国家Ⅱ级重点保护野生动物；CITES附录Ⅱ。

（1）分布

据文献记载，蛇雕在国内分布于云南（西南部和南部西双版纳）、贵州、广西、广东、福建、安徽、海南（留鸟）。在国外分布于泰国、缅甸、印度、巴基斯坦、菲律宾、马来西亚、印度尼西亚（郑光美、王岐山，1998）。

本次调查表明，蛇雕分布涉及10个省，除安徽、湖北外，其他地区均有发现，而且云南的分布区有略微扩大的趋势。具体为：浙江（衢县，留鸟）、福建（沙县、大田、建瓯、建阳、闽

侯、梅列、浦城、清流、泰宁、武夷山、延平、尤溪、闽清，留鸟)、江西（贵溪，留鸟)、湖南（湘西)、广东（龙川、紫金、阳山、英德、始兴、新兴、廉江，留鸟)、广西（南宁、百色、桂林、梧州)、海南（广布)、云南（思茅、澜仓、景谷、景东、景洪、勐海、勐腊、耿马、云县、腾冲、禄丰，留鸟)、西藏（波密、芒康、察隅、墨脱)。

（2）数量

本次调查表明，全国蛇雕繁殖种群数量约为 4400 只（表 9－56)。安徽皖南山区已经绝迹，湖北仅见到 1 只，其他地区数量也很稀少，生存状况已很危急。

（3）栖息地

蛇雕栖息地随分布区的不同呈现较大差异。在浙江以针叶林为主；在海南则活动于山地雨林、半常绿季雨林、落叶季雨林、人工林、典型常绿阔叶灌丛和稻田等环境中；在广东主要分布于山地森林，主要植被类型有常绿阔叶林、山顶矮林、山地雨林等；而在海拔较高的西藏东南地区主要栖息于以云杉、冷杉林为主的沟壑、河谷以及林缘地带。

表 9－56　蛇雕分布及数量

分　布	面积（km^2）	密度（只/km^2）	数量（只）
浙江	—	0.0008	80（夏）
安徽	—	—	绝迹
江西	—	0.0013	218（夏）
湖北	342	0.0029	1（夏）
湖南	—	—	50（夏）
广东	—	0.021～0.045	1700（夏）
广西	—	—	334（夏）
海南	—	—	809（夏）
云南	12 800	0.0036	432（夏）
西藏	—	0.0166	416（夏）
福建	—	—	360（夏）
合计			4400（夏）

9.4.14　猎隼 *Falco cherrug*

国家Ⅱ级重点保护野生动物；CITES 附录Ⅱ。

（1）分布

据文献记载，猎隼分布于新疆（喀什、莎车、桑株以及西部和北部)、青海（天峻、玛多、青海湖)、四川（德格)、西藏（准噶尔、班戈及东北部，留鸟)；东北地区（南部丹东)、河北、甘肃、四川（西北部)、西藏（南部，旅鸟或冬候鸟)（郑作新，1976)。

本次调查表明，猎隼分布涉及 11 个省份，除吉林（绝迹)、陕西（未发现）外，其他分布区均可见到。具体包括：北京（通州、延庆)、河北（广布，旅鸟)、山西（广布，旅鸟)、内蒙古（广布，繁殖鸟)、辽宁（旅顺、庄河、凌海、绥中、铁岭、开原、西平，旅鸟)、四川（若尔盖、雅江、石渠、炉霍，留鸟)、西藏（藏北大部)、甘肃（兰州、张掖、祁连山、天祝、肃南、肃北、文县、临潭、玛曲，留鸟)、新疆（阿尔泰山、准西山地、天山山地、南疆和北疆荒漠区、帕米尔高原、昆仑山、阿尔金山，繁殖鸟)。新疆是猎隼的主要分布地。

（2）数量

据文献记载，1959 年以来曾在青海、四川德格（海拔 4000m）获得过猎隼标本。近年来从北京海关查扣走私出口的数百只猎隼，均来自新疆等西部地区（郑光美、王岐山，1998)。

本次调查表明，全国猎隼的繁殖种群数量约67 000只，其中新疆55 129只，占总数量的82%。越冬种群数量约为2200只（表9－57）。

（3）栖息地

猎隼栖息于海拔320～2238m的开阔地和疏林区，多在荒漠、戈壁、池沼和未耕种的区域活动，主要栖息地为山地和浅山荒漠草原地带。新疆荒漠区的胡杨林地是其重要的栖息地。

表9－57　猎隼分布及数量

分　布	面积（km^2）	密度（只/km^2）	数量（只）
北京	—	—	100（夏）1400（迁徙）
河北	—	0.0092	1723（迁徙）
山西	—	0.0065～0.0112	1601（迁徙）
内蒙古	600 000	0.0002	100（夏）1000（迁徙）
辽宁	—	0.0295	2200（冬）
吉林	—	—	绝迹
四川	—	0.008	150（夏）
西藏	—	0.0075	3000（夏）
陕西	—	—	未见实体
甘肃	250 000	0.0025～0.117	1259（夏）
宁夏	—	—	7262（夏）
新疆	1 379 877	0.03～0.06	55 129（夏）
合计			67 000（夏）2200（冬）

9.4.15　游隼 *Falco peregrinus*

国家Ⅱ级重点保护野生动物；CITES附录Ⅰ。

（1）分布

据文献记载，游隼分布于东北地区北部至华北（旅鸟），长江以南至广东、海南（冬候鸟），新疆天山（繁殖鸟）、喀什（冬候鸟），四川乐山、巴塘，青海东部和南部的玉树（留鸟或旅鸟）（郑作新，1976）。

本次调查表明，游隼分布涉及全国20个省份，除安徽（冬候鸟）未见实体外，其他省份均有发现。游隼在东北、西北、西南地区为留鸟，在华北地区为迁徙鸟，在长江以南的多数地区为冬候鸟。具体分布情况为：河北（广布，旅鸟）、山西（左玉、蒴城，旅鸟）、内蒙古（呼和浩特以东、锡林郭勒盟、大兴安岭，夏候鸟）、吉林（东部林区，夏候鸟）、黑龙江（大、小兴安岭和三江平原、松嫩平原，繁殖鸟）、上海（崇明岛，冬候鸟）、江苏（六合、太仓、大丰，留鸟）、浙江（余姚、北仑、象山、椒江、仙居、云和，冬候鸟）、福建省（广布，留鸟）、江西（广布，留鸟）、河南（富县、民权、南召）、湖北（江汉平原、鄂西，冬候鸟）、广东（连山、博罗、龙门、潮阳、东莞、佛冈，冬候鸟）、海南（琼山、白沙、南开南湾、吊罗山林区、松涛水库）、重庆（南川、彭水、江津，冬候鸟）、四川（白玉、雅江、攀枝花、金川、巴塘）、贵州（广布）、云南（昆明、景洪、勐海、马关、潞西、云县，留鸟）、甘肃（平凉、古浪、天水、武山、舟曲、文县，留鸟）、新疆（天山西部、北部天山、南部天山，繁殖鸟；帕米尔高原、昆仑山地、塔里木盆地西部，冬候鸟）。

（2）数量

调查表明，全国游隼繁殖种群的总数量约为43 000只，越冬种群的数量约2300只（表9－58）。游隼分布虽然较为广泛，但种群数量并不很多，而且主要集中在蒙新区的新疆、内蒙古，

应对该物种的生存状况开展进一步调查，确定受危原因，制定保护措施。

（3）栖息地

游隼栖息于山区的林间空地、丘陵、荒漠、半荒漠、草原、河流、沼泽与湖泊沿岸地带，也到开阔的农田、农田边缘防护林、林缘灌丛以及村镇附近活动，而少见于茂密的森林和无树林的荒原地区。从其栖息的林型看，阔叶杂木林中的数量较其他林型多，类似的情况也见于以杨树为优势种的农田防护林中。在热带地区，游隼栖息于山地雨林、半常绿季雨林、人工林、典型常绿阔叶灌丛、热性刺灌丛等生境中。游隼大都在悬崖绝壁隙中营巢。调查表明，其栖息地尚未受到大的破坏。食物主要以鸥、鸭、鸠鸽类等小型鸟类为主，兼食啮齿类等小型哺乳动物。

表 9－58　游隼分布及数量

分　布	面积（km^2）	密度（只/km^2）	数量（只）
河北	—	0.013	2433（迁徙）
山西	—	0.0011	240（迁徙）
内蒙古	800 000	0.0079	6290（夏）
吉林	86 900	0.0003	264（夏）
黑龙江	3885	0.289	937（夏）
上海	—	—	39（冬）
江苏	—	0.0625	380（夏）
浙江	—	0.003～0.0214	340（冬）
安徽	—	—	未见实体
江西	—	0.0285	4761（夏）
河南	—	0.0047	783（夏）
湖北	14 222	0.0352	500（冬）
广东	—	0.01～0.05	1000（冬）
海南	—	—	401（冬）
重庆	2358	0.0082	20（冬）
四川	—	0.002	300（夏）
贵州	176 167	0.1137	19 084（夏）
云南	17 860	0.0050	418（夏）
甘肃	5000	0.01～0.05	1143（夏）
新疆	353 571	0.023	8320（夏）
福建	—	—	320（夏）
合计			43 000（夏）2300（冬）

9.4.16　燕隼 *Falco subbuteo*

国家Ⅱ级重点保护野生动物；CITES 附录Ⅱ。

（1）分布

据文献记载，燕隼分布于东北地区（西北部呼伦贝尔博克图、大兴安岭根河、哈尔滨）、河北、河南、山西、陕西（南部）、甘肃（兰州、武威）、青海（东部）、新疆（喀什、天山、尉犁、阿勒泰，繁殖鸟或旅鸟）；东北地区（西南部朝阳）、山东（旅鸟）；西藏（南部，冬候鸟）；长江以南至四川（北部茂汶）、云南（西北部和西部，夏候鸟）；广东（留鸟）（郑作新，1976）。

本次调查表明，燕隼分布涉及23个省份，除安徽、西藏未见实体外，其他省份均有发现，分布极为广泛。具体分布情况为：北京（郊县）、河北（广布，夏候鸟）、山西（广布，夏候鸟）、内蒙古（贺兰山、阴山、罕山、大兴安岭，夏候鸟）、辽宁（清源、新宾、辽阳、旅顺，旅鸟）、吉林（广布，夏候鸟）、黑龙江（广布，繁殖鸟）、上海（嘉定区、闵行区、南江、长江口，旅鸟）、浙江（广布，留鸟）、福建省（广布，留鸟）、江西（广布，留鸟）、河南（富县、鲁山、南乐、范县）、湖北（江汉平原、神农架，冬候鸟）、湖南（广布）、广东（广布，留鸟）、广西（崇左、扶绥、马山、上思、合浦）、四川（若尔盖、西昌、盐边、汶川，夏候鸟或旅鸟）、贵州（仁怀、织金、威宁、册亨、紫云，开阳）、云南（腾冲、盈江、丽江、昆明、澜仓，夏候鸟）、陕西（眉县、周至、西安、大荔、黄龙，留鸟）、甘肃（榆中、庄浪、平凉、庆阳、环县、天水、武山、天祝、肃南，夏候鸟）、新疆（广布，繁殖鸟）。

（2）数量

燕隼分布广泛，种群数量较大。2001年5月至2005年1月调查，北京地区分布的燕隼密度为1.58只/10km^2（鲍伟东等，2005）。

本次调查表明，全国燕隼繁殖种群的总数量约为10万只，越冬种群的总数量约为17 000只（表9－59）。

（3）栖息地

燕隼栖息于有稀疏林木生长的平原、农田、草原、旷野、疏林地、林缘以及居民点附近。在南方（广东）主要栖息于稀疏树木的开阔平原、旷野、耕地、海岸、疏林和林缘地带。主要栖息生境是灌草丛、山地常绿阔叶灌丛、海滨常绿阔叶灌丛、河谷阔叶灌丛、丘陵山地、竹林山地、雨林、常绿阔叶林等。喜停落在高树和电杆顶上，在疏林、林缘和田间高大乔木树上营巢，营巢树种包括松、杉、杨、柳等，有时侵占乌鸦和喜鹊巢。

表9－59　燕隼分布及数量

分　布	面积（km^2）	密度（只/km^2）	数量（只）
北京	—	—	600（夏）5600（迁徙）
河北	—	0.0848	15 922（夏）
山西	—	0.002～0.006	442（夏）
内蒙古	700 000	0.0088	6185（夏）
辽宁	—	0.081	8383（冬）
吉林	145 000	0.0454	6582（夏）
黑龙江	—	—	3000（夏）
上海	—	—	58（迁徙）
浙江	—	0.006～0.0573	660（夏）
安徽	—	—	未见实体
江西	—	0.0222	3698（夏）
河南	—	0.0029～0.0083	480（夏）1384（冬）
湖北	18 912	0.0324	600（冬）
湖南	—	0.539	6633（冬）
广东	—	0.045～0.055	1200（夏）
广西	28 410	0.028～0.081	1672（夏）
四川	—	0.006～0.007	800（夏）
贵州	176 167	0.0287	5059（夏）

（续）

分　布	面积（km^2）	密度（只/km^2）	数量（只）
云南	7470	0.0045	526（夏）
西藏	—	—	未发现
陕西	65 840	—	5726（夏）
甘肃	53 300	0.013～0.031	1911（夏）
新疆	1 102 381	0.052	43 143（夏）
宁夏	—	—	2394（夏）
福建	—	—	240（夏）
合计			10 万（夏）17 000（冬）

9.4.17　红隼 *Falco tinnunculus*

国家Ⅱ级重点保护野生动物；CITES 附录Ⅱ。

（1）分布

据文献记载，红隼分布于新疆（北部阿勒泰、喀什、天山、吐鲁番，留鸟）；东北地区的呼伦贝尔、大兴安岭根河、爱辉，繁殖鸟、旅鸟；东北地区中部以南，旅鸟；福建、广东、海南、云南（南部），冬候鸟；内蒙古（中部）、华北各省以至甘肃（武山）、青海（东北部、东部、南部）、四川（理塘、巴塘）、西藏（南部），留鸟（郑作新，1976）。

本次调查表明，红隼分布涉及 24 个省份，分布极为广泛。具体分布情况：北京（郊县）、天津（留鸟）、河北（广布，夏候鸟）、山西（广布）、内蒙古（贺兰山、阴山、罕山、大兴安岭，夏候鸟）、辽宁（振安、凤城、宽甸、辽阳、旅顺，留鸟）、吉林（广布，留鸟）、黑龙江（广布，繁殖鸟）、上海（长江口、崇明岛，冬候鸟）、江苏（连云港、灌云、溧阳，冬候鸟）、浙江（广布，留鸟）、安徽（广布，留鸟、冬候鸟）、福建省（广布，留鸟或冬候鸟）、江西（上栗、九江、鹰潭、余江、全南、靖安、铜鼓、遂川、万安、崇仁、广昌）、湖北（广布，留鸟）、湖南（湘中）、广东（惠阳、澄海、潮安、深圳，冬候鸟）、广西（西部、南部，部分为繁殖鸟）、海南（广布）、重庆（广布）、四川（广布，留鸟）、贵州（广布）、云南（广布，留鸟或冬候鸟）、陕西（秦巴山区、关中平原，留鸟）、甘肃（文县、康县、天水、武山、兰州，留鸟）、新疆（广布，繁殖鸟）。

（2）数量

红隼分布广泛，数量较大，是隼形目中种群数量最大的物种，以西北、东北和华北地区资源最为丰富。1980～1984 年的 3 月、4 月、12 月，在太原南郊东西线和南北线调查，每千米遇见红隼的数量分别为 1.07、1.83 只、0.57 和 0.67 只、1.63 和 2.23 只（刘焕金等，1987）。2001 年 5 月至 2005 年 1 月调查，北京的红隼密度为 1.67 只/10km^2（鲍伟东等，2005）。

本次调查表明，全国红隼繁殖种群的总数量约为 84 万只，其中新疆达 50 余万只。越冬种群总数量约为23 000只（表 9－60）。

（3）栖息地

红隼栖息于山地森林、森林苔原、低山丘陵、荒漠草原、农田耕地和村镇附近等各类生境中。尤喜林缘、林间空地、疏林和有稀疏树木生长的旷野、河谷和农田等环境，而在茂密的森林中极少分布。

主要分布生境为荒漠草原和农田林网，在荒漠胡杨林也有分布。生境状况较好，未受到大的破坏。食物以蝗虫、昆虫为主，也吃鼠类、雀形目鸟类、蛙、蜥蜴、两爬类等小型脊椎动物。白天觅食，主要在空中捕食。

表 9-60　红隼分布及数量

分　布	面积（km²）	密度（只/km²）	数量（只）
北京	—	—	800（夏）1600（冬）31 600（迁徙）
河北	—	0.474	88 963（夏）
山西	—	0.04～0.09	2329（夏）
内蒙古	800 000	0.0199	15 956（夏）
辽宁	—	0.1839	20 434（夏）
吉林	145 000	0.1364	19 782（夏）8253（冬）
黑龙江	219 818	0.0455	10 000（夏）
上海	—	—	131（冬）
江苏	—	0.103～2.0	1075（冬）
浙江	—	0.0277～0.1709	6760（夏）
安徽	99 644	0.045	8329（夏）
江西	—	0.0199	3325（冬）
湖北	33 317	0.2851	9500（夏）
湖南	—	0.034	4598（冬）
广东	—	0.019	1000（冬）
广西	120 555	0.061～0.249	7107（夏）
海南	—	—	2418（冬）
重庆	6873	0.046～0.11	600（冬）
四川	—	0.007～0.018	6500（夏）
贵州	176 167	0.2472	43 554（夏）
云南	163 000	0.0143	10 565（夏）
陕西	31 425	—	26 546（夏）
甘肃	33 332	0.005～0.188	13 229（夏）
新疆	1 430 635	1.445	536 917（夏）
西藏	—	—	10 933（夏）
宁夏	—	—	1796（夏）
福建	—	—	440（迁徙）
合计			84 万（夏）23 000（冬）

9.4.18　黑冠鹃隼 *Aviceda leuphotes*

国家Ⅱ级重点保护野生动物；CITES 附录Ⅱ。

（1）分布

据文献记载，黑冠鹃隼分布于四川（留鸟）；云南（南部）、贵州、广西（瑶山）、广东，夏候鸟、留鸟；海南（留鸟）（郑作新，1976），在江西安远（李小惠等，1985）、浙江遂昌（康熙民，1988）及安徽大别山区（胡小龙等，1992）也发现有其分布。

本次调查表明，黑冠鹃隼分布涉及 9 个省份，除四川未发现外，其他省份均有少量分布。黑冠鹃隼是典型的东洋种，主要见于长江以南地区。具体分布情况为：浙江（湖州、玉环、泰顺、景宁，夏候鸟或留鸟）、福建（清流、大田、德化、永春）、江西（上犹、宁都、会昌、丰城、靖安、南城，留鸟）、湖北（神农架、巴东、房县、郧县、兴山、秭归，旅鸟）、湖南（湘西、湘南、湘东）、广东（始兴、鹤山、信宜，留鸟）、广西（崇左、三江、富川，留鸟）、重

庆（江津）云南（景洪、河口、元江，留鸟）。

（2）数量

黑冠鹃隼分布仅限于长江以南地区，数量稀少。调查表明，全国繁殖种群数量仅为4100只（表9－61）。

（3）栖息地

黑冠鹃隼主要栖息于海拔500～850m有稀疏树木的开阔平原、旷野、耕地、疏林和林缘地带。栖息地主要植被类型包括针叶林、针阔混交林、灌草丛、山地常绿阔叶灌丛、海滨常绿阔叶灌丛、河谷阔叶灌丛、丘陵山地、竹林山地、雨林、常绿阔叶林等。目前对其栖息地状况及其致危因素并不很清楚，应进一步开展调查研究，制定切实可行的保护措施。

表9－61　黑冠鹃隼分布及数量

分　布	面积（km^2）	密度（只/km^2）	数量（只）
浙江	—	0.006～0.0214	
江西	—	0.0141	223（夏）
湖北	14 312	0.0133	190（迁徙）
湖南	—	—	886（夏）
广东	—	0.013～0.04	2200（夏）
广西	764	0.09～0.36	764（夏）
重庆	—	—	10（迁徙）
四川	—	—	未发现
云南	4690	—	27（夏）
福建	—	—	210（迁徙）
合计			4100（夏）

9.5　鸡形目 GALLIFORMES

我国有2科63种，即松鸡科（8种）、雉科（55）种。其中国家Ⅰ级重点保护野生动物19种，国家Ⅱ级重点保护野生动物19种。本次调查了32种，占我国鸡形目鸟类的50.8%。

9.5.1　黑嘴松鸡 *Tetrao parvirostris*

国家Ⅰ级重点保护野生动物。

（1）分布

据文献记载，黑嘴松鸡在国内仅见于东北地区的大兴安岭和黑龙江省45°～50°N以北地区。主要分布于满归、金河、牛耳河、阿龙山、西吉林、漠河、图强林业局的额丘林场、东方红林业局、阿木尔林业局、十八站林业局、呼马县、黑河市（郑光美、王岐山，1998）。

本次调查表明，黑嘴松鸡的分布与上述分布基本相同。

（2）数量

据文献记载，黑嘴松鸡分布于大兴安岭北部的满归及漠河前哨林场，满归的山岗落叶松林内的分布密度为7.5只/km^2；在山岗落叶松—白桦林内的密度为13.0只/km^2；前哨林场的山岗落叶松—白桦林内的密度为6.6只/km^2。根据1983～1985年大兴安岭地区的调查，总数量为1420只，密度为0.16只/km^2（郑光美、王岐山，1998）。由于黑嘴松鸡孵化期较早，此时（5月份）大兴安岭地区冰雪初融，气温较低，因此其孵化率很低。

本次调查表明，内蒙古大兴安岭地区黑嘴松鸡的种群数量为5300只，黑龙江的种群数量约为1200只，共计约6500只（表9－62）。

（3）栖息地

黑嘴松鸡是典型的针叶林鸟类。分布区为中国最寒冷地带，以丘陵、低山和少量中山为主，年均温0℃以下，大陆性气候明显，冬季异常寒冷，干燥，多雪而漫长。植被类型是以兴安落叶松为代表的寒温性针叶林。黑嘴松鸡栖息地特点为：有高大乔木、林下生有幼树和灌丛，地面布满地衣、苔藓，靠近水源或公路，林缘光线强，地形开阔。受人类经济活动的影响，特别是1987年大兴安岭火灾的破坏，黑嘴松鸡的栖息地遭到大面积毁灭。

表9－62　黑嘴松鸡分布及数量

分　布	面积（km^2）	密度（只/km^2）	数量（只）
黑龙江	7661	0.141	1200
内蒙古	150 000	0.0354	5300
合计			6500

9.5.2　黑琴鸡 *Lyrurus tetrix*

国家Ⅱ级重点保护野生动物。

（1）分布

据文献记载，黑琴鸡在国内分布于内蒙古呼伦贝尔（扎兰屯、红花尔基、海拉尔、乌尔其汗、博克图、牙克石、伊图里河、上库力、三河）、黑龙江（呼中、汉玛、十八站、呼玛、黑河、齐齐哈尔、哈尔滨以及小兴安岭的逊克、孙吴、汤旺河、嘉阴、萝北、抚远、老爷岭和张广才岭）、吉林省（长白山、阿尔山）、新疆（天山山脉西部塔城和喀什、北部阿尔泰等）、河北（围场、隆化等地）（郑光美、王岐山，1998）。国外见于欧亚大陆北部山地、俄罗斯南部、蒙古和朝鲜北部。

本次调查表明，黑琴鸡见于吉林（安图、长白）、内蒙古（大兴安岭南部部分地区）、河北（围场、隆化）、新疆（阿尔泰山地中西部、准西山地、天山西部）。吉林省的分布范围缩小至东部林区的安图县白河镇黄松堡林场小天池附近和长白县横山母树林林场境内，河北目前仅分布于坝上草原东北部的塞罕坝机械林场。

（2）数量

据文献记载，大兴安岭红花尔基的黑琴鸡种群密度为0.5～1.0只/km^2，大兴安岭地区的总数量约2950只，密度为3.5只/100km^2，而在小兴安岭和长白山地区数量很少（郑光美、王岐山，1998）。受人类狩猎活动、天敌如狐狸、猛禽、小型食肉兽等捕食以及寄生虫的影响，黑琴鸡数量逐年减少，特别是河北和吉林，黑琴鸡的分布范围变得极其狭窄，数量锐减，吉林仅剩数十只（卢汰春，1991）。宋榆钧（1991）报道，自1982年后，黑琴鸡的种群数量逐年减少。

本次调查表明，全国黑琴鸡种群数量为17 000只（表9－63）。

表9－63　黑琴鸡分布及数量

分　布	面积（km^2）	密度（只/km^2）	数量（只）
内蒙古	50 000	0.0522	2600
黑龙江	15 605	0.179	9000
吉林	86 900	0.0005	50
新疆	302 813	0.014	4300
河北	—	0.0047	1050
合计			17 000

（3）栖息地

黑琴鸡栖息于海拔较低地带，一般 600～900m。生境类型多种多样，如林间旷地、沼泽草甸、针叶林、针阔混交林、森林草原等。典型的生境为森林和森林草原。但这种生境在我国呈岛状分布，即使在东北地区，这种典型生境的分布状态也不连续。

9.5.3　花尾榛鸡 *Bonasa bonasia*

国家Ⅱ级重点保护野生动物。

（1）分布

据文献记载，花尾榛鸡在国内见于内蒙古（红花尔基、博克图、牙克石、扎兰屯）、黑龙江（齐齐哈尔、北安、沙河屯、舒兰）、吉林（左家、东风、通化）、辽宁（草河口、新宾、恒仁、宽甸等）、新疆（福海、布尔津）、河北（东陵）（郑光美、王岐山，1998）。

本次调查表明，花尾榛鸡在吉林的分布区由东部林区扩展到中部农田区（榆树、九台、伊通、双阳、梨树）。在辽宁（南芬、清原、辽阳、灯塔、庄河、开原、苏家屯）也有新发现。河北（青龙、宽城）为本次调查发现的新分布地点。其他地区分布与历史分布基本相同。

（2）数量

花尾榛鸡是我国松鸡科鸟类中数量最多的一种，曾经拥有很大的种群数量，近 20 多年来数量明显下降。1984～1989 年调查，以满归的山杨白桦落叶松林内最多，种群密度为 11 对/km^2；长白山二道白河的山杨—白桦次生林内为 9.56 对/km^2；小兴安岭先锋林场的山杨—白桦次生林内为 8.33 对/km^2。由于森林采伐和过度狩猎，目前分布范围日趋缩小，并被割裂为连续的岛状和带状分布。据长白山自然保护区统计，1963 年花尾榛鸡的平均遇见率为每小时 1.9 只，1973～1974 年为 1.4 只，1976 年为 1.24 只，1977 年为 0.77 只，1978 年为 1.13 只，1982 年为 0.5 只，1984 年为 0.40 只，1991 年为 0.43 只，1992 年为 0.45 只（赵正阶，1999）。据黑龙江省野生动物研究所调查：花尾榛鸡的种群密度 1986 年在大白山猎场为 3～5 只/km^2，1988 年在完达山为 2～4 只/km^2，1985～1986 年在大兴安岭为 1.77/km^2（赵忠琴等，1997）。1996 年 4 月至 1999 年 3 月调查，辽宁省花尾榛鸡的种群数量为46 215只，平均分布密度为 1.3204 只/km^2（王可有等，2001）。

本次调查表明，全国花尾榛鸡的种群数量约为 81 万只（表 9－64）。花尾榛鸡适应性强，繁殖力高，分布区内具有一定的资源量。

表 9－64　花尾榛鸡分布及数量

分　布	面积（km^2）	密度（只/km^2）	数量（只）
河北	—	0.0092	1700
内蒙古	200 000	1.3132	260 000
黑龙江	150 676	0.884	250 000
吉林	110 900	0.9078	250 000
辽宁	—	0.37	46 000
新疆	35 638	0.0988	4000
合计			81 万

（3）栖息地

花尾榛鸡分布在寒温带地区。在海拔 400～700m 的阔叶林带，植被分布不连续，人类经济活动频繁，花尾榛鸡数量较少。在海拔 800～1800m 的针阔混交林和针叶林带，人为干扰少，植被类型多样，适宜生境面积大，花尾榛鸡分布数量多。在海拔 1800m 以上，气候寒冷，植被单纯，花尾榛鸡分布数量也较少。随着森林的采伐，其分布范围逐渐向次生林和人工林转移。

9.5.4 斑尾榛鸡 *Bonasa sewerzowi*

国家Ⅰ级重点保护野生动物；中国特有种。

（1）分布

据文献记载，斑尾榛鸡在国内分布于甘肃（肃南、祁连山东段、天祝、永登、康乐、卓尼、迭布）、青海（祁连、同仁、玉树、班玛）、四川（青川、北川、平武、木里、康定、白玉、巴塘、马尔康、松潘）、西藏（类乌齐、江达、贡觉、芒康）、云南（中甸、德钦）。

本次调查，除西藏、青海未进行调查外，其他省份的分布基本无变化。

（2）数量

据文献记载，云南中甸雪鸡坪的斑尾榛鸡分布平均密度为9.0只/km^2，以草甸、林缘灌丛为多（12.0只/km^2）（徐延恭，1983）。甘肃河西走廊冷龙岭西营河林区斑尾榛鸡的平均密度为1.3～2.0只/km^2，莲花山为1.2只/km^2，卓尼为0.45只/km^2（刘迺发，1982）。1999年孙悦华统计莲花山春季繁殖期斑尾榛鸡的种群密度为17.2±0.64只/km^2。

本次调查表明，四川、甘肃和云南的种群总数量约为13 000只（表9－65）。

（3）栖息地

斑尾榛鸡栖息于海拔2600～3200m之间的山地。生境类型主要为山地森林草原或苔藓云杉林，或散生有高大针叶树种的金露梅灌丛、杜鹃灌丛。斑尾榛鸡原产于古北界的泰加林区，现今群落的分布是第四纪冰川作用的结果（竺可桢，1979；郑作新，1981）。由于具有不同于其他雉类的生态位而得以保存下来。斑尾榛鸡地面营巢，成体、卵及幼雏易受天敌侵扰。生境破坏是其数量减少的重要原因，数十年森林的退缩迫使其向高海拔的地区辐射，严酷的气候条件导致其觅食和繁殖更加困难。

表9－65 斑尾榛鸡分布及数量

分　布	面积（km^2）	密度（只/km^2）	数量（只）
甘肃	117 750	0.11～0.15	7500
青海	—	—	未调查
四川	—	0.023～0.041	5100
西藏	—	—	未调查
云南	4230	—	400
合计			13 000

9.5.5 藏雪鸡 *Tetraogallus tibetanus*

国家Ⅱ级重点保护野生动物；CITES附录Ⅰ。

（1）分布

据文献记载，藏雪鸡在国内分布于西藏、新疆北部、青海大部、甘肃南部、四川西北部和云南西北部（郑作新，1976）。国外见于帕米尔高原东部的俄罗斯南端、克什米尔东部和喜马拉雅山区的尼泊尔、锡金、不丹。

本次调查表明，藏雪鸡的分布与上述分布区基本相同。

（2）数量

藏雪鸡栖息于人类难以接近的海拔4000m以上的高山裸岩地带，很难进行大范围的数量统计。1987～1989年对西藏地区调查，其数量为20万只左右（朴仁珠，1990）。

本次调查表明，全国藏雪鸡种群数量约为38万只（表9－66）。西藏地区藏雪鸡的数量为

19 万只，减少幅度并不明显，原因在于近年来采取了有效的保护措施，大部分地区的种群数量下降趋势已得到控制。新疆、四川藏雪鸡的分布范围相对较小，数量相对较少。青藏高原的藏雪鸡数量较大，而且该物种的栖息环境远离人类活动区，种群数量相对稳定。

（3）栖息地

藏雪鸡是野生雉类中分布海拔最高的种类，其生境也选择在是最贫瘠的地带。一般栖息在海拔 4000m 以上的裸岩砾石地带中，活动范围在夏季可及 5500～6000m 的雪线附近，冬季可下降到 3000m（藏北高原）或更低（藏东南林区）的林区，而在天山地区可下降到 2000m 左右的高原草原或草甸草原中。它们从不进入森林或稠密的灌丛中。即使分布于林区的藏雪鸡也总是选择林线以上的稀疏灌丛或高山荒漠及其相连的裸岩山峰中。在高原生境中它们永远选择裸岩而居。这种固定的生境和特有的生活习性使其种群相对稳定，而一旦受到某种环境压力，可能造成种群数量的大幅度下降和不易恢复，因此须加强研究，及早提出必要的保护措施。

表 9－66　藏雪鸡分布及数量

分　布	面积（km^2）	密度（只/km^2）	数量（只）
新疆	489 863	0.06	28 000
青海	116 300	1.22	140 000
甘肃	91 330	0.04～0.17	16 500
西藏	—	0.312	191 350
四川	—	0.023～0.027	4000
云南	1890	0.0038	150
合计			38 万

9.5.6　暗腹雪鸡 *Tetraogallus himalayensis*

国家Ⅱ级重点保护野生动物。

（1）分布

据文献记载，暗腹雪鸡在国内分布于新疆（阿尔泰、布克赛尔、塔城、托里、温泉、博乐、霍城、昭苏、温宿、喀什、和田）、青海（柴达木盆地、德令哈、都兰、祁连山系西部以及以南各山脉，包括党河南山、哈梅尔山、库库诺尔岭、布尔布达山以至青海湖以南山脉）、西藏（阿里日土、改则）、甘肃（西北部张掖、武威、酒泉、天祝、肃南、肃北、阿克塞、碌曲、玛曲等地）。在国外见于帕米尔、阿富汗、克什米尔、拉达克、西昆仑山及喜马拉雅山（国外部分）（郑光美、王岐山，1998）。

本次调查表明，在内蒙古阿拉善的龙首山（祁连山余脉）发现暗腹雪鸡的新分布区。国内其他地区的分布基本与文献记载相同。

（2）数量

据文献记载，1972 年在唐古拉山、昆仑山考察中，曾在乌图美仁南山见到数群暗腹雪鸡，最大的一群约 50 多只。1988～1989 在新疆天山艾维尔沟山地的典型栖息地内平均分布密度为 1.0 只/km^2。在甘肃东大山自然保护区，其繁殖种群密度为：1987 年 1.65 只/km^2，1988 年 2.42 只/km^2，1990 年 3.83 只/km^2；非繁殖期的种群密度为 1988 年 7.9 只/km^2、1989 年 5.5 只/km^2（黄人鑫等，1991）。整个分布区内的数量分布均匀，影响种群密度的主要因子是食物的丰盛度。

本次调查表明，全国暗腹雪鸡的种群数量约为66 000只（表 9－67）。

（3）栖息地

暗腹雪鸡常年栖息于高山和亚高山地带，分布海拔依山体不同而不同。如在昆仑山、帕米尔等地区，通常分布在海拔 5000m 以上；在天山地区栖息于海拔 2500～4000m；在巴尔鲁克山、塔尔巴哈台山和吾尔喀什尔山，暗腹雪鸡夏季一般生活在2500m左右，冬季可下降到1500m左右地带。暗腹雪鸡的典型生境大致可分为高山裸岩带和高山及亚高山草甸草原带，这些山地多是中生代以来发育而成的山地，在地质变迁过程中，因地槽、盆地下陷形成一些孤立的山峰，受走廊、盆地和荒漠的隔离形成了暗腹雪鸡一些孤立的、与主要分布区不相连续的栖息地，如龙首山、北塔山等，这些栖息地面积虽小，但对种群进化有一定的意义。

表9-67　暗腹雪鸡分布及数量

分　布	面积（km^2）	密度（只/km^2）	数量（只）
内蒙古	500	0.938	469
新疆	676 662	0.043	34 800
青海	—	—	21 000
甘肃	91 330	0.14	2800
西藏	—	0.02	6931
合计			66 000

9.5.7　雉鹑 *Tetraophasis obscurus*

国家Ⅰ级重点保护动物。

（1）分布

据文献记载，雉鹑在国内分布于西藏（芒康、江达、察隅、类乌齐、米林等地）、青海（玉树、班玛、同仁、循化、祁连、门源、囊谦）、甘肃（文县、康县、祁连山）、四川（白玉、理塘、巴塘、松潘、马尔康、汶川、北川、茂汶、平武、宝兴、小金）、云南（德钦、丽江、中甸、碧江）（郑光美、王岐山，1998）。

本次调查表明，除青海未进行调查分布不详外，雉鹑在其他地区的分布基本同文献记载。

（2）数量

关于雉鹑数量的报道很少。1983～1985年对四川宝兴的调查表明，其种群密度为3.5～4.0对/km^2（卢汰春，1991）。

本次调查表明，全国雉鹑数量约为35 000只（表9-68）。

表9-68　雉鹑分布及数量

分　布	面积（km^2）	密度（只/km^2）	数量（只）
西藏	—	0.527	26 566（2种）
青海	—	—	未调查
甘肃	132 768	0.069	2800
四川	—	0.012～0.023	5000（2种）
云南	6740	0.0043	634（川）
合计			35 000

（3）栖息地

除在马尔康和碧落雪山偶见于林带上缘针叶林和竹林外，雉鹑主要栖息于海拔3500～4000m的高山杜鹃灌丛中。其季节性垂直移动范围不超过500m，从未在4000m以上的高山草甸多岩地带或3500m以下的针阔混交林中见到雉鹑。

由于雉鹑栖息地中的杜鹃灌丛等树木不断被砍伐，加之当地居民的捕猎和天敌的伤害，雉鹑数量日趋减少。

9.5.8　中华鹧鸪 *Francolinus pintadeanus*

（1）分布

据文献记载，中华鹧鸪在国内见于浙江（平阳、舟山）、福建（全省）、广东（全省）、广西（全省）、海南（全省）、四川（德昌、米易）、贵州（兴义、安龙、册亨、镇宁、关岭、罗甸、都均、平塘）、云南（广布）（郑作新，1976）。

本次调查表明，中华鹧鸪在江西（全省）、浙江（龙泉）、四川（盐边、攀枝花）有新发现，在贵州（都均、平塘）未发现。在其他省份的分布基本同文献记载。

（2）数量

本次调查表明，中华鹧鸪全国总数量约为 16 万只，其中以广东、广西、江西、云南和海南数量居多（表 9－69）。

（3）栖息地

中华鹧鸪栖息于低山、丘陵地带的灌丛、草坡及岩石荒坡等无林荒山地区，有时也出现在农田附近的丛林和竹林中。在华南地区栖息于山地雨林、半常绿季雨林、落叶季雨林、稀树草原、农田、红树林沼泽等环境中。蔗糖业的大规模发展破坏了中华鹧鸪的栖息地，导致其数量减少。

表 9－69　中华鹧鸪分布及数量

分　布	面积（km^2）	密度（只/km^2）	数量（只）
浙江	—	0.0038	380
江西	—	1.408	20 000
广东	—	0.1～0.97	48 000
广西	114 637	0.4～1.652	58 000
海南	—	—	11 000
四川	—	0.005	800
贵州	2000	1.49	3000
云南	25 270	0.0042	17 200
福建	—	—	1620
合计			16 万

9.5.9　四川山鹧鸪 *Arborophila rufipectus*

国家 I 级重点保护野生动物。

（1）分布

四川山鹧鸪分布范围极其狭窄，文献记载仅见于四川（屏山、甘洛、雷波、峨边、木川）（郑光美、王岐山，1998）。

四川盐边县是本次调查发现的新分布地。根据云南的历史调查资料，四川山鹧鸪在云南（绥江）的分布是 20 世纪 90 年代中期才发现的，成为该种新的分布地点。

（2）数量

据 Ben king（1987）在四川马边县黄连山区原始阔叶林（面积约 8km^2）的调查，该区域有四川山鹧鸪 22 只，平均 2.7 只/km^2。李桂垣等 1990 年 4 月在该地区的调查为 0.1 只/km^2。徐照辉等（1994）在 1990 年 12 月中旬至 1991 年 1 月中旬，对黄连山林区的调查表明，四川山鹧鸪在原始林内的密度为 2.75 只/km^2，在人工林和自然更新林内的密度仅为 0.75 只/km^2，可见四川山鹧鸪种群数量呈下降趋势。

调查表明，全国四川山鹧鸪的总数量约为1000只（表9－70）。其中四川省约有970只，以雷波和马边的数量稍大，甘洛及沐川的数量最少；云南省约有30只。

（3）栖息地

四川山鹧鸪是典型的亚热带常绿阔叶林内的森林鸟类，主要生活在常绿落叶阔叶林内，最喜欢的生境是人为活动弱的原始森林，其次是生境条件好的次生林。四川山鹧鸪对人为干扰弱的、与发育好的次生林接近的多年生人工林也可选择（李操等，2003）。

徐照辉等（1994）于1990年12月至1991年1月，在马边县黄连山林区16km^{2}样地中对四川山鹧鸪在各种生境类型中的密度进行了比较，在面积仅为人工林及自然更新林1/3的原始林中，四川山鹧鸪的密度却为前者的3.67倍。此外，调查还表明，在其分布区内的人工林多为杉及柳杉等针叶树种，四川山鹧鸪对其幼苗林、幼林尚不具适应性，但偶尔见于亚成林中。

表9－70　四川山鹧鸪分布及数量

分　布	面积（km^2）	密度（只/km^2）	数量（只）
四川	1757	0.17～0.68	970
云南	230	—	30
合计			1000

四川山鹧鸪的分布区呈现断裂及斑块状，可分为两个相距较远的大分布区：攀枝花分布区和小相岭、大凉山、云南东南端分布区。这两个大分布区分属于不同的山脉和不同的气候类型。四川山鹧鸪在每个分布区内又表现为不连续的分布，多个种群之间基本上是隔离的。在攀枝花分布区可分为3个分布小区；在四川南部从小相岭到大凉山和云南东北端的分布区可分为13个分布小区。

与四川山鹧鸪伴生的雉类有白鹇、红腹角雉、白腹锦鸡和灰胸竹鸡，但均不混群活动。天敌主要有赤狐、黄喉貂、豹猫及猛禽等。

影响四川山鹧鸪资源变动的主要因子有：①森林砍伐。多年来，原始常绿阔叶林的大面积砍伐已致使其生境质量大为降低，并造成栖息地的分割和片断化。②猎杀。有四川山鹧鸪分布的地方一般比较偏僻，滥捕滥猎现象较为严重，这对其种群数量有着直接的影响。③自然因素，包括气候及天敌的影响。四川山鹧鸪的分布区如马边、峨边及屏山等地终年多雾，多数地方冬季下雪。特别是高海拔地区雾更大，在冬季往往形成凌冰，而低海拔地区则少或无，这样就使四川山鹧鸪在高海拔与低海拔生境之间有上下迁移的习性，而在迁移过程中如遇有开阔地带或道路等，往往容易被天敌捕食。

9.5.10　海南山鹧鸪 *Arborophila ardens*

国家Ⅰ级重点保护野生动物。

（1）分布

据文献记载，海南山鹧鸪仅见于海南省（屯昌、仁兴、白水岭、五指山林区）（郑光美、王岐山，1998）。

本次调查表明，海南山鹧鸪分布于海南的琼中、白沙、昌江、乐东、通什、保亭、三亚、霸王岭林区、吊罗山林区、南开。

（2）数量

据文献记载，1998年在屯昌南味岭调查，海南山鹧鸪的种群相对密度2.59只/km^2，估计种群数量24只（高育仁等，2000）。

本次调查表明，海南山鹧鸪的种群数量约1200只。

（3）栖息地

海南山鹧鸪主要栖息于海拔 950～1200m 的原生性的山地雨林、沟谷雨林和山地常绿阔叶林中，气候温暖潮湿，森林终年常绿，郁闭度大，地面草本植被较少。原始林面积的不断缩小和天敌的伤害是海南山鹧鸪生存的主要威胁。

9.5.11　白额山鹧鸪 *Arborophila gingica*

（1）分布

据文献记载，白额山鹧鸪在国内分布于浙江（西南部泰顺、文成）、福建（西北部）、广东（乳源、乐昌、仁化、南雄、始兴）、广西（东部和中部贺县、大瑶山）（郑光美、王岐山，1998）。

本次调查表明，浙江（龙泉、云河）、广东（潮安、新兴、新会）、广西（融水、金秀、桂平、滕县）为白额山鹧鸪的新分布地点。其他分布地与文献记载基本相同。

（2）数量

白额山鹧鸪的卵被啮齿动物盗食的比例很高，加之在低山区被猎杀的数量巨大，已经成为稀有种。李小惠等（1990）1986 年在广东北部白额山鹧鸪典型栖息地调查，其种群密度为 0.31 只/km^2（郑光美、王岐山，1998），浙江泰顺县乌岩岭自然保护区的调查结果与之接近，说明白额山鹧鸪种群密度很低。由于白额山鹧鸪的肉质细嫩，当地群众用媒鸟诱捕或用绳套捕捉，猎杀数量很大。20 世纪 90 年代初期，在广西贺州的黄田一带数量较多，目前存活数量急剧下降。

本次调查表明，白额山鹧鸪的种群数量约为13 000只（表 9－71）。

（3）栖息地

白额山鹧鸪栖息于海拔 500～1700m 的山地阔叶林、针阔混交林、灌丛及竹林内，尤以溪流旁潮湿阴郁的丛林内较多。

表 9－71　白额山鹧鸪分布及数量

分　布	面积（km^2）	密度（只/km^2）	数量（只）
浙江	—	0.0057	570
福建	—	—	8450
广东	—	0.01～0.035	1900
广西	1582	0.67～1.78	2080
合计			13 000

9.5.12　灰胸竹鸡 *Bambusicola thoracica*

（1）分布

据文献记载，灰胸竹鸡在国内分布于长江流域以南各地、北达陕西和河南的南部，西至四川峨边、峨眉、雅安等地（郑作新，1976）。

本次调查表明，灰胸竹鸡分布于上海（横山、凤凰山）、江苏（苏州、盐城、宜兴、盱眙）、浙江（全省）、福建（全省）、安徽（铜陵、南陵、宣州、池州、黄山）、江西、河南（西峡、博爱、伏牛）、湖北（全省）、湖南（全省）、广东（蕉岭、平远、连平、龙川、连州、阳山、英德、乳源、曲江、乐昌、仁化、南雄、始兴、丰顺、新丰江、潮阳、潮安、揭西、四会、怀集、信宜）、广西（全境）、重庆（全市）、四川（东部）、贵州（中部以东）、云南（永善）、陕西（秦巴山区）。甘肃未调查。

（2）数量

本次调查表明，全国灰胸竹鸡的总数量约为 140 万只（表 9－72）。灰胸竹鸡在我国华中、华南、西南和西北局部地区分布广泛，数量较大。

（3）栖息地

灰胸竹鸡多栖息于海拔1000m以下的常绿阔叶林、常绿落叶阔叶混交林、落叶阔叶林、针叶林、针阔混交林、毛竹林、灌丛等生境中，也常活动于山间农田。

表9－72　灰胸竹鸡分布及数量

分　布	面积（km^2）	密度（只/km^2）	数量（只）
上海	0.8	—	6
江苏	—	0.01～0.025	21 000
浙江	—	0.22～0.82	83 000
安徽	26 743	18.38	50 000
福建	—	—	134 254
江西	—	1.5117	250 000
河南	—	0.03	2600
湖北	27 279	0.807	235 000
湖南	—	—	330 000
广东	—	0.12～0.81	22 000
广西	132 600	0.10～3.13	135 000
重庆	3520	0.142	2000
四川	—	0.05～0.109	15 000
贵州	20 000	5.4	110 000
云南	530	0.0157	140
陕西	9574	0.9574	10 000
合计			140万

9.5.13　血雉 *Ithaginis cruentus*

国家Ⅱ级重点保护野生动物；CITES附录Ⅱ。

（1）分布

据文献记载，血雉分布于西藏（措勤、聂拉木、定日、冈巴、昌都、察雅、江达、贡觉、芒康、比如、索县）、四川（巴塘、白玉、德格、石渠、泸霍、九龙、康定、泸定、若尔盖、南坪、松潘、马尔康、茂汶、汶川、平武、青川、北川、宝兴、峨边、美姑、乐山金口河区、西昌、冕宁、木里）、云南（贡山、福贡、碧江、泸水、滕冲、德钦、中甸、维西、丽江，龙川江、怒江、澜沧江和金沙江之间的山脉）、青海（西宁、门源、祁连、互助、大通、班玛、囊谦、玉树）、甘肃（祁连山北坡、张掖、武山、碌曲、玛曲、临潭、临夏、武都、肃北、肃南、民乐、永昌、天祝、文县、迭部、舟曲）、陕西（太白、眉县、周至、佛坪、洋县、宁陕、柞水）。国外分布于尼泊尔、锡金、不丹。

本次调查表明，除青海未进行调查分布不详外，血雉在其他地区的分布基本上与文献记载相同。

（2）数量

据文献记载，20世纪80年代四川王朗自然保护区血雉繁殖期的平均密度为66只/km^2，陕西太白山为14.0只/km^2，青海祁连林区为4.0只/km^2，甘肃祁连冷龙岭为12.0～20.0只/km^2（李桂垣、姚建初，1991）。

本次调查表明，全国血雉的种群数量约为10万只（表9－73）。血雉繁殖力低下，卵和幼雏

常被猛禽、黄鼬、豹猫等小型食肉兽盗食，加上当地居民的采卵和猎捕等因素，对血雉的种群造成较大影响。

（3）栖息地

血雉是栖息于高寒山地和森林灌丛的一种雉类，主要生活于海拔2000～4500m的亚高山、高山灌丛地带。在四川王朗自然保护区，血雉的栖息环境为2400～2600m之间的针阔混交林和2600～3800m之间的亚高山针叶林。在陕西太白山，血雉主要栖息于海拔2200～2700m之间的桦木林和海拔2700～3200m的亚高山针叶林。在青海省祁连山林区，夏季血雉栖息于云杉—苔藓林和云杉等阴暗潮湿的环境中，秋季迁至低海拔的灌木林和稀疏林带。在西藏东南部喜马拉雅山脉地区、四川西南和云南西北部，血雉夏季生活于高寒高原亚高山针叶林，分布海拔可达4000m，冬季则迁至低山河谷地带。

表9－73　血雉分布及数量

分　布	面积（km^2）	密度（只/km^2）	数量（只）
西藏	—	0.1968	8600
四川	—	0.034～0.045	27 000
云南	15 700	0.0030	27 000
青海	—	—	未调查
甘肃	126 479	0.167	31 000
陕西	695	0.862	6400
合计			10万

9.5.14　红腹角雉 *Tragopan temminckii*

国家Ⅱ级重点保护野生动物。

（1）分布

据文献记载，红腹角雉在国内分布于甘肃（天水、武都、舟曲、文县）、陕西（秦岭、大巴山地区）、四川（城口、青川、北川、平武、马尔康、彭水、大邑、峨眉、峨边、雅安、天全、汶川、茂汶、什邡、崇庆、灌县、宝兴、南川、屏山、美姑、秀山、酉阳）、西藏（嘎宗、排龙、那约丁）、云南（中甸、贡山、碧江、泸水、德钦、滕冲、永善、沼通）、贵州（遵义、绥阳、江口）、广西（全州、灌阳、兴安、龙胜、永福、恭城、临归、融安、融水、金秀、灵川）、湖北（宜昌）、湖南（绥宁、龙山、桑植、石门、永顺）；国外见于印度阿萨姆东北部、缅甸北部和越南西北部（郑光美、王岐山，1998）。

本次调查表明，红腹角雉的国内分布区基本同文献记载。

（2）数量

据文献记载，红腹角雉是我国5种角雉中分布最广、数量相对较多的一种。1984～1985年四川典型栖息地内红腹角雉繁殖种群的密度约为4.0只/km^2，1986～1987年冬季种群密度约为8.0只/km^2（李湘涛，1991）。而且各年间种群密度基本稳定，表明该种受威胁的程度相对较低，但在分布区边缘以及人类干扰活动较大的地区数量明显减少（郑光美、王岐山，1998）。1990年5～6月调查，陕西周至国家级自然保护区红腹角雉的种群数量为381只（杨君英，1996）。

本次调查表明，全国红腹角雉的种群数量约为54 000只（表9－74）。

（3）栖息地

红腹角雉一般栖息于海拔1300～3500m的常绿—落叶阔叶林和针阔混交林内。秦岭以南地区的亚热带常绿落叶阔叶林是红腹角雉的典型栖息地。陕西秦岭是红腹角雉分布的最北限，该区海拔1000～1800m的林带是其喜欢的栖息地，植被类型自下而上依次为常绿阔叶林、常绿落叶阔叶混交林、落叶阔叶林、针阔混交林和针叶林下缘。林下空旷，阴暗潮湿，散生杜鹃、悬钩子和箭竹等成分的灌丛是它们特别喜爱的环境。相对其他高山雉类，红腹角雉的活动区与人类相邻，当地居民的伐木、采药、狩猎等活动对其种群及栖息地威胁较大，从长远角度考虑，应加大宣传保护力度。

表9－74　红腹角雉分布及数量

分　布	面积（km^2）	密度（只/km^2）	数量（只）
甘肃	11 438	0.12	4800
陕西	15 189	0.02～0.08	8200
重庆	4643	0.002～0.006	20
四川	—	0.02～0.079	12 205
西藏	—	0.167	8336
云南	15 800	0.032	8039
贵州	700	5.12	3600
广西	4175	—	2500
湖北	20 181	0.2002	4000
湖南	—	0.99	2300
合计			54 000

9.5.15　黄腹角雉 *Tragopan caboti*

国家Ⅰ级重点保护野生动物；CITES附录Ⅰ。

（1）分布

据文献记载，黄腹角雉分布于浙江（泰顺、文成、景宁、云和、丽水、遂昌、衢县、龙游）、江西（永新、井冈山、铅山、万年、上犹、崇义、大余）、广东（乳源、阳山、乐昌、曲江、连山、始兴、仁化、南雄、大埔、五华、潮州、怀集）、福建（武夷山）、广西（恭城、永福、灵川、兴安、富川、贺县、融安）、湖南（南部莽山）（郑光美、王岐山，1998）。

本次调查，黄腹角雉在湖南（东安、邵阳、绥宁、新宁、炎陵）、福建（长汀、武平、三明梅列区、明溪、邵武、泰宁、南平延平区、将乐、安溪、连城、上杭、新罗、永安、德化、尤溪、建阳、建瓯）有新发现。其他分布区基本上与文献记载相同。

（2）数量

1983～1986年调查，浙江乌岩岭自然保护区黄腹角雉的冬季种群数量为43只，平均密度为7.08只/km^2，繁殖期数量约为80只，密度接近13只/km^2（张军平等，1990）。但由于黄腹角雉栖息地呈岛状分布，其整个分布区的种群密度远远低于上述结果。1985～1986年曾对广东、福建、浙江、广西的主要分布区进行数量统计，估计数量约为4000只（郑光美、王岐山，1998）。

调查表明，全国黄腹角雉的种群数量约为9900只（表9－75）。

（3）栖息地

黄腹角雉是我国所有角雉中分布最东和栖息海拔最低的一种。主要栖息地为我国东部亚热带山地海拔800～1400m的常绿阔叶林和常绿—落叶—针阔混交林内。冬、春、夏3个季节的栖息地有较大的相似性，即使在冬天也无垂直迁移现象，这与西部山地分布的其他几种角雉不同。典型栖息地的植被层次结构明显，可分为乔木、灌木和草本层，群落高度一般13～15m。喜栖于阴坡及半阴坡的潮湿林木中，这与其生存的依赖性植物交让木 *Daphniphyllum macropodum* 的分布

密切相关。黄腹角雉栖息地破碎化的主要原因在于森林采伐和局部地区人工栽植的针叶林逐渐取代了阔叶树种。

表 9－75　黄腹角雉分布及数量

分　布	面积（km^2）	密度（只/km^2）	数量（只）
浙江	—	0.107	870
江西	—	0.0173	2903
广东	—	0.05～0.19	600
福建	—	—	2622
广西	—	—	1100
湖南	—	9.23	1805
合计			9900

9.5.16　白尾梢虹雉 *Lophophorus sclateri*

国家Ⅰ级重点保护野生动物；CITES 附录Ⅰ。

（1）分布

据文献记载，白尾梢虹雉在国内见于西藏东南部米林县西南（约 28°50′N、94°00′E）、易贡藏布下游地区、丹巴曲上游山脉和伯舒拉岭等地。以及云南沿怒江两岸的怒山山脉和高黎贡山山脉（韩联宪等，2004）。中国境外分布局限于缅甸东北山地和印度东北部。

本次调查表明，白尾梢虹雉在云南的分布区基本没有变化。

（2）数量

据文献记载，1985 年，白尾梢虹雉在云南碧罗雪山和高黎贡山的种群密度分别为 1 对/1.0～1.2km^2、1 对/0.8～1.0km^2（卢汰春，1991）。在高黎贡山，白尾梢虹雉个体较为分散，在海拔 3500m 以上经常可以看到，而在碧罗雪山，则多以小群体出现。

本次调查未对西藏东南山地白尾梢虹雉的数量进行调查，故不能对其数量动态和发展趋势做出客观评价；云南滕冲是白尾梢虹雉已知的最低纬度的分布边缘，而且是所有分布区内人口密度最大的地区，云南的数量为 320 只，极端濒危。

（3）栖息地

白尾梢虹雉栖息于针叶林、杜鹃灌丛、箭竹灌丛，偶见于高山草地。海拔高度在 3000～4000m 之间，植被的垂直变化由低海拔的亚热带落叶阔叶林渐至针叶林、山地灌丛、草地，直至山顶带的风化裸岩。在整个分布区内，特别是藏东南山地，原始生境基本得以保存。

9.5.17　绿尾虹雉 *Lophophorus lhuysii*

国家Ⅰ级重点保护野生动物；CITES 附录Ⅰ。

（1）分布

据文献记载，绿尾虹雉见于青海（东南部）、甘肃（迭部、舟曲、文县）、四川（青川、北川、绵竹、安县、平武、宝兴、洪雅、大邑、康定、丹巴、泸定、若尔盖、松潘、黑水、小金、南坪、汶川、金川、理县、茂汶、峨眉、九龙）、西藏（墨脱、察隅、昌都、贡觉等）、云南（西北部）（郑光美、王岐山，1998）。

本次调查表明，绿尾虹雉的分布与文献记载基本相同。

（2）数量

据文献记载，绿尾虹雉 1983 年在四川宝兴县夹金山的分布密度为 1.32 只/km^2，1984 年在四川北川县和茂汶县交界的茶坪山的分布密度为 1.32 只/km^2（泸太春等，1986）。

本次调查表明，全国绿尾虹雉的种群数量约为12 000只（表9－76）。

（3）栖息地

绿尾虹雉为高山雉类，常年生活在林线以上，海拔高度多在3500～4200m之间。植被类型为亚高山草甸和灌丛。喜栖于灌丛群落和灌丛—草甸混生的群落，尤喜在灌丛发育良好的裸岩陡崖地带栖息。很少在大面积的单一的草地类型的环境中活动。导致绿尾虹雉濒危的主要原因是自然或人为因素造成的栖息地间断和消失。草原地带牧区的不断扩大缩小了其栖息地面积，当地居民的采药等活动也对环境造成一定程度的破坏。

表9－76　绿尾虹雉分布及数量

分　布	面积（km^2）	密度（只/km^2）	数量（只）
四川	—	0.009～0.019	2500
云南	1870	—	未见实体
西藏	—	0.092	4500
青海	—	—	未见实体
甘肃	1000	0.125	5000
合计			12 000

9.5.18　白马鸡 *Crossoptilon crossoptilon*

国家Ⅱ级重点保护野生动物；CITES附录Ⅰ。

（1）分布

据文献记载，白马鸡分布于西藏（林芝、那曲、昌都、类乌齐、芒康、江达）、青海南部、四川（德格、宝兴、木里、康定、乾宁、甘孜、理塘、马尔康、松潘、茂汶）、云南（德钦、中甸）（郑光美、王岐山，1998）。

本次调查表明，白马鸡的分布基本与文献记载相同。

（2）数量

关于白马鸡种群数量的文献报道较少，仅有1984～1985年关于四川马尔康局部地区的零星报道：1985年6月17日在马尔康海拔3500m的杉木林中见到34～35只（成体12只，幼体24～25只），1984年12月曾在当地见到200只的大群，1985年马尔康龙甲山25km^2范围内白马鸡的统计结果为80只（成鸟48只，幼体32只），四川宝兴地区的种群密度为1.5～2.0只/km^2，平均生物量为4.937kg/km^2（卢汰春，1991）。

本次调查表明，全国白马鸡种群数量约为11万只（表9－77）。集中分布在西藏东南部，其种群数量约占全国的80%。云南分布范围小，数量最少。四川、青海分布面积虽大，但数量远远少于西藏。

表9－77　白马鸡分布及数量

分　布	面积（km^2）	密度（只/km^2）	数量（只）
西藏	—	0.162	87 000
青海	—	0.859	9500
四川	—	0.024～0.041	12 000
云南	6710	0.0097	1500
合计			11万

（3）栖息地

白马鸡主要栖息于海拔3500～3900m的亚高山针叶林中。在四川西部高山峡谷地区，流石滩植被带、高山灌丛、草甸带是白马鸡分布的上限（海拔3790m），而亚高山针叶林带是该区白马鸡的主要栖息地。

在西藏昌都地区，白马鸡主要出现在山地阴暗针叶、阔叶（常绿、落叶）混交林带（3100～4000m）和疏林灌丛（3800～4300m）。

9.5.19 藏马鸡 *Crossoptilon harmani*

（1）分布

据文献记载，藏马鸡仅见于西藏（拉萨、曲水、林周、达孜、墨竹工卡、堆龙德庆、工布江达、林芝、错那、加查、朗县、门隅、珞渝）（郑光美、王岐山，1998）。

本次调查表明，藏马鸡分布与文献记载基本相同。

（2）数量

关于藏马鸡数量的报道较少，仅1983～1985年在龙尔甲山统计到80只，密度为2只/km^2，成幼比例为3:2（卢汰春，1991）。

本次调查，西藏东南部藏马鸡的种群密度为0.186只/km^2，种群数量为16万只。

（3）栖息地

藏马鸡是典型高山地栖雉类，主要栖息于3500～3900m的针叶林带，冬季可下移至2800m（李桂娟，1976）。典型的栖息地包括针阔混交林、针叶林以及林线上缘的疏林灌丛，喜在开阔的灌丛、草甸或杜鹃丛中活动。

9.5.20 蓝马鸡 *Crossoptilon auritum*

国家Ⅱ级重点保护野生动物。

（1）分布

据文献记载，蓝马鸡分布于青海（昂欠、称多、玉树、玛泌、班玛、泽库、尖扎、同仁、祁连、门源、兴海、互助、循化、乐都、湟中）、甘肃（祁连山、肃南、肃北、天祝、阿克塞、武山、榆中、天水、文县、卓尼）、宁夏（贺兰山）、西藏（比如、那曲）、四川（阿坝、若尔盖、九寨沟、松潘、茂县、汶川、金川、色达、平武、青川）（郑光美、王岐山，1998）。

本次调查，在内蒙古阿拉善盟的贺兰山发现了蓝马鸡的新分布区。西藏未进行调查。其他分布地基本与文献记载相同。

（2）数量

据文献记载，蓝马鸡在非繁殖期常见10～30只成群活动。李桂垣（1985）于5月在四川王朗自然保护区统计，蓝马鸡的平均密度为0.98只/hm^2。郑生武（1983）在青海尖扎的统计密度为夏季12.7只/km^2，冬季9.3只/km^2。甘肃祁连山的分布密度为0.04只/hm^2，而且数量相对比较稳定（卢汰春，1991）。影响其数量的因素主要为人类的过度狩猎和森林采伐，此外，天敌捕食也是不可忽视的原因。

本次调查表明，全国蓝马鸡的总数量约为79 000只（不含西藏）（表9－78）。

（3）栖息地

蓝马鸡是典型的森林鸟类，主要栖息于海拔2000～4000m的中、高山林带和草甸，植被垂直分布明显。在四川平武县，蓝马鸡主要栖息于针阔混交林（2400～2600m）、亚高山针叶林（2600～3800m）和亚高山草甸灌丛（3800m以上）；在青海尖扎冬果林区，蓝马鸡主要栖息于云杉林和山杨、桦木林（海拔2000～3600m），夏季繁殖期有少量个体迁至杜鹃灌丛和高山灌丛。

表 9－78　蓝马鸡分布及数量

分　布	面积（km^2）	密度（只/km^2）	数量（只）
内蒙古	700	0.9557	6670
四川	—	0.021～0.023	4000
西藏	—	—	未调查
青海	—	1.19	19 080
甘肃	11 678	0.0125～0.7695	48 300
宁夏	1000	5.77	950
合计			79 000

9.5.21　褐马鸡 *Crossoptilon mantchuricum*

国家Ⅰ级重点保护野生动物；CITES 附录Ⅰ。

（1）分布

据文献记载，褐马鸡见于山西（宁武、岢岚、五寨、兴县、娄烦、方山、交城、文水、汾阳、离石、中阳、隰县、乡宁）、河北（蔚县、涿鹿、涞源）、北京（灵山、小龙门林场）（郑光美、王岐山，1998）。

本次调查，在陕西北部黄土高原发现褐马鸡的新分布地。褐马鸡的其他分布区与文献记载基本相同。

（2）数量

据文献记载，褐马鸡在非繁殖期常成 20～30 只结群活动，冬季可见上百只的大群。1982 年 12 月 8 日曾在河北小五台山海拔 1370m 的山坡上见到 100 多只，同年 12 月 26 日在小五台山南台 1300m 的山坡上见到 17～18 只。在山西庞泉沟自然保护区，褐马鸡在繁殖期之后的 7 月份种群数量最多，达 958 只（卢汰春，1991）。该保护区春季褐马鸡的种群密度为 2～3 对/km^2，7 月为 9.9 只/km^2（刘焕金等，1991）。

本次调查表明，全国褐马鸡的种群数量约为20 000只（表 9－79）。

表 9－79　褐马鸡分布及数量

分　布	面积（km^2）	密度（只/km^2）	数量（只）
山西	—	4.505	15 000
河北	—	0.0156	2800
陕西	311	4.924	1900
北京	—	—	300
合计			2 万

（3）栖息地

褐马鸡主要栖息于海拔 1600～1800m 的针阔混交林中。在山西庞泉沟自然保护区，褐马鸡的栖息地植被类型包括次生疏林灌丛（1600～1900m）、次生针阔混交林（1900～2300m）和次生针叶林（2300～2700m）。褐马鸡在不同的生活周期中具有不同的栖息环境，春季繁殖期以阴坡的次生针叶林为主要栖息地，秋季主要以家族形式活动于半阴坡和阳坡的针阔混交林中，冬季集群活动于阳坡的疏林和林缘灌丛中。陕西褐马鸡栖息于黄土高原南缘，其栖息地呈岛状分布，植被为华北落叶阔叶林向西的延伸部分，大多为次生的落叶阔叶林（梢林）和松栎林，呈严重退化的次生梢林，同时分布有大面积的稀疏灌木草丛。森林植被质量较差。由于人类活动频繁，分布区内开荒严重、农田错综分布，活动强度较大，加之气候干旱，水源较缺，因此褐

马鸡的栖息地状况不容乐观。

9.5.22　白鹇 *Lophura nycthemera*

国家Ⅱ级重点保护野生动物。

（1）分布

据文献记载，白鹇广泛分布于我国南方山区，见于浙江（临安、淳安、金华、开化、泰顺、丽水、龙泉、嘉兴、衢州、建德、遂昌、松阳、景宁）、安徽（皖南山区的泾县、旌德、绩溪、宁国、歙县、黟县、休宁、祁门、黄山、石台、贵池、青阳和东至等）、福建、江西、湖北（东南部的阳新、咸宁、通山、通城等地）、湖南（全省，湘北除外）、广东（平远、五华、连平、龙川、连山、连州、阳山、英德、乳源、曲江、乐昌、仁化、东源、新丰江、博罗、潮安、清新、清远清城区、封开、云安）、广西（全省）、海南（万宁、乐东、保亭、陵水、霸王岭林区、尖峰岭林区、五指山林区、吊罗山林区、东方）、四川（屏山、叙永、筠连、兴文、宜宾、合江、峨眉、峨边、甘洛、雷波、雅安、美姑、马边、古蔺、洪雅）、贵州（赤水、习水、三都、荔波、罗甸、独山、雷山、榕江、从江、册亨）、云南（全省）等（郑光美、王岐山，1998）。

本次调查表明，白鹇分布与文献记载基本相同。

（2）数量

白鹇分布虽然较广，但种群数量并不多，2000 年 10 月～2001 年 9 月，贵州茂兰国家级自然保护区调查，白鹇的种群数量为 547 只左右，冬春季节种群密度为 9.32±3.03km^2，每群结群数为 5.17±2.37 只（熊志斌等，2003）。

本次调查表明，全国白鹇种群数量约为 17 万只（表 9－80）。

（3）栖息地

白鹇主要栖息于山区，海拔 20～1800m 之间均有分布。主要生境为亚热带季风常绿阔叶林、沟谷雨林、亚热带常绿阔叶林、常绿与落叶阔叶混交林、针阔混交林以及竹木混交林等。以森林茂密、下木稀少的阴暗林区中最为常见。

表 9－80　白鹇分布及数量

分　布	面积（km^2）	密度（只/km^2）	数量（只）
浙江	—	0.0426	4250
安徽	26 743	0.051	1300
福建	—	—	15 430
江西	—	0.3612	62 300
湖北	4697	0.3194	1500
湖南	—	3.661	8600
广东	—	0.051～0.84	20 500
广西	170 473	0.1～0.2	31 090
海南	—	3.45	1000
重庆	480	—	30
四川	—	0.008～0.012	3000
贵州	2200	1.3～6.73	5000
云南	27 700	0.0089	16 000
合计			17 万

9.5.23 原鸡 *Gallus gallus*

国家Ⅱ级重点保护野生动物。

（1）分布

据文献记载，原鸡在国内见于云南（潞西、永德、镇康、耿马、双江、西盟、景洪、勐海、思茅、景东、绿春、金平、河口、富宁）、广西（凤山、天峨、百色、田林等35县）、广东（区江、怀集、新兴、增城、信宜、高州、阳春）、海南（文昌、万宁、琼中、白沙、东方、乐东、保亭、陵水、儋州、琼中、昌江、通什、三亚、南开、大田、霸王岭林区、尖峰岭林区、五指山林区、吊罗山林区）（郑光美、王岐山，1998）。在国外见于中南半岛，西抵印度东部和北部，南达印度尼西亚的爪哇和苏门答腊。

本次调查表明，原鸡在国内的分布与文献记载基本相同。

（2）数量

据文献记载，原鸡繁殖期占区雄鸟的种群密度为1.1～1.6只/km^2（韩联宪，1991）；1998～2000年，广东原鸡的总体数量为680～750只（吴诗宝等，2002）。

本次调查表明，全国现有原鸡约96 000只（表9－81）。其中以海南数量最大，其次是云南和广西，广东的原鸡栖息地破坏严重，数量急剧减少。

（3）栖息地

原鸡栖息于海拔50～2000m的热带、亚热带森林及灌丛地带，在云南中西部活动于针阔混交林中，在南部则栖息于热带雨林、季雨林、落叶季雨林、混交林、次生林、竹林、稀树草坡、灌丛、耕地林缘等。在广西龙州、田林，原鸡栖息于石灰岩山地的常绿阔叶林以及河谷常绿阔叶林；在滕县等地，栖息于林下灌丛茂密的人造马尾松林内，在海南栖息于低海拔的山地丛林、橡胶园的防护林带和经济作物区的灌丛中。

表9－81 原鸡分布及数量

分 布	面积（km^2）	密度（只/km^2）	数量（只）
广东	—	0.01～0.23	3000
广西	62 674	0.06～0.50	16 000
海南	—	0.86	51 000
云南	38 400	0.0043	26 000
合计			96 000

9.5.24 勺鸡 *Pucrasia macrolopha*

国家Ⅱ级重点保护野生动物。

（1）分布

据文献记载，勺鸡分布于云南（德钦、中甸、丽江、碧江）、重庆（城口、万州）、四川（巴塘、万源、宝兴、北川、马尔康、汶川、九寨沟）、西藏（芒康、江达、昌都、察隅、墨脱、贡觉）、甘肃（天水、文县、舟曲）、陕西（周至、太白、佛坪、洋县、旬阳、陇县）、宁夏（泾原、固原）、山西（五台、沁水、阳城、垣曲）、河北（小五台、兴隆、青龙、获鹿、赞皇、井径、灵寿、平山）、贵州（江口）、湖北（宜昌、郧阳、武当山、神农架）、安徽（霍山、金寨、青阳）、福建、浙江（杭州、临安、宁波、镇海、金华、开化、三门、乐清、文成、泰顺、丽水、云和、嘉兴、衢县）、江西（波阳、武宁）、广东（乳源、乐昌、仁化、广宁）（郑光美、王岐山，1998）。

本次调查表明，天津（蓟县）、湖南、河南（栾川、内乡、西峡、辉县、济源、桐柏、灵

宝、泌阳、南召)、广西（资源、兴安、永福、龙胜、灵川、临桂、恭城、融安）为勺鸡新分布区。许多省份发现了勺鸡的新分布地，如：四川（白玉、雅江、金川、平武、松潘、汶川、青川、木里、洪雅、绵竹、马边、南江、天全)、山西（夏县、翼城、安泽、霍县、沁源、和顺、盂县)、河北（赤诚、隆化)、贵州（印江、松桃)、湖北（巴东、建始、咸丰、鹤峰、来凤、宣恩、竹山、竹溪、丹江口、郧西、房县、五峰、兴山、长阳、秭归、南漳)、安徽（岳西、太湖、舒城、潜山、泾县、绩溪，歙县、黄山区、祁门、黟县、休宁、石台、贵池、东至)、浙江（富阳、余姚、永康)。在勺鸡分布区边缘地带，除辽宁外，西藏、福建、广东仍然有分布，而且西藏勺鸡的数量较大，其他地区数量较少。

（2）数量

根据文献记载，勺鸡密度较高的地区有浙西山地，在甘肃南部为优势种（卢汰春，1991)；四川北川县的密度为 2.0 只/km^2（李湘涛，1986)；宁夏六盘山的勺鸡密度为 1.1 只/km^2（刘迺发，1985)。1990 年 5 ~6 月调查，陕西周至国家级自然保护区勺鸡种群数量为 8704 只（杨君英，1996)。

本次调查表明，全国勺鸡的总数量约 32 万只（表 9 –82)。以陕西、湖南、河南、西藏数量最多，宁夏的勺鸡几乎绝迹。

表 9 –82　勺鸡分布及数量

分　布	面积（km^2）	密度（只/km^2）	数量（只）
天津	—	—	偶见
河北	—	0.035	6600
山西	—	0.86	6000
辽宁	—	—	未发现
浙江	—	0.012	1200
安徽	38 556	0.145	5600
福建	—	—	460
江西	—	0.0299	95 000
河南	—	0.439	38 892
湖北	35 155	0.2495	9000
湖南	—	24.14	60 000
广东	—	0.05 ~0.07	1700
广西	5190	—	1100
重庆	1847	—	20
四川	—	0.01 ~0.028	5500
贵州	300	10.53	3200
云南	1680	0.0042	130
陕西	37 110	0.014 ~0.08	64 000
甘肃	31 703	0.154	6900
宁夏	—	—	偶见
西藏	—	—	14 698
合计			32 万

（3）栖息地

勺鸡属喜湿性山地森林鸟类，除少部分向青藏高原和蒙古边缘地带渗透外，基本上分布于我国温暖湿润的季风气候区。在西部高山地区，勺鸡一般分布于植被垂直分带的中、上部；而在东部低山丘陵地区，勺鸡分布于一定海拔以上的所有植被中。如在四川南坪，勺鸡分布于海拔1900～2800m的针阔混交林和海拔2800～3400m的亚高山针叶林带。在安徽大别山地区，勺鸡主要分布于海拔850m以上的落叶阔叶林和针阔混交林中，最高可达1500m的峰顶地带。

9.5.25 环颈雉 *Phasianus colchicus*

（1）分布

据文献记载，环颈雉分布于我国除海南以外的所有省份，西藏仅分布于东南部的山地森林地带，新疆见于北部阿尔泰地区和中部天山、塔里木盆地等，其余地区均为广泛分布（郑作新，1976）。

本次调查表明，环颈雉是我国鸟类分布最为广泛的种类之一，其分布与文献记载基本相同。

（2）数量

调查表明，全国环颈雉的种群数量约为220万只（表9－83）。环颈雉在我国分布广，数量较大，我国东北、华北、华中以及西北的陕西，西南的四川、贵州均有相当的数量，华南地区、西北的宁夏、新疆以及西南的云南、西藏等地数量相对较少。

（3）栖息地

环颈雉分布广泛，适应性极强。几乎分布于山地灌丛、针叶林、针阔混交林、落叶阔叶林、常绿阔叶林、季雨林、山地雨林、各类灌丛、草原、荒漠、沙漠绿洲、各类农田等各种生境。从沿海岛屿一直到青藏高原海拔3800m的山地灌丛均有分布。

表9－83　环颈雉分布及数量

分　布	面积（km^2）	密度（只/km^2）	数量（只）
北京	—	—	102 000
天津	—	11.0	8000
河北	—	1.9429	183 000
山西	—	1.68	125 000
内蒙古	700 000	0.1159	81 000
辽宁	—	2.29	145 000
吉林	145 000	—	74 000
黑龙江	—	0.74	89 000
上海	—	—	未调查
江苏	—	0.0579～0.0867	6100
浙江	—	0.066～0.67	8000
安徽	139 000	0.31～3.8	105 000
福建	—	—	37 842
江西	—	2.2435	182 000
山东	—	—	19 000
河南	—	1.5	170 000
湖北	126 300	2.95	182 000
湖南	—	0.61～0.62	102 000
广东	—	0.12～0.58	18 000
广西	226 465	0.071～1.149	53 000

（续）

分　布	面积（km^2）	密度（只/km^2）	数量（只）
重庆	6244	0.122～0.61	2800
四川	—	0.182～0.432	108 000
贵州	45 000	7.69	175 000
云南	36 800	0.0055	23 000
西藏	—	0.173	8658
陕西	92 610	1.803	108 000
甘肃	24 800	0.02～0.99	54 000
青海	—	—	未调查
宁夏	—	0.21～7.48	5600
新疆	428 021	0.166	25 000
合计			220 万

9.5.26　黑颈长尾雉 *Syrmaticus humiae*

国家Ⅰ级重点保护野生动物；CITES 附录Ⅰ。

（1）分布

据文献记载，黑颈长尾雉在国内见于云南（维西、永平、腾冲、潞西、永德、楚雄、景东、镇沅、德宏、宝山、大理、迪庆、思茅、武定）、广西（西林、隆林、田林、凌云、乐业、天峨、百色）（郑光美、王岐山，1998）。国外见于泰国、缅甸北部和印度的阿萨姆邦。

本次调查，在广西发现了黑颈长尾雉的新分布地（德宝、田阳），而在其原来的分布地百色却没有发现。云南分布区无变化。

（2）数量

据文献记载，广西针阔混交林内黑颈长尾雉的种群密度为 4.95 只/km^2，针叶林内为11.2 只/km^2（刘小华，1991）。1998～1999 年调查，黑颈长尾雉分布于广西西部的 8 个县共 39 个林区，种群数量为 142～191 只；2002～2003 年对其中的 12 个分布区进行了复查，黑颈长尾雉在广西的种群数量为 197～250 只（周天福等，2005）。

本次调查表明，我国黑颈长尾雉的种群数量约为 3500 只，其中云南约 3118 只，广西 382 只。

（3）栖息地

在广西金钟山林区，黑颈长尾雉主要栖息于海拔 500～800m 之间以栎类为主的阔叶林和以细叶云南松和栎类为主的针阔混交林中。夏季多在 900～1600m 的高山活动，秋冬季节迁至650～1500m 的阳坡或沟谷地带活动。黑颈长尾雉在云南多栖息于海拔 1000～3000m 的多岩石山坡草地或稀疏林中（郑作新，1978）。

表 9－84　黑颈长尾雉分布及数量

分　布	面积（km^2）	密度（只/km^2）	数量（只）
广西	8121	0.021～0.138	382
云南	20 300	0.0042	3118
合计			3500

9.5.27　白冠长尾雉 *Syrmaticus reevesii*

国家Ⅱ级重点保护野生动物。

（1）分布

据文献记载，白冠长尾雉分布于河北（围场、抚宁）、山西（中条山、太行山）、江苏（东海）、安徽（金寨、霍山、岳西、六安、舒城、潜山、太湖）、河南（商城、罗山、新县、信阳）、湖北（来凤、利川、巴东、神农架、英山、罗田、麻城）、湖南（凤凰、吉首、永顺、龙山、石门、大庸、桑植）、重庆（城口、秀山、涪陵、酉阳、万州、奉节、石柱、武隆、秀山）、四川（南江、万源、巫山、万源、万县、叙永、古蔺）、贵州（赤水、正安、金沙、绥阳、遵义、江口、思南、印江、松桃、开阳、修文、贵阳、清镇、龙里、贵定、惠水、平塘、大方、毕节、赫章、威宁）、云南（昭通、镇雄、威信）、陕西（太白、佛坪、宁陕、洋县、西乡、镇巴、汉阴、旬阳、平利、镇坪、山阳、石泉、白河）、甘肃（康县）（郑光美、王岐山，1998）。

本次调查表明，白冠长尾雉在安徽、河南、河北、陕西、甘肃的分布区基本没有变化。重庆仅在城口、南川、武隆有发现，四川仅在南江、石源、古蔺有发现，湖南仅在湘西、湘南的保护区内有发现。原有白冠长尾雉分布的贵州大方、贵阳、开阳、贵定、惠水、龙里、平塘在这次调查中未发现。河北、山西、江苏、云南也未发现。

（2）数量

据文献记载，1983～1985 年在陕西太白县二郎坝和黄柏源调查，白冠长尾雉的种群密度分别为：繁殖期 6.95 只/km^2、4.33 只/km^2、1.62 只/km^2；越冬期 10.57 只/km^2、6.83 只/km^2、5.34 只/km^2；贵州省 1987 年的估计数量为 476～519 只（吴至康等，1987），1991 年的估计数量为 500 只；河南估计数量为 3000 只左右（许维枢等，1991）。

本次调查表明，全国白冠长尾雉的种群总数量约为23 000只（表 9－85）。白冠长尾雉分布虽然广泛，但其分布区大多位于人类经济活动频繁的区域，受狩猎活动和森林采伐的影响，数量急剧下降。河北、山西在 19 世纪 80 年代已经绝迹；江苏未发现；湖南、四川、云南、甘肃仅在局部林区（保护区）发现少量个体；只有陕西秦岭、湖北神农架种群数量较多。

表 9－85　白冠长尾雉分布及数量

分　布	面积（km^2）	密度（只/km^2）	数量（只）
河北	—	—	已灭绝
山西	—	—	已灭绝
江苏	—	—	未发现
安徽	11 813	0.105	1250
河南	—	5.9	5700
湖北	31 265	0.2559	7700
湖南	—	0.198	100
重庆	1013	0.006	10
四川	—	0.008	200
贵州	300	3.13	1100
云南	1090	—	65
陕西	7594	0.8954	6770
甘肃	18	5.833	105
合计			23 000

（3）栖息地

白冠长尾雉是典型的森林鸟类。生活在地形复杂、多沟谷切割而又林木茂密的山地。其栖息场所常常在河谷两侧的陡坡峭壁之处，或是四周均系悬崖的山顶平台上。山谷和山坡多有农

耕地散布于林缘或林内。它们常在缓坡和沟谷的林下隐蔽活动，受惊时飞往峭壁树林内躲藏，晨昏在农耕地中觅食，晚上在林中乔木上夜宿。栖息地的海拔高度随分布区的不同而不同，范围在200～2600m之间，在江苏云台山地区其栖息地海拔高度最低（平均海拔200m），在贵州赫章的可乐最高（海拔2600m）。但最适宜在海拔1000m左右的林区栖息。在贵州，白冠长尾雉分布于常绿阔叶林（400～1500m）和常绿、落叶阔叶混交林（1500～2600m）。其中2000m以上的高原和高中山是其分布的最高地带。在川、黔、湘、鄂交界的武陵山，白冠长尾雉分布于500～1800m的常绿阔叶林；在陕西秦岭分布于780～2200m的华山松—栎类针阔混交林；在安徽、河南大别山地区，分布于300～600m的针阔混交林；在江苏云台山分布于针阔混交林。

9.5.28　白颈长尾雉 *Syrmaticus ellioti*

国家Ⅰ级重点保护野生动物；CITES附录Ⅰ。

（1）分布

据文献记载，白颈长尾雉分布于浙江（临安、淳安、开化、龙游、衢县、丽水、遂昌、龙泉、云和、景宁、泰顺、天台、余姚、奉化）、安徽（宣城、宁国、绩溪、歙县、休宁、石台、祁门、旌德、太平、贵池）、福建（西北部）、江西（武宁、波阳、梅岭、靖安、奉新、铜鼓、宜丰、万载、宜春、井冈山）、湖南、广东（北部）、广西（郑光美、王岐山，1998）。

本次调查表明，白颈长尾雉在安徽仅见于皖南山区的泾县、绩溪、黄山、池州等；在湖南见于石门、慈力、大庸、桑植、永顺、新宁、东安、武冈、浏阳等县的保护区范围内；在福建见于沙县、顺昌、长汀、大田、建瓯、建阳、梅列、明溪、武夷山、连城、延平、连城、新罗、安溪等地；在广东仅见于乳源、曲江、乐昌、仁化；在浙江见于临安、淳安、建德、余姚、奉化、金华、衢县、开化、龙游、江山、天台、泰顺、丽水、云和、景宁、遂昌、龙泉。湖北（通山、通城、崇阳）、贵州（江口、铜仁、印江、松桃、雷山、榕江、荔波、三都、独山）以及广西的三江（高基、和平）、融安（板榄）、贺州（南乡、大宁）以及荔蒲（浦芦）是白颈长尾雉的新分布地。

（2）数量

据文献记载，1872年Swinhoe在我国的浙江和安徽南部发现白颈长尾雉，David（1873）又在福建北部发现该物种。1984年在浙江开化调查，白颈长尾雉夏季密度为3.5只/km^2，冬季密度为6.9只/km^2，春季的遇见率为0.063只/小时（丁平等，1989）。

本次调查表明，全国白颈长尾雉的种群数量约为28 000只（表9－86）。

表9－86　白颈长尾雉分布及数量

分　布	面积（km^2）	密度（只/km^2）	数量（只）
浙江	7340	0.1～3.5	5300
安徽	26 743	0.112	2900
江西	—	—	3700
湖北	3500	0.0286	100
湖南	—	21.06	8000
广东	—	0.3	3000
广西	6345	—	1600
贵州	1200	2.14	2600
福建	—	—	800
合计			28 000

（3）栖息地

白颈长尾雉多栖息于海拔 300～500m 的低山地区。在浙江西部山区分布于海拔 200～400m 的地带，而在泰顺乌岩岭自然保护区和衢州石屏山则分布在 1000～1500m 之间的山地。它们以阔叶林、常绿与落叶阔叶混交林、常绿针阔混交林、针叶林、竹林、灌丛等作为栖息地。随着季节的变化和食物条件的不同，其栖息地会发生相应的变化。一般冬季和早春在海拔 300～500m 的山地灌丛活动，夏季在海拔 500～1000m、食物、隐蔽条件较好的针阔混交林和针叶林带繁殖，秋季在海拔 1000～1500m 的高山林带活动。

9.5.29 白腹锦鸡 *Chrysolophus amherstiae*

国家Ⅱ级重点保护野生动物。

（1）分布

据文献记载，白腹锦鸡在国内分布于广西（隆林、西林、因林、乐业、凌云）、重庆（丰都、涪陵）、四川（屏山、峨眉、雅安、天全、宝兴、西昌、德昌、会东、甘洛、美姑、峨边、康定、木里）、贵州（威宁、赫章、水城、盘县、兴义、毕节）、云南（大部）、西藏（波密、察隅、芒康、江达）（郑光美、王岐山，1998）。国外见于缅甸东北部与我国云南邻近的地区。

本次调查，在广西的靖西、德宝发现白腹锦鸡的新分布地。其他省份的分布区与文献记载基本相同。

（2）数量

据云南省 1986 年繁殖期数量统计，白腹锦鸡在针阔混交次生林内的密度为 6.2～8 只/km^2，在阔叶、灌丛混交次生林内为 7.6 只/km^2（韩联宪，1991）。

本次调查表明，全国白腹锦鸡的总数量约为58 000只（表 9－87）。

（3）栖息地

白腹锦鸡为典型的林栖雉类。主要分布于我国西南地区，该区在地貌类型上大致可分为西藏东南和四川西部山原、川西南和滇西北横断山高山峡谷、滇西南山原、滇西和滇中高原、黔西高原和滇桂中山与丘陵地貌 5 种类型。植被类型包括亚热带常绿阔叶林（1500～2800m）、亚热带松林（1500～2800m）和高山植被（3500～3800m）。

表 9－87 白腹锦鸡分布及数量

分　布	面积（km^2）	密度（只/km^2）	数量（只）
广西	6901	0.021～0.142	630
重庆	268	0.006	10
四川	—	0.006～0.035	8000
贵州	6000	3.15	18 960
云南	59 800	0.0077	24 800
西藏	—	0.226	5600
合计			58 000

9.5.30 红腹锦鸡 *Chrysolophus pictus*

国家Ⅱ级重点保护野生动物。

（1）分布

据文献记载，红腹锦鸡分布于河南（西峡、淅川）、湖北（郧西、郧县、竹溪、十堰、襄阳、房县、神农架、兴山、秭归、宜昌、巴东、建始、利川、恩施、宣恩、咸丰、来凤）、湖南（桑植、大庸、龙山、永顺、慈利、古丈、保靖、沅陵、花垣、吉首、石门、泸溪、凤凰、麻

阳、辰溪、新晃、怀化、芷江、黔阳、会同、绥宁、靖县、步城、通道)、广西（贺县、富川、钟山、恭城、灌阳、龙胜、三江、融安、南丹、环江、天峨)、重庆（武隆、秀山、开县、忠县、渝北、长寿、巴南)、四川（青川、广元、北川、平武、南江、苍溪、仪龙、通江、旺苍、广安、华蓥、北碚、万县、万源、城口、巫山、秀山、南川、武隆、酉阳、彭水、黔江、石柱、梁平、合江、叙永、古蔺、宝兴、灌县、南坪、汶川)、贵州（毕节、大方、织金、黔西、清镇、赤水、习水、仁怀、金沙、桐梓、遵义、息烽、修文、道真、正安、绥阳、湄潭、瓮安、开阳、松桃、印江、思南、江口、铜仁、雷山、从江、龙里、贵定、都均、贵阳)、云南（昭通、威信)、陕西（镇坪、平利、岚皋、紫阳、镇巴、西乡、南郑、宁强、凤县、陇县、太白、宝鸡、眉县、周至、长安、柞水、镇安、蓝田、华阴、留坝、略阳、洋县、佛坪、宁陕、汉阴、安康、石泉、旬阳、山阳、商县、商南)、甘肃（迭部、舟曲、文县、武都、康县、成县、岷县、宕昌、徽县、两当、礼县、天水、平凉、漳县、庄浪、华亭、武山)、青海（东南部)、宁夏（南部固原、隆德、泾原）(郑光美、王岐山，1998)。

本次调查表明，江西（余江、宜春、广丰、玉山、横峰、永峰）为红腹锦鸡的新分布地；青海未调查。其他省份的分布基本与文献记载相同。

（2）数量

文献记载，1982～1983 年秋季在陕西太白、平利调查，红腹锦鸡平均密度为6.0 只/km^2；1988 年秋季其密度为 3.0 只/km^2（姚建初，1991)。1984～1985 年春季四川北川调查，红腹锦鸡的平均密度为 6.9 只/km^2（李湘涛，1988)。1984 年秋季在宁夏六盘山调查，其平均密度为 3.6 只/km^2（刘迺发，1985)。1990 年 5～6 月调查，陕西周至国家级自然保护区红腹锦鸡的种群数量为 9248 只（杨君英，1996)。

本次调查表明，全国红腹锦鸡的种群数量约为 50 万只（表 9－88)。其中西北地区的陕西、西南地区的贵州以及华中地区的湖北、湖南数量较多，河南、甘肃略少，分布区边缘的云南、宁夏数量极少。

表 9－88　红腹锦鸡分布及数量

分　布	面积（km^2）	密度（只/km^2）	数量（只）
江西	—	0.0164	1900
河南	—	0.324	28 000
湖北	42 946	2.12	91 843
湖南	—	32.25	76 000
广西	97 362	0.05～1.88	9700
重庆	13 334	0.029～0.3	1300
四川	—	0.018～0.048	9000
贵州	9000	5.28～13.47	59 800
云南	2310	0.0124	200
陕西	37 710	0.03～0.2875	193 000
甘肃	31 701	0.012～0.55	23 800
青海	—	—	未调查
宁夏	90	4.8	450
西藏	—	—	5007
合计			50 万

（3）栖息地

红腹锦鸡为典型的林栖雉类，生活于多岩的山坡，出没于矮树丛和竹林，栖息地植被类型可分为常绿阔叶林、常绿落叶阔叶混交林和针阔混交林。林上郁闭度大，林下空旷。常与各类农田交错出现。栖息地海拔多在 800～1600m 之间，下限为 450m（贵州江口、湖南慈利），上限达到了 2700～2800m（陕西佛坪、宁夏固原），但主要分布在常绿阔叶林中部以上和常绿落叶混交林的中部以下海拔 1000m 左右的山区。

9.5.31 灰孔雀雉 *Polyplectron bicalcaratum*

国家Ⅰ级重点保护野生动物；CITES 附录Ⅱ。

（1）分布

据文献记载，灰孔雀雉分布于云南（盈江、勐腊、景洪、思茅）、海南（东方、澄迈、仁兴、屯昌和坝王岭、尖峰岭、白水岭、黎母岭等林区）（郑光美、王岐山，1998）。国外见于锡金、不丹、印度阿萨姆邦、缅甸、泰国、老挝、越南等。

本次调查表明，灰孔雀雉在云南分布于（盈江、勐海、勐腊、景洪、思茅、江城、屏边、弥勒、河口等），在海南除原分布地外，发现其新分布地有三亚、陵水、五指山、吊罗山林区和松涛水库。

（2）数量

据文献记载，鼎湖山自然保护区 1987 年灰孔雀雉的平均密度为 1.48 只/km^2，1992 年为 3.75 只/km^2，1993 年为 3.74 只/km^2，全岛种群数量估计为 2700 只（郑光美、王岐山，1998）。据云南西双版纳自然保护区调查，灰孔雀雉在热带雨林和季雨林中的密度为 1.5～2 只/km^2（卢汰春，1991）。

本次调查表明，我国灰孔雀雉的现存数量仅为 2800 只左右（表 9－89）。其中海南灰孔雀雉的数量仅为 300 只，远远少于 20 世纪 90 年代初期的调查结果；云南省的数量仅为 1500 只左右。

（3）栖息地

灰孔雀雉栖息于海拔 200～1200m 的中低山丘陵、山地的热带沟谷雨林、季雨林和山地常绿阔叶林以及原始植被遭破坏后的次生稀疏灌丛草地、橡胶林、茶林等人工种植作物群。海南、云南西双版纳对橡胶、咖啡、茶等热带经济作物的大面积种植和木材的开发利用，使大量的热带雨林和季雨林消失，灰孔雀雉不得不集中在保护区内有限的热带雨林中。在有些地区，它们被迫转移到并不适宜其生存的人工植被群落中。

表 9－89　灰孔雀雉分布及数量

分　布	面积（km^2）	密度（只/km^2）	数量（只）
海南	—	1.72	300
云南	4050	0.0045	1500
西藏	—	—	1000
合计			2800

9.5.32 绿孔雀 *Pavo muticus*

国家Ⅰ级重点保护野生动物；CITES 附录Ⅱ。

（1）分布

据文献记载，绿孔雀在国内仅分布于云南（泸水、盈江、陇川、临沧、凤庆、永德、耿马、沧源、镇康、普洱、景东、景谷、墨江、勐海、金平、石屏、绿春、河口、蒙自、弥勒、楚雄、南华、禄丰、双柏、姚安、新平）。据文贤继等（1995）报道，盈江、蒙自、泸水、河口、腾

冲、勐腊、景洪等县已经绝迹。国外见于缅甸、印度阿萨姆邦、泰国、老挝、越南、柬埔寨、马来半岛和爪哇岛等地。

本次调查表明，我国绿孔雀的分布与文献记录基本相同。

（2）数量

据文献记载，19 世纪 50～60 年代，在西双版纳的澜沧江、流沙河以及临沧、德宏、保山、怒江等地区的怒江流域，以及思茅地区的景东、景谷一带尚有一定数量绿孔雀（郑光美、王岐山，1998）。1991～1993 年调查，估计我国绿孔雀的种群数量为 800～1100 只（文贤继等，1995）。云南西双版纳绿孔雀种群数量为 19～25 只（罗爱东等，1998）。

本次调查表明，我国绿孔雀的种群数量约为 1000 只，栖息地面积29 300km^2，种群密度为 0.0205 只/km^2。

（3）栖息地

绿孔雀是热带、亚热带地区的林栖雉类，在云南多栖息于海拔 2000m 以下的低山丘陵河谷地带。植被类型主要有热带雨林、热带山地季雨林、热带竹林及竹木混交林、热带河谷坡地稀树草原、南亚热带山地雨林、南亚热带针阔混交林等。

9.6　鹤形目 GRUIFORMES

我国有 4 科 34 种，即三趾鹑科（3 种）、鹤科（9 种）、秧鸡科（19 种）、鸨科（3 种）。其中国家Ⅰ级重点保护野生动物 8 种，国家Ⅱ级重点保护野生动物 8 种。本次调查了 12 种，占我国鹤形目鸟类种数的 35.3%。

9.6.1　灰鹤 *Grus grus*

国家Ⅱ级重点保护野生动物；CITES 附录Ⅱ。

（1）分布

据文献记载，除西藏没有灰鹤的记录外，其他地区均有分布。其中内蒙古、新疆为繁殖鸟，其他地区为旅鸟或冬候鸟（郑作新，1976）。

本次调查表明，灰鹤见于黑龙江（齐齐哈尔、林甸、大兴安岭）、内蒙古（兴安盟、呼伦贝尔）、吉林（镇赉、通榆、舒兰）、辽宁（庄河、朝阳、北票、喀左、凌源、铁岭、开原、西丰、昌图）、河北（乐亭、玉田、唐海、怀来、冀州）、天津、北京（密云、延庆、怀柔、昌平）、河南（孟州、林州、孟津、延津、卢氏、三门峡、方城）、新疆（伊犁、博州、塔城、准噶尔盆地、塔里木河上游平原、阿尔金山）、甘肃（兰州、张掖、肃南、武威、阿克塞、碌曲、玛曲、舟曲）、宁夏（石嘴山、中宁、惠农、灵武、利通、青铜峡、永宁、陶乐、贺兰、西吉、银川、平罗、盐池）、陕西（黄河滩）、湖北（武汉沉湖湿地自然保护区、黄梅龙感湖自然保护区）、湖南（洞庭湖）、云南（会泽、昭通、丽江、宾川）、贵州（威宁）、安徽（淮北平原、江淮丘陵和沿江平原）、江苏（盐城、扬州、淮阴、徐州、连云港、启东）、江西（永修、共青、星子、九江、庐山、湖口、都昌、波阳、余干、进贤、新建、南昌）、浙江（兰溪）、上海（长江河口区、崇明岛）、四川（石渠、绵竹、巴塘、金川、白玉、若尔盖）、广东（吴川、阳东、阳西、阳江、信宜）。山东、山西、青海、重庆、广西、海南未调查。福建未发现。

（2）数量

据文献记载，在我国越冬的灰鹤数量约为6000 只，目前已经明显减少。1945 年在河北北戴河迁徙的灰鹤曾经达到8404 只。而 1985 和 1986 年越冬数量分别为 4409 只和 4483 只，数量减少的原因与沼泽湿地的开发利用、栖息地面积缩小和环境质量下降有关（赵正阶，1999）。王岐山等 1988 和 2000 年报道灰鹤越冬数量分别为 5000 只和10 000～12 000只；1990～1993 越冬数量为 1828～3503 只（陆健健等，1994）；1988～1990 年的春秋两季在秦皇岛北戴河区域过境迁徙的灰鹤数量多达15 000只（乔振忠等，1995）；1996 年世界自然保护联盟（IUCN）出版的《The Cranes Status Survey and Conservation Action Plan》公布中国灰鹤的数量为 5000 只；1996～1997 年调查，山西省灰鹤种群数量为 750 只左右（张龙胜，1999）。2002 年 1 月 18 日和 19 日调查，在云贵高原分别记录到灰鹤 804 只和 1158 只（李凤山等，2003）。

本次调查表明，我国灰鹤的繁殖种群和越冬种群数量均约10 000只（表 9－90）。

表 9－90　灰鹤分布及数量

分　布	面积（km^2）	密度（只/km^2）	数量（只）
黑龙江	—	—	2（迁徙）
内蒙古	3000	0.0100	30（夏）
吉林	—	—	1000（迁徙）
辽宁	24 400	0.031	4130（迁徙）
河北	—	0.03678	6903（迁徙）
天津	1717	—	152（迁徙）
北京	343.59	0.9	500（迁徙）
河南	—	0.057577	200（冬）
山东	—	—	未调查
山西	—	—	未调查
新疆	195 325	0.081399	9970（夏）
甘肃	—	0.02396～0.2974	4500（冬）
青海	—	—	未调查
宁夏	6000	—	2864（冬）
陕西	818	—	500（冬）
湖北	140	0.1	14（冬）
湖南	—	—	80（冬）
贵州	—	—	300（冬）
安徽	—	—	74（冬）
江苏	—	—	140（冬）
江西	—	0.0412	300（冬）
重庆	—	—	未调查
浙江	—	0.0015	120（冬）
上海	—	—	8（冬）
四川	—	—	50（冬）
云南	500	0.5	600（冬）
广东	—	0.28	250（冬）
广西	—	—	未调查
福建	—	—	未发现
海南	—	—	未调查
合计			1 万（夏）1 万（冬）

（3）栖息地

灰鹤栖息于开阔草原、沼泽、河滩、旷野、湖泊以及农田地带。尤其喜在富有水边植物的

开阔湖泊和沼泽地栖息，通常在沼泽草地中的干燥地面上营巢，巢主要由枯枝、叶、芦苇堆集而成。越冬期在湖泊沼泽、平原、草地、河滩及近水的丘陵处栖息。常结成 4～6 只的小群活动。越冬时群体可达 10 余只。多在夜间迁徙，迁徙途中，常停息在河湖和稻田附近。

取食时间常在清晨和傍晚。食物为水草嫩芽、野草种子、田间收获后遗下的谷物以及软体动物、环节动物、多种昆虫、蛙类、蜥蜴、鱼类以及鼠类等小型兽类。

9.6.2　黑颈鹤 *Grus nigricollis*

国家Ⅰ级重点保护野生动物；CITES 附录Ⅰ。

（1）分布

据文献记载，黑颈鹤分布于青海（玉树、治多、曲麻莱、称多、久治、刚察、天峻、乌兰、都兰）、四川（若尔盖、松潘）、西藏（当雄、那曲、嘉黎、安多、班戈、申扎、日土、昂仁、葛尔、善兰、萨迦、仲巴，繁殖鸟；墨竹工卡、达孜、林周、堆龙德庆、曲水、工布江达、白朗、江孜、拉孜、萨迦、谢通门，越冬鸟）、甘肃（碌曲、玛曲）、新疆（若羌）、贵州（威宁草海）、云南（中甸、会泽、曲靖、昭通）（郑光美等，1998）。

本次调查，黑颈鹤见于新疆（阿尔泰山、叶尔羌河流域、阿尔金山高山湖泊）、甘肃（碌曲尕海）、青海（果洛、玉树、海西、海北）、西藏（墨竹工卡、达孜、林周、堆龙德庆、曲水、工布江达、白朗、江孜、拉孜、谢通门、泽当、贡嘎、日喀则、江孜、林芝、米林）、贵州（威宁草海）、四川（石渠、白玉、色达、若尔盖及阿坝）、云南（会泽、丽江、寻甸、昭通、中甸）。

（2）数量

1982～1984 年，横断山科学考察期间，对栖息于若尔盖高原沼泽地的黑颈鹤数量进行了统计，估计其数量有 300 只左右（张家驹等，1991）。国际鹤类基金会在中国、不丹、印度连续几年的调查结果是：1988～1989 年冬季为 705 只，1989～1990 年冬季为 1560 只，1990～1991 年冬季为 4024 只。20 世纪 90 年代在西藏调查时发现了世界和中国最大的黑颈鹤越冬种群，1991 年冬季为 2800 只，1992 年为 3910 只。因此估计在中国的黑颈鹤种群数量约为 4000 只（郑光美、王岐山，1998）。贵州草海自然保护区是黑颈鹤数量较多的越冬地，1994 年为 400 只左右（童埔昌等，1991）。2002 年 1 月 18 日和 19 日调查，在云贵高原分别记录到黑颈鹤 3261 只和 3182 只（李凤山等，2003）

本次调查表明，黑颈鹤的繁殖种群和越冬种群数量分别为 7500 只和 7000 只（表 9－91）。

表 9－91　黑颈鹤分布及数量

分　布	面积（km^2）	密度（只/km^2）	数量（只）
新疆	367 998	0.001884	1200（夏）
甘肃	—	0.10526	3092（夏）
青海	1260	0.85	2174（夏）
西藏	—	0.0185	5300（冬）7855（迁徙）
贵州	—	—	200（冬）
四川	—	—	1034（夏）
云南	400	—	1500（冬）
合计			7500（夏）7000（冬）

（3）栖息地

黑颈鹤一般生活在 3200～4300m 的高原湖泊、沼泽湿地，常在溪流与泥泞、潮湿的草甸上活动。栖息于高原草甸沼泽、芦苇沼泽、湖滨草甸沼泽及河谷沼泽地带。生境类型主要是沼泽湿地和湖泊湿地，尤其喜欢水生植物繁茂的开阔湖泊和沼泽地。植物多为藏嵩草、驴蹄草、苔草等。除繁殖季节常成对、单只或家族成群活动外，其他季节多成群活动。食物以昆虫、小型爬行类、绿色植物和作物种子为主。黑颈鹤作为藏族群众心目中的“神鸟”而受到高度的保护，其种群数量有所增长。受自然因素的影响，栖息环境出现日益恶化的迹象，但由于人为干扰较小，种群数量还处在相对稳定的状态。

9.6.3 白头鹤 *Grus monacha*

国家Ⅰ级重点保护野生动物；CITES 附录Ⅰ。

（1）分布

据文献记载，白头鹤分布于黑龙江（林甸、扎龙、伊春、佳木斯、七星河、挠力河、迎春林业局）、内蒙古、吉林（莫莫格、向海、白城、四平、大安、通榆、长春、吉林）、辽宁（沈阳、抚顺、凤城、丹东、东沟、大连）、河北（北戴河）、山东（无棣）、湖南（洞庭湖）、湖北（龙感湖）、江西（鄱阳湖）、安徽（升金湖、枞阳莱子湖、寿县瓦埠湖）、江苏（启东兴隆沙）、上海（崇明岛）（郑光美、王岐山，1998）。

本次调查，白头鹤见于黑龙江（林甸、大庆、伊春、带岭、佳木斯、迎春、北安、逊克）、内蒙古（兴安盟新佳木，呼伦贝尔辉河湿地）、吉林（镇赉哈尔挠、隋家围子、乌兰吐，通榆向海、巨宝屯、舒兰小城子）、辽宁（庄河、长海、朝阳、北票、凌海、兴城、绥中、昌图）、河南、湖北（武汉蔡甸区、黄梅、鄂州）、湖南（洞庭湖）、安徽（东至升金湖、枞阳莱子湖和宿松龙感湖、颍上八里河和寿县瓦埠湖）、江苏（盐城）、江西（永修、九江、都昌、波阳、余干、进贤、新建、南昌）、上海（崇明东滩）、云南（丽江，新记录）。山东未调查。其他地区未见到。

（2）数量

我国白头鹤越冬数量估计为1000只（王岐山，1998）。黑龙江省扎龙自然保护区、林甸县、吉林省莫莫格自然保护区均发现白头鹤的迁徙停歇地，其中，林甸县是白头鹤迁徙的主要停歇地，停留时间约为15天，1981～1986年10月观察南迁数量为207、314、457、465、417只；河北省北戴河是白头鹤迁徙的主要通道，1985年3月25日～4月20日记录到309只白头鹤（Williams），1986～1990年秋季分别记录到527、45、94、115、452只，其中在1986年观察的309只个体中，成体257只，幼体52只，分别占83.2%和16.8%；1989年观察到30只，其中成体24只，幼体6只，分别占80%和20%。白头鹤的越冬地几乎全部集中在长江中下游地区，各地的大致数量为：升金湖250～300只（1991年2月4日记录到358只，1994年2月21日记录到462只），东洞庭湖120只，鄱阳湖150～200只，龙感湖241～415只（胡鸿兴等，1994）和280～300只（周海忠，1991），此外，在江苏省启东1989年记录到38只，在上海崇明岛1987年11月记录到21只（郑光美等，1998），在崇明岛东滩1997年12月记录到135只（苏化龙等，1998）。2001年白头鹤的迁徙数量为100只左右（李晓民等，2003）。2004年在小兴安岭沾河流域统计到白头鹤30只（郭玉民等，2005）

本次调查表明，白头鹤的越冬种群数量为1500只（表9－92）。

（3）栖息地

白头鹤迁徙时主要停歇在沼泽或湿草甸边缘地势较高、相对较干的地方，有时也到农田中取食未发芽的麦粒。越冬时多栖息在休耕稻田及沼泽地中，喜在湖泊沼泽、草滩和湖地、麦田、沿湖稻田中觅食，植被类型为水生植物和农作物。常以家族群或聚成大群活动，性机警。主食植物种子、谷粒、球茎，也食甲壳类、螺类、贝类、小鱼等。

白头鹤对其繁殖生境，特别是营巢生境的要求较为严格，选择在远离人类活动区的林间沼

泽中繁殖，植被类型为落叶松和白桦混交林，筑巢地附近有明水面且有柳丝等湿生矮树、灌丛。由于森林砍伐，湿地开发，使适合白头鹤营巢条件的林间沼泽越来越少，加之河水污染，过度捕捞，白头鹤栖息地质量不断下降，种群数量随之减少。应加强对白头鹤栖息地的研究和保护。

表 9－92　白头鹤分布及数量

分　布	面积（km^2）	密度（只/km^2）	数量（只）
黑龙江	367	—	500（迁徙）
内蒙古	3000	0.003	10（迁徙）
吉林	—	—	20（迁徙）
辽宁	24 400	0.0106	1320（迁徙）
河南	—	0.00015	1（迁徙）
湖北	466.5	1.1790	630（冬）
湖南	—	—	5（冬）
安徽	—	—	433（冬）
江苏	—	—	10（冬）
江西	—	—	254（冬）
上海	—	—	167（冬）
云南	10	—	1（冬）
合计			1500（冬）

9.6.4　丹顶鹤 *Grus japonensis*

国家Ⅰ级重点保护野生动物；CITES 附录Ⅰ。

（1）分布

据文献记载，丹顶鹤分布于黑龙江（林甸、扎龙、泰康、洪河、七星河、挠力河流域、兴隆、嘟噜河下游、迎春、兴凯湖、大兴安岭、黑河）、内蒙古（达赉湖、乌拉盖、科尔沁、呼伦湖、辉河）、吉林（莫莫格、向海、敦化、珲春、大安、吉林）、辽宁（大连、大洼、盘山、凌海、朝阳、营口）、河北（北戴河、唐海、沧州、围场、平山）、河南（黄河故道）、山东（长山列岛、寿光、昌邑、潍坊、青岛、平邑、汶上、费县、日照）、湖南（洞庭湖）、湖北、江西（鄱阳湖）、安徽（当涂石臼湖）、江苏（盐城、洪泽湖、高邮湖、邵伯湖、灌江、如东）、上海（崇明岛）、云南（昭通、中甸）、台湾（偶见）（郑光美、王岐山，1998）。

本次调查，丹顶鹤见于黑龙江（扎龙、哈拉海、兴凯湖、长林岛、雁窝岛、七星芦苇、洪河、三江、加格达奇、松岭）、内蒙古（锡林郭勒盟阿巴嘎查干诺尔、东乌乌拉盖湿地、兴安盟图木吉、新佳木湿地、通辽荷叶花湿地、呼伦贝尔辉河湿地）、吉林（镇赉、通榆、大安、前郭、扶余、双辽、榆树、农安、九台、珲春敬信湿地、汪清、安图、敦化）、辽宁（长海、朝阳、凌海、兴城、绥中、连山、康平）、河北（滦南、黄骅）、天津（宝坻，为新记录）河南（开封）、陕西（大荔、合阳，新记录）、湖北（鄂州梁子湖）、江苏（盐城响水、滨海、射阳、大丰、东台、南通）、江西。山东未调查。其他地区未见到。

（2）数量

据文献记载，我国分别于 1981 年、1984 年对丹顶鹤繁殖地进行航空调查，发现丹顶鹤约 700 只（李金录等，1987），其中以三江平原和乌裕尔河流域的数量最多。1986～1990 年秋季，丹顶鹤在迁徙途经地北戴河的统计数量分别为 501、320、281、630、542 只。丹顶鹤在越冬地盐城保护区历年的数量分别为：1981 年 361 只，1982 年 301 只，1983 年 472 只，1984 年 611 只，1985 年 618 只，1986 年 314 只，1987 年 582 只，1988 年 637 只，1989 年 531 只，1990 年 595

只，1991 年 775 只，1992 年 673 只，1993 年 877 只（郑光美、王岐山，1998）。由于近几十年的保护，丹顶鹤繁殖种群数量保持稳定，越冬种群数量略有增加。据 1990 年国际水禽研究局的调查，在我国越冬的丹顶鹤数量为 1147 只（IWRB，1990）。但 1995 年春，日本野鸟学会和黑龙江省野生动物研究所在三江平原联合进行航空调查时，仅见到 65 只丹顶鹤（杨兆芬等，1997）；1995 年 2 ~ 3 月，在陕西黄河湿地发现 3 群丹顶鹤，计 190 只（吴家炎，1998）；1996 年 5 月 ~ 2003 年 7 月，湖北省丹顶鹤种群数量为 8 只（葛继稳等，2004）。挠力河流域 2000 年有丹顶鹤 103 只，2001 年在该区繁殖的丹顶鹤数量约为 200 只，迁徙数量为 800 只左右（李晓民等，2003）。

本次调查表明，丹顶鹤的繁殖种群和越冬种群数量分别为 700 只和 1400 只（表 9 – 93）。

（3）栖息地

丹顶鹤栖息于湖泊、沼泽和河岸沼泽中，有时也出现在农田和耕地中。巢多置于有一定水深的芦苇丛中或较高的水草丛中。繁殖生境主要为芦苇沼泽，其次为苔草沼泽和季节性积水的沼泽化草甸。迁徙时见于沼泽、湖泊浅水处、湿草甸、池塘、河口岸边。越冬期栖息于湖泊和沼泽地的浅水中或附近休耕积水的稻田中。在四周环水的沙滩芦苇、苇塘边、蒿草间过夜。主要以麦苗、豆苗、稻谷为食，兼吃鱼、虾、田螺和软体动物等。

丹顶鹤栖息地面临湿地开发、水质污染、湿地干枯、食物短缺和烧荒等众多因素的困扰，丹顶鹤繁殖种群的前景不容乐观。

表 9 – 93　丹顶鹤分布及数量

分　布	面积（km^2）	密度（只/km^2）	数量（只）
黑龙江	—	—	550（夏）
内蒙古	3000	0.0170	50（夏）
吉林	—	—	40（夏）
辽宁	24 400	0.0375	60（夏）915（迁徙）
河北	—	0.00432	811（迁徙）
天津	—	—	3（迁徙）
河南	—	0.001138	190（迁徙）
陕西	—	—	140（冬）
湖北	326.5	0.0184	6（冬）
安徽	—	—	未见到
江苏	—	—	1254（冬）
江西	—	—	不详
上海	—	—	不详
云南	—	—	未发现
合计			700（夏）1400（冬）

9.6.5　白枕鹤 *Grus vipio*

国家Ⅱ级重点保护野生动物；CITES 附录Ⅰ。

（1）分布

据文献记载，白枕鹤分布于黑龙江（林甸、扎龙、泰康、洪河、七星河、挠力河流域、兴隆、嘟噜河下游、迎春、兴凯湖）、内蒙古（达里诺尔、乌拉盖、科尔沁、呼伦湖、辉河）、吉林（莫莫格、向海）、辽宁（大连、朝阳、辽河三角洲）、河北（北戴河）、天津、河南（黄河故道、庞寨）、山东（苍山、邹县）、湖南（洞庭湖）、江西（鄱阳湖）、安徽（升金湖）、江苏

（盐城、台东）、上海（崇明岛）（郑光美、王岐山，1998）。

本次调查，白枕鹤见于黑龙江（齐齐哈尔、密山、宝清、萝北、同江、抚远、逊克）、内蒙古（锡林郭勒盟、兴安盟、呼伦贝尔辉河湿地）、吉林（镇赉、通榆）、辽宁（庄河、桓仁、兴城、凌海）、北京（怀柔水库、延庆野鸭湖）、河南（新县）、湖南（东洞庭湖）、安徽（淮北平原、江淮丘陵和沿江平原）、江苏（盐城）、江西（永修、九江、余干、波阳、共青、新建、南昌）。上海、天津、山东未调查。其他地区未见到。

（2）数量

据文献记载，全世界野生白枕鹤的种群数量估计为5000只，其中60%在我国鄱阳湖越冬。1984年5月航空调查时，在黑龙江发现白枕鹤的繁殖数量为30只，包括幼体4只，巢10个（冯科民等，1985）。在白枕鹤的迁徙途经地北戴河1986年秋季见到164只，在河南黄河故道沼泽区1988年见到14只，在辽河三角洲也有白枕鹤迁徙过境。据国际鹤类基金会统计，我国白枕鹤的数量为1988年3124只，1989年2716只；1990年1962只。据1992年1月统计，河南庞寨21只、洞庭湖16只、江苏东台11只、天津于桥水库3只（中国鸟类学会水鸟组，1994）。据1998年鄱阳湖冬季调查，共发现白枕鹤2663只（刘信中，1999）。2001年白枕鹤的繁殖数量为70～90只，迁徙数量为700～800只（李晓民等，2003）。

本次调查表明，我国白枕鹤的繁殖种群和越冬种群数量分别为260只和3500只（表9－94）。

（3）栖息地

白枕鹤栖息于开阔平原的芦苇地、沼泽和水草沼泽地带，也栖息于开阔的河流及湖泊岸边，有时还出现在农田中。在水深10～30cm的芦苇沼泽或水草沼泽中营巢，巢主要由枯芦苇、苔草等构成。早春时节白天多在耕地中活动，在沼泽中过夜。迁徙停歇地生境以禾草沼泽为主，也见于根茎禾草沼泽。越冬期生活于丘陵平原，多在湖泊草滩和沿湖的麦田、稻田中栖息，在泥泞的沼泽地比较少见。集大群活动。

白枕鹤的繁殖栖息地正受到湿地开发、水质污染、湿地干涸、食物短缺、烧荒和人类活动干扰等众多因素的威胁，白枕鹤原有的营巢条件逐渐丧失，繁殖栖息地质量不断下降，种群数量日益减少。应加强对白枕鹤及其栖息地的保护。

表9－94　白枕鹤分布及数量

分　布	面积（km^2）	密度（只/km^2）	数量（只）
黑龙江	—	—	218（夏）800（迁徙）
内蒙古	3000	0.0067	35（夏）
吉林	—	—	7（夏）
辽宁	24 400	0.0021	295（迁徙）
天津	—	—	未调查
北京	349	0.02	8（迁徙）
河南	—	0.001186	198（迁徙）
山东	—	—	未调查
湖南	—	—	2（冬）
安徽	—	—	60（冬）
江苏	—	—	3（冬）
江西	—	0.0008	3435（冬）
上海	—	—	未调查
合计			260（夏）3500（冬）

9.6.6 白鹤 *Grus leucogeranus*

国家Ⅰ级重点保护野生动物；CITES 附录Ⅰ。

（1）分布

据文献记载，白鹤分布于黑龙江（林甸、扎龙、大兴安岭）、内蒙古（呼伦贝尔）、吉林（莫莫格、向海）、辽宁（大连、营口、盘山）、河北（北戴河）、河南、山东（青岛）、新疆、湖南（洞庭湖）、江西（鄱阳湖）、安徽（升金湖）、江苏（盐城、东台）、上海（崇明岛）（郑光美、王岐山，1998）。

本次调查表明，白鹤见于黑龙江（扎龙、林甸、嫩江）、内蒙古（兴安盟、呼伦贝尔辉河湿地）、吉林（镇赉、通榆、洮南、大安）、辽宁（凌海、兴城、绥中、康平）、河北（黄骅）、河南（开封、泌阳）、新疆（天山中、西部及阿尔泰山山地）、湖北（沉湖、梁子湖）、湖南（东洞庭湖）、安徽（淮北平原、江淮丘陵和沿江平原）、江苏（盐城）、江西（永修、共青、星子、九江、瑞昌、都昌、波阳、余干、进贤、南昌、新建）。上海、山东未调查。其他地区未见到。

（2）数量

据文献记载，白鹤曾繁殖于我国内蒙古东北部的达赉湖、黑龙江齐齐哈尔和辽东一带（陆鼎恒，1932；Meise，1934；Wilder and Hubbard，1938；郑作新，1976），但 20 世纪 80 年代以来未发现在我国繁殖。鄱阳湖是白鹤的主要越冬地，但种群数量并不丰富。1981～1986 年，每年在鄱阳湖区越冬的白鹤数量分别为 140、189、409、840、1482、1500、1609 只（严丽等，1988）。据郑光美等（1998）报道，鄱阳湖 1981～1993 年 13 年间的越冬数量分别为 148、189、450、840、1482、1784、1882、2653、1929、1545、1763、2017、2887 只，有逐年增长的趋势。据 1998 年鄱阳湖冬季调查，共发现白鹤 2526 只（中国鸟类学会水鸟组，1994）。另外，1998 年在东洞庭湖观察到 207 只越冬白鹤（雷刚等，1999）。

本次调查表明，我国白鹤的越冬种群数量为 3000 只（表 9－95）。

表 9－95　白鹤分布及数量

分　布	面积（km^2）	密度（只/km^2）	数量（只）
黑龙江	—	—	80（迁徙）
内蒙古	3000	0.0067	20（迁徙）
吉林	—	—	300（迁徙）
辽宁	24 400	0.0054	670（迁徙）
河北	—	0.00455	854（迁徙）
河南	—	0.002371	396（迁徙）
山东	—	—	未调查
新疆	35 638	0.091133	3341（迁徙）
湖北	106	0.0556	6（冬）
湖南	—	—	10（冬）
安徽	—	—	8（冬）
江苏	—	—	80（冬）
江西	—	0.025	2896（冬）
上海	—	—	未调查
合计			3000（冬）

（3）栖息地

白鹤栖息于开阔平原沼泽草地、河流、沼泽。常在富有植物的水边浅水处觅食。在沼泽中地势较高的土丘或水中小岛上营巢。巢由干的芦苇和草茎构成。停歇时，栖息于开阔平原沼泽草地、苔原沼泽和大型湖泊岸边浅水沼泽地以及山地河谷地带。越冬期栖息于富含苦草、马来眼子菜等水生植物的开阔沼泽湿地、浅水湖泊及泥滩中。食物以苔草、眼子菜等植物的茎和块根为主。也食水生植物的叶、嫩芽和少量软体动物、昆虫、甲壳动物等动物性食物。

白鹤迁徙停歇地及越冬地目前正受到湿地开发、水质污染、湿地干枯、食物短缺、烧荒和人类活动干扰等众多因素的威胁，原有的生境条件逐渐丧失，生境质量不断下降，种群数量日益减少。应加强对白鹤迁徙停歇地和越冬地的保护与管理，改善栖息地条件和生境质量。

9.6.7 赤颈鹤 *Grus antigone*

国家Ⅰ级重点保护野生动物；CITES 附录Ⅱ。

（1）分布

据文献记载，赤颈鹤仅分布于云南西部的德宏、临沧和西南部的西双版纳，包括勐腊、勐海、贡山、中甸、盈江。本次调查未见到。

（2）数量

本次调查未见到。

（3）栖息地

赤颈鹤栖息于热带地区的开阔河谷地带，海拔高度620～1120m。成对或5～6只结群在田坝区或沼泽地里觅食，食物有蛙类、蚯蚓、昆虫和水草。筑巢于干燥地面上或沼泽地中。

9.6.8 蓑羽鹤 *Anthropoides virgo*

国家Ⅱ级重点保护野生动物；CITES 附录Ⅱ。

（1）分布

据文献记载，蓑羽鹤分布于黑龙江（林甸、扎龙、大兴安岭）、内蒙古（呼伦贝尔、科尔沁、乌尔其汗、库都尔、牙克石）、吉林（莫莫格、向海、安图、珲春）、辽宁（阜新）、河北（北戴河）、河南（汲县、黄河故道）、山东（胶东）、山西、陕西、新疆（塔城、和静）、青海、宁夏、西藏、四川、云南（郑光美、王岐山，1998）。

本次调查，蓑羽鹤见于黑龙江（扎龙、林甸、大兴安岭）、内蒙古、吉林（镇赉、洮北、通榆、双辽、安图）、辽宁（凌海、兴城、大洼、盘山）、河北（昌黎、廊坊、围场）、河南（孟津黄河湿地自然保护区）、新疆（阿尔泰山山地、准西山地、天山西部伊犁谷地、南部天山和准噶尔盆地）、甘肃（榆中、张掖）、宁夏（石嘴山、中宁、惠农、灵武、利通、青铜峡、永宁、陶乐、贺兰、西吉、银川、平罗、盐池、中卫、同心）、陕西（城固）、云南（会泽）。四川未见到。山东、山西、青海、西藏未调查。

（2）数量

据文献记载，蓑羽鹤在我国的种群数量较少，分布范围较窄。据国际水禽研究局1990～1992年的调查，蓑羽鹤在我国的越冬数量为：1990年4只，1992年46只（IWRB，1990、1992）。据徐新杰等在河南庞寨隆冬统计，1990、1991、1992、1993年的数量分别为4、9、29、13只。迁徙时在西部地区可见到大群活动。1999年10月初，全国鸟类环志中心陆军等在甘肃祁连山北麓观察到1000多只的蓑羽鹤迁徙群体（苏化龙，2000）。

本次调查表明，蓑羽鹤的繁殖数量为5000只（表9－96）。

（3）栖息地

蓑羽鹤栖息于开阔地带的平原、草原、草甸沼泽、芦苇沼泽、池塘、湖泊、河谷、半荒漠和高原湖泊草甸等生境中，有时也到农田活动。通常不营巢，直接产卵于羊草草甸中裸露而干燥的盐碱地上。食物以小型鱼类、虾、蛙、蝌蚪、水生昆虫和植物嫩芽、叶、草籽以及农作物玉米、小麦等为主，边走边觅食。

表 9－96　蓑羽鹤分布及数量

分　布	面积（km^2）	密度（只/km^2）	数量（只）
黑龙江	—	—	27（夏）
内蒙古	15 000	0.1748	1823（夏）
吉林	—	—	52（夏）
辽宁	24 400	0.0002	23（迁徙）
河北	—	0.00021	39（迁徙）
河南	—	—	不详
山东	—	—	未调查
山西	—	—	未调查
新疆	186 054	0.034098	3098（夏）
甘肃	333	0.4	133（冬）（20 世纪 80 年代）
青海	—	—	未调查
宁夏	6000	0.089796	—
云南	4	—	—
四川	—	—	未见到
合计			5000（夏）

9.6.9　白骨顶 *Fulica atra*

（1）分布

据文献记载，白骨顶在全国各地均有分布。其中内蒙古、黑龙江、吉林、辽宁、河北、河南、甘肃、宁夏、新疆为繁殖鸟，其他地区为为旅鸟或冬候鸟（郑作新，1976）。

本次调查，白骨顶见于黑龙江（齐齐哈尔、富裕、林甸、龙江、泰康、泰来、大庆、肇东、宝清、富锦、饶河、同江、抚远、兴凯湖、五常、通河、尚志、延寿）、内蒙古（全境）、吉林（莫莫格自然保护区、向海自然保护区、前郭、扶余、大安月亮泡、九台、农安、德惠、四平、梨树、珲春敬信湿地、安图、敦化、和龙、永吉、磐石、蛟河、舒兰）、辽宁（宽甸、鞍山、海城、台安、岫岩、大石桥、盖州、朝阳、北票、凌源、兴城、绥中、连山、康平）、河北（沽源、任丘、安新）、北京（顺义、昌平、怀柔、延庆）、河南（光山、淮滨、信阳浉河区、睢县、泌阳、尉氏、开封、温县、孟州、林州、汤阴、南召）、山东、宁夏（石嘴山、中宁、惠农、灵武、利通、青铜峡、永宁、陶乐、贺兰、银川、中卫、同心）、陕西、湖北（洪湖、公安、松滋、石首、潜江、仙桃、天门、汉川、大冶、鄂州、黄石、黄梅、武汉）、湖南、贵州（威宁、大方、金沙、平塘、清镇和贵阳）、云南（大理、江川、昆明、丽江、泸水、蒙自、宁蒗、石屏、宣威、寻甸、永胜、程海、昭通，其中泸水、宣威、寻甸、永胜、昭通为本次调查的新分布地点）、安徽（淮北、颍上、霍邱、寿县、肥西、巢湖、五河、凤阳、明光、枞阳、望江、宿松、东至、贵池、郎溪）、江苏、江西（永修、共青、星子、九江、瑞昌、庐山区、湖口、都昌、彭泽、波阳、余干、进贤、南昌、新建）、浙江（慈溪、温岭、定海）、上海（宝山陈行水库、崇明岛）、福建（德化、泉州丰泽区、晋江、南安、厦门、莆田、龙海）、重庆（石柱、永川、长寿）、四川（邻水、西昌、阆中、若尔盖、高县）、福建。山西、新疆、青海、西藏、广东、广西、海南未调查。

（2）数量

本次调查表明，白骨顶的繁殖种群和越冬种群数量分别为 21 万只和 44 000 只（表 9－97）。

（3）栖息地

白骨顶多栖息于低山丘陵和平原草地的各类水域中，尤其在开阔水面、有芦苇或三棱草等植物的湖泊、水库、河流、沼泽、苇塘等处最为常见。常活动于芦苇丛和草丛中，喜欢在宽阔水面边缘觅食，在水生植物如芦苇丛、苔草丛或蒲草丛中营巢。常结群活动，一般数只结成小群，有时数十或上百只成大群，也单个活动。偶尔同家鸭、小䴙䴘、青头潜鸭、绿头鸭、绿翅鸭等混群生活。善游泳和潜水。主食植物嫩芽、水生昆虫、小鱼，小虾和软体动物等。

表 9－97　白骨顶分布及数量

分　布	面积（km^2）	密度（只/km^2）	数量（只）
黑龙江	119 772	0. 204638	25 610（夏）
内蒙古	15 000	5. 6892	86 439（夏）
吉林	120 000	0. 2375	29 600（夏）
辽宁	24 400	0. 5107	64 760（夏）
河北	—	0. 01304	2490（夏）
天津	1717	—	未见
北京	343. 59	0. 17	60（夏）
河南	—	0. 05893	392（夏）
山东	—	—	150（冬）
山西	—	—	未调查
新疆	—	—	未调查
甘肃	—	—	5（冬）
青海	—	—	未调查
西藏	—	—	未调查
宁夏	2200	0. 162162	649（夏）
陕西	—	—	5000（冬）
湖北	10 204	26. 0388	11 365（冬）
湖南	—	—	600（冬）
贵州	—	—	4000（冬）
安徽	—	—	106（冬）
江苏	—	—	3500（冬）
江西	—	0. 4945	1200（冬）
重庆	—	—	285（冬）
浙江	—	—	9420（冬）
上海	—	—	1334（冬）
四川	—	—	600（冬）
云南	4200	—	6140（冬）
广东	—	—	未调查
广西	—	—	未调查
福建	—	—	295
海南	—	—	未调查
合计			21 万（夏）4. 4 万（冬）

9.6.10 大鸨 *Otis tarda*

国家Ⅰ级重点保护野生动物；CITES 附录Ⅱ。

（1）分布

据文献记载，大鸨分布于黑龙江（齐齐哈尔、林甸、明水、泰康、肇东、大兴安岭）、内蒙古（呼伦贝尔、通辽）、吉林（镇赉、通榆、梨树、公主岭）、辽宁（本溪、锦州、朝阳）、河北（北戴河、赞皇）、河南、山东、山西、陕西、新疆（喀什、天山、北塔山、克拉玛依、青河、奇台、吐鲁番）、甘肃（兰州）、江苏、江西、安徽、湖北、湖南（郑光美、王岐山，1998）。

本次调查，大鸨见于黑龙江（大庆、林甸、泰康、肇东、安达、明水，繁殖鸟）、内蒙古（呼伦贝尔、通辽、赤峰、巴颜淖尔、锡林郭勒、巴彦淖尔乌拉特前旗，锡林郭勒盟的东乌旗、西乌旗，兴安盟的扎赉特，繁殖鸟；锡林郭勒盟多伦、临河河套湿地，迁徙鸟）、吉林（向海自然保护区、洮南军马场、镇赉北大岗、扶余、洮南、大安牛心套保、古城、姜家店、双辽、梨树，繁殖鸟）、辽宁（桓仁、葫芦岛连山区、庄河、凌海、朝阳、双台，迁徙鸟）、河北（张北、沽源、丰宁、尚义、围场，繁殖鸟；宁晋，冬候鸟；北戴河、乐亭、保定，迁徙鸟）、天津（大港、宝坻、蓟县、宁河）、北京（延庆、密云、大兴、丰台、通县）、江苏（泗洪、高邮，冬候鸟）、安徽（升金湖保护区、怀宁、淮河流域，冬候鸟）、山东（潍坊、东营、黄河三角洲，冬候鸟）、河南（鲁山、滑县、孟津，冬候鸟）、山西（岚县、朔州朔城区、原平、永吉，冬候鸟）、新疆（伊犁地区及准噶尔盆地东部、柴窝堡湖）、甘肃（陇东平凉、兰州、河西走廊武威、张掖、酒泉）、宁夏（青铜峡、永宁、西吉、银川、平罗、盐池、陶乐、贺兰，迁徙鸟）、陕西（周至、西安、大荔、潼关、合阳、榆林、神木，冬候鸟；定边，迁徙鸟）、甘肃（庆阳，迁徙鸟）、湖北（武汉沉湖、黄梅龙感湖、洪湖和神农架，冬候鸟）、湖南（东洞庭湖，冬候鸟）、安徽（阜南、亳州、寿县、怀远、凤台、颍上、五河、凤阳、怀宁、东至）、江苏（盐城、淮阴、徐州、连云港）、江西（鄱阳湖自然保护区，冬候鸟）、四川（成都）。

（2）数量

据文献记载，1991 年 5 ~ 6 月在吉林白城地区调查，大鸨的数量极为稀少，在洮南、镇赉、北大岗仅见 4 只，同时在科尔沁草原见到 30 余只的群体，估计密度为 1 ~ 2 只/100km^2（郑光美、王岐山，1998）。在新疆北部大鸨的数量不少于 2000 ~ 3000 只（高行宜等，1994）。在内蒙古兴安盟、哲里木盟、锡林郭勒盟和吉林镇赉、通榆、繁殖期推测有 500 ~ 800 只（田秀华等，2001）。2003 年冬季，内蒙古图牧吉自然保护区大鸨的越冬数量为 165 只（李晓民等，2005）。

大鸨在国内可分为 2 个亚种，即东方亚种 *O. t. dybowskii* 和指名亚种 *O. t. tarda*，其中指名亚种的繁殖地和越冬地均在新疆，其余地区分布的大鸨为东方亚种。本次调查，不仅对大鸨进行了常规调查，而且对其进行了专项调查。

常规调查表明，大鸨东方亚种的繁殖种群和越冬种群数量分别为 1997 只和 870 只，指名亚种的繁殖种群数量为 2003 只（表 9 – 98）。

由于专项调查的区域未按省界划分，调查结果无法与常规调查的数据汇总，所以单独列出。专项调查表明大鸨东方亚种的繁殖地面积为26 878km^2，繁殖种群数量总计 617 ~ 626 只。而越冬区的总面积 2895km^2，越冬种群数量为 725 只；大鸨指名亚种的分布区面积为19 400km^2，其繁殖种群数量超过东方亚种，为 1060 ~ 1200 只，迁徙季节数量更多，在 3000 只以上，该亚种在中国的越冬分布区域狭窄，数量仅为 80 ~ 85 只。

（3）栖息地

大鸨栖息于开阔的干旱草原、稀树草原和荒漠草原中，有时到农田、河岸、荒漠林地边缘和稀疏盐碱地中取食。大鸨适栖生境中的主要植物有小叶樟、苔草、碱蓬、防风、苍耳、黄芩、

紫花苜蓿等，其中小叶樟和紫花苜蓿为当地的优势种。大鸨在距人类干扰较远的小岗地或背风向阳的斜坡上营巢，巢距水环境较近，巢区内亦分布有许多季节性水泡。在冬季和迁徙季节常成群活动于丘陵、平原等开阔地中，喜在湖草滩、湖地麦地和冬闲的稻田中活动觅食。

由于受到非法捡卵、草原过度开发、农药污染等因素的影响，大鸨的分布区正在缩小并呈现岛屿化，种群数量急剧下降。应加强对大鸨生态生物学研究和栖息地的保护。

表 9－98　大鸨分布及数量

分　布	面积（km^2）	密度（只/km^2）	数量（只）
黑龙江	2795	0.0430	118（夏）
内蒙古	52 000	0.0003	150（夏）
吉林	—	—	48（夏）
辽宁	24 400	0.0028	353（迁徙）
河北	—	0.00020	37（夏）
天津	8087	—	10（冬）
北京	343.59	0.06	20（冬）
河南	—	0.008419	56（冬）
山东	—	—	341（冬）
山西	—	—	不详
新疆	55 169	0.036427	2003（夏）
甘肃	—	0.005～0.0213	953（夏）
宁夏	14 000	0.011～0.0243	691（夏）
陕西	6582	—	300（冬）
湖北	495	0.0162	8（冬）
湖南	—	—	10（冬）
安徽	—	—	100（冬）
江苏	—	—	12（冬）
江西	—	—	13（冬）
四川	—	—	不详
合计			4000（夏），870（冬）

9.6.11　波斑鸨 *Chlamydotis macqueenii*

国家Ⅰ级重点保护野生动物；CITES 附录Ⅰ。

（1）分布

据文献记载，波斑鸨分布于新疆（北部和西部天山）、内蒙古（巴彦淖尔盟乌拉特后旗、阿拉善盟右旗）、甘肃省（民勤、山丹、武威）（郑作新，1976）。

本次调查表明，波斑鸨仅见于内蒙古（巴彦淖尔盟北部中、后旗、额济纳旗，阿拉善盟东北部，为繁殖鸟）、新疆（木垒、福海、富蕴、青河、克拉玛依、阜康，为繁殖鸟）、甘肃（酒泉、武威，为繁殖鸟）。

（3）数量

据文献记载，波斑鸨在新疆北部的种群数量估计为 200～300 只（高行宜等，1994），1998 年秋季，在准噶尔盆地东部记录到波斑鸨 158 只（乔建芳等，2000）。

本次调查，国家林业局组织对波斑鸨进行了专项调查，结果表明，波斑鸨分布于新疆、内蒙古和甘肃，繁殖地总面积14 168km^2，种群数量为761±269只，其中新疆的繁殖数量为692只，内蒙古的繁殖数量为28只，甘肃的繁殖数量为40只，合计760只（表9－99）。

表9－99 波斑鸨分布及数量

分 布	面积（km^2）	密度（只/km^2）	数量（只）
内蒙古	5300	—	28（夏）
新疆	7168	0.0167～0.176	692（夏）
甘肃	1700	—	40（夏）（专项）
合计			760（夏）

（3）栖息地

波斑鸨为典型的荒漠种类，栖息于开阔平原、草地、荒漠和半荒漠以及起伏状丘陵地带或石质、砂质沙地。筑巢于沙凹穴或石头凹处，一般有小灌木和杂草掩蔽。由于栖息地开垦及放牧等人为活动因素影响，种群数量有进一步减少的趋势。

9.6.12 小鸨 *Tetrax tetrax*

国家Ⅰ级重点保护野生动物；CITES附录Ⅱ。

（1）分布

据文献记载，小鸨仅分布于新疆（天山、准噶尔盆地南缘、阿尔泰西南部，西部喀什、桑株、叶城、塔什库尔干，为繁殖鸟）。在四川（南充）为迷鸟（郑光美、王岐山，1998）。国外见于印度和欧洲。

本次调查表明，新疆（准噶尔盆地东缘北塔山、青河，哈密、巴里坤、伊吾，夏候鸟）、甘肃（酒泉北部，夏候鸟）、内蒙古（额济纳旗、阿拉善盟，夏候鸟）、宁夏（西部，夏候鸟）为小鸨繁殖分布区。而在新疆南部的喀什、叶城、塔什库尔干等地多年未发现。

（2）数量

本次调查，国家林业局组织对小鸨进行了专项调查，结果表明，我国小鸨的繁殖数量约200只，其中在新疆准噶尔盆地东缘繁殖区内（北塔山—青河一带）的数量为60～90只，占我国小鸨种群总数量的30%以上，栖息地面积3750km^2；在新疆巴里坤和三塘湖盆地繁殖区内（哈密、巴里坤、伊吾）的种群数量为95～110只，占全国总数的一半，栖息地总面积13 800km^2，分布密度0.008只/km^2；而在巴丹吉林沙漠西缘繁殖区内（甘肃酒泉北部和内蒙古额济纳旗）的数量仅为18只，栖息地面积为2200km^2，分布密度为0.008只/km^2（表9－100）。

表9－100 小鸨分布及数量

分 布	面积（km^2）	密度（只/km^2）	数量（只）
新疆	17 550	0.008	182
内蒙古、甘肃	2200	0.006	18
宁夏	—	—	不详
合计			200

（3）栖息地

小鸨主要生活在开阔的荒漠草原地带，有时也到低矮的稀疏灌丛边缘活动。性胆怯机警，其栖息地均为人烟稀少的区域。主要在偏僻而开阔的草地营巢，有时也在麦田的边缘营巢。小鸨的繁殖区和越冬区气候条件恶劣，尤其是近年来的干旱导致生态环境进一步恶化。小鸨的主

要栖息地西山丘陵一带年降水量仅为 100～150mm，草原植被退化严重，加之牲畜严重超载，影响了小鸨的栖息与繁衍。

9.7　鸻形目 CHARADRIIFORMES

我国有 14 科 125 种，即水雉科（2 种）彩鹬科（1 种）、蛎鹬科（1 种）、鹮嘴鹬科（1 种）、反嘴鹬科（2 种）、石鸻科（2 种）、燕鸻科（4 种）、鸻科（16 种）、鹬科（48 科）、贼鸥科（5 种）、鸥科（19 种）、燕鸥科（19 种）、剪嘴鸥科（1 种）、海雀科（4 种）。本次调查了 7 种。

9.7.1　大滨鹬 *Calidris tenuirostiis*

（1）分布

据文献记载，大滨鹬分布于东北地区东部旅顺、西南部葫芦岛，河北，山东，江苏，浙江宁波，福建福州（旅鸟）；广东沿海、广州湾及海南（旅鸟、冬候鸟）（郑作新，1976）。

本次调查，仅在天津（大港、塘沽、汉沽、东丽、宁河）、河北（唐山、滦南、张北、康保、沽源、尚义）、辽宁（东港、大连、庄河）、上海（三甲港、朝阳、老港、书院、庙港）（旅鸟）、福建（福清、长乐）发现大滨鹬。在东南沿海的其他迁徙途经地（山东、江苏、浙江等）和越冬地（广东、海南等）未进行调查。

（2）数量

大滨鹬的繁殖区在东西伯利亚一带，冬季沿我国东部沿海迁往南方越冬。越冬地多在长江流域经横断山脉中部至喜马拉雅山一线以南，主要在台湾、海南和南部沿海的最南部。2003 年 1 月 9～20 日和 2004 年 1 月 18 日至 2 月 19 日调查，发现在海南沿海湿地越冬的大滨鹬 9 只（张国钢等，2005）。

本次调查，仅在大滨鹬迁徙途中的部分地区见到大滨鹬，估计其种群数量60 000多只（表 9－101）。这一数量远远不能说明该物种的资源状况，因为大多数迁徙地和所有越冬地并未对其进行调查。

（3）栖息地

大滨鹬主要栖息于浅海湿地、泥质海岸、沼泽湿地、河口岸边、永久性咸水湖、草本沼泽、稻田等，常呈小群活动，以软体动物、昆虫、甲壳类、蠕虫等为食。

表 9－101　大滨鹬分布及数量

分　布	面积（km^2）	密度（只/km^2）	数量（只）
天津	1718	–	5000（迁徙）
河北	—	0. 1371	25 772（迁徙）
辽宁	—	0. 1298	29 124（迁徙）
上海	13. 35	5. 50～7. 85	400（迁徙）
福建	—	—	40（迁徙）
合计			60 336

9.7.2　大杓鹬 *Numenius madagascariensis*

（1）分布

据文献记载，大杓鹬分布于我国东部自东北地区西北部海拉尔、东北部小兴安岭、中部哈尔滨，西至甘肃兰州，南至广东（旅鸟）（郑作新，1976）。大杓鹬在东西伯利亚一带繁殖，冬季沿我国东部沿海迁往南方越冬（张荣祖，1999）。

本次调查，在内蒙古（赤峰以东）和黑龙江（三江平原、东部山地、大兴安岭）发现了大杓鹬的繁殖地。其迁徙途经地包括辽宁（东港、大连、庄河）、上海（杭州湾、九段沙）、浙江（萧山、宁波、瓯海、乐清、镇海）、福建（漳浦、云霄、蕉城、霞浦、泉州、莆田）、河南（淅川）、四川（南充、若尔盖）。

（2）数量

本次调查表明，大杓鹬繁殖种群数量约为19 000只（表9－102）。越冬区（广东、海南）未对该种的越冬种群进行调查。

（3）栖息地

大杓鹬栖息于海滨沙滩、低山丘陵、平原地带的河流、湖泊、芦苇沼泽及附近的湿草地。繁殖地典型生境是有小片耕地和塔头的沼泽草甸。在湿地中的土丘和盐碱地上营巢，巢甚简陋，以地上的凹坑垫以枯草而成。常在未耕种的田地或沼泽的浅水中觅食。主食软体动物、甲壳类、昆虫、小鱼等。

表9－102　大杓鹬分布及数量

分　布	面积（km^2）	密度（只/km^2）	数量（只）
内蒙古	10 000	0.5969	11 969（夏）
辽宁	—	0.1482	18 473（迁徙）
黑龙江	47 125	0.0653	7031（夏）
上海	29.06	1.14～7.67	256（迁徙）
浙江	—	0.1551	90（迁徙）
河南	—	0.000451	3（迁徙）
四川	—	—	100（迁徙）
福建	—	—	160（迁徙）
合计			19 000（夏）

9.7.3　遗鸥 *Larus relictus*

国家Ⅰ级重点保护野生动物；CITES附录Ⅰ。

（1）分布

据文献记载，遗鸥繁殖于内蒙古（乌兰察布盟、巴颜淖尔、伊克昭和阿拉善盟）、甘肃，迁徙时途经山西、河北（北戴河）（郑作新，1976）。

本次调查，在内蒙古（鄂尔多斯、锡林郭勒盟）见到遗鸥的繁殖群体；在甘肃（阿克塞）也见到少量繁殖个体；在新疆（博乐、塔城）未见实体。此外，在陕西省毛乌素沙地南缘神木县的红碱淖（淡水内陆湖泊）发现了少量越冬和繁殖的遗鸥群体，这是迄今发现的中国遗鸥最南部的繁殖地。

（2）数量

据文献记载，1990年在内蒙古鄂尔多斯桃力庙—阿拉善湾海子发现了世界上最大的遗鸥繁殖群，共581个巢，总卵数1272枚（张荫荪等，1991）；1991年6月又在毛乌素沙地腹地的敖贝诺尔发现遗鸥巢624个，雏鸟1000～1100只。以此估计，鄂尔多斯毛乌素沙地中1991年繁殖季节遗鸥的种群总数不少于2730只，包括1115个繁殖对，非繁殖个体不少于500只（高铁军等，1992）。

本次调查表明，全国遗鸥繁殖种群数量约为4700只（表9－103）。

（3）栖息地

遗鸥主要栖于荒漠、戈壁中的湖泊、水库，活动于湖边或湖心岛上。喜欢与红嘴鸥、棕头鸥、白骨顶、雁鸭类等群居。在鄂尔多斯高原，遗鸥栖息于海拔1200m～1500m的沙漠咸水湖和

碱水湖中，水质通常在 pH8.5 以上。在湖中孤岛上营巢，巢由枯草搭织而成，内垫有羽毛。遗鸥在繁殖或越冬时群体较为集中，而且与其他鸥类、鹭类甚至雁鸭类混群。

表 9-103　遗鸥分布及数量

分　布	面积（km^2）	密度（只/km^2）	数量（只）
内蒙古	20	225.3	4499（夏）
甘肃	505	—	1（夏）
陕西	90	—	200（夏）
新疆	—	—	未见实体
合计			4700（夏）

9.7.4　棕头鸥 *Larus brunnicephalus*

（1）分布

据文献记载，棕头鸥分布于新疆西部，青海东部青海湖、扎陵湖以至柴达木盆地，西藏全部湖泊（繁殖鸟），甘肃西北部弱水，山西，河北（旅鸟），云南（旅鸟、冬候鸟）（郑作新，1976）。

本次调查，棕头鸥仅在内蒙古（锡林郭勒盟、赤峰、鄂尔多斯，夏候鸟）、四川（南充、西昌，旅鸟；若尔盖，夏候鸟）、云南（昆明、昭通、耿马、丽江、贡山，冬候鸟）、甘肃（玛曲，夏候鸟；弱水，旅鸟）见到少量个体。棕头鸥的主要分布地西藏和青海未进行调查。

（2）数量

本次调查表明，棕头鸥繁殖种群和越冬种群数量分别为 27 万只和 500 只（表 9-104）。由于缺乏主要分布区（西藏、青海）的调查数据，这一结果不能反映棕头鸥的资源状况，有待进行深入调查。

（3）栖息地

棕头鸥主要栖息于海拔 2000～5000m 的高山、高原湖泊、河流、沼泽、湖心滩上，亦常在水面游泳。繁殖季节可结成数十只的大群，通常在湖泊与河流岸边草地或沼泽地中的干地上营巢。在内蒙古伊克昭盟，在湖中孤岛上营巢。迁徙时主要栖息于湖泊、水库及大的江河中。越冬期间活动于水库、湖泊、河流中。常成群活动，主要以鱼、虾、软体动物、甲壳类和水生昆虫为食。生境植被主要有沼泽草甸、沉水、挺水和浮水植物等。

表 9-104　棕头鸥分布及数量

分　布	面积（km^2）	密度（只/km^2）	数量（只）
内蒙古	10	10.2	102（夏）
重庆	—	—	未见实体
四川	—	0.028	500（夏）
云南	450	—	500（冬）
西藏	—	—	269 384（夏）
甘肃	3917	—	14（夏）
青海	—	—	未调查
合计			27 万（夏）500（冬）

9.7.5　黑嘴鸥 *Larus saundersi*

（1）分布

据文献记载，国内东部沿海从辽宁、河北、山东、江苏、浙江、福建、广东、海南到台湾均有黑嘴鸥分布。黑嘴鸥的繁殖地在辽宁双台子河口和大凌，河北滦河口，山东黄河口以及江苏盐城、大丰、东台，越冬地在江苏沿海以南到台湾。国外分布于朝鲜、日本、越南（郑光美等，1998）。

本次调查，黑嘴鸥见于河北（昌黎、张北、康保、沽源、尚义、乐亭，夏候鸟）、辽宁（东港、锦州、盘锦、盘山、大连、大洼、凌海，夏候鸟）、吉林（镇赉、大安，旅鸟）、山东（昌邑、东营、垦利、潍坊、无棣、沾化，繁殖鸟）、江苏（大丰、盐城、响水、大平、东台，繁殖鸟；射阳、灌云、海滨、大丰、启东，越冬鸟）、浙江（镇海、莼湖、奉化、宁海、椒江、温岭、玉环、乐清、瓯海，冬候鸟）、福建（霞浦、罗源、福清、莆田、南安、云霄、龙海、厦门，冬候鸟）、广东（饶平、海丰、深圳、南澳、湛江、汕尾，冬候鸟）、广西（合浦，冬候鸟）、海南（松涛水库、东寨港、清澜港，冬候鸟）。

（2）数量

据文献记载，我国黑嘴鸥野生种群数量约为3000只。1992年夏季在江苏发现1480只，在盐城有289个巢，大丰和东台有246个巢；在山东黄河口发现约300只成体；在河北滦河口发现4个巢和49只；在辽宁大凌发现9个巢和36只成体。1991年夏季在双台子河口发现1000～1200只成体和370只幼鸟。1993年6月在渤海湾从山东向北到河北、辽宁共发现663只成体和29只亚成体，包括4个繁殖地，其中最大的繁殖地在山东北部的黄河口，在此共见到427只成体和6只亚成体。江苏沿海有较多的黑嘴鸥越冬，1990年1月约为1000只。另在浙江瓯江河口、三门峡、广东陆丰滩涂和福田保护区、山东青岛也有少量分布。1991～1992年冬季在江苏沿海统计的数量为977只（郑光美、王岐山，1998）。1996年3月至1998年3月，辽宁黑嘴鸥种群数量为4390只（万冬梅等，2001）。

本次调查表明，黑嘴鸥繁殖种群数量约为6300只，越冬种群数量约为10 000只（表9－105）。

（3）栖息地

调查表明，黑嘴鸥繁殖期栖息于海堤外潮上带和光泥滩（潮间带）之间，主要植被有芦苇 *Phragmites australis*、三棱镳草 *Scirpus mariqueter*、盐地碱蓬 *Suaeda salsa* 和大米草 *Spartina anglica* 等。随着泥沙的沉积，光泥滩向浅海推进，栖息环境又可分为天然生境（潮间淤泥海滩）和人工生境（鱼塘或虾塘）。

①天然生境：通常位于潮上带或潮间带上缘。植被类型第一为碱蓬群落，属于真盐性肉质盐生植物群落类型，是海滨盐生植被群落演替的先锋群落，多呈团、簇状分布。主要分布在渤海、黄海海潮线以上的近海滩涂，底栖生物有螺类、蟹类和沙蚕等，是黑嘴鸥的主要食物。此环境地势较高，相对干燥的地带是黑嘴鸥最适宜的营巢、产卵地点。第二为三棱镳草、獐茅 *Aeluropus littoralis* 群落。常位于碱蓬群落与芦苇湿地群落之间，是滩涂盐生植被群落演替的顶级群落之一，位于潮间带偏上的部位，是黑嘴鸥巢区分布的边缘。第三为大米草群落。为人工栽植，主要生长在江苏盐城的光滩上，随着滩涂的侵蚀，逐渐向潮间带扩展。土壤含盐量最高，也最容易被海水淹没。底栖生物丰富，是黑嘴鸥的主要觅食地，仅发现少量亚成体营巢，繁殖成功率基本为零。第四为芦苇湿地群落。为河口区的主要植被类型，不具备黑嘴鸥的营巢条件。

②人工生境：可以人为控制潮水和水位，在保护区内修建的人工岛或鱼塘内或多或少保留的干燥地块，其植被与天然生境相差无几，而且比天然生境更有利于黑嘴鸥的繁殖。

黑嘴鸥的越冬生境也主要分为天然生境（浅海水域、潮间淤泥海滩、潮间沙质海滩、潮间盐水沼泽、红树林沼泽、河口水域）和人工生境（鱼、虾塘和盐田），活动频率最高的为海湾和河口的潮间泥质沙滩（78.57%）和鱼、虾塘（27.43%）。

调查表明，黑嘴鸥面临的主要威胁主要有：生境的退化、丧失和破碎化，人类对滩涂资源

的直接利用，天敌，人类活动干扰，环境污染，自然灾害。

表9－105 黑嘴鸥分布及数量

分　布	面积（km^2）	密度（只/km^2）	数量（只）
河北	—	0.0062	1208（夏）
辽宁	—	—	2478（夏）（专项）
吉林	—	—	10（迁徙）
江苏	—	—	1315（夏）1257（冬）（专项）
浙江	—	—	2994（冬）（专项）
山东	—	—	1299（夏）（专项）
福建	—	—	401（冬）（专项）
广东	—	0.03	600（冬）
广西	—	—	4（冬）（专项）
海南	—	—	4744（冬）
合计			6300（夏）1万（冬）

9.8 鹦形目 PSITTACIFORMES

我国有1科，即鹦鹉科，共7种。均为国家Ⅱ级重点保护野生动物。本次对其中的大绯胸鹦鹉进行了调查。

大紫胸鹦鹉 *Psittacula derbiana*

国家Ⅱ级重点保护野生动物；CITES附录Ⅱ。

（1）分布

据文献记载，大紫胸鹦鹉分布于西藏（东南部波密、卓玛、札木、芒康、察隅、朗县、林芝东久、则拉、朗贡、桑昂曲北、科麦、打林、曲松）、四川（西部美姑、宝兴、木里、康定、丹巴、雅江、巴塘、盐源）、云南（临沧、贡山、腾冲、潞西、永德、镇康、德钦、中甸、丽江、永胜、云龙、剑川、漾濞、保山、双江、云县、景东、江城、思茅、镇沅、景谷、景洪、勐海、勐腊、新平、元阳、昆明）（郑光美、王岐山，1998）。

本次调查，大紫胸鹦鹉在西藏（米林、林芝、波密、察隅、墨脱、芒康、江达）、四川（盐边、木里、美姑、金川，另在巴塘访问有分布）、云南（江城，西部、南部、西北部）均有发现。

（2）数量

据文献记载，大紫胸鹦鹉在20世纪70年代分布比较普遍，数量较多，特别在藏东南地区、云南中甸吉沙海拔3400m的杉树林中有较大群活动

本次调查表明，全国大紫胸鹦鹉的数量约为37 000只（表9－106）。

表9－106 大紫胸鹦鹉分布及数量

分　布	面积（km^2）	种群密度（只/km^2）	数量（只）
四川	—	—	4000
云南	20 300	—	18 000
西藏	—	0.3635	15 000
合计			37 000

（3）栖息地

大紫胸鹦鹉多栖息于海拔2000～3700m的山地常绿阔叶林、针阔混交林、松林和杉林地带。10余只或数十只结群在林间活动，啄食松、杉及栗的种籽；嗜食胡桃、板栗。在山地玉米成熟季节，偶见成群飞入耕作地中取食。12月至翌年4月繁殖，在树洞中筑巢，每窝产卵3～4枚。

9.9 鹃形目 CUCULIFORMES

我国有1科，即杜鹃科，计20种。其中国家Ⅱ级重点保护野生动物2种。本次调查了1种，即褐翅鸦鹃。

褐翅鸦鹃 *Centropus sinensis*

国家Ⅱ级重点保护野生动物。

（1）分布

据文献记载，褐翅鸦鹃分布于浙江（西天目山、莫干山、临安、德清、宁波、丽水）、贵州（西南部、南部和东南部地区，如兴义、册亨、望谟、都匀、平塘、榕江等地）、广东、广西、福建、云南（西南部及南部西双版纳、盈江、潞西、双江、耿马、沧源、景东、孟连、思茅、绿春、澜沧、景洪、勐海、勐腊、蒙自、河口、师宗、文山）、海南（吊帽山、琼山、文昌、琼中、东方、乐东、保亭、霸王岭林区、吊罗山林区）（郑光美、王岐山，1998）。

本次调查，褐翅鸦鹃见于浙江（象山、临海）、福建（莆田、仙游、福清、莆田城厢区、安溪、德化、大田、古田、惠安、集美、建瓯、漳浦、龙海、洛江、南安、南靖、泉港、清流、上杭、同安、厦门、永定、延平、永泰、诏安、福州）、广东（兴宁、五华、连平、龙川、紫金、连山、连州、英德、乳源、曲江、始兴、丰顺、源城、新丰江、博罗、惠城、陆河、潮阳、澄海、南澳、潮安、揭西、深圳、东莞、清城、新丰、四会、德庆、南海、高明、新会、台山、开平、恩平、鹤山、云安、郁南、增城、中山、湛江、徐闻、雷州、廉江、信宜、高州、化州、电白、阳春）、贵州（除文献记载的分布区外，还在织金、纳雍、安顺、镇宁、关岭、紫云等地有发现）、海南（琼山、文昌、琼海、万宁、定安、屯昌、澄迈、临高、儋州、琼中、白沙、昌江、东方、乐东、通什、保亭、三亚、陵水、霸王岭林区、五指山林区、吊罗山林区、南开、大田、南湾、松涛水库、东寨港、清澜港）、云南（金平、普洱）、广西（全境）等地。

（2）数量

本次调查表明，全国褐翅鸦鹃的种群数量约为52万只（表9－107）。其中云南约有26 000只，据西双版纳、思茅等地群众反映，褐翅鸦鹃最近几年数量有逐渐上升的趋势。广东褐翅鸦鹃的种群数量为26 000只左右，与历史的数量相比没有明显的变化，在一些地区种群数量有所增加，其中森林及灌丛栖息地中褐翅鸦鹃种群数量是3900只，种群平均密度是0.20只/km^2，农田栖息地中褐翅鸦鹃种群数量是22 700只，种群平均密度是0.43只/km^2。广西褐翅鸦鹃的种群数量约为33.4万只，其中百色、环江、都安、田东、天峨、宜州、南丹等地种群数量均在10 000只以上。根据分布密度的高低，广西褐翅鸦鹃分布区可分为3个密度等级：高密度区（分布密度大于7.91只/km^2）有一个县，即河池；中密度区（分布密度在1～7.91只/km^2之间）有65个县，其平均密度为2.164只/km^2；低密度区（分布密度在1只/km^2以下的县）共有23个县，平均密度是0.679只/km^2。

（3）栖息地

褐翅鸦鹃为地栖性鸟类，主要栖息于海拔300～800m丘陵山地的矮树林、灌丛、竹林和草丛中，尤喜在耕作区边缘或山塘周围的灌木丛及小溪边的芦苇丛中活动，多单独活动，有时到花生、红茹等旱地里寻找食物，广西石灰岩山区也有分布。

表 9－107　褐翅鸦鹃分布及数量

分　布	面积（km^2）	密度（只/km^2）	数量（只）
浙江	—	—	800
江西	—	0.0951	15 000
广东	—	—	26 000
广西	—	—	334 000
海南	—	—	110 060
贵州	—	—	6000
云南	28 500	—	26 000
福建	—	—	2140
合计			52 万

9.10　犀鸟目 BUCEROTIFORMES

我国有 1 科 4 属 5 种，均为国家Ⅱ级重点保护野生动物。本次调查了 4 种。

9.10.1　白喉犀鸟 *Anorrhinus tickelli*

国家Ⅱ级重点保护野生动物；CITES 附录Ⅱ。

（1）分布

据文献记载，白喉犀鸟在国内分布于云南西南部西双版纳勐腊、西藏东南部（郑作新，1976）。

本次调查，仅在云南勐海记录到白喉犀鸟。西藏未发现。

（2）数量

白喉犀鸟属于分布狭窄、数量稀少的鸟类，估计只有 4～8 只。

（3）栖息地

栖息于海拔 600～800m 的热带雨林中，常在高大榕树上啄食榕果。

20 世纪 60 年代以来，由于热带雨林被大量砍伐，白喉犀鸟栖息地受到严重破坏。随着云南边境地区的经济开发，热带森林的面积可能还会减少，威胁还将加剧。

9.10.2　棕颈犀鸟 *Aceros nipalensis*

国家Ⅱ级重点保护野生动物；CITES 附录Ⅰ。

（1）分布

据文献记载，棕颈犀鸟分布于云南（西南部西双版纳勐腊、红河、金平、景洪小勐养保护区）、西藏（东南部墨脱）（郑作新，1976）。

本次调查，棕颈犀鸟在西藏（墨脱县南部地区）、云南（景洪）有记录。

（2）数量

棕颈犀鸟属于分布区狭小、数量稀少的鸟类。本次调查表明，全国棕颈犀鸟的数量 220 只左右（表 9－108）。其中云南棕颈犀鸟分布区没有明显变化，分布于西双版纳自然保护区核心地带，但数量明显减少，仅为 20 只。

（3）栖息地

棕颈犀鸟栖息于热带雨林林间高大阔叶树上，栖息地海拔 1500m 以下，常活动于热带、亚热带常绿阔叶林内，很少在地面活动，在距地面很高的天然树洞中营巢。数量减少的主要原因是热带森林质量下降，生境品质恶化。随着云南边境地区的经济开发，热带森林的面积可能会减少，这种情形对犀鸟的生存有不利影响。

表 9－108　棕颈犀鸟分布及数量

分　布	面积（km^2）	种群密度（只/km^2）	数量（只）
云南	2410	—	20
西藏	—	—	200
合计			220

9.10.3　冠斑犀鸟 *Anthracoceros albirostris*

国家Ⅱ级重点保护野生动物；CITES 附录Ⅱ。

（1）分布

据文献记载，冠斑犀鸟分布于云南（德宏、临沧、思茅、西双版纳、潞西、盈江、瑞丽、永德、耿马、沧源、孟连、景洪、勐海、勐腊）、西藏（东南部）、广西（隆安、崇左、大新、宁明、龙州、靖西、那坡、德保、凭祥、大明山及西大明山、小明山林区、十万大山林区）（郑光美、王岐山，1998）。

本次调查，冠斑犀鸟见于广西（隆安、崇左、大新、宁明、龙州）、云南（景东）。西藏未调查。

（2）数量

调查表明，全国冠斑犀鸟的种群数量约为 250 只。其中，广西 150 只，云南 100 只。其中在广西，冠斑犀鸟在各地的数量为：隆安县的屏山 12～16 只，西大明山林区 55～70 只，大新县的恩城、下雷乡有 23～30 只，宁明县的陇瑞白头叶猴保护区内有 30～40 只，龙州的上降和弄岗保护区有 22～30 只。

（3）栖息地

冠斑犀鸟栖息于海拔 600～1300m 热带和亚热带地区森林的巨木上，常结成小群活动，在高大树木的树洞中营巢。

冠斑犀鸟分布范围有所缩小，与阔叶林的不断减少、非法捕猎有很大关系。

表 9－109　冠斑犀鸟分布及数量

分　布	面积（km^2）	密度（只/km^2）	数量（只）
广西	—	—	150
云南	6980	—	100
西藏	—	—	未调查
合计			250

9.10.4　双角犀鸟 *Buceros bicornis*

国家Ⅱ级重点保护野生动物；CITES 附录Ⅰ。

（1）分布

据文献记载，双角犀鸟分布于云南（勐腊、景洪、耿马、瑞丽、沧源、盈江那邦）、西藏（东南部）（郑作新，1976）。

本次调查双角犀鸟见于西藏（墨脱南部地区）、云南（勐腊）。

（2）数量

我国是双角犀鸟分布区的北缘地带，数量较少。本次调查表明，全国双角犀鸟的种群数量

约 270 只（表 9－110），其中云南 10 只，西藏 260 只。

（3）栖息地

双角犀鸟栖息于海拔 200～1000m 的热带雨林及季雨林中，常见成对或单个栖于高大榕树等乔木树上。

表 9－110　双角犀鸟分布及数量

分　布	面积（km^2）	密度（只/km^2）	数量（只）
云南	2080	—	10
西藏	—	0.0516	260
合计			270

9.11　雀形目 PASSERIFORMES

我国有 44 科 744 种。本次调查了 6 种，即百灵科的蒙古百灵、云雀，椋鸟科的鹩哥，画眉科的黑喉噪眉、画眉、银耳相思鸟，燕雀科的血雀。

9.11.1　蒙古百灵 *Melanocorypha mongolica*

（1）分布

据文献记载，蒙古百灵分布于我国东北、西北、西南部地区，见于陕西（北部）、内蒙古（中部鄂尔多斯）、河北（张家口、河北平原）、青海（东部、东南部）、甘肃（西部）、辽宁（绥中）、山西（太原、方山、交城、宁武、五寨）（郑作新，1976）。

本次调查，蒙古百灵见于内蒙古（由东向西分布于呼伦贝尔至巴彦淖尔广阔的草原中）、河北（坝上草原、冀西、冀北山地，如唐山、迁安、唐海、抚宁、卢龙、磁县、武安、宣化、张北、康保、沽源、尚义、蔚县、阳原、怀安、万全、怀来、崇礼、丰宁、围场、安新）、吉林（镇赉保民、大岗以北、洮南的胡力吐、万宝以西、通榆向海自然保护区西部与内蒙古接壤的狭长地带）、辽宁（朝阳、北票、凌海、兴城、绥中、庄河）、黑龙江（松嫩平原的西部地区，包括龙江、泰来、泰康、安达、大庆）、宁夏（贺兰山、永宁、平罗、盐池、同心等的草原和荒漠中）。山西、陕西、北京调查未发现。

（2）数量

本次调查表明，全国蒙古百灵繁殖种群数量约 520 万只，越冬种群数量 100 万只（表 9－111）。蒙古百灵在内蒙古、河北一带数量较多，宁夏数量较少。在河北为留鸟，数量约 100 万只。其中冀北山地 14.5 万只，冀西山地 46 000 只，坝上草原 80 万只，河北平原 9400 只。宁夏约有蒙古百灵 300 只，其中草原地区约有 115 只，密度 0.002449 只/km^2，荒漠地区约有 192 只，密度 0.011111 只/km^2。

（3）栖息地

蒙古百灵栖息于开阔的草原和荒漠草原，植被组成以多年生草本植物针茅和羊草为主，高飞时直飞如云，如云雀一般。在地面善奔跑，可见结大群迁飞。在杂草丛生的凹坑中营巢，多隐蔽于杂草之间，巢由杂草组成。生境已呈斑块状分布，对其种群有一定影响。

表 9－111　蒙古百灵分布及数量

分　布	面积（km^2）	密度（只/km^2）	数量（只）
北京	—	—	未发现
河北	—	—	100 万（冬）
山西	—	—	未发现

（续）

分　布	面积（km^2）	密度（只/km^2）	数量（只）
内蒙古	—	—	518.22 万（夏）
辽宁	—	—	旅鸟
吉林	—	—	500（夏）
黑龙江	—	—	17 000（夏）
陕西	—	—	未发现
甘肃	—	—	未调查
宁夏	7300	—	300（夏）
青海	—	—	未调查
合计			520 万（夏）100 万（冬）

9.11.2　云雀 *Alauda arvensis*

（1）分布

据文献记载，自新疆（西部喀什、北部准噶尔盆地）、东北地区北部呼伦贝尔、博克图、满州里、大兴安岭根河、齐齐哈尔、小兴安岭、营口、绥中、乌苏里、长白山，至东北地区西南部赤峰、河北、河南，西抵甘肃北部，南至江苏沙卫山岛、长江中、下游地区、福建、广东北部均有云雀分布。四川（南充）、河南（全省）、浙江（杭州、临安、定海、宁波、温州、衢州）、辽宁（丹东、凤城、本溪、桓仁、盘锦、旅顺、庄河、熊岳、大洼、凌海、北宁）、湖南（江口鸟类自然保护区、岳麓山地区、长沙、酃县桃源洞自然保护区、新宁、东安、武冈、城步、绥宁、洞口、隆回、邵阳、索溪峪自然保护区、浏阳大围山实验林场、永州都庞岭自然保护区、桃源黑山自然保护区）也有其分布（郑作新，1976）。

云雀在河北以北及西北地区繁殖，迁徙时遍及东部地区，越冬于华南地区。本次调查，云雀发现于北京（延庆、门头沟、密云、昌平、大兴）、黑龙江（全境）、江西（湾里、南昌、安义、九江、修水、德安、星子、彭泽、瑞昌、渝水、分宜、贵溪、余江、石城、丰城、樟树、高安、奉新、万载、宜丰、铜鼓、婺源、井冈山、吉安、吉水、永丰、遂川、安福、崇仁，金溪、资溪、广昌）、福建（广布）、山东（全境）、江苏（广布）、辽宁（本溪溪湖区、抚顺、清原、新宾、辽阳、灯塔、阜新、朝阳、北票、建平、喀左、凌源、兴城、绥中、连山、新民、法库）、四川（郫县、金堂、阆中、剑阁、安岳、荣县、射洪、绵竹、屏山、洪雅、邻水、开江）、新疆（北疆地区、东疆盆地、塔里木盆地西部和南部、阿尔泰山、天山西部、南部）、浙江（杭州、萧山、临安、富阳、桐庐、建德、淳安、余姚、慈溪、江北、镇海、北仑、鄞县、宁海、诸暨、新昌、金华、兰溪、武义、浦江、衢县、三门、椒江、路桥、温岭、玉环、苍南、洞头、龙泉、青田、岱山）、天津（全市）、上海（浦东、闵行、宝山、嘉定、青浦、松江、金山、奉贤、宝山陈行水库、南汇书院边滩、崇明东滩的东旺沙和崇明、东风农场）、山西（运城、稷山、武乡、中阳、山阴、平鲁、怀仁、安泽、翼城、临汾、介休、寿阳、昔阳）、吉林（广布）、内蒙古（呼伦贝尔至巴彦淖尔乌拉特中旗的草原）、甘肃（兰州、天祝、山丹、肃南、陇东、甘南）、河北（全省）、河南（郑州、安阳、开封、商丘、洛阳、平顶山、周口、驻马店、焦作、许昌、漯河、三门峡、信阳、南阳）、湖北（江汉湖群地区）、湖南（山区及丘陵区）、陕西（广布）等地。

（2）数量

本次调查表明，云雀繁殖种群数量约 98 万只，越冬种群数量约 110 万只（表 9 – 112）。

（3）栖息地

云雀栖息于开阔的草原和平原地区，仅在地面活动，从不栖息于树枝上，有时骤然从地面垂直冲向天空。正常飞行起伏不定，常结群飞行。鸣叫声嘹亮。营巢环境多选择在近水的草地、荒坡、田边、地头、田间和荒地中。常在开阔的多草地面营巢。

表 9－112　云雀分布及数量

分　布	面积（km^2）	密度（只/km^2）	数量（只）
北京	—	—	不详（旅鸟）
上海	—	—	11.0 万（冬）
天津	11 305	—	不详（旅鸟）
河北	—	—	44.3 万（夏）
山西	—	—	2.1 万（夏）
内蒙古	—	—	6.3 万（夏）
辽宁	—	0.0681	8000（夏）
吉林	34 100	—	6.5 万（夏）
黑龙江	—	—	8.0 万（夏）
江苏	—	—	3.22 万（冬）
浙江	—	—	9.0 万（冬）
福建	—	—	8670（冬）
江西	—	0.7006	11.6 万（冬）
山东	—	—	32.9 万（冬）
河南	—	—	9.73 万（夏）18.8 万（冬）
湖北	—	—	15.0 万（冬）
湖南	—	—	800（冬）
广东	—	—	调查对象错误
四川	—	—	未发现
西藏	—	—	2100（夏）
陕西	—	—	1.4 万（冬）
甘肃	25 180	—	7.0 万（冬）
青海	—	—	未调查
新疆	—	0.08007	600（夏）
合计			98 万（夏）110 万（冬）

9.11.3　鹩哥 *Gracula religiosa*

CITES 附录Ⅱ。

（1）分布

据文献记载，鹩哥分布于云南（西部及南部，如盈江、瑞丽、景洪、勐海、勐腊）、广西（南部，如龙州、宁明、大新、凭祥）、海南（琼中、白沙、东方、乐东、保亭、陵水、霸王岭林区、尖峰岭林区、五指山林区、吊罗山林区）、西藏（东南部）（郑作新，1976）。

本次调查，鹩哥发现于广西（龙州响水乡、四清一带）、海南（琼山、乐东、通什、尖峰岭林区）、云南（澜沧、景洪）、福建（长汀、三明梅列区、南靖）。

（2）数量

据文献记载，20 世纪 50 年代在海南可见到 10～20 只、甚至更多数量的鹩哥种群一起觅食，目前数量已很稀少。本次调查，全国鹩哥种群数量约为1900只（表9－113）。

（3）栖息地

鹩哥喜结群在丘陵山地活动，亦生活于开阔的田地边缘或长绿阔叶林林缘，大多3～5只成群聚集在果树上觅食，冬季可结成10～20只的群体进行觅食活动，营巢于树洞中，有利用啄木鸟旧巢的行为。在云南常见其与椋鸟和八哥混群。

表9－113　鹩哥分布及数量

分　布	面积（km^2）	密度（只/km^2）	数量（只）
广西	—	—	30
海南	—	—	470
云南	5740	—	1236
西藏	—	—	未调查
福建	—	—	164
合计			1900

9.11.4　画眉 *Garrulax canorus*

CITES附录Ⅱ。

（1）分布

据文献记载，自甘肃南部岷县、陕西南部、河南南部、湖北、安徽、江苏以南，四川峨眉山、宝兴，云南西部以东的大陆地区至海南、台湾均有画眉分布（郑作新，1976）。画眉也见于浙江（杭州、富阳、临安、舟山、宁波、金华、开化、乐清、泰顺、丽水、云和、龙泉、嘉兴、三门、宁海、象山、鄞县）、四川（成都、南充、苍溪、万源、邻水、宜宾、屏山、叙永、乐山、峨眉、甘洛、马边、峨边、雅安、天全、宝兴、会东、彭县、都江堰、九龙）、海南（文昌、儋州、琼中、白沙、东方、乐东、保亭、陵水、五指山林区、吊罗山林区）、重庆（城口、巫溪、万州、云阳、奉节、丰都、巫山、南川、石柱、武隆、綦江、秀山、开县、忠县、合川、渝北、长寿、涪陵、沙坪坝、大渡口、九龙坡、渝中、江北、巴南、南岸）、云南（潞西、耿马、双江、澜沧、孟连、景东、镇沅、江城、新平、江川、易门、玉溪、双柏、大姚、漾濞、鹤庆、景洪、勐海、勐腊、蒙自、河口、昆明、师宗、永善、绥江、盐津）、贵州（北部、东北部、南部、西南部和东南部地区，如习水、赤水、遵义、金沙、绥阳、江口、贵定、都匀、罗甸、兴义、兴仁、安龙、册亨、望谟、雷山、榕江）、上海（广布）、广东、河南（大别山、桐柏山区、伏牛山区、太行山区）、湖南（长沙、永顺、常德、浏阳、衡山、邵东、醴陵、武冈、东安、耒阳、湘西八大公山、鸟州自然保护区、郴县五盖山林场、八面山自然保护区、岳麓山地区、壶瓶山自然保护区、武陵源、莽山自然保护区、酃县桃源洞自然保护区、新宁、东安、武冈、城步、绥宁、洞口、隆回、邵阳、索溪峪自然保护区、东洞庭湖自然保护区、浏阳大围山实验林场、都庞岭自然保护区、桃源黑山自然保护区）。

本次调查，画眉见于海南（琼山、文昌、琼海、万宁、定安、屯昌、澄迈、临高、儋州、琼中、白沙、昌江、东方、乐东、通什、保亭、三亚、陵水、霸王岭林区、尖峰岭林区、五指山林区、吊罗山林区、南开、大田、松涛水库、东寨港）、重庆（城口、巫溪、万州、云阳、奉节、巫山、丰都、石柱、南川、武隆、彭水、黔江、江津、綦江、万盛、酉阳、秀山、开县、梁平、忠县、合川、垫江、涪陵、铜梁、巴南、永川、荣昌）、云南（宣威、大姚、玉溪、江川、易门、砚山、景东、镇沅、漾濞、鹤庆、德钦、双江）、福建（顺昌、沙县、三明三元区、莆田、仙游、福清、安溪、长汀、武平、长泰、德化、大田、福安、光泽、惠安、华安、福州晋安区、集美区、建瓯、建阳、连城、漳浦、龙海、罗源、泉州洛江区、闽侯、闽清、三明梅

列区、南安、蕉城、宁化、南靖、平和、浦城、屏南、政和、古田、清流、明溪、上杭、邵武、松溪、永安、同安、泰宁、武夷山、永春、永定、延平、永泰、尤溪、诏安、漳平)、江西（南昌郊区、湾里、安义、进贤、浮梁、乐平、上栗、芦溪、湘东、莲花、武宁、修水、永修、德安、星子、都昌、湖口、彭泽、瑞昌、渝水、分宜、鹰潭、贵溪、赣州、赣县、南康、信丰、大余、上犹、崇义、安远、龙南、定南、全南、宁都、于都、兴国、瑞金、会昌、寻乌、石城、宜春、丰城、樟树、高安、奉新、万载、上高、宜丰、靖安、铜鼓、上饶、德兴、广丰、玉山、铅山、横峰、余干、波阳、万年、婺源、井冈山、吉安、吉水、峡江、新干、永丰、泰和、遂川、万安、安福、南城、东乡、崇仁、乐安、宜黄、金溪、资溪、黎川、广昌)、湖南（广布)、河南（郑州、安阳、开封、商丘、洛阳、平顶山、周口、驻马店、焦作、许昌、漯河、三门峡、信阳、南阳)、广东（蕉岭、大埔、平远、兴宁、五华、连平、龙川、紫金、连南、连山、连州、阳山、英德、乳源、曲江、乐昌、仁化、南雄、始兴、丰顺、东源、新丰江、惠阳、博罗、龙门、惠城、潮安、揭东、揭西、东莞、清新、清城、新丰、怀集、南海、台山、开平、恩平、鹤山、云安、新兴、郁南、花都、增城、番禺、中山、廉江、信宜、高州、阳春、阳东)、上海（西部佘山丘陵的横山、天马山)、浙江（余杭、萧山、临安、富阳、桐庐、建德、淳安、余姚、慈溪、北仑、江北、鄞县、奉化、象山、宁海、上虞、诸暨、嵊州、新昌、长兴、湖州、安吉、德清、金华、兰溪、武义、永康、义乌、东阳、磐安、浦江、开化、常山、衢县、龙游、江山、三门、临海、黄岩、温岭、天台、仙居、乐清、瓯海、瑞安、文成、平阳、苍南、泰顺、永嘉、丽水、遂昌、松阳、缙云、龙泉、庆元、云和、景宁、青田、嵊泗、定海、普陀)、安徽（江淮丘陵、沿江平原、皖南山区、大别山区，如宣州、黄山、池州、马鞍山、芜湖、铜陵、安庆、巢湖、六安、合肥、滁州)、四川（金川、平武、汶川、石棉、会东、青川、马边、天全、荣县、南江、古蔺、万源、高县、剑阁、安岳、洪雅、屏山、绵竹、邻水，另在阆中、松潘访问有)、贵州（毕节、黔西、大方、织金、纳雍、赫章、威宁、安顺、紫云、镇宁、关岭、普定、平坝)、甘肃（陇东南地区天水、康县、岷县山地)、陕西（秦巴山区)、广西（广布)、江苏（广布)、河北（冀西、冀北山区、丰宁)、湖北（广布）等地。

（2）数量

画眉在我国南方地区分布比较广泛，20 世纪 70 年代野外种群非常庞大，80 年代以后，养鸟人增多，画眉市场需求量大大增加，对画眉的捕捉强度很高，数量明显下降。

本次调查表明，全国画眉繁殖种群数量约为 580 万只，越冬种群数量仅有 3 个省的数据，约为 31 万只（表 9－114)。湖南约有 1623 只画眉，其中森林灌丛种群密度为 7.490324 只/km^2，约 100 万只，农田密度 8.228536 只/km^2，约 62 万只，湿地密度 0.651598 只/km^2，约 5910 只。广西的画眉种群数量约 116 万只，按分布密度的高低划分为 3 个等级区：高密度区——分布密度在 23.556 只/km^2 以上的县，有田林、乐业和天峨 3 个县，平均密度为 24.43 只/km^2，其中田林县资源储量最高，约有 14 万只，分布密度高达 25.048 只/km^2；中密度区——分布密度在 1～23.55 只/km^2 之间，共有 65 个县，其平均密度为 6.786 只/km^2；低密度区——分布密度在 1 只/km^2以下，共有 13 个县，平均密度为 0.822 只/km^2。安徽有画眉 52 万只，其中在森林灌丛中有460 280 ± 107 031只，种群密度为 11.4 只/km^2；在农田中有59 822 ± 6482 只，种群密度为 1.19 只/km^2。

（3）栖息地

画眉栖息于中低山林缘、丘陵及水域边的灌丛中，常到山区村边的灌丛、竹林中活动，营巢于距地面 0.3～2m 的灌丛或矮木上。巢呈浅碗状，每窝产卵 3～5 枚。画眉善鸣叫，声音嘹亮，悦耳动听。

表 9－114　画眉分布及数量

分　布	面积（km²）	密度（只/km²）	数量（只）
上海	—	—	800（夏）
重庆	—	—	6000（夏
河北	—	—	不详（旅鸟）
江苏	—	—	1.4 万（夏）
浙江	—	—	35.9 万（夏
安徽	—	—	52.0 万（夏）
江西	—	1.8996	15.9 万（夏）8.8 万（冬
河南	—	—	24.0 万（夏）8.1 万（冬）
湖北	—	2.8709	35.0 万（夏）
湖南	—	—	162.0 万（夏）
广东	—	—	5.7 万（夏）
广西	228 550	—	115.8 万（夏）
海南	—	—	48.22 万（夏）
四川	—	—	2.5 万（夏）
贵州	—	—	61.3 万（夏）
云南	41 000	—	2.6 万（夏）
西藏	—	—	未调查
福建	—	—	15 860（迁徙）
陕西	—	—	14.1 万（夏）
甘肃	31 701	0.49416	2.0 万（夏）
合计			580 万（夏）31 万（冬）

9.11.5　黑喉噪鹛 *Garrulax chinensis*

（1）分布

据文献记载，黑喉噪鹛分布于浙江（宁波）、云南（南部、西部的潞西、盈江、瑞丽、云县、沧源、景东、思茅、澜沧、江城、绿春、景洪、勐海、勐腊、蒙自、河口、金平、西筹、富宁）、广西、海南（文昌、儋州、琼中、白沙、昌江、东方、乐东、保亭、陵水、霸王岭林区、五指山林区、吊罗山林区）、广东（各地均有分布）（郑作新，1976）。

本次调查，黑喉噪鹛发现于浙江（永康）、广东（连州、英德、乳源、曲江、乐昌、博罗、揭西、湛江、高明、阳西）、广西（南部、西北部）、海南（琼山、文昌、琼海、万宁、定安、屯昌、澄迈、临高、儋州、琼中、白沙、昌江、东方、乐东、通什、保亭、三亚、陵水、霸王岭林区、尖峰岭林区、五指山林区、吊罗山林区、南开、大田、松涛水库、东寨港、清澜港）、云南（西筹、富宁、云县）。

（2）数量

本次调查，全国黑喉噪鹛的种群数量约为 58 万只（表 9－115）。

表 9－115　黑喉噪鹛分布及数量

分　布	面积（km²）	密度（只/km²）	数量（只）
浙江	—	—	500
广东	—	—	5900
广西	150 421	—	20.8 万
海南	—	—	34.42 万
云南	18 400	—	1.74 万
合计			58 万

（3）栖息地

黑喉噪鹛栖息于丘陵和中低山的阔叶林、针阔混交林及林缘的高灌丛中，也常在河边、水库边的灌丛中活动。常结小群在次生林、竹丛或下木茂密处躲躲闪闪地跳动。黑喉噪鹛是一种名贵观赏鸟，近几年野外资源不断减少，分布区面积在逐渐缩小，需加强保护。

9.11.6　银耳相思鸟 *Leiothrix argentauris*

CITES 附录Ⅱ。

（1）分布

据文献记载，银耳相思鸟分布于云南（潞西、盈江、瑞丽、腾冲、保山、镇康、永德、耿马、沧源、景东、景谷、思茅、澜沧、江城、绿春、景洪、勐海、勐腊、金平、西筹、富宁）、西藏、广西、贵州（郑作新，1976）。

本次调查，银耳相思鸟发现于广西（龙州、宁明、大新、百色、凌云、融安、乐业、隆林、田林、西林、田阳、那坡、田东、平果、德保、靖西）、云南（镇沅）。贵州未发现。

（2）数量

本次调查表明，全国银耳相思鸟种群数量约为 14 万只（表 9 – 116）。其中广西银耳相思鸟种群数量约为 11.5 万只，以百色地区的资源最为丰富。其中数量最多的是百色县，有32 662只，分布密度为 8.818 只/km^2；中密度区有 9 个县，分布密度在 1 ~ 8 只/km^2 之间，平均密度为 3.199 只/km^2；低密度区有 6 个县，分布密度均在 1 只/km^2 以下，平均密度为 0.673 只/km^2。

（3）栖息地

银耳相思鸟常成群栖息于海拔 1000m 左右的常绿阔叶林、灌丛和竹林间，繁殖期成对活动，平时结小群活动。

表 9 – 116　银耳相思鸟分布及数量

分　布	面积（km^2）	密度（只/km^2）	数量（只）
贵州	—	—	未调查
广西	44 574	—	11.5 万
云南	23 500	—	2.5 万
西藏	—	—	未调查
合计			14 万

9.11.7　血雀 *Haematospiza sipahi*

（1）分布

据文献记载，血雀分布于西藏东南部、云南（西部怒江与龙川江间山脉及南部腾冲、盈江、福贡、沧源、景东、丽江）（郑作新，1976）。

本次调查，血雀见于云南。西藏未调查。

（2）数量

本次调查表明，云南血雀种群数量约为 4000 只。

（3）栖息地

血雀喜针叶林或亚热带山地林，通常于林间空隙或林缘地带单独或结单性小群活动，以昆虫、种子、浆果为食。

第 10 章 兽类资源状况

我国是世界上兽类种类最丰富的国家之一，拥有 13 目 55 科 607 种（王应祥，2003）。其中包括国家Ⅰ级重点保护野生动物 49 种，国家Ⅱ级重点保护野生动物 80 种。

全国陆生野生动物资源调查，对 7 目 20 科 78 种兽类进行了调查，其中包括灵长目 20 种，鳞甲目 1 种，食肉目 17 种，长鼻目 1 种，奇蹄目 2 种，偶蹄目 33 种，啮齿目 4 种。

10.1 灵长目 PRIMATES

我国有 4 科 22 种，即懒猴科（2 种）、猴科（14 种）、长臂猿科（5 种）、人科（1 种）。（王应祥，2003），包括国家Ⅰ级重点保护野生动物 7 种，国家Ⅱ级重点保护野生动物 3 种。

全国陆生野生动物资源调查对 20 种灵长目动物进行了调查。

10.1.1 蜂猴 *Nycticebus bengalensis*

国家Ⅰ级重点保护野生动物；CITES 附录Ⅰ。

（1）分布

据文献记载，蜂猴在国内分布于云南（盈江、临仓、金平、景洪、勐海、绿春、芒市、屏边、河口、个旧、建水、元阳、红河、耿马、勐自、文山、沧源、永德、贡山）、广西（宁明、龙州、凭祥、桂平、武宣、靖西）（张荣祖，1997）。

本次调查表明，蜂猴分布于云南的金平、绿春、元阳、红河、河口、屏边、蒙自、个旧、勐腊、勐海、景洪、马关、麻栗坡、江城、思茅、普洱、景谷、景东、镇沅、新平、元江、勐连、澜沧、西盟、沧源、双江、耿马、临沧、镇康、腾冲（中缅边境区）、泸水（中缅边境区）、瑞丽、陇川、盈江、潞西。

广西未发现。

（2）数量

我国是蜂猴分布区的北缘，数量非常稀少。据文献记载，蜂猴在广西西南部宁明已经绝迹，仅靖西、龙州、凭祥可能尚有部分残存（吴名川，1983、1993；马世来、王应祥，1988）；蜂猴在云南中部无量山和哀牢山已高度濒危，残存数量可能不及 50 只，在云南南部和西部，蜂猴分布面积 300 ~ 500km^2，数量约 1500 ~ 2000 只（马世来、王应祥，1988）。

本次调查表明，全国约有 630 只蜂猴（表 10 – 1）。其中云南省蜂猴的数量减少了近 2/3。除南部红河州和西双版纳外，其余地（州）包括哀牢山、无量山、老君山（马关、麻栗坡）、威

远江、菜阳河、南滚河、铜壁关等自然保护区的蜂猴均已高度濒危，总数量不超过250只。而在文山州东部的富宁可能已经绝迹。蜂猴种群数量减少的主要原因有种群过小、增长率低和人类猎杀等。

（3）栖息地

蜂猴为典型的东南亚热带动物。栖息生境局限于海拔1800m，尤其是1000m以下的热带雨林、季雨林和南亚热带季风常绿阔叶林。在云南的分布北限为中部景东无量山和新平哀牢山的低海拔地区。但自20世纪70年代以来，蜂猴的栖息地不断遭到破坏，面积逐渐缩小。迄今，云南蜂猴栖息地较60年代约减少一半左右，而且栖息地质量不断下降。热带雨林、季雨林和季风常绿阔叶林的破坏是导致蜂猴濒危的主要原因。

表 10－1　蜂猴分布及数量

分　布	面积（km^2）	密度（只/km^2）	数量（只）
云南	8401	—	630
广西	—	—	未发现

10.1.2　倭蜂猴 *Nycticebus pygmaeus*

国家Ⅰ级重点保护野生动物；CITES附录Ⅰ。

（1）分布

据文献记载，倭蜂猴在国内仅分布于云南的文山、蒙自、马关、麻栗坡、屏边、河口等（张荣祖，1997；汪松，1998）。

本次调查，倭蜂猴见于云南中越边境沿线的2州5县：河口、屏边、金平、马关、麻栗坡。

（2）数量

本次调查表明，全国约有90只倭蜂猴（表10－2）。

倭蜂猴是亚洲灵长类动物中分布最狭窄、数量最少的濒危物种。云南东南缘的几个分布点是其分布的北限区域，数量更为稀少，直至1985年才在该区获得2个标本。此次调查未见实体，访问知晓的为数不多，如不加大保护力度，将有绝迹的危险。

（3）栖息地

倭蜂猴主要栖息于海拔600m以下的热带雨林和季雨林带，其栖息地在云南狭小的分布区中已经很少而且较破碎。热带雨林、季雨林被砍伐和较低的种群增长率是倭蜂猴的主要致危因素。

表 10－2　倭蜂猴分布及数量

分　布	面积（km^2）	密度（只/km^2）	数量（只）
云南	1810	—	90

10.1.3　猕猴 *Macaca mulatta*

国家Ⅱ级重点保护动物；CITES附录Ⅱ。

（1）分布

据文献记载，猕猴在国内分布于河北（兴隆）、山西（中条山、垣曲、阳城、翼城、晋城、芮城）、浙江（安吉、衢县、浙西、浙南、富阳、江山、龙泉、临安、遂昌、泰顺）、安徽（黄山、贵池、宁国、东至、黟县、休宁、歙县、青阳、旌德、绩溪、祁门、宣城、太平、黄山）、福建（光泽、建阳、武夷山、浦城、屏南、周宁、建瓯、龙溪、三明、沙县、泰宁、邵武、连城、龙岩、上杭、永泰、永春）、江西（安远、泰和、井冈山、宁都、萍乡、崇义、宁冈）、河南（济源、辉县、沁阳、修武、博爱）、湖北（兴山、宜昌、神农架、秭归）、湖南（常德、新宁、城步、桂东、永顺、张家界、慈力、桑植）、广东（连平、阳山、兴宁、平源、罗浮山、担杆群岛、深圳、英德、乳源、惠东、怀集、连州）、广西（靖西、龙州、上思、宁明、全州、天峨、罗城、百色、崇左、德保、田林、桂西、龙胜、河池）、四川（美姑、雷波、木里、巴塘、德格、康定、峨眉山、万县、茂汶、宜宾、汶川、米易、雅江、邓柯、邛崃、南江、青川、南坪、平武、万源、若尔盖、古蔺、乡城、盐源、巫山、灌县、南川、涪陵）、贵州（遵义、兴义、雷山、松桃、江口、印江、石阡、余庆、正安、绥阳、桐梓、习水、开阳、贵阳、清镇、瓮安、三都、独山、惠水、长顺、望谟、册亨、安龙、梵净山、荔波）、云南（永德、耿马、金平、勐腊、景洪、勐养、勐笼、勐混、腾冲、景东、双柏、盈江、河口、个旧、绿春、德钦、维西、福贡、中甸、南涧、楚雄、南华、禄劝、元谋、丽江、宁蒗、弥勒、广南、潞西、富宁、富源、永善）、西藏（察隅、波密、易贡、墨工贡卡、昌都、亚东、吉隆、加查、隆子、墨脱、工布江达、朗县、曲松、嘉黎）、陕西（镇巴、西乡、南郑、镇坪）、甘肃（徽县、成县、康县、武都、两当）、青海（果洛、班玛、玉树、久治、囊谦）。

本次调查表明，猕猴除了在上述地区有分布外，新增加的分布地还有山西（陵川、沁水、翼城）、江西（浮梁、贵溪、万载、宜丰、靖安、铜鼓、上饶、玉山、婺源、资溪、安福、黎川、上犹）、福建（顺昌、建阳、连城、浦城、屏南、武夷山、邵武、周宁、建瓯、三明、沙县、泰宁、邵武、连城、龙岩、上杭、永泰、永春）、重庆（城口、巫溪、南川、武隆、彭水、江津）、广西（武鸣、大新、扶绥、隆安、马山、宜州、防城、容县、桂平、凌云、乐业、柳江、融水、三江、融安、鹿寨、忻城、阳朔、恭城、天等、钦州、南丹、东兰、凤山、大化、巴马、都安、环江、隆林、西林、田阳、田东、平果、富川、昭平、贺州、平乐、兴安、灌阳、资源、永福、灵川、临桂、荔蒲、那波）、贵州（沿河、德江、思南、黄平、施秉、从江、黎平、锦屏、天柱、凯里、榕江、剑河、台江、丹寨、福泉、龙里、贵定、都均、罗甸、平塘、贞丰、水城、六枝、盘县、平坝、关岭、紫云、紧沙、织金、黔西、大方、毕节、纳雍、赫章、威宁、赤水、道真、务川、仁怀、湄潭、修文、息峰）、陕西（平利、宁强）。

与猕猴历史上的分布状况相比较，目前猕猴北部分布区已呈孤岛状，分布区北界出现了向南退缩的迹象，如河北、河南、山西以及陕西等地；中部及南部的分布区基本保持原状或变化不明显。

（2）数量

据文献记载，我国猕猴种群数量约为20万只，其中广东约10 000只，广西30 000～50 000只，贵州30 000～50 000只，云南50 000～60 000只。其他地区合计30 000～40 000只。猕猴的资源量仅为20世纪50年代的20%～30%（刘振和，见：汪松，1998）。

本次调查表明，我国猕猴种群数量约为100 000只，比文献记载的结果减少了近60 000只。其中云南的资源数量（57 500只）与文献记录相当，而广东（1100只）、广西（16 500只）和贵州（8635只）比文献记载的数量分别减少了90%、60%、80%，其他地区猕猴数量比文献记载数量微高。

（3）栖息地

猕猴的栖息生境主要包括典型常绿阔叶林，亚热带山地常绿、落叶阔叶混交林，针、阔叶混交林等，在一些地方猕猴还活动于针叶林中。猕猴是我国现存灵长类中对栖息条件要求较低的一种，喜欢活动在石山的林灌地带，岩石嶙峋、悬崖峭壁又夹杂着溪河沟谷、蔓藤绿树的广阔地段，往往是猕猴的适宜栖息地。

与以往历史资料相比，目前猕猴的栖息地无明显变化，但个别地区出现了栖息地破碎化或孤岛状。

表 10－3　猕猴分布及数量

分　布	面积（km^2）	密 度（只/km^2）	数 量（只）
河　北	—	—	5
山　西	—	—	550
浙　江	4412	—	1670
安　徽	—	—	2450
福　建	—	—	1900
江　西	9500	—	12 680
河　南	—	—	835
广　东	—	—	130
广　西	152 602	—	11 070
海　南	—	—	870
湖　北	33 310	—	4910
湖　南	—	—	2010
重　庆	4126	—	540
四　川	18 000	—	9060
贵　州	—	—	5790
云　南	114 000	—	38 570
西　藏	—	—	5200
陕　西	1056	—	620
甘　肃	154	—	450
青　海	295	—	690
合　计			100 000

10.1.4　熊猴 *Macaca assamensis*

国家Ⅰ级重点保护野生动物；CITES 附录Ⅱ。

（1）分布

据文献记载，熊猴在国内分布于广东（怀集）、广西（南宁、龙州、上思、德保、宁明、环江、靖西、那坡、天峨、崇左、大新、上林、金秀、融水、融安、恭城、龙胜、兴安、南丹、罗城、河池、都安、十万大山、西林、田林、凌云、平果、大容山、天平山）、贵州（江口）、云南（永德、耿马、龙川江、贡山、龙陵、盈江、绿春、屏边、河口、红河、元阳、金平、腾冲、勐连、勐腊、勐养、勐仑、勐遮、勐混、福贡、泸水）、西藏（吉隆、章木、绒辖河谷、朋曲河谷、波密、易贡、察隅、墨脱、甘马藏布河谷、波曲河谷、聂拉木、芒康、类乌齐）（张荣祖，1997）。

本次调查表明，熊猴见于广西（龙州、宁明、大新、河池、南丹、天峨、环江、罗城、德保、靖西、那坡、都安、融水、资源、灵川、临桂）、云南（德钦、中甸、丽江、维西、兰坪、剑川、洱源、大理、云龙、永平、贡山、福贡、泸水、腾冲、保山、龙陵、盈江、梁河、陇川、瑞丽、潞西、永德、镇康、耿马、双江、沧源、西盟、澜沧、孟连、景东、新平、镇沅、景谷、思茅、江城、勐海、景洪、勐腊、绿春、红河、元阳、金平、屏边、河口、马关、麻栗坡）、西藏（林芝、波密、察隅、墨脱、聂拉木、亚东、吉隆）。

广东、贵州是熊猴的边缘分布区，未调查。

（2）数量

据马世来、王应祥（1988）估计，我国熊猴数量约 8000 只，分布区狭小。

本次调查表明，全国约有熊猴 8200 只（表 10－1）。我国熊猴数量基本稳定，其分布区集中在云南和西藏，以云南的数量最多，约占58%。广东、贵州等地曾是熊猴的边缘分布区，估计数量已十分稀少或绝迹。

（3）栖息地

熊猴的栖息地多为海拔3000m以下的高山暗针叶林、针阔混交林、落叶阔叶林、季风常绿阔叶林和热带、亚热带季雨林。主要以野果及植物的鲜枝嫩叶为食，也食部分昆虫、两栖类动物和小型鸟类。

本次调查表明，云南西南、东南和南部的熊猴栖息地遭到不同程度的破坏，西北部保存较好。

表 10－4　熊猴分布及数量

分　布	面积（km^2）	密 度（只/km^2）	数 量（只）
广　西	—	—	870
云　南	20 247	—	4750
西　藏	—	0.05188	2600
合　计			8200

10.1.5　豚尾猴 *Macaca leonina*

国家Ⅰ级重点保护野生动物；CITES 附录Ⅱ。

（1）分布

据文献记载，豚尾猴在国内分布于云南（勐海、临沧、思茅、勐腊、景谷、勐仑、勐混、易武、尚勇、盈江、保山、勐遮）、西藏（墨脱与米林南部）（张荣祖，1997）。

本次调查，豚尾猴见于云南的永德、镇康、云县、临沧、景东、镇沅、景谷、双江、耿马、沧源、西盟、澜沧、孟连、普洱、思茅、勐海、勐腊。

（2）数量

据文献记载，20 世纪 50～60 年代，我国的豚尾猴数量较多，估计不少于 3000 只。80 年代以后，据杨德华等 1986 年调查，云南仅有豚尾猴 900～1000 只（马世来、王应祥，1988）。

据文献记载，栖息环境的缩小、恶化和人为猎捕是豚尾猴致危的主要因素。50～60 年代，云南中部无量山区尚有较多的豚尾猴分布，其数量不少于 500 只。由于 70 年代以来豚尾猴的主要栖息地无量山区澜沧江两岸的原始森林被破坏殆尽，使该区豚尾猴数量急剧减少，1992 年在无量山区考察时，豚尾猴仅残存两群，约 10 余只（王应祥，见：汪松，1998）。

本次调查表明，全国约有豚尾猴 1700 只（表 10－5）比 20 世纪 80 年代种群数量增加了约 50%。

我国已在云南建立 6 个自然保护区，估计有 70% 的以上的豚尾猴种群得到保护，是豚尾猴种群显著发展的主要因素。

（3）栖息地

豚尾猴系典型的东南亚热带猴种，主要栖息于海拔 2200m 以下的热带雨林、季雨林和南亚热带季风常绿阔叶林或落叶阔叶林带。多数时间在树上活动，也见在林下地面活动和觅食，甚至在河边裸岩附近稀树草丛中游荡。豚尾猴几乎很少在某一林地中较长时间停留，而常呈游荡式栖息活动。主食各种野果、芽苞、嫩尖、种子、昆虫及其他小动物等。

表 10－5　豚尾猴分布及数量

分　布	面积（km^2）	密 度（只/km^2）	数 量（只）
云　南	9132	—	1700

10.1.6 短尾猴 *Macaca arctoides*

国家Ⅱ级重点保护野生动物；CITES 附录Ⅱ。

（1）分布

据文献记载，短尾猴在国内分布于广东（连州、阳山、昌乐、连山）、广西（大新、龙州、宁明、全州、天峨、金秀、大明山、十万大山、田东、上思、凌云、马山、崇左、武宣、靖西、武鸣、上林）、云南（景东、新平、双柏、屏边、勐仑、泸水、临沧、元阳、金平、绿春、河口、永德、勐海、景洪、勐腊）（张荣祖，1997）。

本次调查，短尾猴见于广西（龙州、宁明、大新、崇左、南丹、天峨、东兰、凤山、巴马、防城、上思、百色、凌云、乐业、田林、西林、田阳、德保、那坡、融水、忻城、荔蒲、恭城、灌阳、龙胜）、云南（玉溪、思茅、临沧、西双版纳、红河、文山、保山、大理、楚雄、德宏、怒江、丽江、昆明）。

（2）数量

据马世来，王应祥（1988）估计，全国约有短尾猴 70 000 只，其中 70% ~80% 分布在云南和广西。

本次调查表明，短尾猴在全国约有 23 000 只（表 10 –6），其中云南短尾猴数量相较 20 世纪 80 年代报道的 50 000 余只减少了约 60%。

（3）栖息地

短尾猴主要栖息在海拔 2000 ~2650m 的热带雨林、季雨林、季风常绿阔叶林、落叶阔叶林以及中山湿性常绿阔叶林和针阔混交林带，喜多岩石的疏林山坡。食物主要为植物的鲜枝嫩叶、花芽、野果、竹笋、竹叶以及小型动物。

表 10 –6 短尾猴分布及数量

分 布	面积（km^2）	密 度（只/km^2）	数 量（只）
广 西	68 850	—	3520
云 南	25 074	—	18 500
广 东	—	—	980
合 计			23 000

10.1.7 藏酋猴 *Macaca thibetana*

国家Ⅱ级重点保护野生动物；CITES 附录Ⅱ；我国特有种。

（1）分布

据文献记载，藏酋猴在国内分布于浙江（浙南、临安、遂昌、江山）、安徽（歙县、太平、黄山、宁国、祁门、东至、黟县、西台、休宁、绩溪、旌德、石台、青阳、贵池）、福建（福清、武夷山、光泽、浦城、龙岩、屏南、上杭、邵武）、江西（铅山、井冈山、景德镇、萍乡、上犹、寻邬、玉山、贵溪）、湖北（神农架）、湖南（炎陵、桂东、绥宁、新宁、宜章、八面山、紫云山、万平山、蓝山）、广东（乳源、连州、乐昌、英德）、广西（全州、天峨、恭城、兴安、临桂、荔浦、龙胜、环江、阳朔、永福、南丹、资源、巴马、隆林、田林、富川、平乐、融水、钟山、灌阳、灵川、罗城、东兰、凤山）、四川（峨边、美姑、雷波、峨眉山、宝兴、金阳、越西、马边、荥经、汉源、石棉、天全、芦山、冕宁、盐边、米易、木里、盐源、康定、丹巴、泸定、九龙、雅江、乾宁、炉霍、道孚、新龙、白玉、德格、邓柯、甘孜、理塘、稻城、乡城、德荣、巴塘、义敦、马尔康、小金、金川、汶川、屏山、高县、筠连、珙县、兴义、叙永、古蔺）、贵州（印江、铜仁、兴义、遵义、雷山、江口、沿河、德江、正安、清镇、绥阳、贵定、三都、织金)、云南(昭通、永善、威信)、陕西(南部)、甘肃(文县)(张荣祖,1997),西藏(察雅、江达、贡觉、芒康)(尹秉高等,1993)。

本次调查,藏酋猴见于浙江(泰顺、遂昌、庆元、龙泉、景宁)、安徽(祁门、黄山、徽州、青阳、石台、贵池、东至、歙县、绩溪)、福建(武夷山、光泽、建阳、福州、莆田、永泰)、江西(武功山、武夷山、井冈山、怀玉山、九岭山)、湖南(桂东、宜章、道县、江永、炎陵)、广东(乳源、阳山)、广西(龙胜、兴安、恭城、灌阳、荔浦)、重庆(南川、江津)、四川(南江、平武、绵竹、峨眉、洪雅、汉源、石棉、天全、宝兴、木里、白玉、巴塘、汶川、美姑、马边、古蔺)、贵州(松桃、印江、江口、雷山、瓮安、贵定、福泉、龙里、平塘、荔波、三都、水城、盘县、普定、织金、赤水、习水、务川、正安、道真、桐梓、贵阳、修文、清镇)、云南(威信、镇雄、盐津、绥江)、甘肃(文县)。福建、湖北未调查。

(2)数量

据文献记载,估计藏酋猴数量应在10 000只以上(胡锦矗,见:汪松,1998)。

本次调查表明,全国藏酋猴的数量约17 000只。多数地区藏酋猴的种群数量成下降趋势,其中广东藏酋猴数量下降最显著。20世纪80年代初广东藏酋猴约有1000只,而现存数量仅为200只,数量明显减少。藏酋猴在湖南仅分布在边远山区,但许多地方(湘西、湘西北)现已绝迹。西藏的藏酋猴种群数量呈上升趋势。甘肃1976年在文县发现240只藏酋猴,本次调查约为700只,种群数量略有增加。

(3)栖息地

藏酋猴栖息于高山峡谷的阔叶林、针阔混交林或稀树多岩的地方,尤喜在山间峡谷的溪流附近活动和觅食,栖息地类型以山地针阔混交林、山地常绿阔叶林、山地雨林、丘陵山地竹林、山地常绿阔叶灌丛为主。栖息范围随季节和食物条件的不同而不同,春季觅食范围广,夏季常局限于高山顶部或峡谷阴凉处,秋季常随山区农作物的成熟而转移,冬季则下山向阳坡林区活动。食物以一些植物的叶、种子以及猕猴桃、野山楂和悬钓子等果实为主,也喜食竹笋笋尖,秋季常取食玉米和萝卜等农作物,也吃昆虫、蛙类、小鸟及鸟蛋等动物性食物。

表10-7 藏酋猴分布及数量

分布	面积(km^2)	密度(只/km^2)	数量(只)
浙江	1700	0.07~0.041	200
安徽	—	—	1227
福建	—	—	1229
江西	4000	0.006	1000
湖南	—	—	210
广东	—	0.02	200
广西	2100~2500	—	350
重庆	—	—	129
四川	8000~16 000	0.5026	8300
甘肃	—	—	700
贵州	—	—	2000
云南	904	—	125
西藏	—	0.0461	1330
合计			17 000

10.1.8　川金丝猴 *Rhinopithecus roxellana*

国家Ⅰ级重点保护野生动物；CITES 附录Ⅰ；我国特有种。

（1）分布

据文献记载，川金丝猴在国内分布于湖北（神农架）、四川（理县、南坪、青川、绵竹、安县、北川、平武、芦山、宝兴、大邑、什邡、灌县、泸定、黑水、松潘、汶川、南川、天全、德荣、茂汶、红原、若尔盖、雷波、马边）、陕西（周至、宁陕、洋县、石泉、太白、佛坪）、甘肃（文县、康县、武都、舟曲、白水江）（张荣祖，1997）。

本次调查，川金丝猴见于湖北（神农架自然保护区，巴东）、四川（九寨沟、松潘、黑水、青川、北川、茂汶、汶川、理县、安县、绵竹、大邑、什邡、都江堰、彭县、崇庆、天全、芦山、宝兴、泸定、康定、马边）、陕西（太白、周至、户县、佛坪、洋县、宁强、宁陕）、甘肃（文县、康县、武都）。

（2）数量

本次调查表明，全国约有川金丝猴 12 000 只（表 10 – 8）。

川金丝猴在湖北和陕西的种群数量有所增加。据湖北调查，1980 ~ 1984 年发现神农架林区有 980 余只；1989 年再次调查，发现神农架林区川金丝猴种群数量已下降到 740 余只，在巴东县仅有零星分布。本次调查，湖北约有金丝猴 1100 只，苏化龙等（2002）在巴东县的调查表明，巴东县小神农架地区有川金丝猴 600 ~ 800 只。陕西省 1976 年有金丝猴 26 群 3329 只，1990 年有 39 群 4234 只；本次调查有 43 群 4400 只。可见，金丝猴在秦岭地区的种群数量基本保持稳定并略有增加。

四川、甘肃的金丝猴种群成下降趋势。据胡锦矗（1998）估计，四川、甘肃两省的川金丝猴数量约有 20 000 只，而本次调查两省尚不足 7000 只。甘肃省 1977 年调查约有 2200 只，本次调查仅有 1000 只左右。

（3）栖息地

川金丝猴是典型的森林树栖动物，常年栖息于海拔 1500 ~ 3300m 的森林中，包括亚热带山地常绿、落叶阔叶混交林以及次生性针阔混交林等。随着季节的变化，川金丝猴在栖息生境中做垂直移动：夏秋两季气温较高，高山雪融，食物丰富，猴群移往高山，多栖于海拔 3000m 左右的针叶林内；冬天气候严寒，食物欠缺，则下移至海拔 1500m 的阔叶林中或针阔混交林中。

表 10 – 8　川金丝猴分布及数量

分　布	面积（km^2）	密 度（只/km^2）	数 量（只）
湖　北	154	—	1100
四　川	—	1. 152	5500
陕　西	9422	—	4400
甘　肃	—	0. 02437	1000
合　计			12 000

10.1.9　滇金丝猴 *Rhinopithecus bieti*

国家Ⅰ级重点保护动物；CITES 附录Ⅰ。

（1）分布

据文献记载，滇金丝猴分布于云南（德钦、维西、丽江、兰坪）、西藏（芒康）（张荣祖，1997）。

本次调查，滇金丝猴见于云南（德钦、维西、兰坪、云龙、丽江、剑川）、西藏（芒康）。

（2）数量

据白寿昌（1987）估计，云南的滇金丝猴不超过1000只，尹秉高，刘务林（1993）估计，西藏芒康约有1000只（胡锦矗，见：汪松，1998）。有估计我国滇金丝猴有13群，约1000～1500只（龙勇诚等，1996）。

本次调查表明，全国约有滇金丝猴2150只（表10－9）。其中云南有滇金丝猴11群，分别是：巴美<50只，阿东<50只，吾牙普牙>200只，义用<50只，茨卡通<150只，各磨茸>200只，金丝厂<150只，黑山<50只，大坪子<50只，雷打箐<100，龙马山<100。西藏调查发现4群，分别是：小昌都有250～280只，下火拉山一带有120～150只，洽拉、门巴、察里一带有180～200只，桐子卡一带有100～120只。

目前，我国滇金丝猴生存现状如下：

①所有现存自然种群处于相互隔离状态，各种群间的基因交流较为困难。

②白马雪山自然保护区及其附近的4个猴群中，有3个猴群的活动范围处于保护区中，受到良好保护，栖息于吾牙普牙的种群有相当大的一部分活动范围尚未纳入保护区管理，但目前这一地域的森林地带周围尚无公路，从未有过大规模的采伐活动，猴群及其栖息地也受到良好保护。

③西藏芒康县境内的4个猴群也已受到良好保护。

（3）栖息地

滇金丝猴栖息于冰川雪线附近的原始高山针叶林之中，甚至雪线以上（海拔4300～4700m）的低矮灌丛、草甸和流石滩。栖息地植被类型，主要包括针叶林、阔叶林（温性硬叶常绿栎林、山地落叶阔叶林），灌丛和灌草丛（常绿革叶灌丛、落叶阔叶灌丛、无叶灌丛和草原）及草甸（丛生蒿草草甸、杂类草草甸）。

表10－9　滇金丝猴分布及数量

分　布	面积（km^2）	密　度（只/km^2）	数　量（只）
云　南	3473	—	1450
西　藏	—	—	700
合　计			2150

10.1.10　黔金丝猴 *Rhinopithecus brelichi*

国家Ⅰ级重点保护野生动物；CITES附录Ⅰ。

（1）分布

据文献记载，黔金丝猴仅分布于贵州的梵净山、印江、松桃、江口、石阡、思南、铜仁（张荣祖，1997）。

本次调查，黔金丝猴仅见于贵州的梵净山自然保护区。

（2）数量

据文献记载，1991～1993年考察有3个黔金丝猴群，总数约550～600只。周晓农等（1995）报道，1995年考察，黔金丝猴有约750只，组成20多个家族，活动范围约40 000hm^2。（胡锦矗，见：汪松，1998）。

本次调查表明，全国约有700只黔金丝猴（表10－10）。

（3）栖息地

黔金丝猴栖息在梵净山国家级自然保护区海拔1000～2000m的原始森林中，集中栖息地是海拔1300～1800m的常绿阔叶林、落叶阔叶混交林和落叶阔叶林。也偶见于村寨附近。栖息地内气候多变，雨量充沛，河谷沟壑较多，地势起伏较大，地表形态多变，岩性组合复杂。食物

为植物的叶、芽枝、果实及树皮。

表 10－10　黔金丝猴分布及数量

分　布	面积（km^2）	密 度（只/km^2）	数 量（只）
贵 州	—	—	700

10.1.11　白臀叶猴 *Pygathrix nemaeus*

国家Ⅰ级重点保护野生动物；CITES 附录Ⅰ。

张荣祖 1997 年报道，白臀叶猴分布于海南。

据全国强等（1981）报道，白臀叶猴在我国已经绝迹。本次调查未发现。

10.1.12　长尾叶猴 *Semnophithecus schistaceus*

国家Ⅰ级重点保护野生动物；CITES 附录Ⅱ。

（1）分布

据文献记载，长尾叶猴在国内分布于西藏的聂拉木、樟木、吉隆、朋曲河谷、西绒峡河谷、亚东、墨脱、马藏布河谷、波曲河谷、吉隆河谷（张荣祖，1997）。

本次调查，长尾叶猴见于西藏墨脱、错那、亚东、聂拉木、吉隆县。

（2）数量

据冯祚建（1998）估计，长尾叶猴的种群数量约有 1000 只。

本次调查表明，全国约有 760 只长尾叶猴。长尾叶猴分布区域的藏族群众把长尾叶猴看作神灵，使长尾叶猴能得到保护。

（3）栖息地

长尾叶猴主要栖息于海拔 2800m 以下的热带季雨林、亚热带常绿阔叶林和暖温带针阔混交林中，常见于河谷两旁林间的石崖上。

表 10－11　长尾叶猴分布及数量

分　布	面积（km^2）	密 度（只/km^2）	数 量（只）
西　藏	—	0.076	760

10.1.13　戴帽叶猴 *Trachypithecus shortridgei*

国家Ⅰ级重点保护野生动物；CITES 附录Ⅰ。

（1）分布

据文献记载，戴帽叶猴在国内仅分布于云南的贡山（张荣祖，1997）。

本次调查，戴帽叶猴仅见于云南西北部贡山县独龙江河谷、福贡和泸水边境沿线。

（2）数量

据文献记载，戴帽叶猴在我国的分布区非常狭窄，数量很少，估计其数量约 500～600 只（马世来、王应祥，1988）。

本次调查表明，全国约有 250 只戴帽叶猴（表 10－12）。

（3）栖息地

戴帽叶猴主要栖息于南亚热带江河两岸浓郁的湿性季风常绿阔叶林及针阔混交林中，栖息高度一般在海拔 1200～1500m 之间。

在云南西北部高黎贡山地区，主要栖息于海拔 1200～1600m 的原始湿性阔叶林中。主食各种嫩叶、芽苞和野果。

表 10－12　戴帽叶猴分布及数量

分　布	面积（km^2）	密 度（只/km^2）	数 量（只）
云　南	1464	—	250

10.1.14　菲氏叶猴 *Trachypithecus phayrei*

国家Ⅰ级重点保护野生动物；CITES 附录Ⅱ。

（1）分布

据文献记载，菲氏叶猴在国内仅分布于云南勐养、勐龙、勐混、勐旺、景洪、耿马、盈江、勐腊、勐棒、勐仑、景东、新平、勐连、河口、屏边、沧源、保山、潞西、腾冲、金平、绿春、建水、勐遮、易武、文山、麻栗坡、马关、元江、贡山、福贡、泸水、云龙（张荣祖，1997）。

本次调查，菲氏叶猴见于云南南部和西南部的勐腊、景洪、勐海、金平、河口、江城、思茅、镇沅、景谷、景东、新平、元江、勐连、西盟、沧源、耿马、双江、镇康、临沧、潞西、瑞丽、陇川、盈江、腾冲、泸水等地。

（2）数量

据文献记载，马世来等（1988）估计我国有菲氏叶猴 11500～17000 只，全国强等（1994）估计为 15000 只，1992～1994 年云南调查仅有 5000～6000 只（王应祥、蒋学龙、冯庆，1999）。

本次调查表明，全国约有 700 只菲氏叶猴（表 10－13）。

热带、南亚热带原始森林面积的砍伐和缩小是造成菲氏叶猴数量下降的主要原因。如云南中部无量山区 20 世纪 60～70 年代在澜沧江两岸低海拔地区有茂密的原始森林，生存有数十群菲氏叶猴，70 年代由于这些森林被大量砍伐，无量山区的菲氏叶猴几乎绝迹。1992 年调查，仅剩下 3～4 群，数十只。新平哀牢山区的菲氏叶猴已经绝迹。

（3）栖息地

菲氏叶猴为较典型的南亚和东南亚热带的树栖性猴种。主要栖息于低热河谷带的热带雨林、季雨林和南亚热带季风常绿阔叶林，该栖息地的海拔高度大多不及 2000m，是人类的濒繁活动区，因而破坏较严重。

表 10－13　菲氏叶猴分布及数量

分　布	面积（km^2）	密 度（只/km^2）	数 量（只）
云　南	9156	—	700

10.1.15　黑叶猴 *Trachypithecus francoisi*

国家Ⅰ级重点保护野生动物；CITES 附录Ⅱ。

（1）分布

据文献记载，黑叶猴在国内分布于广西（睦边、靖西、宁明、上思、南宁与德保间、大新、崇左、龙州、天等、隆安、邕宁、武鸣、马山、上林、都安、巴马、田东、平果、隆林、西林、天峨、防城、东兴、仁良、罗博、那坡、大明山、十万大山、扶绥）、重庆（南川）、贵州（沿河、正安、桐梓、绥阳、普安、水城、册亨、兴义、道真）（张荣祖，1997）。

本次调查，黑叶猴见于广西（龙州、宁明、大新、崇左、扶绥、隆安、大明山、天等、天峨、隆林、德保、靖西）、重庆（南川、武隆）、贵州（沿河、兴义、安龙、册亨、贞丰、水城、桐梓、绥阳、正安、道真、务川）。

（2）数量

本次调查表明，全国约有 3000 只黑叶猴（表 10－14）。

黑叶猴的主要分布区在广西西南部，数量约占全国总量的 64.25%。与 20 世纪 80～90 年代

相比，广西的黑叶猴数量急剧下降。据调查，广西的黑叶猴数量在 80 年代约有 4000～5000 只，90 年代发展到了 5000～6000 只，分布范围涉及 23 个县，其中隆安的龙虎山保护区有 2 群，西林的那左保护区有 2 群 10 只；崇左 1982 年调查时有 340 只，到 1992 年达到 486 只；隆林的大洪豹保护区 1994 年调查时有 130 只；大新恩城保护区 1982 年调查时有 35 群 350 只，1993 年统计，发展到 52 群 586 只。与本次调查获得的数量相比，广西黑叶猴种群数量减少了 3000 只。

非法猎捕是广西黑叶猴数量急剧下降的主要原因。大新恩城保护区是黑叶猴最多的保护区之一，然而调查时多次到达保护区的中心均未发现猴群。1997 年，保护区破获了一个非法猎捕黑叶猴的案件，猎捕黑叶猴达 10 多只。扶绥县的北部有面积约 $100km^2$ 的石山群，只有 4 群 20 多只黑叶猴分布，这里已是生境破碎、栖息地隔离十分严重。

据田应洲（2004）报道，贵州六盘水市野钟自然保护区及周边有黑叶猴 109 只，种群数量有所下降。

据苏化龙等（2002）报道，重庆武隆县和彭水县交界处有黑叶猴种群 40～45 只，为黑叶猴的新分布记录。黑叶猴在重庆的生境质量较好，而且其分布区域大多属于保护区范围内。但是在黑叶猴栖息地还存在人口过于稠密，人类活动过于频繁的情况。

（3）栖息地

黑叶猴的栖息地在高山陡岩和切割很深的江、河、溪流两岸的悬崖峭壁地带，主要栖息于石灰岩山地。栖息地多为悬崖峭壁、崎岖险峻的溶洞、山弄、深谷涧、山夹谷的森林。尤其是人类难以涉足且覆盖着高大乔木形成的常绿阔叶、常绿落叶阔叶混交林的悬崖峭壁地带，是黑叶猴的理想栖息地，这些地方为它们的生存繁衍提供了必要的食物来源和避难场所。

表 10－14　黑叶猴分布及数量

分　布	面积（km^2）	密 度（只/km^2）	数 量（只）
广　西	—	—	1950
重　庆	100	—	50
贵　州	—	—	1000
合　计			3000

10.1.16　白头叶猴 *Trachypithecas leucocephalus*

国家Ⅰ级重点保护野生动物；CITES 附录Ⅱ。

（1）分布

据文献记载，白头叶猴在国内分布于广西（扶绥）（张荣祖，1997）。

本次调查，白头叶猴仅见于广西西南部扶绥、崇左、宁明和龙州等县境内面积约 $200km^2$ 的石山地区。

（2）数量

本次调查表明，全国约有 600 只白头叶猴（表 10－15）。其中扶绥县境内 230～250 只，崇左县 210～240 只，宁明和龙州 90～100 只。

（3）栖息地

白头叶猴主要栖息于石山山峰密度大、植被保存较好的地区。

扶绥县的 6 片隔离的石山有白头叶猴分布，这些石山相距远达几千米以上，中间是村庄、土地、公路和水流等，是当地居民生产生活场所，因此相邻两地的白头叶猴不可能相互交往。崇左县的白头叶猴栖息地分为 3 片，也存在着严重的片段化问题，其中板利片为环境最好的栖息地，宁明和龙州连成一片，分布在宁明和龙州交界的陇瑞，喀斯特石山山峰密度大，植被保存较好。

表 10-15　白头叶猴分布及数量

分　布	面积（km^2）	密 度（只/km^2）	数 量（只）
广　西	200	—	600

10.1.17　白掌长臂猿 *Hylobates lar*

国家Ⅰ级重点保护野生动物；CITES 附录Ⅰ。

（1）分布

据文献记载，白掌长臂猿在国内仅分布于云南的勐连、沧源、南定河、西盟、澜沧（张荣祖，1997）。

本次调查，白掌长臂猿仅见于云南的勐连、西盟和沧源。而勐连、西盟是否有分布或已绝迹，尚待进一步考证。

（2）数量

白掌长臂猿是我国长臂猿中分布区最小、数量最少的一个种。Yang 等（1987）估计只有 19~27 只。王应祥、马世来等（1988）估计有 30~40 只。

本次调查表明，白掌长臂猿的种群数量已大为减少，估计只有5~7 群 20~30 只。

（3）栖息地

白掌长臂猿主要栖息于南亚热带季风常绿阔叶林，海拔一般在 1000~2000m。以各种热带浆果、核果和多种嫩树叶、芽、花等为食，在所觅食物中以无花果占主要成分，亦食少量昆虫等动物性食物。

表 10-16　白掌长臂猿分布及数量

分　布	面积（km^2）	密 度（只/km^2）	数 量（只）
云　南	354	—	25

10.1.18　白眉长臂猿 *Hylobatis hoolock*

国家Ⅰ级重点保护野生动物；CITES 附录Ⅰ。

（1）分布

据文献记载，白眉长臂猿在国内仅分布于云南的盈江、腾冲、梁河、潞西、保山、陇川、龙陵、泸水、瑞丽（张荣祖，1997）。

本次调查，白眉长臂猿仅见于云南西部怒江以西的陇川、盈江、瑞丽、腾冲、保山和泸水，西藏察隅县的南部。

（2）数量

据文献记载，20 世纪 50~60 年代，白眉长臂猿在云南西部有较广泛的分布和较多数量，仅腾冲县就有数百群，总数不少于 500 只。80 年代末，数量已大大减少，估计仅有 100~150 群，250~400 只（马世来、王应祥，1988）。1994 年，兰道英等调查认为有 50~100 群，200 余只。

本次调查表明，全国约有 680 只白眉长臂猿（表 10-17）。其中，云南约 180 只，西藏约有 500 只。

表 10-17　白眉长臂猿分布及数量

分　布	面积（km^2）	密 度（只/km^2）	数 量（只）
云　南	1708	—	180
西　藏	—	—	500
合　计			680

（3）栖息地

云南西部的白眉长臂猿主要栖息在海拔 2300m 左右的中山湿性常绿阔叶林和落叶阔叶林，冬季常向下做垂直迁移。其栖息地多呈隔离的块状，范围有所缩小。

10.1.19　黑长臂猿 *Hylobates concolor*

国家Ⅰ级重点保护动物；CITES 附录Ⅰ。

（1）分布

据文献记载，黑长臂猿在国内分布于广西（那坡、靖西、大新、龙州）、海南（霸王岭与尖峰岭、五指山、白沙、鹦哥岭、吊罗山、黎母岭、东方、昌江、陵水、保亭、三亚、万宁、琼海）、云南（临沧、永德、保山、楚雄、景东、绿春、勐腊、景洪、小勐养、元阳、腾冲、江城、双柏、新平、建水、黄连山、河口、屏边、沧源、金平、易武、勐棒、双江）（张荣祖，1997）。

本次调查，黑长臂猿仅见于海南（霸王岭林区，在吊罗山、鹦哥岭，五指山可能有零星个体残存）、云南（金平、绿春、红河、河口、屏边、景谷、镇沅、景东、新平、双柏、南涧、沧源、耿马、永德）。广西未发现黑长臂猿的踪迹，估计已绝迹。

（2）数量

据文献记载，黑长臂猿是现生 11 种长臂猿中系统地位最低的灵长类。历史上长臂猿曾广泛分布在我国南部的大部分省份，自公元 4 世纪以来，其分布发生了很大变化，分布区从北到南，从东到西急剧缩小。现黑长臂猿仅分布于海南岛、云南南部和越南北部，已分化为 6 个亚种。分布于我国的 5 个亚种中，海南亚种 *H. c. harnunus* 现今仅 20 余只，是最濒危的一个亚种；北部湾亚种 *H. c. nusutus* 于 20 世纪 50 年代曾在广西西南部发现，60 ~ 70 年代已绝迹；指名亚种 *H. c. concolor* 主要分布于越南北部、滇南和滇中哀牢山。滇南约有 100 余只，滇中哀牢山可能有 40 ~ 60 群，180 ~ 240 只；景东亚种 *H. c. jingdongensis* 为滇中无量山的特有亚种，现有 100 ~ 116 群，430 ~ 500 只；滇西亚种 *H. c. furvogaster*，只分布在滇西南的沧源、镇康、云县和耿马等地，约有 26 ~ 42 群，100 ~ 150 只。现今，黑长臂猿的分布区已不足 1000km^2，总数量约 1000 只，为高度濒危的灵长类动物。

本次调查表明，全国约有 820 只黑长臂猿（表 10 – 18）。其中，海南的黑长臂猿有 4 群 20 只，种群没有大的变化。云南的黑长臂猿约 800（750 ~ 850）只。具体是：无量山的黑长臂猿 115 群左右；哀牢山的黑长臂猿数量 80 群；滇南黄连山的数量较少，估计只有 5 ~ 10 群；西隆山有 10 ~ 15 群；永德大雪山估计有 30 群；沧源窝坎大山估计有 5 群。而大围山可能已经灭绝，因近年的调查未见到长臂猿或听到长臂猿的叫声。广西也没有发现黑长臂猿的活动踪迹。

（3）栖息地

黑长臂猿是南亚热带的代表性猿种，主要分布在我国云南，其栖息生境是海拔约 2700m 以下的中山湿性常绿阔叶林或针阔混交林。这些地区大部分已建成保护区，尤其是哀牢山和无量山，受到了持续有效的管理。但保护区外的栖息地仍受到一定威胁。

表 10 – 18　黑长臂猿分布及数量

分　布	面积（km^2）	密 度（只/km^2）	数 量（只）
海　南	—	—	20
云　南	7063	—	800
合　计			820

10.1.20　白颊长臂猿 *Hylobates leucogenys*

国家Ⅰ级重点保护野生动物；CITES 附录Ⅰ。

（1）分布

据文献记载，白颊长臂猿在国内仅分布于云南勐腊、江城、绿春、建水（张荣祖，1997）。

本次调查，白颊长臂猿仅见于云南南部澜沧江以东的勐腊、景洪、江城及相连的绿春邻区的4个县。而在过去曾有分布的绿春黄连山和金平西隆山一带可能已经绝迹。

（2）数量

据文献记载，20世纪50~60年代，白颊长臂猿在云南南部有较多数量，仅西双版纳勐腊县约有130~150群，530~620只。20世纪80年代初期约有18群，70余只（杨德华等，1987），加上绿春的数量，可能有80~100只（马世来，1988）。80年代初期，勐腊地区的白颊长臂猿数量比60年代初以前减少了86%。而在80年代末，勐腊的白颊长臂猿数量已不足40只（扈宇等，1989）。

本次调查表明，全国约有165只白眉长臂猿，该数据包括江城及其邻区绿春的分布量，相较马世来等（1988）的报道增加了约50%。

（3）栖息地

白颊长臂猿为典型的热带小猿，主要栖息于海拔1500m以下的热带雨林和季雨林。但云南的白颊长臂猿生境多呈“孤岛”状，且范围还在逐渐缩小。

表10-19　白颊长臂猿分布及数量

分　布	面积（km^2）	密 度（只/km^2）	数 量（只）
云　南	4381	—	165

10.2　鳞甲目 PHOLIDOTA

我国有1科2种，即穿山甲和粗尾穿山甲。

穿山甲 *Manis pentadactyla*

国家Ⅱ级重点保护野生动物；CITES附录Ⅱ。

（1）分布

据文献记载，穿山甲在国内分布于江苏（太华山、茅山、南京）、浙江（舟山、临安、余桃、衢州、龙泉）、安徽（宁国、广德、贵池、歙县、芜湖、繁昌、南陵、泾县、宣城、旌德、绩溪、休宁、祁门、黟县、太平、石台、青阳、霍山）、福建（厦门、福清、武夷山、永春）、江西（南昌、永修、波阳、九江、安远、赣县、泰和）、湖南（桂东、宜章、新宁、绥宁）、广东（英德、汕头、韶关、广州、惠东）、广西（睦边、靖西、宁明、上思、龙州、天峨、河池、融安、龙胜、兴安、贺县、金绣、苍梧、桂平、玉林、上林、平果、百色）、海南（海口、五指山、儋州、万宁、陵水）、四川（会东、西昌、宜宾、涪陵、南川、筠连、马边、米易）、贵州（江口、铜仁、石阡、贵阳、开阳、贵定、三都、荔波、独山、惠水、望谟、册亨、威宁、清镇）、云南（金平、个旧、屏边、勐海、景洪、勐腊、建水、大理、腾冲、弥勒、绿春、景东）、西藏（芒康、察隅、门隅、洛渝）、台湾（全岛各地）（张荣祖，1997）。

本次调查，穿山甲见于浙江（余杭、富阳、临安、桐庐、淳安、建德、湖州、长兴、定海、普陀、北仑、余姚、鄞县、象山、宁海、越城、绍兴、上虞、嵊州、新昌、诸暨、婺城、金华、东阳、义乌、浦江、兰溪、衢县、常山、江山、椒江、黄岩、路桥、临海、三门、天台、温岭、玉环、鹿城、乐清、永嘉、文成、丽水、云和、遂昌、松阳、龙泉、庆元）、福建（武夷山、光泽、建阳、顺昌、浦城、邵武、松溪、南平延平区、政和、三明梅列区、沙县、明溪、三明三元区、永安、大田、泰宁、建宁、将乐、尤溪、长汀、上杭、永定、漳平、诏安、德化、安溪、南安、永春、古田、闽侯、屏南）、安徽（繁昌、南陵、泾县、宣州、广德、宁国、旌德、绩

溪、歙县、休宁、祁门、黟县、黄山、石台、青阳、贵池和东至)、江西（浮梁、乐平、上栗、芦溪、湘东、莲花、修水、星子、彭泽、贵溪、赣县、大余、崇义、安远、龙南、宁都、兴国、瑞金、会昌、石城、丰城、高安、万载、宜丰、靖安、铜鼓、德兴、上饶、广丰、玉山、铅山、横峰、婺源、井冈山、吉安、吉水、永丰、泰和、遂川、万安、安福、南城、资溪、宜黄、乐安、南丰、黎川、广昌、崇仁、金溪)、湖南（省内山区及丘陵区有分布)、广东（蕉岭、大埔、兴宁、五华、连平、龙川、紫金、乳源、乐昌、连州、英德、河源源城区、东源、新丰江、惠阳、博罗、惠城区、海丰、陆丰、潮阳、潮安、揭西、新会、罗定、信宜、电白、阳春)、广西（忻城、融安、象州、武宣、天峨、凤山、大化、罗城、富川等58个县)、海南（白沙、昌江、东方、乐东、通什、三亚、霸王岭林区、尖峰岭林区、五指山林区、吊罗山林区、南湾)、四川（古蔺、美姑、木里、西昌、会东)、贵州（全省)、云南（全省)。

河南（卢氏县)、湖北（阳新、咸宁、通山、崇阳、通城、五峰、恩施、宣恩、来凤、利川）是本次调查新发现的穿山甲分布地。

江苏、安徽、海南等地以前数量较多，现在野外很少见到实体，目前数量不详。西藏未调查。

（2）数量

本次调查表明，全国约有64 000只穿山甲（表10－20)。除西藏未调查外，江苏、安徽、海南等地尚有分布，但数量稀少，野外很难见到。

表10－20　穿山甲分布及数量

分　布	面积（km^2）	密 度（只/km^2）	数 量（只）
浙　江	101 800	0.056～0.39	6300
福　建	—	—	9160
江　西	50 000	0.1647	27 500
河　南	—	—	100
湖　北	15 252	0.1728	2600
湖　南	—	—	5000
广　东	—	—	6500
广　西	159 360	0.043～0.43	990
四　川	—	—	150
贵　州	176 167	0.0230	4000
云　南	76 000	—	1700
合　计			64 000

（3）栖息地

穿山甲见于南方湿润地带的丘陵山地，主要以白蚁为食。生活于山区森林、灌丛或林灌草间杂的各种环境，包括各种阔叶林、针阔混交林、竹丛及草、灌丛等。穿山甲洞穴多建在大幅山体的一面，居住地随季节而有变化。在南方，穿山甲在雨季多在山体上层的山埂处栖息，洞穴斜向，以避流水冲刷；冬季则在向阳山坡的下层栖息，平常则在半山或山麓的灌草丛间。多朽木枯枝、阴湿的深土层地带，虫蚁滋生，也常是穿山甲喜好的栖息地。

10.3　食肉目 CARNIVORA

我国有10科61种，即犬科（6种)、熊科（3种)、大熊猫科（1种)、海狮科（2种)、小熊猫科（1种）、鼬科（21种）、海豹科（3种）、灵猫科（9种），獴科3种和猫科（12种），（王应祥，2003）。其中国家Ⅰ级重点保护野生动物9种，国家Ⅱ级重点保护野生动物18种。本次调查了17种，占30.36%。

10.3.1 狼 *Canis lupus*

CITES附录Ⅱ。

（1）分布

据文献记载，狼在国内分布于除海南外的全国各地（张荣祖，1999）。

本次调查，狼见于北京（平谷、密云、延庆）、河北（井陉、行唐、灵寿、赞皇、平山、丰润、迁西、遵化、青龙、涉县、武安、邢台、内丘、宣化、张北、康保、蔚县、怀安、涿鹿、赤城、崇礼、承德、滦平、隆化、丰宁、宽城、围场、易县、涞源、阜平）、山西（垣曲、万荣、交城、临县、武乡、中阳、沁县、沁水、安泽、浮山、临汾、左权、岢岚、原平、阳泉）、内蒙古（新巴尔虎左旗、新巴尔虎右旗、陈巴尔虎旗、鄂温克旗）、辽宁（凤城、本溪、抚顺、清原、辽阳、灯塔、海城、台安、岫岩、盘山、大洼、瓦房店、普兰店、庄河、凌海、黑山、义县、葫芦岛连山区、兴城、绥中、建昌、阜新、彰武、朝阳、北票、建平、喀左、凌源、铁岭、开原、昌图、西丰、沈阳市郊区、新民、辽中、法库、康平）、吉林（镇赉、通榆、长岭、洮南、洮北、大安、乾安）、黑龙江（漠河、塔河、呼玛、逊克、北安、嘉荫、虎林、林口、穆棱、东宁、宁安、海林、萝北、同江、桦南、汤原、宝清、饶河、嫩江、讷河、富裕、依安、泰来、杜尔伯特、林甸）、浙江（余姚、绍兴、金华、义乌、浦江、黄岩）、江西（彭泽）、山东（章丘、长清、平度、淄博淄川区、沂源、高密、临朐、曲阜、东平、日照东港区、莱芜、蒙阴）、河南（新安、栾川、洛宁、林州、焦作中站区、济源、禹州、渑池、卢氏、灵宝、确山、西峡、镇平、新县）、湖北（鄂东南、鄂南、鄂北、鄂西、鄂西北的恩施州、宜昌、十堰市境内各县市、神农架林区）、四川（南江、松潘、巴塘、金川、色达、汶川、若尔盖、美姑、得荣、雅江、炉霍、白玉、石渠、木里、会东）、云南（各地均有）、西藏（各地均有）、陕西（榆林、靖边、定边、绥德、子长、洛川、延安、富县、甘泉、佛坪、宁陕、石泉、汉阴、平利）、甘肃（各地均有）、青海（大通、湟源、湟中、互助、祁连、门源、刚察、海宴、共和、兴海、贵南、贵德、同德、天峻、乌兰、都兰、格尔木、玛多、玛沁、久治、甘德、达日、称多、玉树、治多、曲麻莱、囊谦、杂多）、新疆（各地均有）。

调查表明，安徽、湖北有狼分布，但十分罕见，数量不详。江苏、福建、宁夏因狼的种群密度过低，本次调查未发现。天津、广东、广西、贵州因多年未见狼的活动踪迹，而未将其列为调查对象。

（2）数量

本次调查表明，全国约有35 000只狼（表10-21）。

狼在历史上曾广泛分布于我国，除海南外，各地均有分布，而且数量较多，多为常见种。本次调查表明，有7个省份或因已绝迹、或因种群数量太少而无法统计数量；有4个省份因多年未见狼的活动踪迹，而未将其列为调查对象。在湖北，全省狼皮收购量从1953~1972年的615张下降到1973~1979年的399张，咸宁地区狼皮收购量由1980年的29张下降到1985年的5张。宜昌县1975年有狼皮收购记录，以后再无收购和目击证据。在安徽省，狼过去广泛分布于全省各地，本次调查十分罕见。

调查表明，西北6省（区）是狼的主要分布区，数量相对较多，约占全国总量的73.37%。而在经济较发达的华东、华南和华中地区，狼的种群数量急剧下降，在许多地区已经绝迹。内蒙古是我国主要草原牧区，历史上也是狼的主要分布区，数量较多，但由于狼对羊、马等有一定危害，传统上牧民视其为害兽，有组织、鼓励性地捕杀活动时常发生，导致其数量已非常

稀少。

狼分布区缩小、种群数量下降的主要原因有以下几方面：

① 20 世纪 80 年代之前，狼长期被作为一种害兽而在各地被加以捕杀，致使狼种群数量减少，在部分地区已绝迹。

② 草原药物灭鼠也是狼减少的主要原因。因为狼的食物成分很杂，凡是能捕到的动物都可作为其食物，草原鼠类是狼的主要食物，使用化学药物灭鼠，在杀灭鼠类的同时，导致狼二次中毒。

③ 栖息地破坏是导致狼分布区缩小的主要原因。狼的活动范围很大，每天活动范围可达 50 ~ 60km，随着经济发展和人口增加，狼的栖息地范围日渐缩小，进而导致其分布区的岛屿化，影响了狼种群的发展。

（3）栖息地

狼对环境的适应能力较强，栖息生境多样，在苔原、草原、山地、森林、荒漠、农田、灌丛、丘陵、平原等地都有其活动踪迹。海拔高度也不限制其分布。在黑龙江，狼的数量以阔叶林居多，草原次之，针叶林及农垦区最少见；安徽的狼栖息地以丘陵为多；陕西的狼主要栖息于陕北黄土高原的丘陵沟壑区和毛乌素沙地的农田、森林和灌丛中。秦巴山区的森林中也能见到狼的踪迹；新疆的狼栖息于荒漠、荒漠草原、平原林区；内蒙古的狼主要栖息于草原。

表 10 – 21　狼分布及数量

分　布	面积（km^2）	密 度（只/km^2）	数 量（只）
北　京	1302	0.015	20
河　北	—	0.00111	210
山　西	—	0.0015 ~ 0.0078	440
内蒙古	700 000	0.0009	600
辽　宁	—	0.0048	600
吉　林	85 900	—	110
黑龙江	209 733	0.000563	570
浙　江	—	—	40
江　西	5010	0.002	330
山　东	—	—	120
河　南	—	0.006791	550
四　川	—	0.0281 ~ 0.08216	2300
云　南	95 000	—	430
西　藏	—	0.0047	4000
陕　西	20 230	0.009	180
甘　肃	—	0.00389 ~ 0.05848	4000
青　海	126 300	0.101	13 000
新　疆	908 000	0.008612	7500
合　计			35 000

10.3.2　赤狐 *Vulpes vulpes*

（1）分布

据文献记载，除海南外，全国各地均有赤狐分布（张荣祖，1999）。

本次调查，赤狐见于北京（房山、门头沟、昌平、延庆、怀柔）、天津（蓟县）、河北（井陉、行唐、赞皇、平山、元氏、丰润、迁西、遵化、青龙、涉县、武安、邢台、内丘、张家口下花园区、宣化、张北、康保、沽源、尚义、蔚县、阳原、怀安、万全、怀来、涿鹿、赤城、崇礼、承德、兴隆、平泉、滦平、隆化、丰宁、宽城、围场、易县、涞源、唐县、涞水、安新、阜平)、内蒙古（北部草原、荒漠、大兴安岭、贺兰山、大青山、七老图山）、辽宁（全省各地，但长海、辽中除外）、吉林（东部林区的汪清、安图、梅河口、抚松、临江、磐石、永吉、舒兰、桦甸和吉林丰满区以及整个西部草甸湿地区的各县市）、黑龙江（全省）、浙江（金华、义乌、黄岩、温岭、松阳、遂昌、庆元）、安徽（滁县、全椒、凤阳、定远、六安、霍山、巢湖、太湖、潜山、怀宁、宣州、宁国、广德、石台、东至、贵池、南陵）、福建（光泽、建阳、武夷山、永安、邵武、建宁、泰宁）、江西（乐平、修水、铜鼓、德兴、万安、南城、南丰）、山东（章丘、青岛崂山区、东营、垦利、利津、昌邑、临朐、荣成、莱芜、滨州滨城区、沾化、惠民、无棣）、河南（新安、嵩县、叶县、林州、禹州、三门峡湖滨区、灵宝、确山、镇平）、湖北（五峰、保康、丹江口、房县、郧西、郧县、竹溪、巴东、宣恩、咸丰、鹤峰、利川、神农架林区）、湖南（全省各大林区）、广西（乐业、凌云、龙州、西林、田林、靖西、田东、大新、龙州、宁明、崇左、扶绥）、重庆（酉阳）、四川（汶川、天全、金川、石棉、绵竹、松潘、平武、青川、南江、若尔盖、马边、美姑、得荣、雅江、木里、西昌、万源、屏山、洪雅；另在阆中、剑阁、邻水、射洪、安岳、荣县、金堂、高县等地尚有少量残存或已极为罕见，盆底平原一带赤狐已绝迹）、云南（全省）、西藏（江达、昌都、波密、林芝、左贡、贡觉、岗巴、亚东）、陕西（榆林、定边、靖边、绥德、子长、延安、黄龙、宜川、甘泉、洛川、富县、凤翔、陇县）、甘肃（平凉、庆阳、武都、定西、兰州、甘南、河西走廊）、青海（乐都、湟源、互助、化隆、祁连、刚察、天峻、乌兰、都兰、格尔木、共和、兴海、贵南、贵德、同德、泽库、河南、玛沁、玉树、称多、治多、囊谦、杂多）、宁夏（同心、中卫、中宁、青铜峡、灵武、银川、贺兰、海原、固原、彭阳、平罗、惠农）、新疆（各地）。安徽数量不详。湖北数量稀少。上海未发现。山西、江苏、广东、贵州未调查。

（2）数量

本次调查表明，全国约有150 000只赤狐（表10－22）。

表10－22　赤狐分布及数量

分　布	面积（km^2）	密度（只/km^2）	数量（只）
北　京	4987	0.01	50
天　津	727	—	50
河　北	—	0.01267	2400
内蒙古	800 000	0.0676	54 000
辽　宁	—	0.136	16 000
吉　林	120 000	0.0401	4800
黑龙江	291 753	0.028699	8000
浙　江	—	—	200
福　建	—	—	300
江　西	30 000	0.0321	5000
山　东	—	—	200
河　南	—	0.003551	600
湖　南	—	—	150
广　西	5900	—	150
重　庆	—	—	100

（续）

分　布	面积（km^2）	密 度（只/km^2）	数 量（只）
四　川	—	0.00417 ~ 0.1080	6000
云　南	76 000	—	1300
西　藏	—	0.0289	5000
陕　西	—	—	5000
甘　肃	125 000	0.00091 ~ 0.01428	3300
青　海	123 000	0.217	25 000
宁　夏	25 200	0.01961 ~ 0.11429	2400
新　疆	1 019 983	0.01067	10 000
合　计			150 000

赤狐在我国分布广泛，且为常见种。但本次调查表明，赤狐分布区正在缩小，数量有下降趋势。有些地区数量已十分稀少，甚至绝迹。其原因有如下几个方面：

①赤狐是重要的野生毛皮兽类之一，毛皮品质优良，尤以冬季的毛皮最佳，因此常遭捕杀。这是造成赤狐资源下降的直接而又主要的原因。

②林缘耕作带广泛使用农药，在毒杀了各类农田害鼠的同时，引起赤狐的二次中毒，导致其死亡。

③赤狐栖息地的大量丧失，进一步压缩了赤狐的生存空间。

（3）栖息地

赤狐栖息范围相当广泛，包括森林、草原、丘陵、荒漠、农田等各种环境，以暖性落叶阔叶灌丛、河谷落叶阔叶灌丛、典型常绿阔叶林、亚热带山地常绿落叶阔叶混交林、亚热带山地硬叶常绿阔叶林、典型常绿针叶林、高山灌丛草甸、高寒草甸草原、湿草甸草原、戈壁荒漠等栖息地类型为主，喜欢在森林中的开阔地带和森林边缘、有稀疏林和灌丛的地方活动。

10.3.3　沙狐 *Vulpes corsac*

（1）分布

据文献记载，沙狐在国内分布于内蒙古（新巴尔虎左旗、新巴尔虎右旗、赤峰、沙拉木仑、阿巴嘎旗、阿拉善左旗、乌审旗、杭锦旗、鄂托克旗、满州里、陈巴尔虎旗、鄂温克旗、二连浩特、潮格旗、通辽）、甘肃（张掖、康乐、和政、玉门、肃南、阿克塞、碌曲）、青海（广泛分布，长江源头）、宁夏（盐池、永宁、银川）、新疆（吉木乃、阿尔泰山）（张荣祖，1997）。

本次调查，沙狐见于内蒙古（北部草原和荒漠地区均有分布，在南部农田与丘陵、沙地相同分布的地区呼和浩特、林县、达拉特旗、乌拉特前旗等地也有分布）、甘肃（康乐、和政、临夏、玉门、肃南、阿克寒、碌曲）、宁夏（西吉、海源、固源、灵武、盐池、六盘山）、新疆（阿勒泰、昌吉、巴州、喀什、和田）。

陕西省在毛乌素沙漠草原地带发现沙狐，分布范围较小，据当地猎人反映，沙狐是近几年在陕西境内才有发现，以往未见分布。青海未调查。

（2）数量

本次调查表明，全国约有 160 000 只沙狐（表 10 – 23）。

沙狐为沙漠、荒漠、半荒漠草原动物，数量较多，但分布区狭窄。其中内蒙古沙狐资源量较大，甘肃、青海、宁夏等地数量已成下降趋势。

（3）栖息地

沙狐栖息于开阔的草原、荒漠和半荒漠地带。生活于干草原、荒漠草原、山地适温中生草甸、超旱生小灌木、小半灌木荒漠、超旱生灌木荒漠等生境中。一般没有固定的洞穴，常住在旱獭废弃的洞中。栖息地通常地形较为复杂，常有沙丘、土坡等障碍物。

表 10－23　沙狐分布及数量

分　布	面积（km^2）	密 度（只/km^2）	数 量（只）
内蒙古	700 000	0.2137	150 000
甘　肃	—	—	1200
宁　夏	26 770	0.003922～0.350379	1900
新　疆	921 259	0.007321	6900
合　计			160 000

10.3.4　豺 *Cuon alpinus*

国家Ⅱ级重点保护野生动物；CITES 附录Ⅱ。

（1）分布

据文献记载，豺在国内分布于辽宁（清源）、吉林（长白山）、黑龙江（小兴安岭、东部山地）、江苏（南京、苏南山区、太湖附近）、浙江（安吉、杭州、桐庐、开化、黄岩、淳安、文成、遂昌、龙泉、庆元）、安徽（岳西、潜山、青阳、贵池、广德、歙县）、福建（永平、建瓯、永春）、江西（鄱阳湖）、山东（全省）、广东（紫金、九连山、乳源、惠东）、广西（上思、宁明、融水、恭城、富川、三江、田林、隆林、靖西、龙州、大新）、四川（松潘、瓦屋山、巴塘、南充、阆中、仪陇、岳池、营山、石渠、峨边、城口、巫山、涪陵、南川、汶川、会东、木里、雅江、道孚、稻城、若尔盖、泸定、安县）、贵州（松桃、印江、绥阳、贵阳、比节、正安、沿河、梵净山）、云南（思茅、泸水、大盈江、元阳、红河、金平、绿春、勐腊、勐养、象明）、西藏（当雄、萨加、昌都、洛隆、那曲）、陕西（秦岭、汉中、安康、陇县、佛坪、平利、镇坪）、甘肃（文县、临夏、天水、康乐、和政、永昌、武威、卓尼、玛曲、康县、武都、舟曲、迭部）、青海（同德、兴海、格尔木、德令哈、诺木洪）、新疆（阿尔金山、天山、阿尔泰山）（张荣祖，1997）。

本次调查，豺见于浙江（临安、桐庐、淳安、嵊州、金华、江山、永嘉、龙泉、庆元）、福建（诏安、尤溪、永安、建瓯、建阳、大田、德化、永春、漳平）、江西（浮梁、修水、彭泽、高安、万载、靖安、铜鼓、吉水、新干、永丰、安福、南丰）、山东（鲁南山区）、重庆（城口、江津）、四川（南江、青川、平武、松潘、绵竹、石棉、巴塘、金川、色达、天全、汶川、古蔺、若尔盖、马边、美姑、得荣、雅江、炉霍、白玉、木里、西昌、会东、屏山、洪雅；盆地周缘的剑阁、邻水、荣县、高县等地在文献记载中有豺分布，但本次调查表明已经绝迹）、云南（腾冲、龙陵、保山、泸水、福贡、贡山、德钦、中甸、维西、兰坪、云龙、大理、剑川、丽江、宁蒗、威信、盐津、绥江）、西藏（昌都）、陕西（陇县、太白、镇安、留坝、城固、南郑、宁强、岚皋、石泉、宁陕）、甘肃（天水、康乐、和政、临夏、永昌、武威、卓尼、徽县、成县、康县、文县、武都、舟曲、迭部）、新疆（阿尔金山、东昆仑山）。

湖北（五峰、保康、丹江口、房县、巴东、鹤峰、来凤、利川、咸丰、大悟、广水、松滋、隋州、神农架）是本次调查新发现的分布地。

辽宁、吉林、黑龙江已经绝迹。安徽数量不详。广东未发现。江苏、广西、贵州、青海未调查。

（2）数量

据文献记载，豺虽然广泛分布，但数量稀少。

据重庆丰都县皮张收购资料，1971～1981 年收购 24 张豺皮，其中 1971 年 7 张，1972 年 4 张，1973 年 3 张，1974 年 4 张，1975 年 2 张，1976 年 3 张，1977 年 1 张，1981 年 1 张。

本次调查表明，全国约有 32 000 只豺（表 10－24）。数量已经十分稀少，许多地区因多年未见豺的踪迹或数量十分稀少，而未将其列为调查对象，有些地区虽详细调查，但未发现，或因数量稀少无法统计。

据辽宁、吉林、黑龙江的调查，估计豺在东北地区已经极度濒危。在辽宁，1949 年以前原始森林资源已遭到严重破坏，成熟林大部分被砍伐，现有的天然林多是新中国建立后通过封山育林发展起来的，中幼林占大多数，使豺失去了隐蔽的场所，并且食物短缺，危及其生存。在吉林，自新中国建立以来的历次动物资源调查中均未获得豺的标本，也未见其踪迹。在黑龙江，常规样带调查未获得豺活动踪迹的资料，1992 年全省森工国有林区野生动物资源调查及 1976 年全省珍贵野生动物资源调查也未发现豺的活动踪迹或实体的信息，1980 年后毛皮收购资料也未见豺的记录，豺在黑龙江境内也处于极度濒危。

导致豺资源下降，在部分地区甚至濒危的主要原因有：

① 人类活动的影响。豺多栖息于原始林区或人类活动较少的边远山区，人类活动对其影响较大。在四川唐家河自然保护区，随着居民迁出，人类活动减少，已能见到规模为 10 余只的种群。

② 20 世纪 80 年代之前，各地把豺都以害兽对待，大量猎杀，导致豺的种群基数减少，加上食物资源严重短缺，豺种群恢复困难。

③ 自然环境的破坏造成了豺栖息地的大量丧失，各类食草动物数量的日渐减少降低了豺的食物资源，使豺捕食困难。

（3）栖息地

豺的栖息生境多样，从亚寒带的针叶林、针阔混交林或阔叶混交林，到亚热带常绿阔叶林或山地阔叶灌丛到高山灌丛及草甸，甚至热带雨林都有其分布。豺既耐寒，又适热，尤喜生活在人烟稀少的浓密山林地带，特别是有蹄动物较丰富的区域，常在草坡、灌丛等地带活动。研究表明，豺巢域面积达 40km^2，捕食范围常在 15km^2 以上，但雌兽在抚育幼兽期间活动范围较小，仅约 11km^2。多于晨昏活动，常捕猎麂类、鹿类、斑羚和野猪等大、中型有蹄类。

表 10－24　豺分布及数量

分　布	面积（km^2）	密 度（只/km^2）	数 量（只）
浙　江	—	—	100
福　建	—	—	80
江　西	14 400	0.1039	17 000
山　东	—	—	20
湖　北	26 437	0.0031～0.0136	200
重　庆	—	—	100
四　川	—	0.00041～0.06177	3500
云　南	76 303	—	300
西　藏	—	0.0045	1600
陕　西	19 866	0.0096	200
甘　肃	—	0.0117～0.1227	5300
新　疆	367 998	0.009674	3600
合　计			32 000

10.3.5 棕熊 *Ursus arctos*

国家Ⅱ级重点保护野生动物；CITES 附录Ⅰ。

（1）分布

据文献记载，棕熊在国内分布于内蒙古（海拉尔、根河、牙克石）、吉林（漫江、松江、汪清、图们江、老爷岭）、黑龙江（伊春、黑河、尚志、呼玛）、四川（康定、美姑、巴塘、安县、平武、雅江、炉霍、白玉）、西藏（申扎、班戈、珠穆朗玛、仲巴、曲水、奇林湖、加查、三安曲岭、拉萨、昌都、那曲、双湖、彭波、林周、安多、江达）、甘肃（文县、酒泉、康乐、白龙江、岷山、天祝、民乐、肃南、阿克塞）、青海（可可西里、冷湖、茫崖、格尔木、诺木洪、德令哈、乌图养仁、祁连、曲麻莱、同德、兴海、班玛、长江源头）、新疆（托木尔、焉耆、和静、拜城、阿克苏、库尔勒、且末、若羌、阿尔泰）（张荣祖，1997）。

本次调查，棕熊见于内蒙古（阿尔山、柴河、绰尔林业局；根河、金河、阿龙山、满归、莫尔道嘎、奇乾、乌玛、永安山）、吉林（扶松、长白、安图、和龙、蛟河、桦甸、汪清、珲春、敦化、长白山自然保护区）、黑龙江（漠河、塔河、呼玛、呼中、新林、松岭、黑河、孙吴、逊克、嘉荫、铁力、伊春、虎林、密山、鸡东、穆棱、东宁、勃利、林口、宁安、方正、尚志、五常、巴彦、通河、宾县、饶河、宝清、同江、绥滨、萝北、汤原、桦南、嫩江、讷河、富裕、依安、克山、克东）、四川（平武、松潘、巴塘、金川、天全、汶川、若尔盖、得荣、雅江、炉霍、白玉、石渠、木里）、西藏（聂拉木、浪卡子、吉隆、萨噶、安多、江孜、定结、谢通门、南木林、白朗、岗巴、仁布、拉孜、定日、亚东、仲巴、昂仁、康玛、双湖、尼玛、申扎、那曲、聂荣、索县、比如、嘉黎、措勤、改则、噶尔、日土、普兰、札达、日喀则、萨迦、班戈、革吉、水、林周、达孜、尼木、堆龙德庆、当雄）、甘肃（天祝、夏河、碌曲、玛曲、玉门、永昌、肃南、阿克赛、肃北）、青海（天峻、乌兰、都兰、大柴旦、德令哈、格尔木、门源、祁连、玛多、玛沁、达日、久治、班玛、玉树、称多、曲麻莱、治多、囊谦、杂多、河南、泽库、同仁）、新疆（焉耆、和静、拜城、阿克苏、库尔勒、伊宁、阿勒泰）。

云南（中甸、丽江、宁蒗、德钦、贡山）是本次调查新发现的棕熊分布地。

（2）数量

本次调查表明，全国约有 15 000 只棕熊（表 10－25）。

调查表明，除四川、青海资源尚好外，其他地区的资源均成下降趋势，其中黑龙江的棕熊资源比 1992 年减少 61.7%。吉林的许多地区棕熊已经绝迹，冯江等（2001）报道野生棕熊在吉林省的数量不足 50 只。西藏 1987～1989 年调查时，约有棕熊 2800 只（朴仁珠，1992），刘务林等（2004）报道西藏棕熊资源总储量为 16 648 只，呈上升趋势；高行宜等（2000）报道新疆棕熊的种群数量在 640～870 只之间。

导致棕熊种群下降的主要原因包括：

①长期过度猎杀。以西藏为例，熊类资源产品历来就是猎民物资交易的重要产品。据种群调查，20 世纪 70 年代每个县每年收购 30～50 张熊皮，80 年代每个县每年收购 14～22 张熊皮。本次调查，发现群众中收藏的野生熊胆较多，且较为普遍。因就医、交通困难，熊胆留在家里多为治病急用。据资料记载，1972～1982 年，外贸部门每年平均收购野生熊胆（含棕熊胆、黑熊胆）8kg 左右，共收购 80kg 多，1983 年市场放开后基本再未收到野生熊胆。西藏藏药厂1968～1980 年共收购野生熊胆 61kg，平均每年用熊胆 4.7kg；1981～1987 年，按市场价共收购熊胆 54kg，平均每年用熊胆 7.7kg；1988～1990 年按市场价共收购熊胆 29kg，平均每年用熊胆 9.7kg；1968～1990 年西藏藏药厂共收购了 144kg 野生熊胆入药。此外，西藏昌都、林芝、那曲藏药制药厂 1988～1990 年共收购野生熊胆 23.7kg。由于民间自用和买卖较多（1990 年以来每个野生熊胆价约 2000 元），所以仅收购和入药情况，尚不能完全说明西藏熊类的猎捕情况。

②森林过度开发导致棕熊的栖息条件恶化，迫使棕熊分布区域大大缩小，而且影响了棕熊的捕食和冬眠。这种情况在黑龙江、吉林、新疆较突出。

③森林火灾也是棕熊数量减少的原因之一。据王永庆等（1992）年报道，每年大兴安岭都发生多次大小不等的森林火灾，扑火人员能发现被烧死的棕熊尸骨和找到棕熊的幼仔。

（3）栖息地

棕熊主要栖息在山地林区，山间谷地、火烧迹地，河溪附近，在海拔 4000 ~ 5400m 的高山草甸和荒漠草原也能良好生活。栖息地大体分为森林、草甸和草原、荒漠两大类。相对来说，棕熊在森林、草甸中的分布密度较高。主要栖息地类型有寒温带兴安落叶松林，云、冷杉林，红松针阔叶混交林，落叶阔叶杂木林，还有亚热带常绿阔叶林、热带雨林，高山阔叶林、针阔混交林、针叶林，高原灌丛、高山草甸、高原草原、荒漠及高山冰缘、湿地，高寒草甸草原、高寒半荒漠草原、高寒灌丛草原等。

表 10 - 25　棕熊分布及数量

分　布	面积（km^2）	密 度（只/km^2）	数 量（只）
内蒙古	200 000	—	600
吉　林	85 900	—	200
黑龙江	—	—	1300
四　川	—	—	2200
云　南	2449	—	250
西　藏	805 046	—	2000
甘　肃	38 025	—	400
青　海	186 500	—	6950
新　疆	116 015	—	1100
合　计			15 000

10.3.6　黑熊 *Selenarctos thibetanus*

国家Ⅱ级重点保护野生动物；CITES 附录Ⅰ。

（1）分布

据文献记载，黑熊在国内分布于河北（兴隆）、辽宁（新宾、本溪、桓仁、凤城、宽甸）、吉林（通辽、敦化、靖宇、抚松、辉南、汪清）、黑龙江（境泊湖、伊春、宝清、抚远、尚志、铁力、海林）、浙江（富阳、淳安、浦江、开化）、安徽（宁国、休宁、祁门）、福建（武夷山、建瓯、永春）、湖北、湖南（桂东、宜章、新宁、绥宁）、广东（曲江、乳源、乐昌、连州、英德）、广西（资源、龙胜、兴安、恭城、永富、临桂、金秀、融水、融安、三江、西林、田林、隆林、凌云、乐业、靖西、那坡、天峨、南丹、环江、罗城、巴马、凤山、龙州、宁明、大新、九万大山、元宝山）、海南（东方、南丰、白沙、昌江、保亭、万宁）、四川（宝兴、康定、巴塘、雅江、炉霍、白玉、美姑、峨边、平武、泸定、汶川、德格、甘孜、红源、壤塘、南平、安县）、贵州（松桃、印江、安龙、长顺、贵定、毕节、江口、独山、雷山、三都、惠水、望谟、梵净山、荔波）、云南（永德、屏边、景洪、思茅、勐海、河口、金平、勐混、德钦、勐腊、勐醒、景东、绿春、元阳）、西藏（亚东、三安曲林、吉隆、樟木、易贡、波密、察隅、聂拉木、仲巴、彭波、林周、那曲、墨脱、定日、昌都）、陕西（太白山、陇县、周至、佛坪、宁陕、柞水、镇安）、甘肃（武山、康乐、临夏、文县、武都、迭部）、青海（班玛、玉树、囊谦）、台湾（阿里山）（张荣祖，1997）。

本次调查，黑熊见于辽宁（凤城、宽甸、本溪、桓仁、新宾）、吉林（安图、汪清、敦化、和龙、珲春、舒兰、桦甸、蛟河、集安、抚松、靖宇、江源、临江和长白山自然保护区）、黑龙江（黑河、孙吴、逊克、嘉荫、铁力、绥棱、巴彦、通河、虎林、穆棱、东宁、宁安、海林、尚志、方正、五常、饶河、宝清、桦南、汤原、萝北）、浙江（开化、淳安、遂昌、龙泉、庆元、松阳及江山、常山、景宁、云和、泰顺）、福建（光泽、建阳、浦城、邵武、武夷山、南平延平区、尤溪、建瓯、将乐、泰宁、建宁、永安、明溪、连城、上杭、新罗、德化、）湖北（保康、兴山、宜昌、长阳、五峰、巴东、宜恩、鹤峰、丹江口、竹山、竹溪、房县、神农架）、湖南（石门、桑植、新宁、宜章）、广东（乳源、阳山、连州、曲江、英德）、广西（武鸣、邕宁、宁明、上林、融水、天峨、环江、罗城、上思、乐业、恭城、兴安、全州、资源、龙胜、融安、靖西、永福）、重庆（城口、巫溪）、四川（南江、青川、平武、松潘、绵竹、石棉、巴塘、金川、色达、天全、汶川、古蔺、若尔盖、马边、美姑、得荣、雅江、炉霍、白玉、石渠、木里、西昌、万源、屏山、洪雅，盆地丘陵一带的剑阁、阆中、邻水、高县等地的黑熊已绝迹）、贵州（赤水、习水、江口、印江、松桃、荔波、三都、平塘、罗甸、长顺、惠水、贵定、都匀、雷山、台江、剑河、榕江、从江、丹寨、麻江）、云南（全省）、西藏（各林区县市）、陕西（陇县、宝鸡、凤县、太白、眉县、周至、户县、长安、蓝田、佛坪、洋县、城固、留坝、勉县、略阳、宁强、南郑、西乡、镇巴、汉中、镇安、柞水、商州、洛南、山阳、宁陕、镇坪、旬阳、白河、紫阳、安康）、甘肃（武山、康乐、临夏、文县、武都、天水、两当、康县、徽县、清水、漳县、岷县、迭部、舟曲、卓尼、宕昌、临潭）。

江西（武夷山、怀玉山、九岭山脉，以怀玉山的数量为多）是本次调查新发现的分布地。

安徽、海南未发现。河北、青海未调查。

（2）数量

据马逸清、徐利、胡锦矗（1998）估计，我国有黑熊 17 458 ~ 19 548 只。赵文双等（2005）报道辽宁省黑熊种群数量总计 347 只。刘务林等（2004）报道，西藏黑熊有 7031 只。

本次调查表明，全国约有 28 000 只黑熊（表 10 – 26）。

（3）栖息地

黑熊是典型的林栖动物，栖息生境主要有亚寒带针阔叶混交林、落叶阔叶杂木林、亚热带常绿阔叶林、常绿落叶阔叶混交林、针阔叶混交林以及热带雨林、季雨林等。黑熊随季节、气候和食物源的变化而垂直迁移，夏季栖息于高山地带，冬季生活在低山带，入秋时节常见于栎林和河谷沿岸林中。东北地区的黑熊有冬眠习性，一般多选择在阳坡的树洞，个别也在倒木或树根下扒坑做仓进行冬眠。

目前，黑熊栖息地遭破坏严重。在东北地区，黑熊冬季一般选择在阳坡的树洞冬眠，由于森林大面积的砍伐，可供黑熊冬眠的树越来越少，黑熊因无处冬眠而四处游荡，或因寒冷、饥饿而死，或遭偷猎者猎杀。在南方地区，由于森林减少，导致许多地方的黑熊绝迹。随着阔叶林地成片缩小，黑熊的栖息地、食源地受到影响，许多地区已成为小面积的岛屿状栖息环境，不仅满足不了其食物需求，也影响其种群繁殖。如在浙西南有 10 只黑熊，分散在 5 ~ 6 个县的山区，都处于生殖隔离状态，已多年未见到有小熊出生，随着老熊死亡，这一地区的黑熊有可能绝迹。黑熊在陕西省分布范围较广，几乎遍及各主要林区，近年来黑熊资源的变动主要体现在分布区的缩减和野外种群数量的急剧下降，后者更构成了对黑熊生存的直接威胁。渭北一带的黑熊分布区仅残存于其最西端的关山深处，种群密度已下降到了难以自我维持的地步；秦岭北坡低山丘陵地带已基本上无黑熊分布，中高山地带由于多条公路的修筑和森林的开发，其分布区已被分隔，种群密度仅处于中等水平；秦岭南坡中高山地区为陕西的黑熊分布核心区，目前其分布区和野外种群都较为稳定；秦岭南坡低山丘陵区和巴山北坡低山丘陵区种植业历史悠久，人类经济活动频繁，黑熊分布区变得十分狭窄，种群密度很低，且多数为是由中高山区游荡至此的个体。

表 10－26　黑熊分布及数量

分　布	面积（km^2）	密 度（只/km^2）	数 量（只）
辽　宁	—	—	350
吉　林	85 900	—	760
黑龙江	—	—	1100
浙　江	3573	0. 0075 ~ 0. 029	70
福　建	—	—	370
江　西	16 000	0. 0090	1500
湖　北	22 875	0. 0258 ~ 0. 1923	590
湖　南	—	—	310
广　东	—	0. 01	100
广　西	—	—	220
重　庆	1933	—	70
四　川	—	0. 03597 ~ 0. 0768	4500
贵　州	—	—	410
云　南	76 000	—	1750
西　藏	—	0. 2016	10 000
陕　西	16 108	0. 1351 ~ 0. 1560	2300
甘　肃	—	0. 08903	3600
合　计			28 000

10. 3. 7　小熊猫 *Ailurus fulgens*

国家Ⅱ级重点保护野生动物；CITES 附录Ⅰ。

（1）分布

据文献记载，小熊猫在国内分布于四川（木里、宝兴、天全、石棉、峨边、康定、灌县、重庆、会东、美姑、盐源、昭觉、岷江、瓦屋山、峨眉山、九龙、稻城、青川、北川、安县、洪雅、甘洛、马边、荥经、芦山、冕宁、邛崃、彭州、什邡、崇州、若尔盖、黑水、小金、茂汶、泸定、汶川）、云南（思茅、勐腊、德钦、丽江、大理、景东）、西藏（昌都、定日、察隅、波密、墨脱、亚东、吉隆、章木、朋曲、芒康、林芝、米林、错那）、陕西（石泉）、甘肃（天水）、青海（玉树、囊谦）（张荣祖，1997）。

本次调查，小熊猫见于四川（松潘、绵竹、石棉、天全、汶川、马边、美姑、木里、西昌、洪雅，青川、平武、盐边等县极罕见或已绝迹，得荣县为新分布）、云南（迪庆、怒江、丽江、大理、保山、临沧、思茅、德宏）、西藏（林芝、米林、波密、墨脱、察隅、朗县、昌都、芒康、错那、隆子、聂拉木）。

甘肃因数量稀少，无法统计。青海是小熊猫的边缘分布区，未做调查。

（2）数量

本次调查表明，全国约有 8000 只小熊猫（表 10－27）。

胡锦矗估计，全国小熊猫数量约有 3500 只，其中指名亚种约有 500 只，川西亚种约有 3000 只。小熊猫的繁殖能力较强，故在自然种群中幼兽多于成兽，青年个体多于老年个体，种群结构为增长型，只要保护得力，数量容易增长和恢复（胡锦矗，见：汪松，1998）。

四川是我国小熊猫的集中分布区。在岷山山系的东南麓，小熊猫近代尚广泛分布，但由于宝成铁路的修建和农业的进一步开垦，小熊猫的栖息环境遭到严重破坏，种群数量大为减少，并在青川、平武、江油一带绝迹。在邛崃山系，小熊猫也处于濒危状态。在相岭和凉山等南方分布区，西昌邛海边的芦山，在20世纪60年代南水北调考察时仍能采到小熊猫标本，现已证实无小熊猫分布，西昌的小熊猫已绝迹。

（3）栖息地

小熊猫主要栖息于常绿、落叶阔叶混交林、铁杉针阔叶混交林（胡锦矗，见：汪松，1998）云杉、冷杉林下有竹林分布的环境中。Glatston（1994）称小熊猫栖息于海拔1500～4000m的混交林，尤喜竹类丛生处。冯祚建（1992）报道，在我国，小熊猫主要栖息于高山峡谷地带，其垂直分布随山地森林垂直带的变化而变化。小熊猫指名亚种在海拔2000～3600m栖息，最高可达6960m。胡锦矗报道，小熊猫川西亚种在海拔1400～3400m之间，常活动于山地河谷肩坡的散生或丛生竹丛中。随季节的不同，小熊猫在其栖息地里有垂直迁移现象，每年10月至翌年4月常在海拔1400～2900m间活动，5～9月常在海拔2800～3800m一带出没，是一种喜温湿而又比较耐高寒的森林动物（胡锦矗，1992）。

表10－27　小熊猫分布及数量

分　布	面积（km^2）	密 度（只/km^2）	数 量（只）
四　川	17 228	0. 2182	3800
云　南	26 433	0. 125～0. 25	2100
西　藏	—	0. 1432	2100
合　计			8000

10. 3. 8　大熊猫 *Ailuropoda melanoleuca*

国家Ⅰ级重点保护野生动物；CITES附录Ⅰ；我国特有种。

（1）分布

据文献记载，大熊猫分布于四川（平武、岷江上游、宝兴、康定、汶川、天全、泸定、叶里、美姑、峨边、雷波、越西、理县、大邑、灌县、松潘、南坪、青川、绵竹、北川、峨眉山、洪雅、甘洛、马边、荥经、石棉、芦山、冕宁、邛崃、彭州、什邡、崇州、若尔盖、黑水、小金、茂汶、安县)、陕西（佛坪、洋县、宁陕、太白、石泉、周至)、甘肃（文县、迭部、舟曲)（张荣祖，1997)。

全国第三次大熊猫调查表明，大熊猫目前分布在秦岭、岷山、邛崃山、大相岭、小相岭和凉山六大山系。其中，大熊猫在四川分布于阿坝、广元、绵阳、德阳、成都、雅安、乐山、眉山、甘孜和凉山10个地（市、州）的33个县（市、区)、162个乡镇，分布区全部位于长江流域；地理坐标介于101°51′00″～105°23′24″E、28°12′00″～33°40′12″N；东起青川县三锅乡，西至九龙县湾坝乡，南起雷波县箐口乡，北至若尔盖县包座乡。在陕西分布于安康、汉中、宝鸡、西安4个市的8个县、20个乡（镇)，分布区横跨长江、黄河两大流域；地理坐标介于105°29′29″～108°47′57″E、32°50′18″～34°00′18″N；东起宁陕县旬阳坝镇，西至宁强县青木川乡，南起宁强县青木川乡，北至周至县厚畛子乡。在甘肃分布于陇南地区和甘南藏族自治州的4个县、12个乡镇，分布区全部位于长江流域；地理坐标介于103°22′10″～105°35′22″E、32°36′15″～33°58′28″N；东起武都县枫香乡，西至迭部县阿夏乡，南起文县碧口乡，北至迭部县阿夏乡。

（2）数量

全国第三次大熊猫调查表明，我国有1596只大熊猫（表10－28)。

从全国前后3次大熊猫调查结果看，大熊猫种群数量经历了由第一次的2459只减少到第二次的1114只再增加到第三次的1596只的变化过程。与第一次调查数量相比，种群数量下降了35. 10%；与第二次调查结果相比，种群数量增长了43. 27%。

表 10－28　大熊猫分布及数量

分　布	面积（km^2）	密 度（只/km^2）	数 量（只）
四　川	23 049. 91	0. 068	1206
陕　西	3478. 64	0. 078	273
甘　肃	1827. 35	0. 064	117
合　计			1596

（3）栖息地

全国大熊猫栖息地总面积为 2 304 991hm^2，被分割为互不相连的若干斑块。

四川大熊猫栖息地面积为 1 774 392hm^2，占全国大熊猫栖息地总面积的 76. 98%。在 33 个分布县（市、区）中，栖息地面积位居前 3 位的县依次是：平武、宝兴、汶川。四川大熊猫栖息地位于岷山、邛崃山、大相岭、小相岭和凉山 5 个山系，各山系的大熊猫栖息地之间存在着明显地理隔离。其中岷山和邛崃山栖息地之间的最小隔离距离约 15km，隔离原因主要是沿岷江的森林采伐和人居及耕地面积的扩大；邛崃山和大相岭栖息地之间的最小隔离距离约 37. 5km，隔离原因主要是国道 108 线的修建和沿线的森林采伐，特别是汉源、荥经两县对泥巴山的森林采伐；大相岭和凉山栖息地之间的最小隔离距离约 33km，隔离原因主要是金口河区的工农业开发；小相岭和凉山栖息地之间的最小隔离距离约 43km，隔离原因主要是成昆铁路的修建、沿线的森林采伐和人居及耕地面积的扩大。

陕西大熊猫栖息地面积为 347 864hm^2，占全国大熊猫栖息地总面积的 15. 09%。在 8 个分布县中，栖息地面积位居前 3 位的县依次是：太白、周至、宁陕。陕西的大熊猫栖息地主要位于秦岭山脉主峰太白山以南地区。从大的分布格局看，表现为相对隔离的 5 块，由东到西分别为平河梁栖息地、天华山＋锦鸡梁栖息地、兴隆岭＋太白山栖息地、牛尾河栖息地和青木川栖息地。其中平河梁和天华山＋锦鸡梁栖息地是由于森林采伐和农业生产而造成隔离；天华山＋锦鸡梁和兴隆岭＋太白山栖息地是由于 108 国道的修建以及国道沿线的人居活动而造成隔离；湑水河沿岸的农业生产则导致了兴隆岭＋太白山和牛尾河栖息地之间的隔离；宁强青木川栖息地距离秦岭主分布区较远，隔离原因主要是农业生产。在这 5 块栖息地中，兴隆岭＋太白山栖息地面积最大，其次是天华山＋锦鸡梁栖息地，青木川栖息地面积最小。天华山＋锦鸡梁栖息地、兴隆岭＋太白山栖息地和牛尾河栖息地构成陕西大熊猫的主要栖息地。

甘肃大熊猫栖息地面积为 182 735hm^2，占全国大熊猫栖息地总面积的 7. 93%。在 4 个分布县中，栖息地面积位居前 3 位的县依次是：文县、迭部、舟曲。甘肃的大熊猫栖息地主要位于岷山山系北段，仅有少量栖息地位于秦岭山系西段。从大的分布格局看，也表现为相对隔离的 5 块，从东到西分别为曹家河栖息地、白水江栖息地、尖山栖息地、插岗梁栖息地和迭部栖息地。其中白水江栖息地的面积最大，占甘肃省大熊猫栖息地面积的 63. 76%，是甘肃省大熊猫的主要栖居地；其次是迭部栖息地，占甘肃省大熊猫栖息地面积的 28. 39%；其他 3 块栖息地的面积都比较小，其中曹家河栖息地是甘肃唯一属秦岭山系的一块栖息地。

10. 3. 9　紫貂 *Martes zibellina*

国家 Ⅰ 级重点保护野生动物。

（1）分布

据文献记载，紫貂在国内分布于内蒙古（敖鲁古雅、根河）、辽宁（桓仁、本溪）、吉林（敦化、安图、抚松、长白）、黑龙江（穆棱、尚志、海林、呼玛、五常、林口、伊春、铁力、汤原、依兰、延寿、饶河、虎林）、新疆（阿尔泰山、青河、哈巴河）（张荣祖，1997）。

本次调查，紫貂见于内蒙古（根河以北的大兴安岭，以奇乾、乌玛、永安山、满归、阿龙山为多）、吉林（安图、珲春、长白、靖宇、抚松、临江、桦甸）、黑龙江（大兴安岭的漠河、塔河、呼中、新林；小兴安岭西北部的嘉荫、逊克、孙吴；小兴安岭东南部的南岔、朗乡、带岭；张广才岭的海林、宁安；老爷岭的东宁和穆棱以及完达山的虎林等18个县、市、区）、新疆（阿勒泰、青河、哈巴河、布尔津、福海）。

辽宁未将紫貂列为调查对象。

（2）数量

紫貂皮为名贵裘皮，且为传统出口裘皮种类之一。据马逸清估计，我国东北地区的紫貂资源储量约为6000只。根据20世纪70年代初貂皮收购记录，大兴安岭地区的紫貂皮产量约占总收购量的10%；长白山地区的紫貂皮产量约占总收购量的30%；小兴安岭地区的紫貂皮产量约占总收购量的60%以上（马逸清，见：汪松，1998）。

本次调查表明，全国约有18 000只紫貂（表10－29）。调查表明，黑龙江的紫貂数量已经急剧下降，仅占全国紫貂资源总量的11.67%；吉林已成为紫貂资源大省，其数量占全国紫貂资源总量的72.22%；内蒙古满归、阿龙山的紫貂种群呈增长趋势。其原因主要有：①森林大面积采伐，林下植物的温、湿度及光照条件得到改善，加快了林下植物的生长，使得啮齿类增多，为紫貂提供了充裕的食物来源；②1997年黑龙江大兴安岭林区的森林大火破坏了紫貂的栖息生境，迫使其向相邻的林区扩散；③近些年执法力度不断加大，公民保护野生动物的意识有了提高。

表10－29　紫貂分布及数量

分　布	面积（km^2）	密 度（只/km^2）	数 量（只）
内蒙古	40 000	0.0483	1900
吉　林	85 900	0.1504	12 000
黑龙江	54 140	0.088548	2000
新　疆	35 638	—	2100
合　计			18 000

紫貂的栖息地被严重隔离，在黑龙江，紫貂分布区被明显分割成6个孤岛状区域：大兴安岭、小兴安岭西北部、小兴安岭东南部、张广才岭、老爷岭、完达山。且在每个分布区内，紫貂栖息地片段化及退缩严重。种群之间隔离，缺乏联系，是导致其种群数量急剧下降的主要原因。由于历史上对紫貂资源的过度利用导致紫貂种群基数变小，再加上栖息环境的改变，使紫貂种群的恢复变得缓慢。

（3）栖息地

紫貂是亚寒带针叶林（泰加林）的典型种类之一，适应于气候寒冷、食物丰富的林区。在大兴安岭林区，主要栖息于兴安落叶松林、偃松矮曲林、草类—落叶松林以及兴安杜鹃灌丛、越橘、笃斯越橘灌丛等；在小兴安岭及长白山林区，主要栖息于云冷杉林、鱼鳞松—红松林、枫桦—红松针阔混交林；在新疆阿尔泰林区，主要栖息于针叶林或针阔混交林的深处，常见于原始林中。栖息地海拔1000～2000m，山势陡峭，气候寒冷，植被比较丰富。

10.3.10　貂熊 *Gulo gulo*

国家Ⅰ级重点保护野生动物。

（1）分布

据文献记载，貂熊在国内分布于内蒙古（海拉尔河上游、阿龙山、敖鲁古雅、阿里河、根

河、大兴安岭）、黑龙江（呼玛）、新疆（阿尔泰山）（张荣祖，1997）。

本次调查，貂熊见于内蒙古（柴河、阿尔山、乌尔其汉、库都尔、阿里河、根河、金河、阿龙山、满归、莫尔道嘎）、黑龙江（加格达奇、呼玛、松岭、塔河、十八站、西林吉、图强、阿木尔）。新疆未发现。

（2）数量

据文献记载，黑龙江省 1976 年调查，仅塔河、新林、松岭及甘河林业局范围内就有 268 只；1989 ~ 1992 年朴仁珠等（1994）调查，大兴安岭林区貂熊的种群数量估计为 183 只，栖息总面积 80 000km^2 多，15 年内其分布密度下降迅猛，平均每年下降率约为 7.93%（马逸清，见：汪松，1989）。

本次调查表明，全国约有 180 只貂熊（表 10 – 30）。

从本次调查结果看，貂熊在新疆种群数量较少，在阿勒泰地区的个别年份才能见到 1 ~ 2 只。内蒙古大兴安岭林区是貂熊数量较多的地区，访问调查表明，近些年确有貂熊活动，1989 年在海拉尔畜产公司曾收集到皮张；在奇乾林业局，1999 年一猎民先后见到 4 只；近几年在其他地区也见到 2 只；1998 年冬季，阿尔山打火队见到 1 只；2000 年森调队员在阿荣旗见到 1 只；乌尔其汉现存采于 20 世纪 90 年代的标本 1 只。

表 10 – 30　貂熊分布及数量

分　布	面积（km^2）	密 度（只/km^2）	数 量（只）
内蒙古	200 000	0.0006	120
黑龙江	33 641	0.001782	60
合　计			180

导致貂熊种群数量稀少、增长缓慢的主要原因是栖息地被破坏。大兴安岭开发 30 多年来，原始森林遭到大面积的采伐，近些年大兴安岭地区的几次森林火灾，使貂熊的栖息地遭到严重破坏。此外，貂熊的捕食能力较差，食物大多来自其他食肉类动物的猎物剩余物，其比例约占其食物量的 67%。由于大兴安岭地区狼、狐狸、猞猁等食肉动物数量减少，使貂熊尾随这些动物获取食物的机会减少，也是貂熊数量减少的主要原因之一。

（3）栖息地

貂熊在大兴安岭地区的主要栖息地类型为偃松—兴安落叶松林、兴安杜鹃—兴安落叶松林、兴安杜鹃—樟子松林、草类—白桦—兴安落叶松林、草类—杨桦阔叶混交林、钻天柳—甜杨河岸林以及迹地灌丛 7 种类型。此外，貂熊喜在山坡下位的沟塘、溪谷和台地活动，雪被的厚度似乎对貂熊的活动影响不大。

10.3.11　猞猁 *Lynx lynx*

国家Ⅱ级重点保护野生动物；CITES 附录Ⅱ。

（1）分布

据文献记载，猞猁在国内分布于河北（兴隆）、山西（山西）、内蒙古（大兴安岭、牙克石、额尔古纳右旗、杭锦旗、二连浩特、阿拉善左旗）、辽宁（桓仁）、吉林（敦化、汪清、安图、靖宇、长白山）、黑龙江（伊春、宝清、密山、呼玛）、四川（青川、平武、宝兴、雅江、道孚、白玉、德格、甘孜、小金、汶川、巴塘、松潘、木里）、西藏（昌都、丁青、普兰、双湖、日喀则、亚东、隆子、泽当、加查、奇林湖、定日、江孜、那曲、申戈、安多、比如、巴青、聂荣）、陕西（汉中）、甘肃（兰州、漳县、康县、和政、临夏、永昌、武威、肃南、肃北、阿克塞、天祝、卓尼、玛曲、碌曲、夏河、舟曲、迭部）、青海（共和、同德、兴海、祁连、海晏、刚察、门源、阿克坦齐钦山、格尔木南部、茫崖、德令哈、玛沁、长江源头)、新疆（托木尔峰地区、哈密、焉耆、和静、和硕、库尔勒、尉犁、轮台、且末、若羌、阿尔泰山）（张荣祖，1997）。

本次调查，猞猁见于河北（围场、坝上机械林场）、内蒙古（大兴安岭地区、通辽、赤峰、锡林郭勒盟、浑善达克沙地、乌兰察布盟、巴彦淖尔、中蒙边境大青山、乌拉山、狼山、雅布赖山、马宗山）、吉林（蛟河、桦甸、汪清、和龙、敦化、柳河、辉南、通化、集安、靖宇、长白、江源、临江、长白山自然保护区）、黑龙江（漠河、塔河、呼玛、呼中、新林、嫩江、逊克、绥棱、通河、巴彦、尚志、海林、宁安、东宁、汤原、饶河、虎林、鸡东）、四川（青川、平武、松潘、巴塘、金川、色达、汶川、若尔盖、马边、得荣、雅江、炉霍、白玉、石渠、木里）、西藏（各地）、甘肃（兰州、临夏、甘南、河西地区）、青海（都兰、天峻、乌兰、格尔木、治多、杂多、玉树、曲麻莱、称多、囊谦、玛沁、班玛、达日、祁连、门源、互助、同仁、尖扎）、新疆（阜康、木垒、奇台、焉耆、和静、和硕、尉犁、且末、若羌、特克斯、昭苏、喀什、皮山、民丰、哈密、阿勒泰地区）。

宁夏（中卫、同心、贺兰）、云南（西部和西北部的迪庆、丽江、怒江、保山）是本次调查新发现的猞猁分布地。

辽宁、山西未调查。

（2）数量

本次调查表明，全国约有27 000只猞猁（表10－31）。

表10－31　猞猁分布及数量

分　布	面积（km^2）	密 度（只/km^2）	数 量（只）
河　北	—	—	17
内蒙古	700 000	—	2100
吉　林	85 900	—	270
黑龙江	129 174	—	850
四　川	—	—	1000
云　南	2449	—	175
西　藏	—	—	11 000
甘　肃	—	—	7000
青　海	68 750	—	2050
宁　夏	743	—	38
新　疆	670 812	—	2500
合　计			27 000

黑龙江、内蒙古（大兴安岭）历史上曾是猞猁分布广泛、数量较多的地区之一，目前两地的猞猁种群资源呈现显著下降趋势。根据黑龙江调查，猞猁在全省的分布区虽无明显缩小趋势，但集中分布区出现了明显的退缩现象。其中，大兴安岭林区分布区向呼中、新林、阿木尔等腹地退缩；东部山地分布区向张广才岭中南部、老爷岭南部退缩；猞猁在小兴安岭林区零星分布，黑龙江省猞猁种群数量比1992年调查减少了45.2%，年递减率达10%以上，其中，大兴安岭地区减少48.3%，小兴安岭地区减少74.4%。在内蒙古，猞猁曾广泛分布于大兴安岭地区；目前仅见于大兴安岭南部阿尔山、柴河、绰尔林业局。在吉林，随着森林的开发，猞猁的栖息环境受到严重破坏，尤其进入20世纪90年代后，适于猞猁栖息的生境已所剩无几。

过度猎捕是猞猁种群数量减少的直接原因。猞猁皮是传统的重要毛皮资源和出口种类之一。70年代以前，猎民可以任意捕杀，仅在青藏高原每年猎捕的猞猁就达千只以上；1971～1981年

在黑龙江年均收购猞猁皮 411 张，10 年间猎杀了 4000 多只猞猁，此外还捕捉了 801 只。森林大面积的开发导致猞猁的栖息地被破坏，食物来源匮乏，也是影响猞猁种群发展的重要因素。

（3）栖息地

猞猁为喜寒动物，栖息生境多样。主要栖息地类型有亚寒带针叶林或针阔混交林、寒温带针阔混交林或阔叶混交林、林缘灌丛、草甸、高寒阔叶混交林、高寒草甸、高寒草原、高寒灌丛草原、高寒荒漠与半荒漠等。其栖居高度可由海拔数百米的平原而到 5000m 左右的高原。猞猁的视、听、嗅觉均极为敏锐，狡猾而谨慎，受惊时能迅速逃跑，或卧伏地面。善于爬树，又能攀登悬岩，还可游泳。除交配和哺乳期外，多为独栖，或一雄一雌，或带 2～3 只幼兽一起营小家族生活。猞猁营夜行性（也有晨昏外出的），白天躺卧在洞穴或岩凹中休息。捕食野兔、旱獭和雉类，也捕食啮齿类和掏食鸟卵，有时还捕杀狍等较大的动物，偶尔还吃尸肉；当高山降雪觅食困难时，还盗食家畜。

10.3.12　金猫 *Catopuma temmincki*

国家Ⅱ级重点保护野生动物；CITES 附录Ⅰ。

（1）分布

据文献记载，金猫在国内分布于浙江（金华、遂昌、松阳、龙泉、庆元、温州）、安徽（宁国、休宁、祁门、赤岭、石台、六安）、福建（武夷山、福清、南平）、江西（安远、赣县、泰和、临川、黎川、贵溪、上饶、永修）、湖北（房县）、湖南（桂东、宜章、新宁、绥宁、西南边境地区）、广东（连平、大埔、紫金、粤北山区）、广西（宁明、资源、兴安、恭城、全州、永福、天峨、南丹、田林、隆林、西林、那坡、靖西、龙州、凭祥、崇左、上思、防城）、四川（青川、北川、万源、南江、巫山、屏山、峨眉山、雅安、石棉、宝兴、平武、雷波、巴塘、康定、泸定、汶川、松潘）、贵州（册亨、兴义）、云南（泸西、绿春、永德、金平、河口、屏边、大理、昆明、丽江、景东、勐海、勐腊、勐远、勐仑、勐养、景洪、维西、德钦）、西藏（波密、察隅、亚东、定日、昌都、拉萨、左贡、林芝、米林、郎县）、陕西（陇县、留坝、佛坪、宁陕、柞水、镇安、秦岭、汉中、安康）、甘肃（文县、舟曲、迭部、卓尼、临潭、宁县、天水、徽县、武都）（张荣祖，1997）。

本次调查，金猫见于浙江（江山、龙泉、松阳、遂昌、庆元）、福建（邵武、光泽、建瓯、武夷、建阳）、江西（龙南、石城、上犹、广昌、宜黄、乐安、资溪、安福、袁州、黎川、铜鼓、樟树、芦溪）、湖北（鄂西、鄂西北及鄂西南地区）、湖南（全省）、广西（南宁、防城）、重庆（城口、武隆、江津）、四川（南江、青川、金川、天全、古蔺、若尔盖、美姑、雅江、木里、西昌、万源；剑阁、邻水、射洪、安岳、荣县、金堂等县已极罕见或已绝灭）、贵州（荔波、三都、平塘、瓮安、赤水、习水、册享）、云南（全省山区）、西藏（芒康、察隅、昌都、左贡、林芝、米林、察雅）、陕西（汉中、安康、佛坪、南郑、留坝、太白、宁陕、柞水、镇安、汉阴、宁强、西乡、镇巴、岚皋、平利、镇坪、旬阳、石泉）、甘肃（平凉、两当、天水、卓尼、临潭、徽县、武都、舟曲、迭部）。

广东未调查。

（2）数量

据盛和林（1998）报道，我国的金猫数量为 3000～5000 只（盛和林，见：汪松，1998）。

本次调查表明，全国约有 7300 只金猫（表 10－32）。调查表明，金猫的数量成下降趋势，许多地方已经多年未见金猫踪迹。

过度猎捕及栖息地受到严重破坏也是金猫数量下降的主要原因。金猫的初生仔较易死亡，产仔数也比较少，是金猫种群难以发展的另一因素。另外，金猫的分布分散，各分布区之间相互隔离，形成严重的岛屿化，对金猫种群发展构成潜在威胁。

（3）栖息地

金猫主要生活在典型常绿阔叶林，亚热带山地常绿、落叶阔叶混交林，铁杉针阔叶混交林及云杉、冷杉林中，常窜到林缘的灌木、幼林和草丛等处活动。

表 10－32　金猫分布及数量

分　布	面积（km^2）	密度（只/km^2）	数量（只）
浙　江	—	—	46
福　建	—	—	70
江　西	28 000	0.0031	520
湖　北	17 794	0.0348	620
湖　南	—	0.101	240
广　西	24 800	—	45
重　庆	5320	—	20
四　川	—	0.04652～0.08710	2300
贵　州	—	—	100
云　南	54 285	—	950
西　藏	—	0.0116	1300
陕　西	19 279	0.048	100
甘　肃	—	0.00178～0.12860	989
合　计			7300

10.3.13　豹猫 *Prionailurus bengalensis*

CITES 附录Ⅱ。

（1）分布

据文献记载，豹猫在国内分布于除新疆、天津外的所有省份。

本次调查，豹猫见于北京（昌平、门头沟、房山、延庆、怀柔、密云、平谷）、河北（井陉矿区、行唐、赞皇、平山、元氏、邢台、宣化、蔚县、阳原、怀安、怀来、涿鹿、赤城、崇礼、鹰手营子矿区、滦平、隆化、丰宁、宽城、围场、易县、涞源、涞水、阜平）、山西（代县、五寨、静乐、浮山、陵川、武乡、交城、娄烦）、内蒙古（赤峰、通辽、大兴安岭地区）、辽宁（全省大部地区，以东部山区居多）、吉林（敦化、珲春、安图、梅河口、辉南、抚松、临江、通化、磐石、永吉、东丰、桦甸、蛟河）、黑龙江（全省）、上海（宝山、崇明、嘉定、浦东、奉贤、金山、闵行、南汇、青浦、松江）、浙江（桐乡、象山、诸暨、金华、兰溪、黄岩、乐清、永嘉、龙泉）、福建（德化、诏安、建瓯、延平区、建阳、福州）、江西（九江、宜春、抚州、吉安、上饶、赣州所辖各县为多）、山东（章丘、商河、平度、淄博淄川区、垦利、昌邑、曲阜、梁山、邹平、郓城）、河南（新安、栾川、嵩县、洛宁、鲁山、舞钢、沁阳、陕县、灵宝、南召、西峡、信阳、光山、固始、商城）、湖北（恩施、神农架林区）、湖南（全省各大林区）、广东（五华、连平、阳山、乳源、新丰江）、广西（大化、河池、南丹、东兰、环江、巴马、都安、天峨、凤山、宜州）、重庆（巫溪、彭水、万盛、酉阳、秀山、永川）、四川（阆中、剑阁、邻水、射洪、安岳、开江、荣县、南江、青川、平武、松潘、绵竹、石棉、巴塘、金川、天全、汶川、古蔺、若尔盖、马边、得荣、雅江、炉霍、白玉、石渠、木里、西昌、会东、万源、屏山、洪雅等县，在金堂、高县等县及盆底平原一带豹猫已绝迹）、贵州（兴义、册亨、安龙、六盘水、威宁、毕节、纳雍、赫章、晴隆、梵净山、印江、绥阳、赤水、习水、道真、桐梓、贵定、都匀、平塘、罗甸、瓮安、麻江、丹寨、雷山、黄平、思秉、金沙、修文）、云南

（全省）、西藏（林芝、昌都、吉隆、亚东、聂拉木）、陕西（延安、黄龙、延长、宜川、洛川、富县、子长、陇县、凤翔、汉中、佛坪、南郑、柞水、石泉、镇安、宁陕、宁强、汉阴、平利、镇坪）、甘肃（华池、兰州、和政、临夏、陇西、文县、武都、康县、舟曲）、宁夏（海原、泾源、固原、彭阳、西吉、隆德）。

江苏、安徽、海南调查证实有豹猫分布，但数量不详。青海未调查。

（2）数量

据文献记载，豹猫在我国分布广，资源量大，是我国传统的外贸出口裘皮之一。20 世纪 60 ~ 70 年代，我国豹猫皮年收购量约 20 万 ~25 万张，估计全国豹猫种群数量不少于 100 万只；70 年代以后，多数地区豹猫种群数量下降，有些地区（如北方和华东地区）豹猫已十分罕见；80 年代以后，豹猫年收购量约为 60 年代的 1/3 ~1/2。陆厚基等曾统计过我国南方 6 地（云南、贵州、广西、湖南、湖北、江西）1955 ~1981 年豹猫皮的收购数量，6 地豹猫年收购量在 1964、1965 年分别为 22. 2 万和 17. 2 万张；到 1978、1979 年，分别为 12. 6 万、14. 1 万张。在 80 年代中期，我国豹猫皮张收购数量仍保持在 15 万 ~20 万张。1991 ~1992 年我国豹猫皮收购数量在 10 万张左右，其资源量约为 60 年代的一半。西南地区（包括云南、贵州、广西、四川）是我国豹猫资源最丰富的地区，其收购量约占全国总收购量的 50% ~60%（王应祥，见：汪松，1998）。

本次调查表明，全国约有 230 000 只豹猫（表 10 –33）。其中西南地区的豹猫资源量仍位居全国首位。但同历史记载比较，数量急剧下降。以贵州为例，1992 年全省野生豹猫资源量约为 12 万只，而本次调查仅为 18000 只。过量捕杀是导致豹猫资源量下降的主要原因。在 20 世纪 80 年代之前，贵州各地都有豹猫分布，资源量相当丰富。60 年代，贵州每年出产豹猫皮30 000张左右，70 年代为 16 000 张左右；1986 年开始，豹猫皮收购价格猛涨，1987 年达到历史最高价，每张豹猫皮的平均收购价格为 60. 32 元，比 1984 年上涨了近 22 倍，大大刺激了市场，1987 年全省外贸部门收购到 36 489 张，1988 年竟收购到 64 636 张，1987、1988 两年收购豹猫皮张超过了前 6 年的总量，相当于 70 年代 10 年的总产量，并且还有大量皮张通过小商贩流出省外；据在三都、荔波、务川、正安、沿河等县进行的国家收购皮张与个体收购皮张的比例估计，有 1/3 的皮张通过个体市场流出省外，豹猫资源受到严重破坏；1989 年后，贵州每年仍出产豹猫皮 4000 张左右（不包括个体商贩收购数）。

长期以来大量的捕杀，直接导致了豹猫野生资源的急剧减少。此外，丘陵和山区经济林木以及农作物的大面积垦殖，也使豹猫的栖息地质量下降。部分山地农区在使用农药灭鼠后引起豹猫第二次中毒死亡也降低了其种群数量。

（3）栖息地

豹猫主要生活于山地林区、郊野和林缘村寨附近，栖息环境广泛，从低海拔的常绿落叶阔叶灌丛或丘陵、低山常绿阔叶林到高山针叶灌丛或草甸都有分布，而以半开阔的稀树灌丛生境中数量最多，浓密的原始森林、垦殖的人工林和空旷的平原农耕地数量较少。栖息地植被包括落叶松林、云杉林、冷杉林、寒温性松林、圆柏林、温性松林、侧柏林、栎林、落叶阔叶杂木林、野苹果林、杨林、桦树林、高寒落叶阔叶灌丛、山地旱生落叶阔叶灌丛、山地中生落叶阔叶灌丛、河谷落叶阔叶灌丛、低生丘陵阔叶灌丛、石灰岩山地落叶阔叶灌丛、山地灌草丛，还有河岸杂木林的林缘、灌丛及农田防护林、五花草塘、农田—林地交错带以及林区居民点附近等。

表 10 –33　豹猫分布及数量

分　布	面积（km^2）	密 度（只/km^2）	数 量（只）
北　京	8147	0. 18	1500
河　北	—	0. 08684	16 000

（续）

分　布	面积（km^2）	密 度（只/km^2）	数 量（只）
山　西	—	0.0007～0.017	640
内蒙古	210 000	0.0161	3400
辽　宁	—	0.0383	4800
吉　林	85 900	0.0357	3100
黑龙江	349 048	0.023229	8100
上　海	—	—	470
浙　江	—	—	260
福　建	—	—	150
江　西	74 320	0.1372	22 000
山　东	—	—	1300
河　南	—	0.02944	2600
湖　北	91 007	0.0496	4500
湖　南	—	0.886	2100
广　东	—	0.002～0.05	1000
广　西	—	0.05～0.764	28 000
重　庆	15 192	—	180
四　川	—	0.00543～0.5408	30 000
贵　州	—	—	18 000
云　南	126 666	—	44 000
西　藏	—	0.0104	1200
陕　西	80 712	0.43	34 000
甘　肃	—	0.00178～0.04550	2100
宁　夏	1340	0.45	600
合　计			230 000

10.3.14　云豹 *Neofelis nebulosa*

国家Ⅰ级重点保护野生动物；CITES 附录Ⅰ。

（1）分布

据文献记载，云豹在国内分布于浙江（富阳、桐庐、淳安、德清、安吉、仙居、云和、遂昌、松阳、龙泉）、安徽（广德、宁国、歙县、东至、贵池、祁门、石台、青阳、黟县、太平、旌旗、休宁、绩溪、宣城）、福建（南平、周宁、三明、莆田、福州、厦门、建阳、宁德、晋江、永春）、江西（安远、赣县、泰和、大余、永修、德安、九江、高安、崇仁、莲花、于都）、湖南（桂东、宜章、新宁、绥宁）、广东（大埔、连州、阳山、紫金、连平、惠东）、广西（睦边、靖西、龙州、融水、融安、全州、恭城、永福、天峨、南丹、乐业、田林、隆林、那坡、宁明、凭祥、上思、贺县、富川、昭平）、海南（尖峰岭、吊罗山、五指山、鹦哥岭、黎母岭、陵水、海口）、四川（重庆、南江、城口、巫山、叙永、沐川、石棉、宝兴、灌县、汶川、雷波）、贵州（松桃、江口、沿河、印江、玉屏、石阡、瓮安、绥阳、遵义、开阳、贵定、三都、独山、安龙、册亨、兴义、大方、梵净山）、云南（屏边、元阳、金平、绿春、河口、勐腊、勐养、普文、勐海、永德、景东）、西藏（察隅、墨脱、芒康）、陕西（汉中、秦岭、安康）、甘肃（文县）、台湾（全岛）（张荣祖，1997）；湖北（盛和林，1998）。

本次调查，云豹见于浙江（主要分布于宁海、天台、三门、临海、仙居等，少量分布于湖

州、德清、安吉、杭州、余杭、萧山、富阳、临安、桐庐、建德、淳安、绍兴、诸暨、新昌、开化、江山、常山、金华、浦江、武义、磐安、黄岩、丽水、遂昌、松阳、云和、龙泉、缙云、庆元、景宁、泰顺)、安徽（东至、石台、祁门、黟县、黄山、青阳、泾县、旌德、绩溪、宁国、休宁、歙县、徽州、贵池)、福建（长汀、建阳、建瓯、永安、光泽、浦城、将乐、尤溪、连城、新罗)、江西（全南、定南、龙南、寻乌、石城、上犹、崇义、安远、宁都、瑞金、于都、兴国、赣县、信丰、大余、会昌、南康、赣州章贡区、宜黄、乐安、南丰、广昌、黎川、资溪、南城、金溪、上栗、莲花、芦溪、婺源、德兴、玉山、广丰、铅山、万年、横峰、井冈山、永丰、泰和、遂川、永新、安福、新干、吉水、万安、宜春袁州区、宜丰、铜鼓、奉新、靖安、上高、高安、武宁、修水、永修、瑞昌、德安)、湖北（五峰、宣恩、鹤峰、陨西、神农架、通山)、湖南（省内各大林区)、广东（紫金、乳源)、广西（宁明、环江、上思、田东、田阳、田林、凌云、德保、靖西)、重庆（巫溪、巫山、南川、江津)、四川（南江、青川、松潘、石棉、天全、汶川、古蔺、马边、美姑等县，绵竹、屏山、洪雅等县极为罕见，在盆周丘陵一带的邻水、射洪、安岳、高县等县已绝迹。另外，巴中、兴文、雅安、江安等县曾有毛皮收购记录)、贵州（赤水、习水、桐梓、正安、绥阳、遵义、务川、沿河、江口、印江、思南、凤岗、金沙、都匀、贵定、龙里、平塘、荔波、三都)、云南（勐腊、景洪、勐海、江城、思茅、景谷、镇沅、金平、绿春、元阳、红河、屏边、河口、马关、麻栗坡、新平、景东、南涧、孟连、澜沧、西盟、沧源、双江、耿马、镇康、永德、临沧、潞西、瑞丽、陇川、梁河、盈江、龙陵、保山、腾冲、泸水、贡山、永平、云龙、大理、洱源、剑川、兰坪、维西、丽江、永胜、中甸、德钦)、西藏（芒康、昌都、察隅、波密)、陕西（太白、镇安、留坝、城固、平利、岚皋、宁陕)。

海南、甘肃未发现。

（2）数量

据文献记载，海南云豹数量非常稀少，面临绝迹的威胁。云豹数量较多的省是江西、福建、湖南、湖北、贵州，20 世纪 70 年代云豹皮产量均在 100 张左右；其次是四川、浙江、广东，每年产云豹皮数十张。70 年代与 60 年代相比，数量变化不大，但 70 年代和 80 年代开始趋于下降。近年来数量略有回升，估计全国现有资源量不过数千只（盛和林，见：汪松，1998)。

本次调查表明，全国约有 2600 只云豹（表 10 - 34)。其中江西的云豹数量仍然最多，其次是云南、广东、西藏、安徽、湖南、四川。60 ~ 80 年代是云豹数量急剧下降的时期，许多地方的云豹濒于绝迹。

近年来少数地区云豹数量略有回升。其原因是：①云豹栖息地植被得到恢复；②云豹分布区中小型兽类、鸟类数量和种类都有所增加，为云豹提供了食物来源；③随着区域经济发展，云豹分布区当地居民的生活日益富庶，再加上森林法、野生动物保护法的颁布实施，非法猎捕和破坏栖息地行为明显减少。

但在大多数地区，云豹的数量仍在继续下降，分布区缩小，栖息地片段化，导致云豹在许多地区绝迹。原因主要有：①云豹是林栖动物，主要生活在海拔较低的亚热带常绿阔叶林一带，而这一带的森林破坏较为严重，造成云豹资源下降；②一些盗猎者为追求云豹骨及华丽贵重的毛皮而肆意捕杀云豹。1998 年在四川省古蔺县进行调查时了解到，该县林业局在 1994 年曾收缴了一只被铁铗夹住的云豹，当时已奄奄一息，经抢救无效死亡，之后，该县再未有过任何有关云豹的信息；③由于林区开发及野生动物资源的普遍减少，云豹赖以生存的食物也大为减少，直接影响了云豹的生存及种群发展。

（3）栖息地

云豹是典型林栖动物，主要栖息地类型为针阔混交林、常绿阔叶林、灌木丛或沟谷地带的次生林、季雨林。生活于中山或中低山地带，有时因食物等方面的原因尚可到海拔 3000m 左右的山地活动。

表 10－34　云豹分布及数量

分　布	面积（km^2）	密 度（只/km^2）	数 量（只）
浙　江	—	0.021	160
安　徽	—	—	230
福　建	—	—	160
江　西	25 750	0.0030	400
湖　北	10 724	0.0078～0.0143	90
湖　南	—	—	230
广　东	—	0.02	300
广　西	21 400	—	20
重　庆	2433	0.002042	20
四　川	8500～14 000	0.01887	210
贵　州	—	—	90
云　南	18 069	—	350
西　藏	—	0.00296	240
陕　西	15 608	0.006	100
合　计			2600

10.3.15　豹 *Panthera pardus*

国家Ⅰ级重点保护野生动物；CITES 附录Ⅰ。

（1）分布

据文献记载，豹在国内分布于北京（昌平、延庆、门头沟、密云）、河北（怀来、围场）、山西（吕梁山、中条山、太原、晋中、雁北、临汾、运城）、内蒙古（布特哈旗、科尔沁旗）、吉林（汪清、辉春、敦化、安图、和龙、延吉、长白、集安、抚松、通化、靖宇、柳河、辉南、蛟河、舒兰、桦甸）、黑龙江（宝兴、尚志、海林、牡丹江、穆棱、东宁）、江苏（镇江）、浙江（富阳、德清、仙居、云和、遂昌、金华）、安徽（金寨、霍山、太湖、贵池、桐城、岳西、潜山、广德、宁国、泾县、歙县、休宁、永宁、旌德、青阳、宜城）、福建（平和、福清、南平、武夷山、福州、宁德、莆田、永春）、江西（安远、赣县、泰和、峡江、高要、宜黄、永修、星子、景德镇、新建、永丰、会昌、南城、新余、贵溪、安义）、河南（淅川、桐柏、新县）、湖北（宜昌、长阳）、湖南（桂东、宜章、新宁、绥宁）、广东（连阳、大埔、揭阳、罗浮、惠东）、广西（睦边、靖西、宁明、上思、龙胜、恭城、天峨、南丹、环江、罗城、河池、凌云、那坡、龙州、桂平天坪山、贺县）、四川（峨眉山、万县、康定、城口、巫山、南川、古蔺、沐川、金阳、石棉、天全、盐边、炉霍、白玉、德格、邓柯、理塘、稻城、巴塘、苍溪、南川、岳池、会东、茂县、泸定、雅安、宜宾、万源、巴南、内江、乐至、綦江、绵阳、安县）、贵州（江口、玉屏、石阡、绥阳、阳开、金沙、织金、大方、威宁、雷山、三都、独山、册亨、兴义、安顺、安龙、梵净山、荔波）、云南（泸水、丽江、泸西、屏边、绿春、腾冲、金平、河口、复兴镇、景洪、勐海、勐养、勐腊）、西藏（昌都、江达、芒康、察隅、洛隆、拉萨、亚东）、陕西（陇县、紫阳、白河、镇坪、商州、黄陵、富县、吴旗、志丹、延安、宜川、石泉）、甘肃（临潭、迭部、武都、榆中、天水、徽县、康乐、和政、康县、文县）、青海（玉树、果洛）、宁夏（隆德、泾源、固原、中卫）（张荣祖，1997）。

本次调查，豹见于北京（昌平、门头沟、延庆、怀柔、密云）、河北（蔚县、阳原、怀来、

涿鹿、赤城、承德、滦平、隆化、丰宁、涞源、涞水、阜平、武安)、山西(平陆、交城、沁水、武乡、交口、沁源、翼城、左权、平遥、五寨、岢岚、和顺)、内蒙古(赤峰南部的七老图山)、吉林(珲春、汪清、安图、延吉)、黑龙江(大海林、绥阳、穆棱、林口)、浙江(临安、淳安、诸暨、嵊州、开化、龙泉、青田、遂昌)、江西(抚州、宜春、九江)、福建(建瓯、武夷山、光泽、浦城、建阳、将乐、延平、新罗、连城、永安)、河南(济源、辉县、修武、博爱、沁阳、林州、栾川、嵩县、汝阳、灵宝、陕县、鲁山、南召、内乡、西峡、淅川、桐柏、商城)、湖北(宜昌、长阳、五峰、竹溪、丹江口、罗田、阳新、通山、崇阳、通城、利川、巴东、宣恩、咸丰、神农架)、湖南(少数几个大林区)、广西(龙州、上思、融水、贺县、防城、百色、资源、龙胜)、重庆(城口、巫溪、南川、武隆、江津)、四川(青川、平武、松潘、石棉、巴塘、金川、色达、天全、汶川、马边、美姑、得荣、雅江、炉霍、白玉、木里、洪雅、万源、屏山、古蔺等县;西昌、会东、屏山、若尔盖等县已极为罕见或已绝迹,而在盆周丘陵一带的剑阁、射洪、安岳、邻水和高县等县已经绝迹)、贵州(赤水、习水、桐梓、正安、凤岗、绥阳、遵义、仁怀、金沙、盘县、兴仁、兴义、安龙、荔波、三都、都匀、贵定、惠水、平塘、瓮安、福泉、石阡、思南、沿河、德江、松桃、江口、印江、思秉)、云南(除昆明外广布各地)、西藏(林芝、米林、波密、察隅、墨脱、昌都、芒康、江达、贡觉、洛隆)、陕西(黄龙、富县、陇县、旬邑、化阴、太白、洛南、镇安、留坝、城固、南郑、宁强、岚皋、平利、石泉、宁陕)、甘肃(武都、榆中、天水、徽县、康乐、和政、临夏、康县、文县)、宁夏(泾源、隆德、固原、彭阳)。

江苏、青海未调查。安徽、广东已调查并证实有分布,但因数量稀少而无法统计,故数量不详。

(2)数量

本次调查全国约有 3310 只豹(表 10－35)。

我国的豹分 3 个地理亚种:

华南亚种 *P. p. fusca*:见于云南、贵州、西藏、江西、湖北、安徽、浙江、福建、广东、广西、青海、陕西南部(华南豹)。

华北亚种 *P. p. fontanierii* :见于河北、河南、内蒙古、山西、甘肃、宁夏、陕西北部(华北豹)。

东北亚种 *P. p. orientalis* :见于黑龙江的大、小兴安岭和吉林的东部山区(东北豹)。

东北亚种

本次调查,吉林、黑龙江境内尚有豹的分布,但数量稀少,且已成几个孤立的种群。主要证据如下:

吉林的豹主要分布在东部林区的珲春、汪清、安图、延吉的部分区域,即大龙岭和哈尔巴岭等 2 个分布区。其中,大龙岭分布区是豹的主要分布区,分布区面积 $3240km^2$。包括鸡冠砬子、转心湖顶子和老爷岭 3 个分布小区。哈尔巴岭分布区仅为狭窄的山脊地带,海拔 800 ~ 1000m,分布面积为 $250km^2$。

黑龙江的豹仅分布在东部山地的张广才岭和老爷岭林区,仅见于森工林区的大海林、绥阳、穆棱和林口 4 个林业局,其分布区极为狭窄。与文献史料记载相比较,其分布区正急剧退缩。豹于 20 世纪 70 年代已在大兴安岭林区绝迹,并于 90 年代在小兴安岭林区绝迹,东部山地的完达山林区是否仍有豹的分布,有待今后进一步调查证实。豹在黑龙江东部山地分布数量为3 ~ 5 只。具体为:老爷岭的绥阳林业局 1 ~2 只、穆棱和林口 2 个林业局各 1 只、张广才岭南部的大海林林业局可能有 1 只。

表 10－35　豹分布及数量

分　布	面积（km^2）	密 度（只/km^2）	数 量（只）
北　京	2039	0.005	10
河　北	—	0.00038	70
山　西	—	0.0007～0.0131	400
内蒙古	5000	0.002	10
吉　林	—	—	5
黑龙江	—	—	4
浙　江	—	—	59
福　建	—	—	34
江　西	18 000	0.0009	80
河　南	8795	0.0061	54
湖　北	23 952	0.0044	100
湖　南	—	—	14
广　西	—	—	15
重　庆	9973	—	15
四　川	3500～5000	0.06489	270
贵　州	—	—	120
云　南	47 500	—	430
西　藏	—	0.0063	950
陕　西	30 948	0.008	250
甘　肃	—	0.00947	400
宁　夏	1070	0.033	20
合　计			3310

华北亚种

本次调查，山西、内蒙古、河南、河北、宁夏、甘肃等地尚有豹分布，山西数量最多，其他地区数量稀少。由于20世纪50～60年代“打虎除害”同时也除“豹害”，加之栖息环境的改变，以致近30多年来许多地区的华北豹数量急剧减少或绝迹。

华南亚种

华南豹是目前国内分布广泛、数量较多的豹亚种。50年代初，华南豹在江南诸省的种群数量还相当多。本次调查表明，华南豹的种群数量已成急剧下降趋势，许多地区已经绝迹。安徽在70年代以前，每年豹皮产量在三四十张左右，近年来数量锐减，大别山区和江淮丘陵西部已近绝迹，现仅见于皖南山区的黟县、祁门和东至县等少数地点；1996年，黟县林业局曾没收过1只豹，后制成标本；1999年和2000年，黄山高等专科学校在黟县获得2张新鲜豹皮。现具体数量不详。

导致豹种群数量下降，分布区缩小的主要原因可归纳为以下3个方面：

①从历史上看，长期的过度猎捕是豹资源下降的主要原因。如在20世纪50～60年代，我国曾在全国范围内开展了“打虎除害”的活动，在除“虎害”的同时也除“豹害”，使我国豹类资源遭到严重破坏；此外，我国民间传统认为豹骨可替代虎骨用，豹皮可替代虎皮，也使其遭到大量猎捕。

②森林大量采伐直接导致了豹栖息地面积减少，而且还使豹野生种群被分割为若干孤立的

小群体，各小群体之间由于缺乏基因交流而导致遗传衰竭，繁殖受阻，致使豹种群数量剧减。

③食物资源的大量减少，危及豹种群的发展。

（3）栖息地

东北亚种：主要栖息于海拔 1000m 以下的红松针阔叶混交林，云、冷杉针叶混交林，杨桦阔叶混交林，落叶阔叶杂木林，林下灌丛。有固定的巢穴，多筑在树丛、草丛或悬崖石洞中。

华北亚种：主要栖息于海拔 300 ~ 1500m 山地密林深处，有固定的活动地域，主要植被有杨、桦、栎类、云杉、油松、落叶松、华山桦、沙棘、绣线菊、胡枝子、黄刺玫、忍冬、锦鸡儿、荆条等。

华南亚种：主要栖息于山地林区，栖息生境包括亚热带山地常绿、落叶阔叶混交林、典型落叶阔叶林、铁杉针、阔叶混交林、云杉、冷杉林等，其巢穴多筑于浓密树丛、灌丛或岩洞中。

10.3.16　虎 *Panthera tigris*

国家Ⅰ级重点保护野生动物；CITES 附录Ⅰ。

（1）分布

据文献记载，虎在国内分布于河北（兴隆、围场、北部山地）、山西（管涔山、恒山、云中山、五台山、中条山、虞乡、解州、蒲州）、内蒙古（呼和浩特）、吉林（敦化、辑安、安图、辉春、抚松、汪清、和龙、延吉、长白、漫江）、黑龙江（伊春、带岭、双鸭山、密山、张广才岭、虎林、铁力、依兰、汤源、宁安、桦川、林口、东宁、桦南、宝清、尚志、穆棱、完达山）、江苏（宜兴、南京）、浙江（宁波、开化、杭州、莫干山、丽水、衢州、江山、庆元）、安徽（东至、安庆、黄山）、福建（厦门、南平、福州、鼓岭、福清、尤溪、仙游、安溪、建阳、建瓯、古田、光泽、宁德、屏南、顺昌、大田、永春）、江西（安远、赣县、泰和、黎川、永修、波阳、九江、瑞昌、武宁、南城、上饶、龙南、信丰、峡江、庐山）、河南（镇坪、淅川、西峡）、湖北（长阳、巴东、汉口、宜都、南漳、长坪）、湖南（桂东、宜章、新宁、绥宁、长沙、宁乡、洞口、新晃、张家界）、广东（三水、乐昌、紫金、兴宁、惠东、乳源、连山、阳山、信宜、阳春）、广西（睦边、靖西、龙州、宁明、上思、融水、融安、九万大山、天峨、资源、十万大山、大新、大名山、富川、贺县、西林、乐业）、四川（乐山、绵阳、绵竹、达川、涪陵、名川、宜宾、彭水、武隆、南川、古蔺、凉山、雅安、青川、城口、天全、甘孜、汶川、平武、万县）、贵州（沿河、石阡、绥阳、桐梓、习水、威宁、雷山、三都、惠水、梵净山、荔波）、云南（屏边、元阳、金平、绿春、河口、勐阿、勐腊、勐海、尚勇、易武、整董、思茅、澜仓、无量山、哀牢山、西盟、勐连、贡山、福贡、龙陵、腾冲、临仓、瑞丽、盈江、中甸、丽江）、西藏（林芝、墨脱、洛扎、错那、米林、察隅、珞瑜）、陕西（佛坪、平利、镇坪、宁陕）、甘肃（会宁、徽县、武都、文县、舟曲、迭部、卓尼）、青海（班玛）、新疆（库尔勒、罗布泊、博斯腾湖、塔里木河沿岸）（张荣祖，1997）。

本次调查虎见于吉林（东部林区的珲春、汪清、敦化、延吉、安图、蛟河）、黑龙江（完达山东部东方红—迎春林区、老爷岭南部绥阳—穆棱林区、张广才岭南部东京城—大海林林区；此外，在张广才岭北部的方正—柴河林区和完达山西部的桦南林区可能为 2 个潜在分布区）、浙江（庆元百山祖国家级自然保护区）、福建（连城、上杭、新罗、永安、宁化、尤溪、德化、永春、大田、南靖）、江西（宜黄、乐安、南丰、崇仁、南城、广昌、宁都、上栗、莲花、铜鼓、宁岗、井冈山、永新、铅山、贵溪、资溪、瑞金、石城、婺源、德兴、全南、定南、寻乌、大余、修水、武宁、靖安、永修）、湖北（五峰、利川、神农架）、湖南（石门、慈利、安化、桃源、沅陵、宜章、桂东、江永、道县、江华、炎陵）、广东（连州、阳山、乳源、乐昌、始兴、翁源、连平、仁化、南雄、乐昌）、贵州（梵净山国家级自然保护区、习水、赤水、金沙）、云南（勐腊、景洪、勐海、江城、沧源、腾冲、盈江、泸水、福贡、贡山）、西藏（雅鲁藏布大峡谷）。

河南未发现。河北、山西、内蒙古、安徽、广西、甘肃、青海、新疆未调查。

（2）数量

本次调查表明，全国有东北虎14只，印支虎17只，孟加拉虎10只，华南虎还在调查中。（表10－36）。

表10－36 虎分布及数量

分 布	面积（km^2）	密 度（只/km^2）	数 量（只）
吉 林	85 900	—	7～9
黑龙江	—	—	5～7
浙 江	—	—	—
福 建	—	—	—
江 西	27 340	0.0002	—
湖 北	—	—	—
湖 南	—	—	—
广 东	—	—	—
贵 州	—	—	—
云 南	4222	—	14～20
西 藏	—	0.00067～0.001	8～12

据文献记载，虎在我国曾广泛分布，北自黑龙江，南至西双版纳，东起东海沿岸，西至新疆罗布泊，可以说除海南和台湾外，各省都有虎的踪迹。目前我国虎有5个地理亚种，即：孟加拉虎、印支虎、华南虎、里海虎和东北虎。

本次调查发现东北虎实体。1988年和2000年先后有2只东北虎遭到非法猎杀，近些年经常出现东北虎造成人畜伤亡事件。而其他亚种均未发现实体。

为查清虎资源现状，各地做了大量工作，现按亚种分别论述如下：

东北亚种（东北虎）*P. t. altaica*

经调查核实，已经发现东北虎实体或踪迹的地区有吉林和黑龙江。估计总数12～16只（吉林7～9只，黑龙江5～7只）。

东北虎在吉林的分布可划分为以下3个区域：

第一，大龙岭分布区

位于延边珲春市、汪清县东部。东隔珲春岭与俄罗斯接壤，北以大龙岭为界与黑龙江相邻，该区的西南为绥汾河、珲春河的上游地段。行政区划包括珲春市的敬信、板石、杨泡、马滴达、春化及汪清县的复兴乡，分布区面积3740km^2。可以得到确认的虎数量为3只，它们分别是：

马鞍山—神仙顶子统计区域：发现2处虎的痕迹，彼此相距8km，在虎约1天的行程之内，故视为1只虎。

头道沟—大荒沟统计区域：发现虎的粪便、食痕、足迹、卧迹多处，但都处于同一沟中，视为1只。

青龙台统计区域：发现虎单足迹链2条，掌垫宽皆在9～9.2cm之间，且2条样带距离较近，视为同一只雌性虎。

第二，哈尔巴岭分布区

位于延边州汪清县西北、敦化市东部，并涉及延吉市、安图县北部交界地带。北隔哈尔巴岭与黑龙江交界，东为汪清县境内的嘎呀河及其支流春阳河，南界为汪清百草沟—延吉市屯田、梨树—安图的二青、东北一带，西为敦化市境内大黑岭的臭松沟。行政区划为汪清的春阳、天

桥岭、大兴沟、白草沟镇、延吉市的三道弯镇、安图县长兴乡、敦化市大石头镇一部分，面积 1900km^2。

样带调查虽未发现虎的痕迹，但根据社会调查及栖息地的考察，确认有 1 只虎。

第三，张广才岭分布区

位于敦化市的北端，北、东与黑龙江交界，南端界线为敦化团山子—都陵林场—马鹿沟林场—北大秧—吉林蛟河双山，西部为前进—榆树沟沿线。行政区划为敦化市额穆、大山嘴子镇，吉林蛟河黄松甸、前进乡，该区域面积 3020km^2。可以确认虎的数量为 3 只，依据是：

1998 年 2 月 11 ~ 16 日，在蛟河北沟—关门砬子、双山村五里步屯一带有 1 只游荡的虎。经足迹测量可确定为 1 只成年雄性虎。1999 年 5 月 11 日在敦化市黄泥河林业局团北林场，也记录到 1 只成年雄虎，两地相距 50km，时隔 1 年半，由于两次测得单足迹和掌垫大小相近，可以视为同一只虎。

1999 年 5 月 13 日，在蛟河市前进乡吉林省实验林场 9 林班，见到食马残骸及虎踪迹。5 月 28 日测量结果为：第 1 只虎的单足迹为 14.5 ~ 14cm，掌垫宽 8cm；第 2 只虎的单足迹为 21cm × 21cm，掌垫宽 12 ~ 13cm。2 只虎的足迹差异显著，所以确认为 2 只虎。

此外，在大龙岭区域可能存在 2 只虎：

三角山—小盘岭统计区域：发现的粪便为 30 天前的痕迹，较陈旧，因此认为或是独立生活在这一带的虎，或是活动到马鞍山—神仙顶子一带的虎。

葫芦鳖沟—大黑山统计区域：见到的虎足迹呈半融化状态，因与马鞍山—神仙顶子相距 10km，极可能为同一只虎。但社会调查的信息认为也可能是另一只虎。

东北虎在黑龙江的分布也可划分为 3 个区域：

第一，完达山东部的东方红—迎春林区

分布有 2 ~ 4 只虎，主要依据是：

A. 在东方红林业局奇缘林场 26 林班（46°37′19″N，133°31′03″E）发现 1 条成年虎足迹链及一处卧迹；

B. 在东方江林业局五林洞林场 81 林班（46°31′17″N，133°19′14″E）发现 1 只成年雌虎及 1 只亚成体虎足迹。同时，有人在此林班见到 1 只虎实体；

C. 在迎春林业局五泡林场 18 林班（46°33′54″N，133°10′49″E）发现 1 只雌成年虎足迹，此虎足迹也在与该林场毗邻的东方红林业局青山林场 5 林班（46°33′35″N，133°17′11″E）被发现。

第二，老爷岭南部的绥阳—穆棱林区

分布有 2 只虎，主要依据是：

A. 在绥阳林业局三岔河林场 11 林班（43°28′02″N，131°06′33″E）发现 1 只成年雄虎足迹链；

B. 在绥阳林业局暖泉河林场（43°35′32″N，131°07′55″E）发现 1 只成年雄虎足迹链；

C. 在穆棱林业局岱马沟林场（44°27′50″N，129°59′31″E）发现一处大型虎擦迹及少许虎毛。

第三，张广才岭南部东京城—大海林林区

分布至少 1 只虎，具体活动地点是：

东京城林业局尔站三林场 15 林班和北沟林场 36 林班，大海林林业局七峰林场 36 林班，前进林场 44 林班等。

黑龙江是见到东北虎实体的地区，东北虎在黑龙江曾认为已经绝迹，自 1988 年黑龙江省野生动物研究所在完达山林区发现东北虎活动踪迹后，已经多次出现老虎伤亡人畜事件，到 2000 年，已有 1 人死亡，2 人重伤。

华南亚种（华南虎）*P. t. amoyensis*

华南虎仅分布于我国南方地区，为我国特有亚种，过去曾广泛分布于东起闽浙（约120°E），西至川西（约100°E），南自广西（约23°N），北及豫晋边界（约35°N）。全区东西长约2000km，南北宽1500km（马逸清，见：汪松，1998）。据调查，20世纪50年代江西、湖南、贵州等地还是虎较多的地区。至90年代初，华南虎仅见于粤北、赣南、湘南及桂东北（南岭）、赣北及闽西（武夷山）、湘西北、黔东北及川东南（武陵山）等地，分布面积约20万km^2（刘振河等，1983）。

本次调查，发现许多地区的华南虎已经绝迹，如在江苏访问调查中了解到，在20世纪70年代末及80年代初，宜溧山区曾有人发现华南虎的踪迹；80年代后，由于人类活动范围扩大，其栖息地遭到破坏，现在江苏已经绝迹。据《浙江动物志》记载，1953年，丽水郊区曾打死1只成年虎，1954年龙泉曾捉到幼虎2只，此后，1974年在衢州、1983年在开化各捕到一只成年虎（诸葛阳等，1989），随后20多年，在浙江没有出现过华南虎的踪迹，认为华南虎可能在浙江已经绝迹。近些年，各地纷纷报道华南虎重现山林，但并没有见到老虎实体，大多是华南虎活动的痕迹，如足迹、卧迹、食痕等，其中许多活动痕迹仍需进一步考证。

各地发现华南虎活动踪迹的信息概述如下：

1998年10月24日，在浙江百山祖国家级自然保护区内，4名职工发现形似老虎的动物在一坑边饮水，他们当即向保护区进行了报告，保护区迅速组织人员实地察看，并取回了蹄印石膏模型和新鲜粪便样本。随后一年多来，该保护区内多次发现“虎脚印”和“虎粪便”。

湖北宜昌县1951～1955年每年有37头牛被捕食；1973年全县收购虎皮7张；1975年鸦鹊岭供销社收购虎皮1张；1986年春节樟村坪镇黄家台村张国南用钢丝套住老虎3只，其中一只重200kg余，再后未发现虎踪迹。利川市1983年在百户湾林场发现1只幼虎，职工傅昌龙捕捉喂养半年后送重庆动物园，后再未发现野生虎。1993年，在神农架发现一大一小两只华南虎。近年来，五峰县后河地区也先后几次发现过华南虎的踪迹。咸宁市的居民也曾多次反映见过华南虎，但有待进一步考证。

广东的华南虎痕迹主要出现在3个片区

第一，大东山—八宝山片：包括连州、阳山、乳源、乐昌等县（市）的部分地区。本片北界与湖南省接壤。面积约1900～2400km^2，发现虎痕迹的有大东山自然保护区的担杆坑，秤架自然保护区的生人坳、羊角坑、葛苗岭，八宝山自然保护区的老蓬顶，青溪洞自然保护区及太平洞等地。先后曾发现18个虎的“挂爪”，测量记录了9个比较清晰的“挂爪”。发现足迹1处。记录到护林员与群众目击信息2次。

第二，车八岭—黄牛石片：包括始兴、翁源、连平等县的部分地区。本片与江西交界。范围1200～1600km^2。包括车八岭自然保护区，天平架、先人洞、刘张家山、都坑、罗坝、新江镇、黄牛石等地。在始兴曾发现7个虎“挂爪”，测量记录5个，发现足迹4个，制作模印1个。另外，群众与地质勘测队员曾目击3次。

第三，万时山—观音崠片：包括仁化、南雄、乐昌等县（市）的部分地区。本片与江西、湖南接壤。曾在仁化的大水坝发现2个新鲜挂爪和1个旧“挂爪”，在南雄县的观音崠发现1个“挂爪”。乐昌市九峰鹅颈坳村民在山上的果园里曾发现虎足迹链。

贵州华南虎潜在分布区有3处

一是黔东北以江口、印江、松桃3县交界处的梵净山为核心的武陵山区；二是黔北的赤水、习水与四川、重庆交界地区；三是金沙县的冷水河至青池与四川交界地带。

第一，赤习水片区：主要包括习水县的三岔（望香台等地）、程寨（大白塘、大雷坡、小雷坡、小桥坪等地）、长嵌、天鹅、醒民（蔺江片区）、土城、赤水市的石固、葫市（葫市沟、金沙沟等地）、元厚（板桥沟一带）等地及与四川的古蔺县、合江县以及重庆的江津市交界地带。1995年，在习水县三岔乡有姓马的农妇上山打柴，在一崖洞处见到一只长约2000mm的“华南

虎”。当时农妇吓得直往后退，虎没有追击她，而是与其对视，后农妇跌下山崖不幸受伤，被当时在不远处开采山石的群众救回家医治。其后有几个胆大的人到崖洞处寻找虎的踪影，没有见到虎，但发现有虎爬卧过的痕迹。1 个多月后，有人在三岔的森林中再次发现虎及虎的挂爪、足迹。1998 年 10 月，习水县程寨乡石坎河农民袁钟莉在林缘一棵大树下发现一只虎在树下活动，急忙跑回家中，后有人到树下查看，见到了虎的足迹。1999 年初，习水同民镇集中村的两个猎民（父子俩）在小鱼溪见到一成年母虎带一幼虎向四川境内走去。1998 年 12 月，在赤水市元厚镇的板桥沟发现虎的足迹和听到虎的叫声，时隔 1 个月，在沟内发现被捕食后仅剩下角、蹄及少数毛的鬣羚残体。

第二，梵净山片区：主要为梵净山国家级自然保护区，总面积约为 460km^2，处于江口县、印江县、松桃县 3 县交界地带。1996 年 10 月，印江县一农民在梵净山区发现虎的粪便及足迹，1 个月后，有几个到梵净山偷猎的猎人再次见到足迹及粪便，近年也还有人反映听到了虎啸，但无人见到实体或踪迹。

第三，金沙片区：主要为金沙县的湖水、平坝、冷水河保护区、青池与四川的古蔺县交界地带，总面积（贵州境内）约 350km^2。有人反映听到了虎叫声及见到了虎的足迹，但经过调查未发现任何踪迹。

导致华南虎数量急剧下降的主要原因有：

第一，捕杀。东北虎、大熊猫和金丝猴于 1959 年被宣布为国家级保护动物，但在同一年，华南虎、豹、狼和熊被宣布为害兽，并号召猎人尽快铲除。从 1951 年到 1955 年，全国平均每年猎取近 400 只华南虎；1961 ~ 1965 年，每年猎取华南虎 150 多只；1971 ~ 1975 年，每年捕猎华南虎约 20 只；1976 ~ 1979 年间，全国每年只捕捉到 5 只。直到 1977 年，华南虎才被宣布为保护动物，但为时已晚，华南虎剩下不到 200 只。

第二，栖息地破坏。原始森林采伐直接破坏了华南虎的栖息地。同时大面积的森林采伐破坏了大、中型有蹄类动物的栖息地，使华南虎的食物数量严重减少，制约了华南虎种群的恢复。另外，森林采伐使大片森林被分割成小块，限制了华南虎的活动，使各种群之间不能联系，自然繁殖受到影响。并且在小种群内极易产生近亲交配，导致遗传多样性下降，使种群衰退。

南亚亚种（印支虎）*P. t. corbetti*

虎在云南的分布区已十分狭窄，仅分布于在西双版纳及思茅地区。在西双版纳自然保护区，仅分布于勐养、尚勇、勐腊、勐仑 4 个保护所境内和勐海县的布朗山边境一带及勐旺乡，数量为 11 ~16 只；在思茅地区，仅分布于孟连县的勐马乡大黑山和福岩乡，以及江城县的曲水乡边境一带，数量为 3 ~4 只。与 20 世纪 80 年代（何晓瑞，1994）相比，云南有虎分布的县（市）已从 16 个下降至 5 个，虎的种群数量已从 69 ~94 只下降至 14 ~20 只，与马逸清等的资料相比（马逸清、阎文，1998），数量也下降了许多。

第一，虎在西双版纳的分布和数量：主要分布于西双版纳自然保护区和邻近地区。虎一般仅分布于较高的山地森林中，低海拔及山腰地带已被开垦种植农作物，平坝及附近地区已无虎分布。可以确定的分布点仅在勐腊县的勐养、尚勇、勐腊、勐仑 4 个保护所境内和勐海县的布朗山边境一带及勐海县的勐旺乡，主要在靠近中老、中、缅边界的地区，另有一处的栖息地面积、密度和数量不够确切，分述如下：

A. 勐养保护所：20 世纪 50 年代虎的数量尚多，60 年代尚有虎伤人和捕猎虎的记录，70 ~ 80 年代偶尔可以见到虎的足迹。1997 年在保护所中部红沙河村寨一带实地调查，发现数个虎足迹；1998 年 6 月、7 月，勐养镇跳坝河办事处新龙山村的村民两次在勐养保护所猪屎河附近的小孔明歇场见到虎的脚印。因此，勐养保护所仍有虎存在，数量 1 ~2 只。

B. 勐腊保护所：面积为 1000km^2。保护所及周围地区有 5 处地点发现虎或其活动痕迹。其中有 3 处位于国境线附近，另外 2 处在南贡山和顶板梁子一带。具体为①南坎坡头附近（保护区外）：1996 年见到 1 只母虎携一幼虎；②景飘桃子箐附近：1996 年 11 月见到 1 头成虎，1995、1996 年每年有 10 余头水牛、黄牛被咬死；③瑶区梭山脚附近顶板梁子一带：1995 年 2 月村民遇见一头成年虎，一人受伤致死；④老蒲满寨附近牛场：1995、1996 年每年被咬死、捕食的黄牛达 10 余头，现场均发现虎的足迹；⑤南贡山旧寨附近：1994 年有 11 头、1995 年有 17 头牛场的水牛被捕食，现场仅存水牛的头和骨骼，1996 年村民被迫迁走牛场。每年雨季均可看到虎的清晰足迹。1998 年 7 月，南贡山打死虎 1 只，虎皮被州林业公安局收缴，并逮捕了 3 个村民。据此估计勐腊保护所及邻近地区虎的数量为 6 ~ 7 只。

C. 尚勇保护所：位于勐腊县南部，与老挝接壤，面积为 267km^2。在龙门村公所茶厂附近经常可以听到虎的叫声。考察人员在实地考察中还发现虎的足迹、卧痕，并遭遇虎追逐猎物（半坡后山岔河附近，22°16′57″N，101°29′14″E）。估计该保护所及邻近地区有 2 ~ 3 只虎。

D. 勐仑保护所：2000 年 6 月景洪市基诺乡龙帕村村长和护林员等人在勐仑保护所辖区见到 1 只虎，并见到野猪被虎捕食后的尸体及虎的脚印。根据调查及收集到的证据，虎的数量为 1 ~ 2 只，其活动范围在王子山片区及西片区的北部小片地区，实际活动范围应包括保护区以外的大片地区。

E. 勐海县的布朗山、打洛一线：资料表明，20 世纪 80 年代有 3 ~ 5 只虎分布，但由于近 10 年来环境改变较大，数量有所下降。布朗山边境一带近年来有水牛被食的现象，勐旺乡 1999 年有人见过虎，林业站站长和护林员均反映水牛被大动物吃掉，由于两地被村庄和农田分隔较远，两地的虎不可能是同一只。估计虎的数量可能为 2 ~ 3 只。

第二，虎在思茅地区的分布和数量：20 世纪 50 ~ 60 年代，思茅地区虎活动频繁。进入 80 年代后，虎在思茅地区的活动越来越少。据思茅林业志记载，1985 年有一母虎携带 2 只幼虎在思茅市思茅港镇（原竹林乡）一带活动，咬死咬伤了不少家畜。80 年代中期，每年干季（11 月至次年 4 月）活动频繁。

本次调查表明：1997 年 11 ~ 12 月，有一只虎从思茅市大龙脉下山，先在思茅镇莲花办事处的老彭寨咬死一头水牛，然后在旧寨田咬死 6 只羊，之后到普洱县德化乡咬死 5 ~ 6 头水牛，从把边小黑江处离开。目击脚印者称，脚印很大，是虎的脚印而非豹的脚印。

第三，虎在云南其他州和地区的分布和数量：除上述 4 个州和地区外，云南的其他州和地区也有虎分布的报道，如临沧地区的南滚河国家级自然保护区、沧源窝坎大山、耿马大青山，保山地区的高黎贡山国家级自然保护区，迪庆州及滇东北地区均有虎分布。

指名亚种（孟加拉虎）*P. t. tigris*

据文献记载，孟加拉虎在我国分布于西藏亚东、吉隆、达旺以南及林芝、墨脱等地及云南西部德宏（马逸清，见：汪松，1998）。

本次调查表明，孟加拉虎在西藏的分布范围已大为缩小，主要见于藏东南墨脱境内，集中分布于德阳沟及聂拉藏布、嘎隆藏布、金珠藏布、岗日嘎布藏布等与雅鲁藏布江相连的小流域中。

据文献记载，1973 年在拉萨市的西藏自治区对外贸易公司毛皮仓库中，收购到 1 张来自林芝地区的虎皮；同年 7 月及 1977 年夏季，在墨脱县背崩村，群众目睹过虎爪和腐烂虎尸，从而证实西藏东南部林芝地区确有虎的分布（冯祚建等，1986）。1978 年有人在察隅猎获 1 只虎，1979 年 5 月又在该县慈巴沟打死 1 只；1986 年 8 月在该县的米古乡观察到虎的踪迹；1990 年前后，墨脱格当乡的兴凯村民曾打死了 2 只成年虎（张明等，1998）；1991 年 4 月察隅误杀 1 只虎。经实地调查估计，20 世纪 90 年代初西藏东南部的虎尚有 10 ~ 15 只（尹秉高等，1993）。

1995 年 7 ~ 12 月，中国科学院昆明动物研究所对西藏东南部墨脱县境内金珠藏布流域的孟加拉虎进行专项调查，采用收集足迹和访查相结合的方法，证明该地区确有虎的分布，数量至少为 5 只（张明等，1998）。

本次调查，重点对墨脱县的格当乡进行了调查。据该乡喜欢打猎的群众反映，近年偶遇虎的粪便和足迹。1994 年在格当曾有人猎杀了 1 只虎；1999 年在同一地区又误捕 1 只虎。2000 年 4 月，在察隅县慈巴沟调查中，群众反映 1999 年听到过虎叫声，但未发现足迹和粪便。

调查表明，孟加拉虎在西藏主要是顺着雅鲁藏布大狭谷分布，20 世纪 70 年代末至 90 年代初期，察隅的米古等地一直都有虎的活动和分布的较可靠的记录；墨脱的仁青棚和背崩等地在 70 年代末尚有虎的活动，但 80 年代后至今，没有任何虎的信息。

墨脱是在西藏唯一分布有孟加拉虎的地区，在金珠藏布流域分布的数量稍多，再加上德阳沟及聂拉藏布、嘎隆藏布、岗日嘎布藏布等其他几个分布点的活动痕迹，综合考虑该地区生境状况质量、虎的活动领域范围和环境承载量等多种因素，估计其总数约为 8 ~ 12 只，其中格当是孟加拉虎比较集中的分布点，总数量为 5 ~ 7 只。

（3）栖息地

虎是典型的山地林栖动物。不同亚种因地理区域的不同，栖息地也不相同。

东北亚种　多栖息于海拔 1000m 以下丘陵起伏的红松针阔叶混交林、落叶阔叶杂木林、栎林的低山中。也常在旱生落叶阔叶灌丛和杂草草甸中活动。主要栖息生境为枫桦—红松针阔混交林、椴树—红松针阔混交林、蒙古栎树—红松针阔混交林、桦树—鱼鳞松针阔混交林、杨桦阔叶混交林及毛赤杨阔叶杂木林等。近年由于人类经济活动剧增，虎的适栖生境面积迅速下降，栖息生境片断化明显，虎生存威胁巨大。

华南亚种　主要栖息于海拔 2000m 以下的森林山地，多见于混交林、常绿林、丘陵山林和灌木、野草丛生的地方，地势一般较平缓。

南亚亚种　主要栖息在热带雨林、常绿阔叶林。

指名亚种　是典型的山地林栖动物，它对生境的适应性极广，栖息于热带雨林、常绿阔叶林以至落叶阔叶林和针阔叶混交林，也常出没于山脊、矮林灌丛和岩石较多或砾石塘等山地。

10.3.17　雪豹 *Panthera uncia*

国家Ⅰ级重点保护野生动物；CITES 附录Ⅰ。

（1）分布

据文献记载，雪豹在国内分布于山西（各地偶有发现）、内蒙古（阴山南坡、乌拉山）、四川（宝兴、德格、甘孜、巴塘、小金、金川、康定、汶川、雅安、凉山）、西藏（昌都、左贡、吉隆、丁青、巴青、定日、洛隆、曲水、旁多、日喀则、帕曲、萨迦、拉萨、那曲、当雄、尼木、申扎、普兰、双湖）、甘肃（舟曲、迭部、卓尼、碌曲、玛曲、夏河、临潭、康乐、和政、永昌、武威、张掖、肃南、肃北、阿克塞、天祝）、青海（同德、兴海、杂多、曲麻莱、治多、玉树、都兰、祁连、门源、海宴、刚察、格尔木、德令哈、茫崖、长江源头、花石峡、玛沁、班玛、阿尔金山、贵德、互助、天峻、贵南、囊谦、称多、玛多、达日、昆仑山及川、青、陕交界地区）、新疆（塔什库尔干、托木尔峰地区、哈密、拜城、阿克什、若羌、且末、库尔勒、尉犁、天山）（张荣祖，1997）。

本次调查，雪豹见于内蒙古（乌拉山、大青山）、四川（金川、白玉、石渠、若尔盖等县为主要分布区；巴塘、色达、天全、汶川、炉霍等县尚有零星分布；平武、得荣等县已极为罕见或已绝迹；宝兴、大邑、德格、甘孜、小金等县曾有毛皮收购记录）、西藏（全区）、甘肃（玛曲、碌曲、夏河、舟曲、迭部、张掖、肃南、肃北、阿克塞有一定种群数量；临夏、武威、肃北数量稀少）、青海（治多、杂多、曲麻莱、称多、玉树、囊谦、玛多、玛沁、久治、班玛、达日、都兰、天峻、大柴旦、格尔木、祁连、门源）、新疆（阿勒泰、布尔津、青河、塔城、玛纳斯、博乐、温泉、哈密、吐鲁番、轮台、塔什库尔干、皮山、且末、民丰、和田、若羌）。

云南西北部的中甸、丽江、德钦和贡山是本次调查新发现的雪豹分布地。

（2）数量

据文献记载，我国青藏高原及帕米尔高原地区是雪豹的主要分布区。估计青海的雪豹不会低于1000只。全国雪豹的数量在2000～3000只。（杨奇森、冯祚建，见：汪松，1998）。

本次调查表明，全国约有4100只雪豹（表10－37）。其中西藏、青海、新疆仍是我国雪豹分布数量最多的地区。由于人为捕杀和栖息环境的日益恶化，雪豹的分布区不断缩小。青海除现分布区外，在北部的托勒南山，中部的巴颜喀拉山、布尔汗布达山、阿尼玛卿山，南部的唐古拉山尚存有一定的种群，但数量较少。

表10－37　雪豹分布及数量

分　布	面积（km^2）	密 度（只/km^2）	数 量（只）
内蒙古	5000	0.002	10
四　川	6500～10 000	0.02079	160
云　南	9184	—	60
西　藏	—	0.00125	1300
甘　肃	—	—	20
青　海	20 450	0.015～0.02	1100
新　疆	670 812	0.19334	1450
合　计			4100

内蒙古不是雪豹的主要分布区，雪豹是由甘肃北大山（祁连山余脉）扩散而来，沿马鬃山、阿拉善盟北部山地丘陵向东扩散，到达乌拉山和大青山，数量极不稳定。历史上，内蒙古中西部的广大山地都曾有过雪豹的踪迹，20世纪70年代在大青山、50年代在贺兰山、80年代在马鬃山等地先后获得过雪豹标本。访问资料表明，1989年，在乌拉山雪豹咬死当地的羊只、有人见到雪豹带着2只小雪豹；80年代，阿拉善盟北部苏宏图的驻军曾见到雪豹。

在四川，人为活动及经济开发致使雪豹栖息地缩小并呈零星斑块状。伴随着牧区人口的不断增加，放牧强度不断加大，导致草场退化，作为雪豹食物资源的野生有蹄类动物数量显著下降，成为雪豹种群数量下降的主要原因。

甘肃曾是雪豹资源较为丰富的地区，栖息环境良好。但与10年前的情况相比，雪豹的分布范围缩小，种群数量下降。现在很难见到雪豹实体，雪豹踪迹也很难找到。多年来，雪豹分布区域的干燥气候造成草原退化，使雪豹的主要捕食对象岩羊的食物短缺，种群下降，加之人为的盗猎直接导致岩羊种群数量下降，使雪豹在其特定区域的食物不足，限制了雪豹的生长与繁育。同时人为盗猎雪豹也是雪豹种群数量下降和分布区域缩小的一个主要因素。

（3）栖息地

雪豹是典型的高山动物。在内蒙古，雪豹生活在海拔2000m以下的山地中；在四川，雪豹常栖息于海拔2500～5000m高原上；在云南，雪豹栖息于海拔3500～5000m的高山针叶林、稀树灌丛草甸和雪线附近的砾石地带；在西藏，雪豹常活动于海拔3000～5300m高山裸岩、草甸、灌丛、山地针叶林缘带；在青海，雪豹栖息于海拔3900～5300m地带；在新疆，雪豹栖息于海拔2500～6000m的森林、草原、高山灌丛。雪豹有季节性迁移特点，夏季在海拔5000m左右的高山草甸空旷地带活动，冬季下降到3500m左右的较低地带觅食。

雪豹的栖息地类型有3种，①高山裸岩：在雪线以下，与高寒草甸相接，多为裸露岩石或风化岩屑堆积，为雪豹的休息、隐蔽场所；②高山草甸：植被生长良好，是高山羊类和旱獭的活动觅食场所，也是雪豹的主要栖息场所；③高山灌丛：位于草甸以上，植被主要由高山柳、金露梅、锦鸡儿等组成，是鹿、麝、高原兔等动物的栖息场所，为雪豹生息繁殖提供了较好的栖居环境，是其主要活动区之一。

10.4　长鼻目 PROBOSCIDEA

我国有 1 科 1 种，即亚洲象（王应祥，2003）。

亚洲象 *Elephas maximus*

国家Ⅰ级重点保护野生动物；CITES 附录Ⅰ。

（1）分布

据文献记载，亚洲象在国内仅分布于云南的西双版纳、景洪、勐养、勐腊、易武、尚勇、西盟、沧源、盈江（张荣祖，1997）。

本次调查，亚洲象见于云南西双版纳的景洪、勐腊、勐海，思茅地区的思茅、江城和临沧地区的沧源均有或曾经有过亚洲象活动的记录。

（2）数量

本次调查表明，全国约有 180 只亚洲象（表 10－38）。

与 20 世纪 70 年代相比，亚洲象呈现逐年递增的趋势，主要分布区种群数量现状如下：

思茅地区

60 年代思茅莱阳河自然保护区曾有亚洲象分布，后绝迹。90 年代在西双版纳自然保护区分布的亚洲象不断向北活动进入思茅市范围，1993 年有 5 只、1996 年有 12 只亚洲象进入思茅市，之后返回西双版纳。1997 年至今大约有 4 只的一个群体和一只独象一直在以思茅市南屏镇和翠云乡为中心的大约 5 个乡镇范围内活动，基本形成了定居的态势。主要活动范围在倚象镇、震东乡、云仙乡、思茅镇、南屏镇、思茅港镇、翠云乡、龙潭乡等乡镇。独象为成体雄性，群体中有 2 个亚成体。

临沧地区

临沧地区的亚洲象集中分布在南滚河自然保护区。60 年代曾经有 50 多只亚洲象，80 年代以后的历次调查大都认为南滚河保护区只有 14～16 只亚洲象，如 1984 年调查认为有24～25 只。此外，1985 年、1988 年、1996 年 4 月和 1996 年 11 月均发现过亚洲象尸体，除个别尸体确定为偷猎死亡外，其他死因不详。据西南林学院等单位考察，截至 1998 年，南滚河保护区的亚洲象数量为 15～16 只，与林业部门掌握的 14～18 只相近。但根据其他各地亚洲象增长趋势估计，目前当地亚洲象数量可能还要多一些，总数量估计在 16～20 只。此外，南滚河的亚洲象种群分布区也有缩小趋势。

西双版纳傣族自治州

①澜沧江西岸　根据 1991 年调查和本次调查，西双版纳范围内的亚洲象仅分布在澜沧江东岸。事实上，西岸的勐海境内 80 年代曾经有独象短期进入，如在 1989 年曾有亚洲象从思茅方向到勐旺并停留 2～3 个月后离去，显然为游荡个体。因未能形成定居群体，可认为西双版纳澜沧江以西无亚洲象分布。

②勐腊县　1991 年调查时，亚洲象在勐腊几乎全境分布，从勐腊自然保护所辖区一直向北延伸至小黑江勐养自然保护所以南包括勐仑保护所的广泛区域都有亚洲象活动，但本次调查表明，上述区域已没有亚洲象活动。

③景洪市、勐养　1995～1998 年在勐养的调查表明，亚洲象在勐养保护所范围内普遍分布，活动较为集中的有 3 个区域，即勐养保护所西部自莲花塘、南满河头至三岔河一线，保护所东南部及东北部延伸至保护区以外；该保护所中部的非核心区，虽有亚洲象活动但数量较少。亚洲象在勐养形成11～13 个群体，群体大小在 2～27 只之间，加上一些单独活动的独象个体，勐养的亚洲象数量估计在 115～140 只之间；勐养的亚洲象种群已成孤立的种群。调查中了解到，

多数群体都有幼体存在，增长能力良好。1998 年之后未进行专项调查，考虑到种群的增殖情况，估计目前在勐养保护所及周围地区的亚洲象数量在 100 ~ 130 只之间。

综上所述，亚洲象目前仅分布于西双版纳、临沧和思茅 3 个地（州）。其中西双版纳是主要分布区，生存有两个分割的种群，即尚勇种群和勐养种群。临沧的南滚河自然保护区有少量亚洲象分布，与前 2 处种群隔离。尚勇种群和南滚河种群可能是跨国界种群的一部分。思茅地区的亚洲象正在形成定居态势，但可能为勐养种群的一部分。考虑到边境地区国内外象群流动状况和我国的保护政策，我国亚洲象的总体数量估计为 180 只左右。

（3）栖息地

亚洲象的主要栖息地为热带雨林，以湿性热带雨林为主，海拔在 1300m 以下。一般活动于靠近水源、远离人类干扰的地区。近年来，有亚洲象到靠近村寨的农田甚至村寨活动的现象。

表 10 – 38　亚洲象分布及数量

分　布	面积（km^2）	密 度（只/km^2）	数 量（只）
云　南	5662	—	180

10.5　奇蹄目 PERISSODACTYLA

我国有 2 科 5 种，其中犀科的双角犀、爪哇犀均已绝迹，马科中的野马野生种群也已绝迹。本次对蒙古野驴和藏野驴进行了调查。

10.5.1　蒙古野驴 *Equus hemionus*

国家 I 级重点保护野生动物；CITES 附录 I 。

（1）分布

据文献记载，蒙古野驴在国内分布于内蒙古（乌拉特后旗、阿拉善左旗）、甘肃（肃南、肃北、马鬃山、阿克塞）、新疆（且末、尉犁、准噶尔盆地的沙漠中心）（张荣祖，1997）。

本次调查，蒙古野驴见于内蒙古（乌拉特中旗以西的中蒙边境地区）、甘肃（肃北马鬃山地区）、新疆（阿勒泰地区、阜康、米泉、昌吉、吉木萨尔、奇台、木垒、哈密巴里坤、伊吾）。

（2）数量

楚国忠等 1982 年 7 月对新疆卡拉麦里山有蹄类保护区进行了航空调查，认为保护区内至少有野驴 358 头，栖息密度为 0.02 只/km^2；高行宜等从乌伦古河南岸保护区北端向南穿越 130km，见野驴 2 群共 4 头，平均密度为0.03 只/km^2（郑昌琳，见：汪松，1998）；葛炎等 2001 年 5 月对卡拉麦里山自然保护区的野驴进行了调查，估算该保护区内蒙古野驴的分布密度为 0.61 ± 0.14 只/km^2，保护区内约有野驴 2632 ~ 4200 只，数量有较大增长（葛炎等，2003）。

本次调查表明，全国约有 14 000 头蒙古野驴（表 10 – 39）。

表 10 – 39　蒙古野驴分布及数量

分　布	面积（km^2）	密 度（只/km^2）	数 量（只）
内蒙古	51 000	—	100
甘　肃	—	—	900
新　疆	747 195	0.01696	13 000
合　计			14 000

在新疆，近年来蒙古野驴种群数量有一定程度的恢复。在内蒙古，蒙古野驴分布于乌拉特中旗以西的中蒙边境地区，常常跨越两国边境呈动态性分布。在内蒙古西北角的马鬃山地区，

野驴在边境 10km 范围内栖息，在其他地区，野驴仅在边境 3km 范围内栖息。

（3）栖息地

蒙古野驴栖息于干旱荒漠、半荒漠地区，对干旱、酷热、严寒、食物贫瘠的恶劣环境适应能力极强。喜活动于戈壁丘陵地带，栖息地附近必有水源。食物主要为禾本科、蒿草类和猪毛菜等草本植物，如早熟禾、紫花针茅、高山紫菀、泡泡刺、红砂、盐生草、蒙古沙拐枣、合头草、旱蒿，沙生针茅等，也取食山柳、梭梭、合头草、野葱等。

10.5.2　藏野驴 *Equus kiang*

国家Ⅰ级重点保护野生动物；CITES 附录Ⅱ。

（1）分布

据文献记载，藏野驴在国内分布于四川（红原、若尔盖、石渠）、西藏（喀拉木伦山口、普兰、羌塘高原、黑阿公路沿线、定结、罗多克、仲巴、希夏邦马峰北坡、可可西里至双湖、安多、班戈、申扎）、甘肃（阿克塞、肃南、肃北）、青海（祁连、天峻、乌兰、都兰、兴海、治多、杂多、德令哈、小柴旦、格尔木、茫崖、扎陵湖、花石峡、玛沁、曲麻莱、玛多、久治、达日、大柴旦，长江源头）、新疆（且末、尉犁）（张荣祖，1997）。

本次调查，藏野驴见于四川（石渠、色达、炉霍 3 县有分布，后 2 县为分布的新记录。）、西藏（日土、噶尔、革吉、改则、尼玛、班戈、双湖、申扎、措勤、普兰、仲巴、隆格尔、札达、昂仁、拉孜、浪卡子、康马、吉隆）、甘肃（祁连山山麓、阿克塞、肃南、肃北）、青海（治多、杂多、曲麻莱、称多、玛多、玛沁、都兰、天峻、德令哈、格尔木、可可西里自然保护区）、新疆（和田、巴音郭楞）。

（2）数量

本次调查表明，全国约有 170 000 只藏野驴（表 10－40）。

（3）栖息地

藏野驴是高原草原、高寒荒漠草原和山地荒漠地带有蹄类动物的代表种，栖息于海拔3600～5400m 一带的高原地带，植被类型主要为高寒草甸、高寒荒漠草甸、山地荒漠、高原草原、高寒荒漠草原。藏野驴有迁移习性，一般夏季喜在水草丰盛的地区活动，冬季则迁往避风而向阳的丘原山谷，可长距离的水平迁移。多在比较开阔的山间盆地、平缓的河谷阶地、丘陵和湖周滩地活动，此类生境植物成长良好，分布着苔草、针茅、嵩属和芨芨草等植物，食物以禾本科、莎草科和百合科的植物为主，耐饥性强。

表 10－40　藏野驴分布及数量

分　布	面积（km^2）	密 度（只/km^2）	数 量（只）
四　川	—	0.0915	3500
西　藏	—	0.1054	57 000
甘　肃	4357	0.05604	2900
青　海	92 400	0.874	81 000
新　疆	3 679 984	0.013228	25 600
合　计			170 000

10.6　偶蹄目 ARTIODACTYLA

我国有 6 科 48 种，即猪科（1 种）、骆驼科（1 种）、麝鹿科（1 种）、麝科（6 种）、鹿科（18 种）和牛科（21 种）（王应祥，2003）。其中国家Ⅰ级重点保护野生动物 18 种，Ⅱ级重点保护野生动物 12 种。本次调查了 33 种，占 68.75%。

10.6.1 野猪 *Sus scrofa*

（1）分布

据文献记载，野猪在国内分布于北京（北京）、山西（汾河、吕梁山、中条山）、内蒙古（布特哈旗、牙克石、扎赉特旗）、辽宁（沈阳、凤城、桓仁、宽甸）、吉林（安图、敦化、汪清、抚远、长白、图们江口附近）、黑龙江（呼玛、伊春、抚远、宝清、哈尔滨、尚志、齐齐哈尔）、上海、江苏（南京、宜兴）、浙江（庆元、龙泉、开化、定海册子岛）、安徽（青阳、休宁、祁门、歙县、岳西、金寨、佛子岭、桐城、潜山、太湖、繁昌、广德、宁国、石台、黟县、太平、贵池、泾县、绩溪、旌德、宣城、霍山、舒城、六安、宿松）、福建（福清、南平、永春）、江西（鄱阳湖附近、安远、赣县、泰和、都昌、永修）、河南（洛宁）、湖南（来阳、桂东、宜章、新宁、绥宁、城步、资兴）、广东（汕头、韶关、罗浮、广州、惠东、高要、连平）、广西（那坡、靖西、龙州、宁明、上思、邕宁、凌乐、河池、资源、金秀、贺县、玉林、钦州）、海南（儋州、南丰、尖峰岭、坝王岭、吊罗山、五指山、猕猴岭、昌江、琼中、东方、宝亭口）、四川（峨边、阆中、南充、岳池、仪陇、会东、城口、巫山、涪陵、秀山、古蔺、叙永、宝兴、西昌、康定、炉霍、雷波、木里、石渠、稻城、巴塘、红原、若尔盖、汶川、泸定）、贵州（兴义、册亨、荔波、威宁、安顺、比节、绥阳、印江、雷山、从江、惠水、黄平、梵净山）、云南（河口、金平、屏边、思茅、景洪、勐海、勐阿、勐腊、泸西、开远、绿春、景东）、西藏（墨脱、吉隆、聂拉木、错那、隆子、洛扎、波密、林芝、米林、工布江达、曲水）、陕西（延河、黄陵、富县、吴旗、志丹、延安、宜川、太白、凤县、佛坪、紫阳、柞水、镇安、商南）、甘肃（文县、兴隆山、榆中、平凉、环县、康乐、和政、临夏、武都、舟曲）、青海（班玛）、宁夏（隆德、泾源、固原）、新疆（托木尔峰地区、焉耆、和静、和硕、库尔勒、尉犁、轮台、拜城、阿克苏、巴楚、塔什库尔干、麦盖提、叶城、民丰、和田、且末、米兰、伊吾、昭苏）、台湾（张荣祖，1997）。

本次调查，野猪见于北京（昌平、门头沟、延庆、怀柔）、山西（全省）、内蒙古（大兴安岭地区，包括赤峰、通辽北部的罕山。以岭南的柴河、阿尔山、阿荣旗、南木、巴林等林业局为多，岭北地区数量较少，呈零星分布）、辽宁（宽甸、桓仁、凤城、本溪、抚顺、清原、新宾、辽阳、岫岩、北宁、义县、绥中、朝阳、北票、建平、喀左、凌源、开原、昌图、西丰）、吉林（东部林区的延边、白山、通化、吉林4个地区，其中珲春、和龙、敦化、汪清、安图、长白、抚松和长白山自然保护区分布较为集中）、黑龙江（漠河、塔河、呼中、新林、松岭、韩家园子、黑河、逊克、孙吴、伊春、依安、嫩江、绥棱、巴彦、通河、萝北、汤原、桦南、饶河、虎林、宝清、海林、尚志等40余县、市）、江苏（苏南山区）、浙江（余杭、富阳、临安、桐庐、淳安、建德、湖州、长兴、安吉、德清、定海、普陀、镇海、北仑、余姚、鄞县、奉化、象山、宁海、嵊州、新昌、诸暨、金华、东阳、磐安、义乌、浦江、兰溪、永康、武义、衢县、开化、龙游、常山、江山、椒江、路桥、黄岩、临海、三门、天台、仙居、温岭、瓯海、乐清、永嘉、瑞安、苍南、文成、泰顺、平阳、丽水、缙云、青田、云和、景宁、遂昌、松阳、龙泉、庆元等60个市、县）、安徽（金寨、霍山、六安、舒城、岳西、太湖、潜山、宿松、东至、石台、贵池、青阳、铜陵、南陵、宣州、宁国、泾县、旌德、绩溪、歙县、休宁、祁门、黟县、黄山）、江西（全省，尤以山区为多）、福建（全省，以山区为多）、河南（洛阳、平顶山、焦作、济源、许昌、三门峡、驻马店、南阳、信阳）、湖南（山区及丘陵区）、广东（蕉岭、大埔、平远、兴宁、五华、梅县、连平、龙川、紫金、乳源、曲江、仁化、南雄、连山、连州、阳山、英德、飞来霞、丰顺、源城区、东源、新丰江、惠东、惠阳、博罗、惠城区、海丰、陆河、陆丰、潮阳、澄海、潮安、饶平、揭东、揭西、深圳、清远、高明、新会、台山、新兴、罗定、廉江、信宜、高州、电白、阳春、阳东、阳西）、广西（83个地、市、县）、海南（万宁、定

安、屯昌、琼中、白沙、昌江、东方、乐东、通什、保亭、三亚、霸王岭林区、尖峰岭林区、五指山林区、吊罗山林区、南开、大田、南湾、松涛水库）、重庆（城口、巫溪、云阳、奉节、巫山、丰都、石柱、南川、彭水、黔江、万盛、酉阳、涪陵、巴南）、四川（南江、青川、平武、松潘、绵竹、石棉、巴塘、金川、色达、汶川、古蔺、若尔盖、马边、美姑、得荣、雅江、炉霍、白玉、石渠、木里、西昌、会东、万源、屏山、洪雅等县，另在盆周丘陵一带的剑阁、邻水等县尚有极少量分布，而在荣县、金堂、高县、安岳、郫县等地野猪已绝迹）、贵州（全省）、云南（各地山区）、西藏（察隅、墨脱、波密、林芝、米林、工布江达、错那、隆子、洛扎、吉隆、聂拉木）、陕西（延安、黄龙、宜川、甘泉、富县、陇县、眉县、佛坪、柞水、镇安、商南、岚皋、平利、宁强、南郑、汉中、西乡、镇巴、石泉、汉阴、紫阳、安康、镇坪、旬阳、白河、宁陕）、甘肃（平凉、环县、和政、临夏、康县、文县、武都、舟曲）、宁夏（泾源、隆德、彭阳、二龙河、西峡）。

青海、新疆未调查。安徽数量不详。

（2）数量

本次调查表明，全国约有 1 000 000 只野猪（表 10－41）。

表 10－41　野猪分布及数量

分　布	面积（km^2）	密 度（只/km^2）	数 量（只）
北　京	1142	0.04	50
山　西	—	0.0119～0.2023	8000
河　北	—	0.0007088	3000
内蒙古	210 000	0.2574	54 000
辽　宁	—	0.0052～0.0125	600
吉　林	85 900	0.2846	25 000
黑龙江	290 911	0.0909	26 000
江　苏	—	—	600
浙　江	60 889	0.15～0.88	29 000
福　建	—	—	100 000
江　西	81 850	2.292	360 000
河　南	—	0.4302～0.5938	46 000
湖　北	87 554	1.5982	140 000
湖　南	—	0.09896	13 000
广　东	—	0.51～1.14	50 000
广　西	232 600	0.058～0.134	12 000
海　南	—	—	500
重　庆	24 308	—	350
四　川	—	0.1249～0.2757	8800
贵　州	176 167	0.2108	36 000
云　南	13 730	—	32 000
西　藏	—	0.0442	4900
陕　西	45 637	0.8948	40 000
甘　肃	—	0.00535～0.22752	9000
宁　夏	1600	0.386	300
合　计			1 000 000

调查表明，全国大部分地区野猪数量较多，资源较好，如江西、湖北等地数量均在 10 万只以上。

近年来野猪种群数量增长的主要原因有：①森林生态的改变更适于野猪的生存。随着山区居民生活水平提高和生活方式的改变，上山砍柴的情况越来越少，山上的灌木及林下植被更为茂盛，这种生境适合于野猪生存；②野猪的繁殖率较高，在目前豹、狼等食肉动物较少的情况下，野猪数量得以迅速增长；③非法猎取野猪的现象得到有效控制。

但东北地区的野猪资源并不乐观。在吉林，只有东部林区的延边、白山、通化和吉林 4 个地区野猪数量较多，其中珲春、和龙、敦化、汪清、安图、长白、抚松和长白山自然保护区野猪分布较为集中。而 20 年前野猪数量较多的集安、柳河、辉南和桦甸等地，现在数量已经很少，其余部分县（市）已经绝迹。在黑龙江，开发较早的地区的野猪种群密度仍然很低，如在三江平原，野猪的种群密度仅为 0.006599 只/km^2，在东部山地林区，仅为 0.009888 只/km^2。

（3）栖息地

野猪的适栖地类型多样，从低海拔的农耕地、灌丛到高山落叶灌丛都有分布，但以山区阔叶林和针阔混交林等为主。主要有落叶阔叶林、针阔混交林、热带季雨林、山地落叶阔叶灌丛、山地灌草丛、常绿针叶灌丛、季节性湿地、水浇地、旱田和居民点等。野猪一般喜欢在附近有河流、溪沟、水塘的潮湿丛林中活动。春季多在避风、向阳处栖息；夏天多在水塘、溪沟附近活动；秋天多活动于近林缘的密林中；冬天离开多雪地区，栖息于林内低凹的阳坡。

10.6.2 双峰驼 *Camelus ferus*

国家Ⅰ级重点保护野生动物。

（1）分布

据文献记载，我国有 4 个双峰驼分布区：新疆塔克拉玛干沙漠东部，阿尔金山北麓及阿奇克谷地，嘎顺戈壁，蒙古西部外阿尔太戈壁与我国新疆、甘肃、内蒙古交界的边境一带（袁国映等，1997）

本次调查，双峰驼见于内蒙古（额济纳旗西北部，中蒙两国相邻地区）、新疆（轮台、阿克苏、阿瓦提、沙雅、尉犁、若羌、鄯善、哈密）。甘肃、青海未发现。

（2）数量

据文献记载，20 世纪 80 年代在我国境内约有 1000 只左右双峰驼（高行宜，1985）。袁国映等（1997）调查，塔克拉玛干沙漠东部有 40 ~ 60 只，阿尔金山北麓有 280 ~ 480 只，嘎顺戈壁有 60 ~ 80 只，蒙古西部外阿尔泰戈壁与我国新疆、甘肃、内蒙古交界的边境一带约有 350 ~ 400 只。由此，整个种群数量在730 ~ 880 只之间。（郑昌琳，见：汪松，1998）

本次调查表明，全国约有 380 只双峰驼（表 10 – 42）。导致双峰驼的分布范围急剧缩小，种群迅速下降其原因是：①放牧、油田建设、采矿、公路和铁路建设等人类经济活动，使野骆驼的栖息环境特别是在核心分布区发生重大变化；②罗布泊干涸，植被退化，水源短缺导致双峰驼的种群急剧下降。

表 10 – 42　双峰驼分布及数量

分　布	面积（km^2）	密 度（只/km^2）	数 量（只）
内蒙古	1000	0.001	15
新　疆	605 186.80	0.003715	365
合　计			380

（3）栖息地

双峰驼主要栖息于海拔 2000～2900m 的平原、准平原和低山丘陵地带，包括地形起伏不大的荒漠、半荒漠的戈壁、沙漠、残蚀低山丘陵等。食物以柽柳、梭梭、白刺、骆驼刺、芦苇、芨芨、野葱、胡杨的茎叶及灌木、半灌木嫩枝为主。

10.6.3 鼷鹿 *Tragulus javanicus*

国家Ⅰ级重点保护野生动物。

（1）分布

据文献记载，鼷鹿在国内仅见于西双版纳勐腊。

本次调查，鼷鹿见于云南南部的勐腊和江城。

（2）数量

据文献记载，我国是鼷鹿分布区的边缘，分布面积约 100km^2，数量不足 100 只（王应祥，见：汪松，1998）

本次调查表明，全国约有 60 只鼷鹿（表 10－43）。种群数量有所增长。

鼷鹿面临的威胁主要是栖息地破坏和缩小。70 年代以来，鼷鹿栖息地多数被开垦为橡胶园，橡胶园完全不适合鼷鹿生存，仅有部分鼷鹿残存于保护区沟谷边缘的地带。人为猎捕也是鼷鹿种群致危的因素之一，1980～1990 年，在勐腊地区共有 20 余只鼷鹿被捕杀。

（3）栖息地

鼷鹿是现存最小的有蹄类动物，又是较典型的热带原始鹿种。主要栖息于海拔 1000m 以下的热带雨林、季雨林、稀树草丛、灌丛和阔叶林，尤喜在山溪附近或河岸林下植被茂密区和浓密灌丛地的低热环境活动和觅食。主要以植物叶茎为食物，多为嫩草、茎、嫩芽、榕树果、刺桐花以及嫩黄豆叶、薯秧嫩尖、木薯嫩叶等。

表 10－43 鼷鹿分布及数量

分 布	面积（km^2）	密 度（只/km^2）	数 量（只）
云 南	5453	—	60

10.6.4 原麝 *Moschus moschiferus*

国家Ⅰ级重点保护野生动物；CITES 附录Ⅱ。

（1）分布

据文献记载，原麝在国内分布于北京（北京）、山西（吕梁山、垣曲、绛县、忻州、运城、交城、方山）、内蒙古（呼伦贝尔）、辽宁（桓化）、吉林（敦化、汪清、抚松、靖宇、辉南）、黑龙江（伊春、尚志、宁安、海林）、新疆（阿尔泰山）（张荣祖，1997）。

本次调查，原麝见于山西（恒山、管涔山、五台山、关帝山、系舟山、绵山、霍山、中条山、五寨、沁水、交城等山区）、内蒙古（大兴安岭林区，以北部原始林区为多）、辽宁（桓仁、本溪、新宾）、吉林（东部林区的抚松、长白、敦化、集安、长白山自然保护区、和龙、珲春、安图、通化）、黑龙江（塔河、呼中、新林、逊克、新青、五营、友好、尚志、海林、宁安、桦南、汤原、虎林等 32 个县、市）。

（2）数量

本次调查表明，全国约有 3500 只原麝（表 10－44）。

大兴安岭林区和长白山林区是原麝分布数量最多的地区，据文献记载，20 世纪 50～60 年代东北林区普遍有麝分布。1983～1984 年调查，黑龙江大兴安岭地区约有 15 400 只，其他地区约 3200 只，1987 年森林大火后数量有所减少，估计不足 20 000 只（盛和林，见：汪松，1998）。本次调查表明，黑龙江森工国有林区原麝种群数量（520 只）与 1992 年相比，种群数量减少

50.4%，年递减率达11.7%，表明黑龙江的原麝种群资源呈锐减趋势。70年代初，吉林东部林区还有一定的原麝种群，后因其麝香经济价值高，导致大规模猎捕，使其种群过小，难以恢复。

（3）栖息地

原麝栖息于远离居民区的山地多岩石的落叶松林、白桦—落叶松林、红松阔叶混交林、云—冷杉针叶混交林等地。没有固定的栖息地，多在隐蔽的密林、干燥而温暖的地方休息。以地衣、石蕊、寄生槲及灌木枝叶为主要食物，很少吃禾本科植物。

表10－44　原麝分布及数量

分　布	面积（km^2）	密 度（只/km^2）	数 量（只）
山　西	—	0.0117	710
内蒙古	200 000	—	490
辽　宁	—	0.0007	90
吉　林	85 900	—	150
黑龙江	84 055	0.011	930
湖　北	—	—	230
新　疆	—	—	900
合　计			3500

附：安徽麝 *Moschus anhuiensis*

安徽麝过去确定为原麝安徽亚种 *M. m. anhuiensis*。近年来，李明（1999）根据安徽大别山麝的标本，用线粒体DNA分析，认为应独立为种，即安徽麝 *M. anhuiensis*。据吴家炎（1999～2001）调查，安徽麝主要分布于安徽、河南、湖北。本次调查，见于安徽（金寨、霍山、岳西、六安、舒城、潜山）、河南（商城、桐柏）、湖北（罗田、英山、麻城、红安），总计约有1230只。

麝原为安徽大别山区较常见的食草动物。新中国建立初期，麝香最高年产量达15 500g左右，估计麝的数量有50 000余只。后因森林面积缩小，乱捕滥猎，数量锐减，到20世纪80年代初，估计有500余只，至90年代初期数量有所回升。在90年代中期，四川农民进入大别山区捕捉麝，历经数年，虽经当地政府取缔，却已造成很大损失，数量又回到了低谷。目前整个大别山区的麝种群现状已不容乐观，数量已非常稀少，而且栖息地破碎化严重。

表10－45　安徽麝分布及数量

分　布	面积（km^2）	密 度（只/km^2）	数 量（只）
安　徽	—	—	550
河　南	—	—	230
湖　北	—	—	450
合计			1230

10.6.5　马麝 *Moschus chrysogaster*

国家Ⅰ级重点保护野生动物；CITES附录Ⅱ；我国特有种。

（1）分布

据文献记载，马麝分布于四川（北川、平武、宝兴、会东、木里、康定、马尔康、小金、汶川、德格、若尔盖、理县、安县）、云南（德钦、贡山、丽江、维西、中甸、腾冲）、西藏（亚东、拉萨、鹿马岭、三安曲岭、旁多、曲水、萨迦、羊卓雍错、林芝、类乌齐、芒康、昂

仁、彭波、巴青、察雅、江达、日喀则、山南、那曲、昌都、拉萨)、陕西（眉县）、甘肃（临夏、临潭、舟曲、迭部、卓尼、碌曲、玛曲、夏河、张掖、武威、乐民、肃南、阿克塞、天祝、康乐、兰州)、青海（天峻、共和、门源、祁连、班玛、玛沁、湟源、茫崖、格尔木、都兰、德令哈、贵德、兴海、同德、贵南、尖孔、西宁、平安、乐都、曲麻莱、囊谦)、宁夏（贺兰山）(张荣祖，1997)。

本次调查，马麝见于四川（川西北的松潘、石棉、巴塘、金川、色达、汶川、若尔盖、得荣、雅江、炉霍、白玉、石渠、木里及西昌等县；会东、平武、绵竹极为罕见或已绝迹)、云南(德钦、中甸、丽江、维西、兰坪、贡山、福贡)、西藏（墨竹工卡、林周、工布江达、米林、林芝、波密、朗县、加查、曲松、桑日、达孜、隆子、琼结、乃东、措美、浪卡子、仁布、曲水、尼木、白朗、江孜、拉孜、定日、定结)、甘肃（兴隆山、寿鹿山)、青海（祁连、门源、刚察、海宴、共和、兴海、贵南、同德、天峻、乌兰、都兰、格尔木、玛多、玛沁、久治、班玛、甘德、达日、称多、玉树、曲麻莱、治多、囊谦、杂多、河南)、宁夏（贺兰山)。陕西调查未发现。

(2) 数量

本次调查表明，全国约有 28 000 只马麝（表 10－46)。

在宁夏，20 世纪 50 年代马麝广泛分布于贺兰山中段三关口以北、汝箕沟以南的林区，分布面积在 800km^2 以上。60～70 年代，由于栖息地大面积丧失，分布区大大退缩，到 80 年代中期，马麝主要分布区在苏峪口、插旗口、拜寺口的贺兰山地中段，分布面积在 266km^2。1985 年东北林业大学在贺兰山东坡调查，得出马麝数量为 1600 只，考虑到贺兰山西坡植被人为干扰情况均较东坡少，所以估计当时贺兰山西坡马麝数量不低于这个数字。1986 年、1987 年贺兰山马麝遭到严重捕杀，仅在哈拉乌南沟被捕杀的个体就达 30 余只，以后几年乱猎现象时有发生，因而数量急剧减少。原来马麝集中分布的马连口、黄旗口、插旗口、大水沟等大多数地段仅有零星分布，只有苏峪口、贺兰山、拜寺口一带大约 40km^2 的局部范围内密度较高，而且分布不均匀。经历不到 50 年的时间，目前贺兰山马麝分布面积仅有 50 年代的 1/20。

表 10－46　马麝分布及数量

分　布	面积（km^2）	密 度（只/km^2）	数 量（只）
内蒙古	700	0. 3657	270
四　川	—	0. 01027～0. 1616	4000
云　南	7347	—	700
西　藏	—	1. 03	12 900
甘　肃	—	16. 643	3000
青　海	35 600	0. 204	7000
宁　夏	40	0. 5	130
合　计			28 000

历史上，马麝在清海的分布涉及 25 个县（市)，除东部农业区和柴达木盆地外都有麝分布。自 20 世纪 80 年代中期以来，麝资源遭到毁灭性破坏，原来麝资源十分丰富的地区（如 1973 年在黄南藏族自治州有马麝 15 000 只)，现在数量极少，一些适宜麝栖息的地区已很难见到麝活动，只有在较偏辟的山区如玉树藏族自治州的杂多、昂欠、治多等局部地区仍有一定数量麝资源。本次调查表明，青海马麝分布面积只有 35 600km^2。

(3) 栖息地

马麝一般栖息于海拔 3300～4500m 林线上缘的稀疏灌丛间，最高可上升到 5000m 左右活动。

在贺兰山地区，历史上马麝广泛分布于海拔1700~3100m的阳坡灌丛、沟底灌丛、林缘灌丛和针阔混交林，甚至还有1400~1500m的分布记录，主要栖息地类型为山地适温中生常绿针叶林、山地适温中生落叶阔叶林、山地耐寒中生落叶灌丛。目前马麝的活动和分布的海拔范围有上升趋势。仅见于海拔1900~3500m的陡坡乔木林中，主要栖息地类型是针叶林中的青海云杉，很少见于灌木林和混交林，主要在林线以上人迹罕至的坡位上活动，也在山脊灌丛草地活动。在青海，马麝栖息于海拔3500~4500m之间的高山灌丛和林缘附近的灌木丛中。在四川，马麝栖息于海拔3000~4000m一带的高山深谷及高原、针叶林嵌镶的草甸及草原灌丛地带。近年来，马麝栖息地环境发生了巨大改变，包括森林采伐、开垦等也使马麝的栖息环境遭到压缩和破碎，并危及野生麝种群的长期繁衍。在云南，马麝主要栖息于海拔3500~5000m的高山林缘及其以上的稀疏灌丛地带，这种生境在云南很少遭到破坏，但其范围较小。在西藏，马麝栖息于海拔3000~5200m，从干旱灌丛草原区到湿润的森林地区都有分布，常活动在高山针叶林、灌丛与多裸石的碎石山坡中。

10.6.6 喜马拉雅麝 *Moschus leucogaster*

国家Ⅰ级重点保护野生动物；CITES附录Ⅱ；我国特有种。

（1）分布

据文献记载，喜马拉雅麝仅分布于西藏的亚东、樟木、吉隆等县（张荣祖，1997）。

本次调查，喜马拉雅麝仅见于西藏的吉隆、亚东、聂拉木、普兰、定结、定日等县。

（2）数量

本次调查表明，全国约有3000只喜马拉雅麝（表10-47）。

（3）栖息地

喜马拉雅麝仅栖息于喜马拉雅山南坡海拔2500~4100m的森林地区。常在较湿润的长叶云杉、喜马拉雅云杉、喜马拉雅铁杉以及亚东冷杉、喜马拉雅冷杉、喜马拉雅红杉等西藏特有针叶林带以上至杜鹃灌丛、高山柏稀疏矮乔木林和高山草甸灌丛带活动。目前在其适栖范围内平均密度约0.8只/km^2，最高可达3.6只km^2，分布面积3300km^2。

表10-47 喜马拉雅麝分布及数量

分　布	面积（km^2）	密度（只/km^2）	数量（只）
西　藏	3300	0.8000	3000

10.6.7 林麝 *Moschus berezovskii*

国家Ⅰ级重点保护野生动物；CITES附录Ⅱ；我国特有种。

（1）分布

据文献记载，林麝分布于河南（内乡）、湖北（宜昌）、湖南（邵阳、新宁、绥宁、宜章、桂东、城步、资兴）、广东（乐昌、阳山、连州、乳源、曲江、怀集）、广西（靖西、龙舟、那坡、田东、田林、德保、宜山、隆林、河池、南丹、大瑶山、全州、贺县、苍梧、玉林、灵山、钦州、上思）、四川（盐源、马尔康、壤塘、理塘、德格、会东、雷波、平武、峨眉山、白玉、泸定、北川、青川、苍溪、达川、石渠、涪陵、叙永、古蔺、沐川、雅安、甘孜、阿坝、安县、灌县）、贵州（贵阳、黔西、威宁、盘县、兴义、册亨、罗甸、雷山、天柱、梵净山、绥阳、余庆、务山、荔波）、云南（文山、会泽、大理、墨江、峨山、姚安、泸西、建水、开远、弥勒、绿春、元阳、金平、河口、景东）、西藏（察隅、波密、错那、错美、林芝、米林、工布江达）、陕西（洋县、陇县、周至、凤县、留坝、佛坪、宁强、宁陕、白河、镇坪、柞水、镇安、商南）、甘肃（文县、舟曲、迭部、卓尼、碌曲、玛曲、夏河、临潭、平凉、漳县、天水、徽县、

关山)、青海(班玛)(张荣祖，1997)。

本次调查，林麝见于河南(济源、渑池、陕县、灵宝、卢氏、洛宁、栾川、嵩县、南召、淅川、西峡、内乡、汝阳、鲁山、商城、桐柏)、湖北(鄂西、鄂西北、鄂西南等 18 个山区县)、湖南(仅见于保护区内)、广东(龙川、乳源、乐昌、英德)、广西(百色、南宁、防城、梧州、柳州)、重庆(城口、巫溪、江津)、四川(南江、青川、平武、松潘、绵竹、石棉、金川、天全、汶川、古蔺、若尔盖、马边、美姑、得荣、雅江、炉霍、白玉、木里、西昌、万源、屏山、洪雅；剑阁、高县、开江、邻水已极罕见或已绝迹)、贵州(北部的绥阳、道真、正安、织金和南部的长顺、惠水、贵定数量较多)、云南(除西双版纳州外广布全省山林)、西藏(昌都地区各县及那曲地区东部的比如、索县、巴青)、陕西(长安、蓝田、户县、宝鸡、太白、眉县、周至、陇县、洋县、南郑、佛坪、留坝、略阳、西乡、镇巴、安康、石泉、汉阴、宁陕、紫阳、岚皋、平利、镇坪、白河、旬阳、商县、柞水、镇安、商南、丹凤、洛南、山阳)、甘肃(舟曲、迭部、卓尼、碌曲、玛曲、夏河、临潭、康县、文县、武都、徽县、礼县、漳县、天水、平凉、崇信、庄浪)。

宁夏(泾源、固原)为分布新记录。青海未调查。

(2) 数量

据文献记载，估计我国林麝资源在 20 世纪 60 年代末超过 100 万只，到 1978 ~ 1980 年，已不足 60 万只，80 年代末降至 20 万 ~ 30 万只，90 年代初仅有 10 万 ~ 20 万只。(盛和林，见：汪松，1998)

本次调查表明，全国约有 31 800 只林麝(表 10 - 48)。

(3) 栖息地

森林是林麝的主要栖息地。林麝的栖息地包括山地多岩石的针叶林、针阔混交林、阔叶林及灌丛地带，在栎类次生林及林线以上的高山草甸也有林麝活动。在云南，林麝主要栖息于海拔 2000 ~ 3500m 的针阔混交林、针叶林和稀疏阔叶林。在西藏，从低海拔的阔叶林至海拔 4200 (4400) m 均有林麝活动；在甘肃，林麝栖息于海拔 2000 ~ 3000m 以上；在陕西，林麝栖息于海拔 800 ~ 2900m；在河南，林麝栖息于岩石山体高大、险峻、陡峭的深山区，很少在植物过于茂密、基底松软、少岩石的地方活动。

表 10 - 48　林麝分布及数量

分　布	面积 (km^2)	密 度 (只/km^2)	数 量 (只)
河　南	—	—	950
湖　北	34 218	—	700
湖　南	—	—	350
广　东	—	—	60
广　西	130 150	—	450
重　庆	3354	—	70
四　川	—	—	1500
贵　州	176 167	—	450
云　南	63 333	—	1260
西　藏	—	—	21 000
陕　西	33 770	—	1300
甘　肃	—	—	3510
青　海	—	—	150
宁　夏	1650	—	50
合　计			31 800

10.6.8 黑麝 *Moschus fuscus*

国家Ⅰ级重点保护野生动物；CITES 附录Ⅱ；我国特有种。

（1）分布

据文献记载，黑麝分布于云南（贡山、六库）、西藏（察隅、墨脱、米林、林芝、波密）（张荣祖，1997）。

本次调查，黑麝见于云南（贡山、福贡、泸水、德钦、维西、兰坪）、西藏（林芝地区各县及山南地区东部的隆子、措那）。

（2）数量

本次调查表明，全国约有 5950 只黑麝（表 10－49）。

（3）栖息地

黑麝主要栖息于高山峡谷湿润的高山暗针叶林（杉树林）、针阔混交林、高山杜鹃灌丛和草甸，栖息地平均海拔 3000～4400m，在西藏东部甚至可达 4200m 以上冰雪覆盖的山坡上。在云南可达 3200～4600m。

表 10－49 黑麝分布及数量

分 布	面积（km^2）	密 度（只/km^2）	数 量（只）
云 南	3241	—	750
西 藏	—	0.6000	5200
合 计			5950

10.6.9 河麂 *Hydropotes inermis*

国家Ⅱ级重点保护野生动物。

（1）分布

据文献记载，河麂在国内分布于上海、江苏（南京、靖江、苏州、无锡、奉贤）、浙江（桐庐、宁波、余杭、舟山、册子、岙山、桃花、大鱼山、长日山、长涂、朱家尖、六横、金塘各岛）、安徽（滁县、广德、贵池、歙县、泗县、芜湖、嘉山、和县、金寨、六安、霍山、舒城、无为、桐城、潜山、太湖、宁国、绩溪）、福建、江西（全省沿河、永修、九江、吉山）、湖北（宜昌、广济）、湖南（新宁、绥宁、岳阳、宜章、城步）、广东（乐昌、连州、阳山）、广西（恭城、资源、龙胜、融水、融安、三江、大瑶山、天峨、南丹、环江、河池、大明山、来宾、贺县、富川、全州、永福、平乐、鹿寨、马山、武鸣、上林、宾阳）（张荣祖，1997）。

历史上，河麂曾广布于辽东半岛、华北平原及长江两岸，即 28°～42°N 之间，111°E 以东范围内，现在的分布范围处于 24°～34°N，110°E 以东范围内。南至广东乳源、仁化、禾昌、连县、阳山，广西的桂林，福建的宁德、晋江、蒲田；北至江苏盐城滨海，安徽蚌埠；西至湖南、湖北；东至浙江舟山诸岛（盛和林等，1975、1985、1992）。广西天峨、南丹、上林和武宣也有分布，其分布区向西推进到 106.5°E，23°N（Gao et al.，1993）。但在谷地已呈隔离点状或小片状分布（盛和林，见：汪松，1998）。

本次调查，河麂见于江苏（长江沿岸、苏北沿海及苏南山区）、浙江（舟山海岛、北仑、镇海、象山、余姚的北部、江北、鄞县、余杭、淳安、余姚、鄞县、奉化、宁海、金华、义乌、永康、江山、遂昌）、江西（除九连山外全省都有分布，集中分布区在鄱阳湖滨和赣北的湿地）、湖北（江汉湖群湿地）、福建（长汀）。

湖南、广东调查未发现。安徽数量不详。广西未调查。

（2）数量

本次调查表明，全国约有 24 000 只河麂（表 10－50）。

江西、浙江、江苏是河麂数量较多的地区。浙江河麂数量较多的原因是舟山海岛无大中型食肉动物，只有数量不多的豹猫能捕食仔獐；小麂是河麂的唯一竞争者，但小麂只分布在舟山岛、普陀山和朱家尖。而且岛屿上多茅草和稀疏灌木，为河麂的生存提供了适宜的栖息环境。另外，河麂的游泳能力强，能泅渡数千米在岛屿之间迁移，寻找合适而安全的隐蔽环境，以逃避猎人的捕杀和减少因种群密度增高而引起的种内竞争压力。

江西鄱阳湖地区曾是河麂数量最多的地区，但数量极不稳定。1987 年 11 月调查，在一个草滩上约 $40hm^2$ 范围发现 19 只河麂，推测整个鄱阳湖区有河麂 2000～3000 只。但 1988 年调查时（盛和林，1992），已难发现有河麂，据称多被居民捕杀，湖区现有河麂也不过 1000 只左右。又如鄱阳湖吉山草州，1987 年 11 月调查时有河麂百余只，1989 年后已很难发现有河麂。河麂在许多分布区内消失（盛和林，1992）。

在安徽，河麂原为沿江洲滩苇荡中常见的食草兽类，在 20 世纪 50 年代前，仅安庆地区每年皮张收购量在 300 张以上，1958 年后大规模围垦江滩湖泊，河麂栖息地丧失殆尽，种群数量锐减，现沿江一带已不见其踪迹，河麂主要栖息地已移至丘陵山区。70～80 年代初，滁州市一年捕获河麂在 300 余只。滁县林场 1992 年调查时，大约有河麂 200 只，1993 年调查，数量有所增长，包括皇甫山自然保护区在内估计有 500 只左右。

（3）栖息地

河麂喜栖于低山丘陵和平原湖泊地带，特别是在江湖洲滩的芦苇丛，丘陵山区的灌丛草坡、沟边竹林或矮树林、山林与山坡农田地交界地带活动濒繁，也常到林缘农田中活动。

表 10－50　河麂分布及数量

分　布	面积（km^2）	密 度（只/km^2）	数 量（只）
江　苏	—	3.2	2000
浙　江	4700	0.94～12.13	6000
福　建	—	—	50
江　西	24000	0.0934	15700
湖　北	22386	0.0112	250
合　计			24000

10.6.10　赤麂 *Muntiacus vaginalis*

（1）分布

据文献记载，赤麂在我国分布于江西（安远、泰和）、湖南（宜章、新宁、城步、桂东、资兴、绥宁）、广东（九连山和潮汕一带、惠东、大埔、连平、英德、徐闻）、广西（百色、巴马、忻城、钦州、灵山、玉林、梧州、贺县、恭城、资源、大瑶山、那坡、靖西、龙胜、宁明、上思、邕宁、南宁）、海南（儋州、南丰、西沙、五指山、尖峰岭、吊罗山、坝王岭、万宁、陵水、文昌、琼中、宝亭、昌江、东方、白沙）、四川（会东、雷波、盐源、渡口、金阳、普格、布托、宁南、盐边、米易）、贵州（桐梓、长顺、毕节、威宁、惠水、贵定、三都、荔波、独山、册亨、兴义）、云南（哀牢山、泸西、弥勒、绿春、红河、盈江、腾冲、景东、景谷、河口、金平、屏边、思茅、勐海、景洪、勐腊、西盟、耿马、双江、永德、泸水、丽江、蒙自、南定江、建水、石屏）、西藏（墨脱、章木、吉隆、聂拉木）（张荣祖，1997）。

本次调查，赤麂见于江西（赣南南部）、广东（蕉岭、平远、兴宁、五华、梅县、连平、龙川、东源、新丰江、惠阳、博罗、乳源、乐昌、英德、清新、高明、新兴、花都、廉江、信宜、高州、化州、阳春）、福建（上杭、永定、漳平、武平、长汀）、广西（百色、河池、玉林、南宁、梧州、柳州、桂林）、海南（琼中、白沙、昌江、东方、乐东、通什、保亭、三亚、霸王岭林区、尖峰岭林区、五指山林区、吊罗山林区、南开、大田、南湾、松涛水库）、重庆（石柱）、四川（西昌、会东、屏山、盐边）、贵州（惠水、长顺、贵定、三都、荔波、独山、威宁、兴义、施秉、台江、镇远、三穗、剑河、岑巩、锦屏、雷山、丹寨、黎平、榕江、印江、沿河、盘县、贞丰）、云南（全省各山区地带，包括昆明市城郊山区）、西藏（吉隆、亚东、聂拉木、墨脱）。

（2）数量

本次调查表明，全国约有220 000只赤麂（表10－51）。

（3）栖息地

赤麂为山地森林动物，主要栖息于热带、亚热带和温带海拔3000m以下的山地针阔混交林、山地常绿阔叶林、热带雨林、山地雨林、丘陵山地竹林、半常绿季雨林、落叶季雨林、山地常绿阔叶灌丛、稀树草原等，亦常出没于林缘和农田。除保护区外，其余栖息地破坏严重。

表10－51　赤麂分布及数量

分　布	面积（km^2）	密 度（只/km^2）	数 量（只）
福　建	—	—	300
江　西	13 100	0.0527	8800
广　东	—	0.17～0.3	15 000
广　西	204 390	0.041～0.450	9000
海　南	—	—	65 000
重　庆	2060	0.002042	500
四　川	—	0.04345	1500
贵　州	176 167	0.2102	37 000
云　南	126 666	—	82 000
西　藏	—	0.049	900
合　计			220 000

10.6.11　黑麂 *Muntiacus crinifrons*

国家Ⅰ级重点保护野生动物；CITES附录Ⅰ；我国特有种。

（1）分布

据文献记载，黑麂在我国仅见于浙江（宁波、桐庐、临安、淳安、建德、金华、开化、丽水、庆元、龙泉、安吉、余杭、富阳、诸暨、东阳、常山、衢县、江山、武义、缙云、松阳、遂昌、云和）、安徽（石台、祁门、郎溪、广德、贵池、青阳、宣城、宁国、歙县、黟县、休宁、德胜、绩溪、太平、东至、泾县）、江西（玉山、婺源、景德镇）（张荣祖，1997）、福建，整个分布区涉及4省39个县，面积约7.65万km^2（Sheng，1980；盛和林等，1987）。在以上的分布区内有2个分布中心，一是皖浙分布中心，包括九华山和黄山，东至浙江的天目山，南至开化的石耳山一带；二是浙江西南的遂昌分布中心，包括牛头山和白云山一带（盛和林，1987；盛和林等，1981、1992）。

本次调查，黑麂见于浙江（遂昌、开化、临安、桐庐、淳安、金华、武义、江山、泰顺、景宁、松阳、龙泉、庆元、余杭、富阳、建德、安吉、诸暨、东阳、磐安、浦江、衢县、常山、仙居、永嘉、缙云、云和）、安徽（泾县、广德、旌德、绩溪、歙县、黄山徽州区、宁国、休宁、祁门、黟县、黄山市黄山区、东至、石台、贵池、青阳）、福建（武夷山、光泽、建瓯、建阳、浦城、邵武、松溪、大田、将乐、建宁、泰宁、宁化、上杭、永定、漳平）、江西（婺源、

玉山、宜黄、乐安、德兴、浮梁、贵溪)。

广东乳源是本次调查新发现的分布地。

(2) 数量

本次调查表明，全国约有 8800 只黑麂（表 10－52)。

(3) 栖息地

黑麂生活在海拔 800～1200m 的高山乔灌木林区，主要栖息于常绿阔叶林，有时也栖息在常绿、落叶阔叶混交林或灌木丛中，早春多在茅草丛中寻找嫩草，夏季生活在高山林间，冬季则下移，在人口密度较高的低山丘陵，很少有黑麂踪迹。

表 10－52　黑麂分布及数量

分　布	面积（km^2）	密 度（只/km^2）	数 量（只）
浙　江	2800	0.663～2.312	3500
安　徽	—	—	2700
福　建	—	—	1600
江　西	8150	0.0054	900
广　东	—	0.005	100
合　计			8800

10.6.12　豚鹿 *Axis porcinus*

国家Ⅰ级重点保护野生动物。

(1) 分布

据文献记载，豚鹿在国内仅分布于云南（耿马、南丁河沿岸）（张荣祖，1997)。

本次调查，豚鹿仅见于云南西南和西部的耿马、西盟和瑞丽的狭小区域内。

(2) 数量

据文献记载，20 世纪 50～60 年代，豚鹿在云南西南部（耿马、西盟）被发现（收购到角和皮)。在耿马地区，估计有 10 只（彭鸿绶等，1962)。杨德华（1965）调查，仅发现 4 只。80 年代末期再调查时，豚鹿在耿马地区已经绝迹。西盟边境地区是否还有残存尚不清楚。南丁河上游的镇康、云县、临沧可能有分布，但未经证实（王应祥，见：汪松，1998)。

本次调查表明，全国约有 25 只豚鹿（表 10－53)。

(3) 栖息地

豚鹿为典型的东南亚热带喜水性鹿类，主要栖息于海拔 500～800m 的江河两岸及其附近长有蒿草的沼泽湿地，很少进入离河岸较远的山地森林活动。

表 10－53　豚鹿分布及数量

分　布	面积（km^2）	密 度（只/km^2）	数 量（只）
云　南	2324	—	25

10.6.13　水鹿 *Cervus unicolor*

国家Ⅱ级重点保护野生动物。

(1) 分布

据文献记载，水鹿在国内分布于江西（安远、太和)、湖南（桂东、宜章、新宁、绥宁、城步、资兴)、广东（连州、连平、乐昌、大埔、乳源、南丰、惠东)、广西（靖西、龙州、宁明、上思、资源、兴安、恭城、全州、灌阳、永福、阳朔、融水、融安、鹿寨、三江、江环、罗城、富川、十万大山地区、那坡)、海南(尖峰岭、吊罗山、坝王岭、万宁、凌水)、四川(雅江、盐边、米易、炉霍、白玉、德格、邓柯、甘孜、稻城、得荣、马尔康、阿坝、黑水、小金、汶川、壤塘、泸定、重庆、宜宾、康定、巴塘、理塘、理县、西昌、峨边、木里、雷波)、贵州(江口)、云南(绿春、永德、金平、河口、屏边、景洪、勐海、勐腊、保山、丽江、德钦、普文、临沧、沧源、耿马、潞西、陇川、盈江、瑞丽、景东)、西藏(江达、贡觉、芒康)、青海(班玛)、台湾(山地)(张荣祖,1997)。

本次调查,水鹿见于江西(上栗、芦溪、莲花、永修、星子、新余渝水、分宜、赣县、崇义、宁都、瑞金、会昌、石城、万载、井冈山、吉安、吉水、新干、永丰、遂川、万安、安福、永新、宜黄、乐安、崇仁、金溪)、福建(长汀、漳平、永定、龙岩新罗区、武平、南靖)、湖南(湘西、湘南、湘东地区的保护区)、广东(乳源、乐昌、仁化、南雄、始兴、连州、阳山、英德、五华、连平、龙川、新丰江、博罗)、广西(融水、融安、环江、罗城、富川、全州、灌阳、资源、龙胜、临桂)、海南(琼中、昌江、东方、乐东、三亚、霸王岭林区、尖峰岭林区、五指山林区、吊罗山林区、南开、南湾、松涛水库)、四川(松潘、巴塘、金川、色达、天全、汶川、美姑、雅江、炉霍、白玉、木里、洪雅、绵竹、平武罕见或绝迹)、云南(西双版纳、思茅、红河、文山、玉溪、楚雄、临沧、大理、保山、德宏、怒江、丽江、迪庆)、西藏(江达、贡觉、芒康)。

贵州已经绝迹。青海未调查。

(2)数量

据文献记载,我国水鹿数量约有5000~7000只,即南岭地区包括广东、广西、湖南、江西约有2500~3000只;云南地区约有1000~1500只,四川、贵州等其余地区约有1500~2500只。

水鹿在海南曾广泛分布。20世纪50年代水鹿分布面积几乎占全岛面积的2/3,70年代其分布区比50年代缩小了1/2~2/3,不足10 000km^2。近年来其分布数量进一步减缩,2/3以上的栖息地被破坏或为橡胶林所替代,仅残存于五指山、霸王岭等10多个分布点(刘振和,见:汪松,1998)。

本次调查表明,全国约有27 000只水鹿(表10-54)。

(3)栖息地

水鹿为较典型的热带、亚热带林缘动物,分布广泛,栖息地多样。主要有亚热带典型落叶林、亚热带山地常绿落叶阔叶混交林、铁杉针阔叶混交林、云杉、冷杉林,丘陵山地竹林、山地常绿阔叶灌丛、稀树草原、草甸及山地草坡以及热带山地雨林、半常绿季雨林、落叶季雨林、木本沼泽、草本沼泽等。尤其喜欢活动在水源丰富的河沿、山溪附近和林、灌、草相间的地带。

表10-54 水鹿分布及数量

分布	面积(km^2)	密度(只/km^2)	数量(只)
福建	—	—	100
江西	10 800	0.0930	15 000
湖南	—	—	1600
广东	—	0.02~0.19	3000
广西	28 500	—	60
海南	—	—	40
四川	—	0.03315~0.1131	4500
云南	16 552	—	1000
西藏	—	0.098	1700
合计			27 000

10.6.14　坡鹿 *Cervus eldi*

国家Ⅰ级重点保护野生动物；CITES 附录Ⅰ。

（1）分布

据文献记载，坡鹿仅分布于海南的儋州、五指山、乐东、白沙、琼中、屯昌、东方、三亚、万宁、昌江、南丰、兴隆、乐东（张荣祖，1997）。

本次调查，坡鹿仅见于海南的大田，其他地区均已绝迹。

（2）数量

据文献记载，20 世纪 50 年代初，坡鹿分布在海南的屯昌、詹县、白沙、昌江、东方、乐东等 6 个县 20 多个点 300km^2 范围内。据余斯绵等（1984）调查，数量约 500～600 只。60 年代后期残存量不足 100 只。70 年代中期调查证实，坡鹿仅存于白沙县的邦溪和东方县的大田两地，分布面积不足 40km^2，数量不足 50 只。1983 年再次调查时，大田自然保护区的坡鹿数量由 1976 年初建时的 26 只增加到 70 余只，而邦溪自然保护区内的 20 只坡鹿则全部被捕杀光（刘振和，见：汪松，1998）。

本次调查表明，全国约有 760 只坡鹿（表 10－55）。

（3）栖息地

坡鹿主要栖息于旱热地带低海拔、地势平缓的林灌环境中，栖息地附近的山丘往往有较茂密的半落叶次生林，林内较明亮，栖息地内的沟谷常有稀树灌木丛，属于热带旱性的稀树草原，多有成片或丛堆状灌木林，灌丛内往往多棘刺，丛间有草地或小片的沼泽地，有少许插花地，种植水稻或芝麻、花生、甘薯等旱作物。这样林灌草相间的莽原，往往是坡鹿最喜欢的栖息地。山地密林、藤萝羁绊不为坡鹿所好。

表 10－55　坡鹿分布及数量

分　布	面积（km^2）	密 度（只/km^2）	数 量（只）
海　南	—	—	760

10.6.15　梅花鹿 *Cervus nippon*

国家Ⅰ级重点保护野生动物。

（1）分布

据文献记载，梅花鹿分布于河北（兴隆）、山西（太原、宁武、岢岚、忻州）、吉林（安图、长白山）、黑龙江（乌苏里江、牡丹江、穆棱河、小绥汾河及兴凯湖沿岸、东宁、宁安、海林、林口、尚志、延寿）、上海、江苏（太湖、靖江、南京）、浙江（杭州河、富春河、舟山、临安、桐庐）、安徽（潜山、贵池、宁国、歙县、南陵、泾县、旌德、绩溪、祁门、黟县、太平、青阳）、江西（彭泽、永修、九江、景德镇）、山东、湖南（宜章、新宁、绥宁）、广东（连平、九连山、和平、南雄、仁化、英德、阳山、连州、怀集）、广西（龙州、大新、崇左、扶绥、隆安）、四川（红原、若尔盖）、甘肃（迭部、岷县）、台湾（野生种极少）（张荣祖，1997）。

本次调查，梅花鹿见于吉林（珲春、长白山自然保护区、敦化、安图、抚松、长白）、黑龙江（绥阳、穆棱）、浙江（临安）、江西、山东（荣成）、四川（若尔盖、九寨沟、红原）、甘肃（天水、张家川、徽县、漳县）。

安徽（宁国、泾县、旌德、绩溪、歙县、黄山、祁门、石台、贵池、青阳、南陵）有分布，但数量不详。江苏已绝迹。湖南、广东、广西未调查。

（2）数量

本次调查表明，全国约有7700只梅花鹿（表10-56）。

20世纪40年代，吉林东部的大面积红松针阔叶混交林是东北地区梅花鹿的理想栖息环境。随着森林资源大面积开发，原始森林逐渐减少，林相发生显著变化。目前在长白山自然保护区周围的安图、抚松和长白县，仅存很小面积的原始森林，其他地区的原始森林已不复存在。梅花鹿曾广泛分布的汪清、桦甸、舒兰、和龙、集安、通化、靖宇县（市）已经绝迹。

在黑龙江，野生梅花鹿仅残存于东部山地老爷岭南部的绥阳—穆棱（东宁县与穆棱县境内）森工国有林区。其分布面积约1000km^2。与1992年全省森工国有林区调查结果相比，其分布区已由原来的绥阳、穆棱、东京城林区（总面积为2000km^2）缩小为目前的绥阳—穆棱林区（分布区面积缩小50%）。种群数量仅为30只左右。

（3）栖息地

在吉林和黑龙江，梅花鹿主要栖息于白桦—红松针阔混交林、椴树—红松针阔混交林、杨桦阔叶混交林、杨桦杂木林、林缘的苔草草甸、杂类草草甸以及采伐和火烧后的迹地灌丛等。在浙江，梅花鹿栖息地主要有温性针叶林与针阔混交林，落叶阔叶林与落叶、常绿阔叶混交林，落叶栎林，落叶阔叶杂木林，石栎、青冈落叶阔叶混交林，落叶阔叶灌丛、灌草丛（茅栗灌丛、菝葜灌丛、白茅、芒灌草丛），竹林，草甸（玉蝉花草甸、沼泽草甸、芒草甸）。在甘肃，梅花鹿栖息于海拔2600~2700m的高山针阔混交林的边缘、山地草原稀疏灌木林带。冬季多见于阳坡或山麓灌丛。夏季常活动于针阔混交林林缘。春秋两季多在开阔的山地草原觅食。在四川，梅花鹿栖息地随季节不同而有差异，栖息地类型主要包括铁杉针，阔叶混交林，云杉、冷杉林，亚高山杜鹃灌丛及高山柏灌丛等。

表10-56　梅花鹿分布及数量

分　布	面积（km^2）	密度（只/km^2）	数量（只）
吉　林	85 900	0.0051	450
黑龙江	1000	0.0270	30
浙　江	118	2.34~3.57	200
江　西	—	—	700
山　东	—	—	300
四　川	—	—	720
甘　肃	—	0.1286	5300
合　计			7700

10.6.16　白唇鹿 *Cervus albirostris*

国家Ⅰ级重点保护野生动物；我国特有种。

（1）分布

据文献记载，白唇鹿分布于四川（巴塘、理塘、德格、宝兴、木里、康定、丹巴、九龙、雅江、乾宁、炉霍、道孚、新龙、白玉、邓柯、甘孜、色达、石渠、稻城、城乡、得荣、义敦、阿坝、小金、金川、汶川）、云南（德钦）、西藏（拉萨、墨竹工卡、旁多、芒康、察雅、左贡、昌都、类乌齐、丁青、林周、加查、比如、嘉黎、桑日、江达、觉贡）、甘肃（玛曲、酒泉北部山地、阿克塞、肃南、肃北、盐池湾保护区）、青海（祁连、柴达木盆地、班玛、贵德、同德、兴海、玉树、称多、杂多、昂九、治多、曲麻莱、甘德、达日、玛多、乌兰、天峻、门源、刚察、河南、尖扎、长江源头）（张荣祖，1997）。

本次调查，白唇鹿见于四川（巴塘、金川、色达、天全、雅江、炉霍、白玉、石渠、木里；在汶川、松潘、德荣等县罕见或绝迹）、西藏（那曲地区东部的巴青、索县、比如、嘉黎、昌都

11 个县及林周、加查、墨竹工卡、工布江达、桑日、乃东等县)、甘肃（张掖、肃南，肃北、玛曲、民乐、山丹)、青海（玉树、称多、囊谦、杂多、治多、曲麻莱、玛多、玛沁、甘德、达日、班玛、天峻、都兰、乌兰、格尔木、德令哈、祁连、刚察、门源、兴海、同德)。

云南未调查。

（2）数量

据文献记载，Schaller 等 1985 年调查，在甘肃疏勒南山发现有 4 群共 176 只白唇鹿。Schaller1986 年在青海杂多县观察到 2 ~3 群共 54 只白唇鹿，蔡桂全 1986 年在囊谦县见到 300 只白唇鹿。大泰司纪之 1986 ~ 1990 年对四川调查，估计在石渠县有 1500 ~ 2000 只，德格有 200 只，白玉有 3000 只。大泰司纪之 1990 年在西藏江达发现有 134 只，林芝推测有 300 只。据此估计白唇鹿总数约为 7000 只左右（胡锦矗，见：江松，1998)。

白唇鹿集中分布于祁连山以西经昆仑山、唐古拉山至横断山脉，活动范围大，每座山仅有几个大群，以川、青、藏较多。但普遍存在分布区缩小、种群数量下降的现象，如四川历史上有分布的汶川、松潘、得荣等县，现已极为罕见或已绝迹；青海的白唇鹿分布区较 20 世纪 80 年代中期缩小了 65% 以上；甘肃高台县在清朝有白唇鹿分布的记载，今日高台县已无白唇鹿分布。

本次调查表明，全国约有 37 000 只白唇鹿（表 10 –57)。

（3）栖息地

白唇鹿在我国主要分布于青藏高原，其主要栖息生境有 4 种类型：①高寒半荒漠草原。海拔 4300m 以上，植物种类贫乏，植物以垫状驼绒藜为优势，伴生有垫状点地梅、小嵩草等；②高寒草甸草原。海拔 3700 ~4300m，植被种类较丰富，主要由嵩草属、苔草属和针茅属植物组成；③高寒灌丛草原。海拔 3600 ~4100m，主要以杜鹃属、锦鸡儿属、柳属植物为优势，灌下及灌缘草地植物有线叶嵩草、甘肃嵩草、紫针茅等；④高寒山地森林。主要是江河两岸，海拔 3600 ~4000m，以川西云杉、青海云杉和西藏圆柏、细枝圆柏为优势，林下有忍冬、银露梅、小檗等灌丛，草本植物生物良好。

表 10 –57　白唇鹿分布及数量

分　布	面积（km^2）	密 度（只/km^2）	数 量（只）
四　川	—	0. 04333 ~0. 1302	3900
西　藏	—	0. 0309	5900
甘　肃	—	0. 0034 ~0. 08947	2200
青　海	54 700	0. 387	25 000
合　计			37 000

10. 6. 17　马鹿 *Cervus elaphus*

国家Ⅱ级重点保护野生动物。

（1）分布

据文献记载，马鹿在国内分布于北京、山西（岚漪河、忻州)、内蒙古（呼和浩特、布特哈旗、根河、阿拉善左旗)、吉林（汪清、安图、敦化、辉南)、黑龙江（呼玛、伊春、宝清、虎林、哈尔滨、张广才岭、老爷岭、牡丹江、穆棱河、完达山)、四川（德格、宝兴、木里、康定、丹巴、泸定、九龙、雅江、乾宁、泸霍、道孚、新龙、白玉、邓柯、甘孜、色达、石渠、理塘、稻城、城乡、德荣、巴塘、义敦、阿坝、小金、红原、金川、汶川、壤塘、岷山)、云南（德钦)、西藏（类乌齐、察雅、亚东河谷、比如、嘉黎、错加、米林、墨脱、察隅、达江、丁青、巴宿)、甘肃（临潭、酒泉、张掖、肃南、迭部、卓尼、碌曲、玛曲、两当、徽县、武都、文县)、青海（班玛、祁连、芒崖、格尔木南部、德令哈、贵德、同德、兴海)、宁夏（贺兰山)、新疆(伊宁、天山、巴楚、库尔勒、塔里木河、且末、阿勒泰、阿克苏、阿图什、托木尔峰地区、罗布泊、东昆仑—阿尔金、伊吾、巴里坤、阜康、温泉、裕民)(张荣祖,1997)。

本次调查,马鹿见于内蒙古(大兴安岭、罕山、贺兰山)、吉林(长白山自然保护区、安图、抚松、长白、和龙、珲春、敦化、舒兰、桦甸、集安、通化、柳河)、黑龙江(塔河、呼中、新林、黑河、逊克、嘉荫、通河、巴彦、萝北、汤原、桦南、虎林、宝清、饶河、海林、尚志、东宁、宁安等30余县、市)、四川(巴塘、金川、天全、若尔盖、雅江、炉霍、白玉、石渠、木里、得荣;在汶川、松潘等县极罕见或已绝迹)、西藏(察雅、类乌齐、江达、昌都、丁青、芒康、左贡、八宿、桑日)、甘肃(天水、陇南、徽县、康县、武都、文县、甘南、祁连山)、青海(互助、祁连、门源、刚察、兴海、同德、天峻、乌兰、都兰、玛沁、班玛、称多、玉树、囊谦)、宁夏(贺兰山自然保护区南自榆树沟北至汝箕沟范围内,大水沟、插旗口、贺兰口、苏峪口、白寺口、黄渠口、马莲口等林区沟谷)、新疆(阿勒泰、昌吉、塔城、伊犁、哈密、阿克苏、巴音郭楞、喀什)。

山西、云南未调查。

(2)数量

据文献记载,新疆和黑龙江曾经是马鹿资源非常丰富的地区。据黑龙江省野生动物研究所(1990)调查,1974~1976年黑龙江约有36 000只马鹿,1990年增长到45 000只,以后逐年下降。高行宜、谷景和(1987)于1986年对新疆马鹿进行调查,在塔里木河下游流域约有15 000只,用鹿角统计推算,天山东部约有20 000只,天山中、西部有马鹿70 000只,阿尔泰山约有30 000只,全新疆共计约13.5万只(胡锦矗,见:汪松,1998)。

本次调查表明,全国约有130 000只马鹿(表10-58)。

(3)栖息地

在黑龙江、吉林、内蒙古等东北林区,马鹿主要栖息在兴安落叶松针叶林、兴安落叶松针阔混交林、红松针阔叶混交林、杨桦阔叶混交林、杂木林、灌丛(包括采伐迹地灌丛和火烧迹地灌丛)、草甸(包括杂类草和苔草草甸)、沼泽(包括灌木沼泽和草本沼泽)。常活动于林缘灌丛或林缘草甸,冬季常在山谷阳坡出现,夏季多迁移到高山或山地的阴坡。近20年来,由于大面积的森林采伐,原生植被遭到破坏,马鹿的适栖生境大大减少,部分地区已成岛屿分布。

在新疆、青海、宁夏、四川等西北林区,马鹿主要栖息于大面积针阔混交林、常绿针叶林、常绿或落叶阔叶混交林、灌丛、海拔3700~4800m之间的高山森林草原、灌丛草原和荒漠草原,以及荒漠胡杨林、芦苇地和红柳灌丛等。

表10-58 马鹿分布及数量

分布	面积(km^2)	密度(只/km^2)	数量(只)
河北	—	—	50
内蒙古	210 000	0.0258	5500
吉林	85 900	0.0966	8500
黑龙江	298 759	0.1440	23 000
四川	—	0.008792~0.06418	3000
西藏	—	0.1374	21 500
甘肃	—	0.0603~0.2592	16 000
青海	28 760	0.231	8500
宁夏	793	1.67	950
新疆	350 029	0.14892	43 000
合计			130 000

10.6.18　驼鹿 *Alces alces*

国家Ⅱ级重点保护野生动物。

（1）分布

据文献记载，驼鹿在国内分布于内蒙古（根河、鄂伦春自治旗、兴安盟）、黑龙江（呼玛、伊春、逊克、汤原）、新疆（阿勒泰）（张荣祖，1997）。

本次调查，驼鹿见于内蒙古（大兴安岭，以北部原始林区为多。在大兴安岭南部，除柴河、阿尔山、绰尔林业局外，其他地区已难见踪迹）、黑龙江（大兴安岭和小兴安岭西北部的林区，主要见于漠河、塔河、呼玛、新林、呼中、松岭、韩家园子、十八站、黑河、嫩江、孙吴、五大连池、逊克、嘉荫、萝北以及伊春市的新青、友好区等 18 县、市）。

在新疆对阿尔泰山林区西部和北部地区进行了专项调查，但没有发现驼鹿踪迹。

（2）数量

本次调查表明，全国约有 11 000 只驼鹿（表 10－59），仅分布于内蒙古和黑龙江的大兴安岭林区及黑龙江的小兴安岭北坡，分布区狭小，数量稀少。

在黑龙江，驼鹿种群呈锐减趋势，而且近年来下降速度进一步加快。本次调查表明，黑龙江省有驼鹿 4600 只，比 1975 年减少了 37.5%，年递减率 2.0%。1992 年，全省森工国有林区有驼鹿 3400 只，本次调查为 2200 只，6 年间减少 35.5%，年递减率达 7.3%。驼鹿的分布区也明显缩减。调查表明，黑龙江省驼鹿分布区比 1987 年减少了约 20 000km^2，减少率为 25%。

（3）栖息地

驼鹿主要栖息于寒温带针叶林和针阔混交林中，多在林中平坦低洼和沼泽地带活动，且其栖息地随季节不同而变化。栖息地植被类型主要为兴安落叶松针叶林、红松阔叶林、云冷杉针叶林、山杨白桦阔叶林、蒙古栎山杨阔叶林、榛子灌丛以及火烧、采伐迹地灌丛等。食物以杨、柳、松、桦枝叶为主。

表 10－59　驼鹿分布及数量

分　布	面积（km^2）	密 度（只/km^2）	数 量（只）
内蒙古	200 000	0.0308	6500
黑龙江	61 611	0.07538	4600
合　计			11 000

10.6.19　狍 *Capreolus capreolus*

（1）分布

据文献记载，狍在国内分布于北京（昌平、西北部山区）、山西（中条山、吕梁山、忻州、雁北、岢岚、太原）、内蒙古（鄂伦春自治旗、牙克石、陈巴尔虎旗、红花尔基、呼和浩特、包头、多伦）、辽宁（清原、新宾、凤城、宽甸、盖州、普兰店）、吉林（敦化、安图、延吉、抚松、靖宇、长白）、黑龙江（齐齐哈尔、哈尔滨、黑河、伊春、宝清、虎林、抚远、尚志）、河南（嵩县）、四川（松潘、康定、万县、巫山、城口、青川、平武、万源、宝兴、丹巴、乾宁、炉霍、道孚、白玉、德格、邓柯、甘孜、色达、石渠、理塘、义敦、阿坝、若尔盖、南坪、红源、汶川、壤塘）、陕西（黄陵、富县、洛川、太白山、延安、咸阳、安康、汉中、周至、凤县、洋县、佛坪、柞水、山阳、商南、洛南、陇县）、甘肃（文县、岷县、临夏、平凉、漳县、会宁）、青海（共和、贵德、同德、兴海、贵南、祁连、班玛、久治、河南、泽库、玛沁、门源、湟源、湟中、大通、互助、乐都）、宁夏（陛德、泾源）、新疆（伊宁、阿尔泰山、托木尔峰地区）（张荣祖，1997）。

本次调查，狍见于北京（昌平、门头沟、房山、延庆、怀柔、密云、平谷）、山西（太行山、吕梁山、太岳山、中条山）、内蒙古（大兴安岭、七老图山、大青山、乌拉山）、辽宁（除鞍山、台安、营口郊区、盘山、大洼、甘井子、旅顺、长海、黑山、新民、辽中、法库、康平外各县、市、区均有）、吉林（东部林区的各县、市，在西部草甸湿地区的镇赉、通榆、洮南等县（市局部区域也有分布）、黑龙江（大兴安岭、小兴安岭、东部山地及三江平原，主要分布区为呼中、新林、阿木尔、韩家园子、松岭、黑河、逊克、萝北、巴彦、通河、海林、尚志、方正、宁安、东宁、宝清、饶河、虎林等40余县、市）、河南（栾川、嵩县、汝阳、洛宁、鲁山、修武、灵宝、南召、西峡、淅川）、重庆（城口）、四川（松潘、石棉、巴塘、金川、色达、若尔盖、炉霍、白玉、石渠有分布；青川、平武、万源罕见或绝迹；天全、汶川未发现）、陕西（黄龙、黄陵、宜川、甘泉、延安宝塔区、富县、陇县、太白、凤县、宝鸡、眉县、山阳、商南、镇安、汉阴、宁陕、石泉、旬邑、永寿、宁强、华阴、华县、韩城、蓝田、长安、户县、周至）、甘肃（集中分布在庆阳、平凉地区，中部漳县北部、会宁直到临夏偶见）、青海（大通、门源、互助、湟中、湟源、共和、刚察、兴海、都兰、祁连）、宁夏（六盘山区及其外围的泾源、隆德、固原，以及彭阳的局部地区）、新疆（阿勒泰、塔城、精河、温泉、昌吉、伊犁、吐鲁番）、天津（蓟县山区）、河北（井陉、灵寿、平山、丰润、迁西、遵化、青龙、涉县、武安、邢台、内丘、张家口下花园区、宣化、沽源、尚义、蔚县、阳原、怀安、怀来、涿鹿、赤城、崇礼、承德、兴隆、平泉、滦平、隆化、丰宁、宽城、围场、易县、涞源、唐县、涞水、阜平）、湖北（鄂西和鄂西北，如巴东、鹤峰、神农架、郧西、竹溪）。

（2）数量

本次调查表明，全国约有440 000只狍（表10－60）。

内蒙古、黑龙江、吉林是狍分布数量最多的地区。调查显示，狍在部分地区种群数量有增加的趋势，但在大多数地区分布区正在缩小，数量呈下降趋势。

在内蒙古，大兴安岭南部许多地区的狍已趋于绝迹，大兴安岭北部大多数地区狍的数量也明显趋于下降趋势，仅北部原始林区尚保持一定数量。

在黑龙江森工国有林区，狍种群数量基本维持在原有水平。调查表明，狍种群数量比1992年仅上升了1.8%，年均递增率仅为0.3%。

在吉林，20世纪60年代前，无论是在东部林区，还是在西部草甸湿地区，狍的数量相当丰富。4～5只、10来只狍群为人们所常见。70年代后数量开始减少，80年代数量急剧减少，90年代以来，狍在东部林区未见有明显恢复迹象，在中部农田区渐渐绝迹，上世纪90年代后期，吉林全省实行禁猎，狍的种群开始恢复。

（3）栖息地

狍在东北区的典型栖息地为林木较稀疏的针阔混交林和多草的灌木丛，或森林边缘。栖息地植被类型主要为草类—兴安落叶松林、杜鹃—兴安落叶松林、白桦—兴安落叶松林、椴树—红松林、枫桦—红松林、杨桦阔叶混交林、杨桦杂木林、迹地灌丛、苔草草甸、杂类草草甸以及森林与农田交错区等。

狍在华北区栖息于温性松林、侧柏林、暖性松林、杉木林、阔叶落叶林、栎林、人工林及山地灌草丛、常绿针叶灌丛、山地中生落叶阔叶灌丛等。

狍在蒙新区栖息于海拔2000～4000m的中、高山地带，其栖息生境主要为针阔混交林、疏林灌丛、高山柏灌丛、疏林草原及苔草草甸等，包括落叶松林、云冷杉林、温性松林、侧柏林、圆柏林、栎林、落叶阔叶杂木林、野苹果林、杨林、桦木林、高寒落叶阔叶灌丛、山地旱生落叶阔叶灌丛，山地中生落叶阔叶灌丛，河谷落叶阔叶灌丛、石灰岩山地落叶阔叶灌丛等。

狍的栖息地中植被郁闭度较低，小于60%，林间空旷，阳光充足，林下植被丰富，隐蔽条件较好，山腰或林缘是狍的适宜生境；林缘是它们到灌丛或农田觅食的必经之路。狍极少到海

拔较高、林相单一的针叶林区活动。

表 10－60　狍分布及数量

分　布	面积（km^2）	密 度（只/km^2）	数 量（只）
北　京	2444	0. 41	1000
天　津	727	—	50
河　北	—	0. 070553	5500
山　西	—	0. 0238 ~0. 2053	5400
内蒙古	210 000	0. 9646	200 000
辽　宁	—	0. 0846	9000
吉　林	120 000	0. 3258	39 000
黑龙江	316 747	0. 36684	120 000
河　南	—	0. 02945 ~0. 04757	3700
湖　北	31 291	0. 0176	550
四　川	—	0. 007425 ~0. 1190	6500
重　庆	—	—	500
陕　西	37 857	0. 6653	17 000
甘　肃	15 800	0. 39767	16 000
青　海	15 600	0. 176	2700
宁　夏	1600	0. 6534	1100
新　疆	116 015	0. 1323	12 000
合　计			440 000

10. 6. 20　野牛 *Bos gaurus*

国家Ⅰ级重点保护野生动物；CITES 附录Ⅰ。

（1）分布

据文献记载，野牛在国内仅分布于云南（思茅、小勐养、景洪、倚邦、易武、勐武、勐腊、勐棒、勐阿、江城、澜沧）（张荣祖，1997）。

本次调查，野牛见于云南南部、西南和西部的勐腊、景洪、江城、绿春、金平、沧源、瑞丽、陇川、盈江、思茅（莱阳河）和腾冲等地。

（2）数量

本次调查表明，全国约有 480 只野牛（表 10－61）。其中在西双版纳约有 350 只，在思茅约有 50 只。种群数量呈下降趋势。访问调查表明，野牛种群由过去每群 8 ~15 只下降到每群 2 ~5 只，极少见 8 只以上的聚群。

（3）栖息地

野牛栖息于沟谷雨林、山地季雨林、竹木混交林、南亚热带季风常绿阔叶林及稀树草丛中，偶尔在林缘草地活动，栖息地海拔 600 ~1900m，喜在水草多的湿地、沟溪两岸、水塘边及沟谷中上游有水源的稀树草地中活动。

表 10－61　野牛分布及数量

分　布	面积（km^2）	密 度（只/km^2）	数 量（只）
云　南	3585	—	480

10.6.21 野牦牛 *Bos mutus*

国家Ⅰ级重点保护野生动物；CITES 附录Ⅰ；主要分布于我国。

（1）分布

据文献记载，野牦牛分布于四川（石渠）、西藏（阿里地区、黑河、唐古拉山口、可可西里至双湖、昌都北部、安多、班戈）、甘肃（肃北盐池湾、祁连山、阿克塞）、青海（兴海、黄河源头、祁连山、天峻、阳康、乌兰、长江源头）、新疆（且末、若羌、昆仑—阿尔金盆地）（张荣祖，1997）。

本次调查，野牦牛见于西藏（日土、改则、噶尔、革吉、尼玛、措勤、班戈、仲巴及双湖）、甘肃（肃北的亚马台、夏尔邦浑迪，阿克塞的大、小哈尔腾河上源及肃南）、青海（曲麻莱、治多、称多、杂多、玛多、玛沁、天峻、都兰、格尔木、茫崖）、新疆（阿尔金山和昆仑山及以南的巴音郭楞、和田）。

四川未发现，石渠是四川省唯一分布有野牦牛的县（胡锦矗等，1984），但在此次调查中未发现任何踪迹。

（2）数量

本次调查表明，全国约有 27 000 只野牦牛（表 10 - 62）。调查表明，西藏、青海、新疆是野牦牛分布数量最多的地区。但由于人类活动干扰和生态环境恶化，野牦牛分布范围逐渐缩小，种群数量明显减少。过去上千只的群体已不复存在，而数百只的群体也难以见到，只有十数只或数十只的群体在较偏远的生境中还可见到。1999 年 11 月下旬，在格尔木市野牛沟高山寒漠景观地带见到有 410 只野牦牛的大群活动。

在青海，野牦牛的栖息分布面积急剧缩小，种群数量下降较快，除可可西里地区外，野牦牛的分布面积只有 63 200km^2，与以往资料和访问了解对比，下降了 50%。

（3）栖息地

野牦牛是一种典型的高寒动物，栖息于海拔 4000 ~ 5000m 的山间盆地、湖盆四周以及山麓缓坡，活动于高寒草甸、高寒草原、高寒荒漠草原和高寒荒漠等多种开旷的自然景观带。

表 10 - 62 野牦牛分布及数量

分 布	面积（km^2）	密 度（只/km^2）	数 量（只）
西 藏	—	0.0796	8000
甘 肃	5638	0.0214	1900
青 海	63 200	0.149	9500
新 疆	36 000	0.0205	7600
合 计			27 000

10.6.22 藏原羚 *Procapra picticaudata*

国家Ⅱ级重点保护野生动物。

（1）分布

据文献记载，藏原羚分布于四川（松潘、康定、巴塘、理塘、若尔盖、青川、平武、万源、江南、通江、城口、巫山、邛崃、大邑、彭州、什邡、崇州、灌县、丹巴、炉霍、道孚、德格、甘孜、色达、石渠、阿坝、红源、壤塘）、西藏（丁青、芒康、岗巴、帕里、黑河—阿里公路沿线、希夏邦马峰北坡、珠穆朗玛峰北坡、仲巴、班戈、申扎至可可西里、普兰北部至班公湖、嘉黎、巴青、安多、日喀则）、甘肃（肃北盐池湾、肃南、阿克塞、昆仑山—阿尔金山盆地）、青海（门源、祁连、天峻、海宴、格尔木南部山地、班玛、曲麻莱、玉树、果洛、黄南、共和、

黄河源头、长江源头）（张荣祖，1997）、新疆（阿尔金山）（杨奇森等，1998）。

本次调查，藏原羚见于四川（松潘、金川、色达、汶川、若尔盖、雅江、炉霍、白玉、石渠等县有分布；青川、平武、南江、万源、绵竹罕见或绝迹）、西藏（日土、革吉、普兰、噶尔、改则、札达、尼玛、申扎、班戈、安多、那曲、聂荣、比如、索县、江达、八宿、左贡、类乌齐、洛隆、昌都、边坝、仲巴、措勤、昂仁、萨嘎、隆子、措美）、甘肃（肃南、肃北、阿克塞）、青海（祁连、海宴、刚察、共和、同德、天峻、都兰、格尔木、玛多、玛沁、甘德、达日、称多、玉树、曲麻莱、治多、囊谦、杂多）、新疆（阿尔金山自然保护区山地南部）。

（2）数量

本次调查表明，全国约有 280 000 只藏原羚（表 10－63）。

在西藏，藏原羚数量较多、分布较广，种群数量呈上升趋势；在青海，藏原羚分布面积较 20 世纪 80 年代中期有较大的缩小，目前只有 116 400km^2。

（3）栖息地

藏原羚是高山寒漠动物，栖息于海拔 5000m 以下的高山草甸、亚高山草甸草原及高山荒漠地带。在水源充足的河谷、平缓山地和起伏不大的阶地内可见其活动。

表 10－63　藏原羚分布及数量

分　布	面积（km^2）	密 度（只/km^2）	数 量（只）
四　川	—	0. 04486 ~ 0. 2583	4000
西　藏	—	0. 03504	180 000
甘　肃	—	0. 02042 ~ 0. 12905	15 000
青　海	116 400	0. 557	65 000
新　疆	367 998	0. 054889	16 000
合　计			280 000

10. 6. 23　普氏原羚 *Procapra przewalskii*

国家 I 级重点保护野生动物；我国特有种。

（1）分布

据文献记载，普氏原羚分布于内蒙古（包头西北、鄂尔多斯）、甘肃（东部、肃南、肃北马鬃山）、青海（海宴、天峻）、宁夏（银川西南）、新疆（东南部）（张荣祖，1997）。内蒙古是否尚有分布，有待查实（冯祚建，1998）。

本次调查，普氏原羚仅见于青海（青海湖盆地）。

甘肃、新疆均未发现。内蒙古、宁夏未列入调查对象。

（2）数量

本次调查表明，全国约有 130 只普氏原羚（表 10－64）。

普氏原羚是我国特有的珍稀动物。1875 年，普热瓦尔斯基在内蒙古的鄂尔多斯沙漠南缘采得模式标本；1891 年，Buchner 在甘肃采得标本；G. Allen（1938）在他的《The Mammals of China and Mongolia》一书中涉及普氏原羚分布范围时，曾提到内蒙古、宁夏、甘肃有分布。然而，时隔半个多世纪后，普氏原羚的分布发生了很大的变化，其分布区仅局限于青海湖盆地的局部地带。本次调查表明，普氏原羚在宁夏、内蒙古、甘肃、新疆各地已很难见其踪迹。因此，青海成了其唯一有分布的省份，且种群濒危。

普氏原羚在青海仅有 130 多只，最多也超不过 200 只。由于其生境被人为的隔离，呈不连续的“孤岛”分布状态，每个群体多为数只或十多只，最大的一群也只有 21 只。

与 20 世纪 90 年代初相比，普氏原羚的种群数量下降较快，当时在 3 月份可见到 50 多只的群体，估计当时的种群在500只左右。如今不仅数量未增长，反而急剧下降，可以认为本种是当今世界上有蹄类中最濒危的一个种。普氏原羚种群下降的原因是人类活动的严重影响，表现在：①1949～1987年间，青海湖周围人口已由过去的20 000人增加到90 000人，房舍不断兴建及耕地面积不断扩大（增加20倍），致使普氏原羚的生存空间越来越小，栖息地支离破碎；②自1949年至今，青海湖周边地区的牲畜增加了3倍，占据了普氏原羚的食物场，食物压力增大；③现有种群过小，且由于人为所造成的阻碍，使湖东与湖西的种群彼此隔离，不能进行基因交流，导致种群衰退；④非法猎捕仍有发生。

（3）栖息地

普氏原羚的栖息生境有3种：①荒漠化草原。位于青海湖北岸的喜玛日冬一带，面积约有5000hm^2，海拔为3195～3320m；②湖滨干草原。位于青海湖西岸的西北部地带，面积约为6000hm^2，海拔为3200～3260m；③湖滨半荒漠草原。位于青海湖东岸小北湖以北地带，面积在6000hm^{2}以上，海拔3200～3500m。这些生境中均有因湖积、风积、沙土而构成的面积大小各异、地貌相似的波浪状沙丘带，其边缘或沙丘间分布有湖滨草原和沼泽草地、灌丛等，为普氏原羚栖息繁衍提供了良好的食物和天然避难场所。

表10－64　普氏原羚分布及数量

分　布	面积（km^2）	密度（只/km^2）	数量（只）
青　海	170	—	130

10.6.24　黄羊 *Procapra gutturosa*

国家Ⅱ级重点保护野生动物。

（1）分布

据文献记载，黄羊在国内分布于河北（张家口北部）、山西（吕梁山、太行山、雁北）、内蒙古（乌审旗、呼伦湖西、布特哈旗、通辽、二连浩特、苏尼特右旗、西乌珠穆沁旗、苏尼特左旗、阿巴嘎旗、四子王旗、达尔罕茂明安联合旗、阿拉善左旗）、吉林（白城子、洮南）、陕西（子长、延安、榆林、绥德）、甘肃（环县、山丹、肃北）、宁夏（贺兰山）（张荣祖，1997）。

本次调查，黄羊见于内蒙古（乌拉特中旗以东的中蒙边界地区）、吉林（镇赉县大岗林场、通榆县向海丰产营林区、高生窝棚屯以及洮南市东四方山）、甘肃（环县、山丹、肃北）、宁夏（贺兰、银川、永宁、中卫、同心、盐池、灵武）。

陕西未发现。河北、山西未调查。

（2）数量

本次调查表明，全国约有8000只黄羊（表10－65）。

内蒙古是我国黄羊的主要分布区。黄羊具有南北迁移现象，过去常在冬季大量南移进入我国，春季北迁返回外蒙古进行繁殖。1992年冬到1993年冬约为20万～30万只（马逸清，见：汪松，1998）。1998年以来，由于中蒙边境架起了2m多高的铁丝网，黄羊难以越过，使得冬季进入我国的黄羊数量极少。据调查，近几年冬季进入我国的黄羊不足千只。春季滞留在边境地区的黄羊数量也显著减少。1999年秋季，在锡林郭勒盟东苏旗调查表明，在边境旧丝网和新丝网之间滞留了不足百只。

（3）栖息地

黄羊为典型的草原动物，主要栖息在平原、丘陵地带的草原和荒漠草原。不同季节有南北迁移现象，结群栖息，常结成数十或百千只大群，冬季南迁寻找适宜草场；在夏季，雌雄分开并成小群活动。黄羊主要以禾本科针茅、多根葱和豆科植物为食。在荒漠草原，黄羊和鹅喉羚有重叠分布现象，在重叠区，黄羊也总是选择以禾本科针茅、多根葱为主的草原小生境。

表 10－65　黄羊分布及数量

分　布	面积（km^2）	密 度（只/km^2）	数 量（只）
内蒙古	6000	0. 4610	2750
吉　林	85 900	—	20
甘　肃	132 659	0. 0068 ~ 0. 07716	5000
宁　夏	17 300	0. 023256	230
合　计			8000

10. 6. 25　鹅喉羚 *Gazella subgutturosa*

国家Ⅱ级重点保护野生动物。

（1）分布

据文献记载，鹅喉羚在国内分布于内蒙古（杭锦旗、鄂托克旗、乌拉特后旗、阿拉善左旗）、甘肃（敦煌、九泉、张掖、民勤、肃北、桌尼、临夏）、青海（德令哈、诺木洪、大柴旦、冷湖、格孜湖）、新疆（吐鲁番、焉耆、拜城、阿克苏、麦盖提、莎车、哈密、且末、吉木乃、布尔津、昆仑—阿尔金山）（张荣祖，1997）。

本次调查，鹅喉羚见于内蒙古（阿巴嘎旗以西的中蒙边境约 10km 范围内，在阿拉善盟向南分布到巴丹吉林沙漠中）、甘肃（河西走廊的阿克塞、肃北、民勤，偶见于甘南卓尼及临夏等地）、青海（德令哈、乌兰、格尔木、都兰、大柴旦、茫崖）、新疆（博乐、精河、温泉、塔城、昌吉、吐鲁番、哈密、巴音郭楞、阿克苏、克州、喀什、和田）。此外，在宁夏银川地区的西部、青铜峡市西部的贺兰山东麓洪积扇区及贺兰山南部的荒漠丘陵区域，卫宁北山的腾格里沙漠的东南缘，以及米钵山的荒漠草原、同心县的洪寺堡以北，毛乌素沙地南缘的荒漠半荒漠区域发现鹅喉羚的新分布区，分布区面积约 3844km^2。

（2）数量

本次调查表明，全国约有 190 000 只鹅喉羚（表 10－66）。

（3）栖息地

鹅喉羚为典型的荒漠草原和荒漠戈壁动物。栖息于海拔 1000 ~ 3000m 近山麓荒漠和半荒漠地区，气候干旱、寒冷。鹅喉羚白天活动，夜晚休息，喜在开阔地带活动，常结成 3 ~ 5 只小群或十数只的群体，在有水源的地方可见数十只或百只大群。一般不进入草甸草原或沼泽草原内活动。栖息地较为固定，未见明显迁移现象。食物以猪毛菜属、葱花属、戈壁羽属、艾蒿类、禾本科植物以及各种荒漠植物为主。

表 10－66　鹅喉羚分布及数量

分　布	面积（km^2）	密 度（只/km^2）	数 量（只）
内蒙古	230 000	0. 0027	700
甘　肃	130 308	0. 076389 ~ 0. 088816	20 000
青　海	25 600	0. 376	9000
宁　夏	3844	0. 075	300
新　疆	1 373 821	0. 101765	160 000
合　计			190 000

10. 6. 26　藏羚 *Pantholops hodgsoni*

国家Ⅰ级重点保护野生动物；CITES 附录Ⅰ。

（1）分布

据文献记载，藏羚在国内分布于四川（德格、甘孜、石渠）、西藏（班公湖、罗多克、多玛尔、黑河—阿里公湖沿线申扎、班戈至可可西里、仲巴北部昆仑山、雅鲁藏布江上游、安多、双湖）、青海（格尔木南部、曲麻莱、黄河源头、长江源头、共和、贵南、昆仑—阿尔金山盆地、玉树、海西州昆仑山）、新疆（阿尔金山）（张荣祖，1997）。

本次调查，藏羚见于四川（川西北高原一带。在本次调查中，仅石渠一县确知有藏羚分布）、西藏（日土、噶尔、革吉、改则、仲巴、措勤、尼玛、申扎、班戈、安多、普兰、昂仁、双湖）、青海（治多、曲麻莱、杂多、唐古拉、茫崖）、新疆（若羌、且末，和田地区各县、市的高山区）。

（2）数量

据文献记载，估计藏羚在西藏的总数不超过 50 000 只，在青海和新疆的总数约 25 000 只（杨奇森、冯祚建，见：汪松，1998）。Schaller（1997）估计喀喇昆仑—昆仑山地区的藏羚有 9000 只，而青藏高原全境可能超过 100 000 只。

本次调查表明，全国约有 130 000 只藏羚（表 10－67），集中分布在青藏高原。但分布范围缩减，数量锐减，种群濒危。在青海，藏羚羊的密度比 20 世纪 80 年代下降了 60%。在西藏，部分区域以很难发现实体。

导致藏羚种群濒危的原因主要有：①栖息地面积逐渐缩小。藏羚主要生活在高原牧区，牧区人口的增加及放牧范围的扩大，使藏羚的栖息环境被大量压缩和破坏。如西藏羌塘高原北部的双湖地区，原为无人区，分布有藏羚、藏野驴等珍稀动物，但从 70 年代中期起，逐渐有人居住并放牧，使周围数百平方千米生境遭受人为干扰；又如在青海西部乌兰乌拉湖及太阳湖—库赛湖一带，原来也是无人区，但多年前乌兰乌拉湖四周已有放牧活动；而后一较宽阔地域，则每年有成千上万的淘金者蜂拥而至，挖金活动不仅破坏了原始植被，而且大大地加剧了人为干扰，致使 20 000km^2 左右的地方很难见到藏羚的足迹（杨奇森、冯祚建，藏羚，见汪松，1998）。在四川石渠的长沙贡马等地，以前许多无人区现已被大量开垦为牧场。②20 世纪 80～90 年代的大肆偷猎、盗猎。如 1990 年间，在青海海西地区有 800 只藏羚被猎杀，占该区当年所盗猎珍稀动物总数的 60% 左右；青海境内的淘金者也时常猎捕藏羚，1989～1990 年间，盗捕藏羚 1000 多只。此外，在西藏及新疆南缘的滥杀现象仍时有发生（杨奇森、冯祚建，见：汪松，1998）。截至 1998 年，青海收缴藏羚羊皮 15 243 张；1999 年春季“可可西里反盗猎 1 号行动”收缴藏羚皮 747 张。

（3）栖息地

藏羚是青藏高原的特产动物，栖息于海拔 4100～5200m 的高寒草甸、高寒草甸草原、高寒荒漠平原及高寒荒漠等生境，在夏季偶可见于 5200m 以上的流石滩。喜在山间盆地、湖泊四周及山麓缓坡活动。食物以高山针茅、蒿草、苔草和棘豆等禾本科和莎草科植物为主。

表 10－67　藏羚分布及数量

分　布	面积（km^2）	密 度（只/km^2）	数 量（只）
四　川	—	—	500
西　藏	—	0.1764	70 500
青　海	25 000	0.739	17 000
新　疆	367 998	0.145874	42 000
合　计			130 000

10.6.27　羚牛 *Budorcas taxicolor*

国家Ⅰ级重点保护野生动物；CITES 附录Ⅱ。

（1）分布

据文献记载，羚牛在国内分布于四川（平武、康定、松潘、宝兴、峨眉山、青川、绵竹、北川、洪雅、美姑、雷波、越西、马边、峨边、荥经、石棉、天全、芦山、冕宁、木里、盐源、大邑、什邡、灌县、丹巴、泸定、九龙、理塘、黑水、小金、南坪、金川、文川、茂汶、安县）、云南（腾冲、贡山、泸水）、西藏（林芝、米林、波密、巴宿、墨脱、隆子、错那、察隅）、陕西（周至、宁陕、太白、佛坪、洋县、石泉、留坝、眉梁、户县、镇安、柞水、兰田、高县、太白山）、甘肃（文县、舟曲、迭部、武都、徽县、康县）（张荣祖，1997）。

本次调查，羚牛见于四川（青川、平武、松潘、绵竹、石棉、巴塘、金川、天全、汶川、若尔盖、马边、洪雅等县，而美姑、木里等县在调查中未发现踪迹。另据访问，在色达及雅江等县也有分布）、云南（盈江、腾冲、泸水、福贡、贡山）、西藏（墨脱、察隅、波密、林芝、米林、隆子、错那、措美）、陕西（宁强、勉县、留坝、凤县、城固、洋县、佛坪、宁陕、石泉、镇安、柞水、商州、蓝田、长安、户县、周至、眉县、太白）、甘肃（康县、徽县、文县、武都、舟曲、迭部）。

（2）数量

本次调查表明，全国约有22 000只羚牛（表10－68）。

在四川，羚牛种群数量有所下降，胡锦矗（1998）推算羚牛总数约有7100只。（胡锦矗，见：汪松，1998）。本次调查，四川的羚牛数量仅为5850只。影响四川的羚牛种群动态的主要因素有以下几个方面：①在羚牛未被列为保护动物之前的任意猎杀，致使羚牛资源破坏殆尽，有的地区已经绝迹。近几年，羚牛在一些主要分布区，特别是保护区，种群有所恢复。②羚牛栖息地被严重分割，四川全省已有40多个县的羚牛成为岛状分布（胡锦矗等，1993）。③由于羚牛分布区多被分割缩小，羚牛种群间缺少基因交换，导致种群衰退。

在云南，羚牛主要分布在怒江以西保山地区和怒江州的高黎贡山国家级自然保护区范围内，涉及保山地区的腾冲、保山，怒江州的泸水、福贡、贡山。在怒江州主要分布于与缅甸接壤的边境一带和与西藏的结合带。原来有分布的保山地区的龙陵县和德宏州的盈江县，这次调查均未发现。羚牛种群状况为：在保山地区高黎贡山自然保护区可能有2～4群，其中最大的一群主要分布在腾冲县和保山市交界中部的高黎贡山，约40只；在保山地区藤冲县与怒江州泸水县交界处的蔡家坝分布有一群，约有30只。在怒江州泸水县的听命湖有1～2群，每群20～30只；在怒江州高黎贡山保护区估计有6～8群，数量不足200只。因此，云南现有高黎贡山羚牛约10群，另加一些离群独栖者，数量接近400只。加上新增分布区内的数量，总数约在400～450只。

（3）栖息地

在秦岭，羚牛栖息地构成较为复杂，大致分为3种基本类型：①海拔1000～1800m的落叶阔叶林；②海拔1800～2600m的针阔叶混交林，该林带是羚牛分布区内的主要林带；③海拔2600～3000m的针叶林带，主要为冷杉、落叶松林，但较为稀疏，林间多为华秸竹及草甸。

在四川，羚牛栖息生境包括亚热带典型落叶阔叶林、铁杉针阔叶混交林、冷杉、云杉林及亚高山杜鹃灌丛等。有季节性迁移现象，但主要栖息于海拔2000～3400m的针阔混交林或针叶林。

在甘肃，羚牛主要栖息于海拔2000～4000m的针阔混交林、阔叶林、高山草甸和高山灌丛，有垂直季节迁移习性，有时也到河谷活动。

在云南，高黎贡羚牛是我国羚牛分布最靠南的一个亚种，属典型的高寒种类，生活于海拔2100m以上的亚高山切割地段。常年活动于2700～3900m的常绿阔叶林、针叶林、竹林及亚高山草甸。主要栖息在滑竹、箭竹、刺竹或匍匐状的杜鹃灌丛等矮树林和草甸，多在雪线下缘的林内觅食。夏秋季可见于海拔较高的高山草甸或雪线附近。冬季随着雪线下移，羚牛可迁移到2500m左右的明亮针叶林内及避风的低山河谷的岩石陡坡上活动。羚牛常年活动的地带，植被和水源丰富，食物极为丰盛。

在西藏，羚牛是典型的高山森林动物，栖息地海拔高度为2500～4500m，主要分布于针阔混交林、暗针叶林及雪线下的高山草甸。有明显的季节迁移现象。夏季多活动于喜马拉雅北侧、海拔3900～4500m的高山草甸或雪线附近，8～9月份后，逐渐向喜马拉雅山南麓迁移。

表10－68　羚牛分布及数量

分　布	面积（km^2）	密 度（只/km^2）	数 量（只）
四　川	—	0.03564～0.1961	5850
云　南	5402	—	450
西　藏	—	0.1873	2800
陕　西	15 690	0.3231	5100
甘　肃	—	0.18993	7800
合　计			22 000

10.6.28　鬣羚 *Naemorhedus sumatraensis*

国家Ⅱ级重点保护野生动物；CITES附录Ⅰ（川西亚种 *N. s. milneedwardsi*、尼泊尔亚种 *N. s. thar*）。

（1）分布

据文献记载，鬣羚在国内分布于浙江（桐庐、余杭、德清、宁波、宁海、缙云、金华、龙游）、安徽（青阳、宁国、歙县、休宁、宣城、石台、郎溪）、福建（福清、南平、武夷山、宁德、三明、莆田、龙岩、龙溪、晋江、永春）、江西（安远、赣县、泰和、都昌、波阳）、湖北（宜昌）、湖南（桂东、宜章、新宁、绥宁、城步）、广东（连平、连州、阳山、南雄、惠东、大埔、乐昌）、广西（那坡、靖西、龙州、宁明、上思、融水、融安、龙胜、资源、兴安、富川、贺县、上林、灵山）、四川（平武、宝兴、康定、巴塘、青川、北川、万源、城口、石棉、古蔺、峨眉山、大邑、九龙、雅江、炉霍、德格、阿坝、若尔盖、泸定、汶川、安县）、贵州（松桃、江口、印江、玉屏、石阡、余庆、瓮安、开阳、贵定、清镇、惠水、三都、独山、安龙、梵净山、荔波）、云南（丽江、屏边、景洪、勐腊、泸水、德钦、永德、沧源、个旧、蒙自、弥勒、泸西、绿春、金平、河口、景东）、西藏（比如、昌都、波密、易贡、定结、洛扎、错那、隆子、察隅、墨脱、江达、樟木、索县、嘉雅）、陕西（陇县、留坝、宁强、石泉、镇坪、柞水、镇安、太白山）、甘肃（临夏、舟曲、文县、迭部、卓尼、碌曲、夏河、临潭）、青海（班玛、囊谦）（张荣祖，1997）。

本次调查，鬣羚见于浙江（余杭、富阳、临安、桐庐、淳安、湖州、德清、余姚、宁海、绍兴、诸暨、金华、东阳、磐安、浦江、兰溪、永康、武义、衢县、开化、龙游、常山、江山、黄岩、天台、永嘉、泰顺、丽水、缙云、景宁、遂昌、松阳、龙泉、庆元）、福建（全省）、安徽（皖南山区，如青阳、石台、贵池、东至、铜陵、祁门、休宁、黄山、黟县、歙县、绩溪、泾县、广德、宁国、郎溪、宣州、铜陵、南陵）、江西（全省）、湖北（恩施、丹江口、郧西、郧县、竹山、竹溪、房县、保康、宜昌、鹤峰、巴东、神农架、五峰、咸宁）、湖南（湘西、湘南、湘东地区保护区内的林区）、广东（粤北、粤东和粤中山地）、广西（桂林地区12个县数量比较多；百色地区7个县数量稀少；河池地区除南丹、巴马、凤山外，其他各县均有分布；柳州地区仅在三江、融水、鹿寨有分布；梧州地区的富川、贺州）、重庆（城口、巫溪、巫山、江津、秀山）、四川（南江、青川、平武、松潘、绵竹、石棉、巴塘、金川、色达、天全、汶川、古蔺、若尔盖、马边、美姑、得荣、雅江、炉霍、白玉、木里、西昌、会东、万源、屏山、洪雅）、云南（各山区）、西藏（林芝、米林、工布江达、察隅、波密、墨脱、八宿、左贡、芒康、

贡觉、察雅、边坝、洛隆、昌都、江达、类乌齐、嘉黎、朗县、亚东、聂拉木、桑日、曲松、乃东）、陕西（洋县、佛坪、南郑、城固、勉县、西乡、宁强、略阳、凤县、镇巴、留坝、安康、汉阴、石泉、宁陕、紫阳、岚皋、平利、镇坪、旬阳、白河、陇县、太白、周至、柞水、镇安、汉中）。

福建无数据。河南（灵宝、南召）为新记录。安徽有分布，但数量不详。贵州、青海未调查。

（2）数量

据文献记载，全国鬣羚约有 50 000 只左右（冯祚建，见：汪松，1998）。

本次调查表明，全国约有 62 000 只鬣羚（表 10－69）。数量稍有增加。鬣羚的资源现状有 4 个特点，即种群数量少，但分布范围广；种群集中分布的县少，少量分布的县多；种群主要分布在县与县交界的狭窄区域内；种群被严重分割成小群体，呈岛屿状分布。如浙江各分布区鬣羚资源量总计有 1100 只左右，分布在 34 个市（县），而在开化、遂昌、龙泉，3 个市（县）的资源量为 300 余只，在临安、淳安、武义、松阳、庆元 5 个市（县）的资源量为 400 只左右，而其他 26 个市（县）的资源量不足 400 只。

鬣羚是典型的林栖动物，但目前适栖面积锐减，分布区被分割成斑块状，鬣羚小种群孤立地生存于岛屿状区域内，各种群之间缺少基因交流，面临种群衰退、种群数量进一步下降的趋势。

（3）栖息地

鬣羚栖息地主要包括亚热带典型落叶阔叶林、亚热带山地常绿、落叶阔叶混交林、铁杉针阔叶混交林、冷杉、云杉林等。地形多为裸岩、环山和山腰陡峭岩下，石岩谷坡、跌岩和乱石河谷。

表 10－69　鬣羚分布及数量

分　布	面积（km^2）	密 度（只/km^2）	数 量（只）
浙　江	7092	0. 0947 ~ 0. 1636	1100
福　建	—	—	3000
江　西	23 000	0. 1087	18 000
河　南	—	0. 00227 ~ 0. 00566	450
湖　北	33 125	0. 0773	2600
湖　南	—	0. 5412	1300
广　东	—	0. 005 ~ 0. 02	400
广　西	117 200	—	490
重　庆	4098	0. 00613 ~ 0. 00817	60
四　川	—	0. 06554 ~ 0. 2691	4000
云　南	95 000	—	4000
西　藏	—	0. 0128	3800
陕　西	33 770	0. 3852 ~ 0. 5992	19 000
甘　肃	—	0. 00178 ~ 0. 08903	3800
合　计			62 000

10. 6. 29　斑羚 *Naemorhaedus caudatus*

国家Ⅱ级重点保护野生动物；CITES 附录Ⅰ。

（1）分布

据文献记载，斑羚在国内分布于北京（西部山区）、河北（北部）、山西（雁北、忻州、吕梁山、太行山）、内蒙古（乌拉山、呼和浩特、包头、杭锦旗）、吉林（汪清、延吉、敦化、长白山)、黑龙江（伊春、宁安、穆棱、海林、通河)、浙江（桐庐、永嘉)、安徽（青阳、宁国、歙县、皖南山区)、福建（南平、武夷山)、河南（嵩县)、湖北（巴东、长阳)、湖南（桂东、新宁、城步、资兴)、广东（英德)、广西（大瑶山、隆林、天峨、南丹)、四川（会东、雷波、木里、宝兴、巴塘、康定、万县、城口、宜宾、青川、南江、古蔺、峨边、灌县、盐源、白玉、德格、邓柯、甘孜、阿坝、若尔盖、黑水、泸定、汶川、安县)、贵州（石阡、余庆、开阳、瓮安、惠水、金沙、织金、纳雍、毕节、三都、独山、望谟、册亨、兴义、威宁、大方)、云南（景洪、屏边、建水、石屏、永德、德钦、云龙、丽江、腾冲、泸西、弥勒、绿春、金平、贡山、六库、景东)、西藏（察隅、江达、昌都、林芝、易贡、波密、亚东、错那、隆子、樟木、吉隆)、陕西（西安、周至、长安、陇县、凤县、留坝、佛坪、宁强、宁陕、镇安、柞水、洛南、太白山)、甘肃（文县、舟曲、迭部、卓尼、临潭、成县、康县、武都、两当、天水、张家川、清水、武山、康乐)、青海（贵南)、宁夏（贺兰山)（张荣祖，1999；冯祚建，1998)。

本次调查，斑羚见于北京（昌平、门头沟、房山、延庆、怀柔、密云、平谷)、河北（井陉、平山、遵化、邢台、张家口下花园区、蔚县、阳原、怀来、涿鹿、承德、兴隆、滦平、丰宁、易县、涞水、阜平)、内蒙古（大青山、乌拉山、赤峰北部的深山区)、吉林（安图、和龙、敦化、长白)、黑龙江（伊春、巴彦、通河、五常、海林、方正、宁安、东宁等 10 余市、县)、河南（栾川、嵩县、洛宁、修武、博爱、卢氏、灵宝、南召、西峡、内乡)、湖北（神农架、巴东、建始、鹤峰、十堰、郧西、丹江口、竹溪、竹山、谷城、南漳、宜都、宜昌、远安)、湖南（湘西、湘南、湘东)、广东（紫金、乐昌)、重庆（巫溪、城口、江津)、四川（南江、青川、平武、松潘、绵竹、石棉、巴塘、金川、色达、天全、汶川、古蔺、若尔盖、美姑、得荣、雅江、炉霍、白玉、木里、西昌、会东、万源、屏山、洪雅)、云南（广布各山区)、西藏（江达、察隅、波密、林芝、墨脱、米林、错那、吉隆、亚东)、陕西（南郑、西乡、宁强、镇巴、安康、汉阴、紫阳、岚皋、平利、镇坪、旬阳、白河、洋县、佛坪、城固、勉县、略阳、凤县、留坝、石泉、宁陕、太白、周至、眉县、宝鸡、长安、华阴、华县、潼关、柞水、镇安、山阳、洛南、汉中、陇县)、甘肃（徽县、成县、康县、武都、文县、两当、天水、张家川、清水、武山、康乐)。

安徽可能绝迹。浙江、福建、宁夏贺兰山未发现。山西、广西、贵州、青海未调查。

（2）数量

本次调查表明，全国约有 110 000 只斑羚（表 10－70)。

吉林、黑龙江的斑羚数量十分稀少。1975 年吉林进行珍稀动物调查时，在东部林区的安图县境内花砬子山，通过社会调查得知有斑羚 4～5 只。在同一区域，1993 年春吉林省进行动物调查时，通过社会调查确认有斑羚 2～3 只。其余各县、市均没有关于斑羚数量方面的确切信息。黑龙江斑羚种群资源趋势尚不清楚，但本次野外调查和访问调查表明，全省斑羚现有分布区狭窄、种群数量十分稀少。

斑羚在其他省份的种群数量相对较多，分布广泛，但种群集中分布的地区少，多数种群被严重分割成小群体，呈岛屿状分布在县与县交界处人为干扰较小的狭窄区域内，由于种群间缺乏基因交流，部分地区的种群处于衰退状态。

（3）栖息地

斑羚为典型的林栖兽类，栖息地多样，从亚热带至北温带地区均有分布。可见于山地针叶林、山地针阔混交林、山地常绿阔叶林、落叶阔叶灌丛、山地灌草丛。包括红松阔叶林、云冷杉针叶林、杨桦阔叶混交林、栎林、人工林、榛子、胡枝子、胡颓子、山梅花灌丛及苔草草甸等。常在密林间的陡峭崖坡出没，并在崖两旁、岩洞或灌丛间的小道上隐蔽，一般都有比较固定的栖息地，数只或 10 多只一起活动，其活动范围多不超过林线上限。在斑羚的分布区，耕种、放牧等人为活动较为频繁，斑羚被迫迁往人道稀少的山脊、分水岭。

表 10－70　斑羚分布及数量

分　布	面积（km^2）	密 度（只/km^2）	数 量（只）
北　京	2444	0. 12	300
河　北	—	0. 08353	3100
内蒙古	10 000	0. 4727	4500
吉　林	85 900	—	10
黑龙江	—	0. 0018	70
河　南	—	0. 0317 ~ 0. 0442	3500
湖　北	35 462	0. 1072	3500
湖　南	—	0. 559	1300
广　东	—	0. 01 ~ 0. 02	300
重　庆	2306	0. 004085	20
四　川	—	0. 05432 ~ 0. 3537	4400
云　南	126 666	—	6500
西　藏	—	0. 0374	4500
陕　西	33 770	0. 7704 ~ 1. 9593	63 000
甘　肃	—	0. 00892 ~ 0. 38184	15 000
合　计			110 000

10. 6. 30　赤斑羚 *Naemorhaedus cranbrooki*

国家Ⅰ级重点保护野生动物。

（1）分布

据文献记载，赤斑羚在国内分布于云南（贡山）、西藏（波密、察隅、米林、墨脱、林芝）（张荣祖，1997）。

本次调查，赤斑羚见于云南（仅见于西北贡山县）、西藏（波密、察隅、米林、墨脱、林芝）。

（2）数量

本次调查表明，全国约有 2600 只赤斑羚（表 10－71）。

（3）栖息地

赤斑羚为典型林栖动物。栖息于海拔 3200 ~ 4000m 之间的空旷区或林缘多岩陡坡山地，主要类型为温性针阔混交林。活动范围较小，夏季在森林上缘的草甸或灌丛生活，冬季随雪线下降至混交林带活动。单独或成对或以 3 ~ 4 只的家族群在一起活动，主要以杂草、灌木嫩叶以及松萝、地衣为食。

表 10－71　赤斑羚分布及数量

分　布	面积（km^2）	密 度（只/km^2）	数 量（只）
云　南	2701	—	500
西　藏	—	0. 0418	2100
合　计			2600

10. 6. 31　北山羊 *Capra ibex*

国家Ⅰ级重点保护野生动物。

（1）分布

据文献记载，北山羊在国内分布于内蒙古（乌拉特后旗、阿拉善右旗）、甘肃（肃北马鬃山和明水地区）、新疆（吐鲁番、裕民与博乐之间、塔城、天山、托木尔峰地区、北塔山、马鬃山、塔什库尔干山地、阿尔泰山）（张荣祖，1997）。

本次调查，北山羊见于内蒙古（阿拉善盟的马鬃山）、甘肃（肃北县马鬃山和明水地区）、新疆（阿勒泰、昌吉、塔城、博乐、精河、温泉、吐鲁番、哈密、伊犁、阿克苏、巴音郭楞、克孜勒苏、柯尔克孜、喀什、和田）。

（2）数量

本次调查表明，全国约有51 000只北山羊（表10－72）。

20世纪60年代前，北山羊分布区人口稀少，60～80年代初，由于交通发展，人口剧增以及高山牧场的大规模开发和乱捕滥猎使北山羊的种群数量下降。

（3）栖息地

北山羊栖息于海拔3000～5000m的高山草原岩石山地和石沙质地，冬季下迁到较低海拔的山间活动。营晨昏活动，白天隐蔽于高山岩石间休息。以禾本科、葱属、蒿属及梭梭、红砂、麻黄、红柳等为食，常3～5只结群活动，秋冬季数十只集成大群活动。

表10－72　北山羊分布及数量

分　布	面积（km^2）	密 度（只/km^2）	数 量（只）
内蒙古	1000	0.072	80
甘　肃	13 400	0.01825	2920
新　疆	712 300	0.1208	48 000
合　计			51 000

10.6.32　岩羊 *Pseudois nayaur*

国家Ⅱ级重点保护野生动物。

（1）分布

据文献记载，岩羊在国内分布于内蒙古（包头）、四川（理塘、得格、康定、巴塘、宝兴、峨边、木里、丹巴、泸定、九龙、雅江、白玉、邓柯、甘孜、石渠、阿坝、若尔盖、小金、文川、壤塘）、云南（哈巴雪山、白马雪山、德钦）、西藏（亚东、拉萨、希夏邦马峰、珠穆朗玛峰、聂拉木、曲宗、萨迦、定结、帕里、麻江、旁多、囊杰、隆子、普兰、奇林湖西南、江达、察雅、芒康、波密、察隅、改则、丁青、双湖、索县、安多、申扎）、陕西（西南隅、太白山）、甘肃（酒泉、当金山口、岷山、兰州、迭部、康乐、和政、临夏、永昌、武威、肃南、肃北、文县、武都）、青海（共和、贵德、兴海、祁连、门源、天峻、德令哈、茫崖西部、格尔木南部、花石峡、玛沁、互助、循化、黄河源头、长江源头）、宁夏（贺兰山）、新疆（且末、若羌、塔尔库尔干）（张荣祖，1997）。

本次调查，岩羊见于内蒙古（狼山、贺兰山、桃花乌拉山等几个不连续的山地中）、四川（平武、松潘、绵竹、石棉、巴塘、金川、色达、天全、汶川、若尔盖、马边、美姑、得荣、雅江、炉霍、白玉、石渠及木里等县；屏山罕见或绝迹）、云南（西北部的德钦、中甸、丽江、贡山）、西藏、甘肃（康乐、和政、临夏、永昌、武威、肃南、肃北、阿克塞、文县、武都）、青海（天峻、乌兰、都兰、德令哈、大柴旦、茫崖、格尔木、曲麻莱、治多、称多、玉树、囊谦、杂多、玛多、玛沁、甘德、达日、久治、班玛、兴海、共和、贵南、同德、祁连、门源、刚察、海宴）、宁夏（石嘴山、平罗、贺兰、银川、永宁，中卫照壁山、中宁牛首山有零星分布）、新疆（若羌、且末、民丰、皮山、墨玉、和田、洛浦、策勒、于田、民丰）。

（2）数量

本次调查表明，全国约有 460 000 只岩羊（表 10－73）。

（3）栖息地

岩羊是典型的高山动物，栖息在 4000～5500m 的林线以上高原、丘原和高山裸岩与山谷间的草甸（文献记载最高达 6600m），无固定兽径和栖息场所。主要栖息在高山岩石地带，高山起伏的丘陵地带或较为开阔的山谷草地，常到山坡、高山草甸觅食。栖息地植被有寒温带针叶林、温带阔叶林、暖温带阔叶林、高寒草原、盐化草甸、高寒草甸等。岩羊喜群居，很少独栖，雌雄携幼，群体大小常数十只，多者在百只以上，终年一起生活。以青草和各种灌丛枝叶为食，冬季啃枯草。它们还常到固定的地点饮水，寒冷季节也可舔食冰雪。

表 10－73　岩羊分布及数量

分　布	面积（km^2）	密 度（只/km^2）	数 量（只）
内蒙古	10 000	1.6204	15 000
四　川	—	0.2211～0.3117	8500
云　南	7347	—	500
西　藏	—	0.0954	40 000
甘　肃	—	0.1615	15 000
青　海	187 500	1.858	350 000
宁　夏	904.6	12.43	11 000
新　疆	489 863	0.0520	20 000
合　计			460 000

10.6.33　盘羊 *Ovis ammon*

国家Ⅱ级重点保护野生动物；CITES 附录Ⅰ（西藏亚种 *O. a. hodgsoni*）或附录Ⅱ（其余亚种）。

（1）分布

据文献记载，盘羊在国内分布于内蒙古（乌拉特后旗、鄂托克旗、大青山、呼和浩特西部、阿拉善左旗）、四川（雅江、道孚、白玉、德格、甘孜、里塘、巴塘、义敦）、西藏（亚东至拉萨沿线、奇林湖西南、仲巴、安多申扎、双湖、那曲、日土、改则、措勤、萨噶、昂仁、岗巴、萨迦）、甘肃（酒泉、武威、肃北马鬃山、张掖、临夏、南山北坡、玛曲、碌曲、夏河）、青海（祁连、茫崖、格尔木南部、当金山口、都兰、花石峡、玛沁、兴海、长江源头）、宁夏（贺兰山）、新疆（若羌、且末南部、塔什库尔干、喀什、吉木乃、伊犁河、罗布泊、伊宁东南萨尔山）（张荣祖，1997）。

本次调查，盘羊见于内蒙古（锡林郭勒盟的东苏旗、西苏旗，阿拉善盟的雅布赖山等几块不连续的山地中）、四川（石渠、白玉、炉霍、雅江、若尔盖）、西藏（日土、改则、革吉、措勤、仲巴、萨迦、班戈、康马、隆子、浪卡子、措美、拉孜、昂仁、尼玛）、甘肃（肃北、阿克塞，祁连山地、甘南）、青海（称多、杂多、治多、曲麻莱、囊谦、玛多、玛沁、格尔木、都兰、天峻、泽库、河南、祁连）、宁夏（贺兰山北部汝箕沟以北地区）、新疆（阿勒泰、塔城、精河、温泉、伊犁、昌吉、吐鲁番、哈密、巴音郭楞、阿克苏、克孜勒苏、柯尔克孜、喀什、和田）。

（2）数量

据 Mitchell（1989）估计，我国盘羊数量超过 100 000 只（汪松、解焱，见：汪松，1989）。

本次调查表明，全国约有 64 000 只盘羊（表 10－74）。种群数量已呈下降趋势，原因是①人口增多和畜牧业发展对盘羊栖息地造成破坏，给盘羊的生存带来很大的威胁；②盘羊被分割为若干孤立的小种群，种群间缺少基因交换，近交衰退使其后代生存力和繁殖力降低。

（3）栖息地

盘羊为山地草原的代表动物，栖息于2000～5000m荒漠草原和草甸草原。多喜在山前较为开阔、干燥的山丘地带、沙漠和大草原活动，善于攀登山脊，嗅觉灵敏，不易接近。冬季大雪时，盘羊常下至平原或山谷中积雪较浅的地方活动。一般3～5只或数十只为一群，食物以针茅、莎草、早熟禾、蒿草、红景天、葱类、蒿类及灌木小枝为主。

表10－74　盘羊分布及数量

分　布	面积（km^2）	密 度（只/km^2）	数 量（只）
内蒙古	400	0.36	200
四　川	—	—	200
西　藏	—	0.0819	9000
甘　肃	—	0.04154～0.12326	15 000
青　海	34 500	0.104	3600
宁　夏	1550	0.0379	500
新　疆	712 300	0.0627	35 500
合　计			64 000

10.7　啮齿目 RODENTIA

我国有9科207种，即松鼠科（48种）、河狸科（1种）、仓鼠科（78种）、鼠科（52种）、刺山鼠科（1种）、竹鼠科（5种）、睡鼠科（2种）、跳鼠科（18种）和豪猪科（2种）（王应祥，2003）。其中国家Ⅰ级重点保护野生动物1种（河狸），Ⅱ级重点保护野生动物1种（巨松鼠）。本次调查了4种。

10.7.1　灰旱獭 *Marmota baibacina*

我国特有种。

（1）分布

据文献记载，灰旱獭在国内分布于新疆的青河、吉乃木、伊宁、特克斯、昭苏、精河、乌苏、玛纳斯、呼图壁、乌鲁木齐以西准噶尔天山、南部天山、准噶尔、塔尔巴哈台山、阿尔泰山、焉耆、裕民、塔城、和静、和硕、喀什、婆罗科努山、托木尔峰（张荣祖，1997）。

本次调查，灰旱獭见于新疆的阿勒泰、塔城、博尔塔拉、伊犁、昌吉、巴音郭楞、阿克苏、克孜勒苏、柯尔克孜等地。

（2）数量

本次调查表明，全国约有350 000只灰旱獭（表10－75）。

（3）栖息地

灰旱獭主要栖息于山地干草原、森林草原和亚高山、高山草甸草原，喜欢在沟谷两侧草本生长茂密的地带活动。

表10－75　灰旱獭分布及数量

分　布	面积（km^2）	密 度（只/km^2）	数 量（只）
新　疆	302 813	—	350 000

10.7.2　喜马拉雅旱獭 *Marmota himalayana*

（1）分布

据文献记载，喜马拉雅旱獭在国内分布于四川（宝兴、松潘、理塘、平武、天全、木里、甘孜、阿坝、若尔盖、康定）、云南（德钦、中甸）、西藏（日喀则、芒康、黑河、普兰、帕里、黑河—阿里公路东段沿线、珠穆朗玛峰北坡、唐古拉山、可可西里、囊扎、八宿、昌都、那曲）、甘肃（天祝、酒泉、肃南、张掖、民乐、皇城、夏河、临潭、舟曲、迭部、岷县、玛曲、碌曲）、青海（刚察、海宴、祁连、门源、共和、兴海、玉树、果洛、天峻、黄南、河南、尖扎、同仁、扎多、甘德、柴达木、班玛、乌兰、泽库、长江源头）、新疆（且末、若羌、叶城、皮山、民丰、喀喇昆仑山口、空喀山口、叶尔羌河上游）（张荣祖，1997）。

本次调查，喜马拉雅旱獭见于四川（平武、宝兴、甘孜、色达、德格、理塘、阿坝、若尔盖、松潘、小金、红原、理县等地）、云南（德钦、贡山、中甸、丽江）、甘肃（平凉、环县、永登、武山、天水、张家川、康乐、和政、临夏、山丹、民乐、永昌、武威、肃南、肃北、天祝、卓尼）、青海（玉树、囊谦、治多、杂多、曲麻莱、称多、班玛、玛沁、达日、玛多、久治、天峻、格尔木、都兰、兴海、贵南、同德、河南、泽库、尖扎、同仁、海晏、祁连、门源、化隆、互助、湟源、大通）、新疆（和田、巴音郭楞）。

西藏未调查。

（2）数量

本次调查表明，全国约有 370 000 只喜马拉雅旱獭（表 10－76）。

表 10－76　喜马拉雅旱獭分布及数量

分　布	面积（km^2）	密 度（只/km^2）	数 量（只）
四　川	—	—	150 000
云　南	6868	—	3000
甘　肃	56 750	0.00063～1.0	30 000
青　海	66 700	—	60 000
新　疆	367 998	0.316906	127 000
合　计			370 000

在青海，喜马拉雅旱獭栖息地日益恶化，资源量比 20 世纪 80 年代有较大的下降。目前仅分布于青海南部比较偏僻的地区，而且其栖息地多成“岛状”。

在四川，喜马拉雅旱獭种群稳定发展，甚至在一些地方还局部成灾。旱獭啃食草皮，同家畜或其他植食性野生动物竞食，破坏草场植被，成为造成草原草甸退化和沙化的一大威胁。

（3）栖息地

喜马拉雅旱獭营家族群栖穴居生活，分布在海拔 2500～4000m 的高山草甸草原、高山草原的阳坡山地、阶地、山坳、谷地、山麓平原、河谷空地和河漫滩及谷地灌丛草原、高原荒漠草原、高原高寒荒漠及山地荒漠等各种环境中。其中以山麓平原、阳坡山地的下缘密度较大。栖息地植被类型包括针茅—嵩草、嵩草—针茅—垂穗披碱草、针茅—苔草—委陵菜—高山蓼、嵩草—曲尖委陵菜—莓蘩等，在木本黄花委陵菜的灌丛中亦常见其分布，但不见于山柳、野枇杷等灌木林、沼泽、森林及裸岩带。在林缘和面积较大的林间隙地上也见其活动。

10.7.3　长尾旱獭 *Marmota caudata*

（1）分布

据文献记载，长尾旱獭在国内仅分布于新疆的莎车、帕米尔、乌恰、阿克陶、塔什库尔干、叶城（张荣祖，1997）。

本次调查，长尾旱獭仅见于新疆塔什库尔干、阿克陶、乌恰县境内的帕米尔高原以阿莱山和外阿莱山北部山地。北至苏约克—恰克马克南岸，东至叶尔羌河上游两岸。

（2）数量

本次调查表明，全国约有 30 000 只长尾旱獭（表 10－77）。

（3）栖息地

长尾旱獭主要栖息于海拔 3500～4000m 的高山及亚高山草甸草原和山地草原中。食物以多种牧草的茎叶为食，秋季亦取食一些未完全成熟的种籽和少量昆虫。

表 10－77　长尾旱獭分布及数量

分 布	面积（km^2）	密 度（只/km^2）	数 量（只）
新 疆	489 863	—	30 000

10.7.4　河狸 *Castor fiber*

国家Ⅰ级重点保护野生动物。

（1）分布

据文献记载，河狸在国内分布于新疆阿勒泰地区的乌伦古河中、上游；现只残存于青河县的布尔根河（张荣祖，1997）。

本次调查，河狸见于新疆的阿勒泰布尔根河及临近青格里河河段。

（2）数量

由于受人为垦荒、放牧等活动影响，河狸栖息地已迅速缩小，种群濒临绝迹。据卢浩泉等（1993）调查，全乌伦河水系河狸数量在 554～719 只之间。据盛和林（1994）提供的资料，新疆尚存500～600 只（郑昌琳，见：汪松，1998）

本次调查表明，全国约有 690 只河狸（表 10－78）。

（3）栖息地

河狸营半水栖生活，主要栖息于泰加林和针阔混交林林区的河边。河流平缓，多曲流，河岸为土质，河段沿岸杨柳茂密。河狸以岸边生长的杨、柳、桦树的树枝、树皮及芦苇、草本植物为食。夜间活动，白天很少出洞，善游泳和潜水。洞穴在河边树根下面。夏季采食菖蒲、荆三菱、水葱、芦苇等，秋季大量啃断树枝、树条。

表 10－78　河狸分布及数量

分 布	面积（km^2）	密 度（只/km^2）	数 量（只）
新 疆	—	0. 36	690

第 11 章 野生动物资源利用

11.1 狩猎场建设及狩猎状况

狩猎是利用野生动物资源的原始方式，传统的目的是为了获取野生动物的皮、肉、骨等产品，以满足人类的生活需求。在旧石器时代晚期，狩猎是古人类生产活动的最主要方式。近代历史上野生动物狩猎对我国野生动物资源造成一定程度的破坏。新中国建立初期，为了促进经济发展，我国一度将狩猎作为一大产业予以扶持，不合理的过度猎取，导致野生动物资源锐减，许多物种面临濒危的威胁。20 世纪 80 年代后，我国对野生动物狩猎进行规范，实行"禁猎期"、"禁猪区"、"持证狩猎" 等制度，并在许多地区实行了全面禁猎，野生动物资源逐步恢复。

随着社会发展，生活节奏加快，人们愈来愈渴望回归自然，狩猎逐渐成为人们休闲娱乐的一种特殊方式。有计划地开展狩猎活动，也成为野生动物管理的一种重要而有效的手段。根据猎人的来源不同，我国的狩猎分为国际狩猎和国内狩猎。

11.1.1 国际狩猎

国际狩猎是在对野生动物及其栖息地进行认真保护、科学管理的基础上，有计划地通过国际猎人缴纳一定费用后，进入国际狩猎场猎取合理数量的、已不能进行繁殖的老年个体的一种旅游活动。按照保护生物学原理，如果野生动物的种群数量达到一定规模，将猎捕数量控制在一定范围内，特别是有计划地猎取对种群繁衍已不具有贡献能力的老年个体，对种群发展没有影响，对野生动物资源有益无害。

自 1984 年我国第一个国际狩猎场——桃山野生动物狩猎场在黑龙江建立以来，截至 2000 年，我国共建立国际狩猎场 34 个，分属于 11 个省份，狩猎场总面积达 407.1 万 hm^2（表 11－1）。

表 11－1 各地国际狩猎场的数量及面积

序号	省 份	数 量	面积（万 hm^2）	序号	省 份	数 量	面积（万 hm^2）
1	甘 肃	3	39.02	7	青 海	2	237
2	黑龙江	9	34.5227	8	山 西	1	2.724
3	湖 北	1	—	9	陕 西	1	12.72
4	湖 南	2	0.81	10	四 川	1	0.103
5	吉 林	1	3.58	11	新 疆	11	75.72
6	辽 宁	2	0.9036				

截至2000年，我国国际狩猎场建设总投资4280.7万元，拥有管理人员255人，累计接待狩猎人18.2万人，累计盈利3519.1万元。在我国的狩猎场中，青海、甘肃等省具有资源优势，国际狩猎发展较快。其中1985～1999年，共有93个团342人到青海国际狩猎场狩猎，猎获动物472只，创收近千万元（表11－2）。2005年来我国狩猎的人数达150多人，狩猎收入近400万美元。

表11－2　1985～1999年青海省国际狩猎统计

年　份	团队数（个）	猎人数量（人）		收入（元）
		男	女	
1985	2	3	—	71 100
1986	3	16	1	379 200
1987	5	11	2	308 100
1988	3	10	2	424 080
1990	2	7	1	173 880
1991	5	21	3	667 800
1992	6	13	1	373 680
1993	6	21	4	491 520
1994	4	12	—	307 200
1995	7	30	2	958 560
1996	9	24	3	956 160
1997	10	33	—	1 034 880
1998	14	44	10	1 528 320
1999	17	58	10	2 297 280
合计	93	303	39	9 971 760

11.1.2　国内狩猎

近年来，国内狩猎也得到一定程度发展。截至2000年，我国已在12个省建立国内狩猎场34个，猎场总面积达98.24万hm^2（表11－3），总投资6983万元，管理人员共有406人，累计接待狩猎人数96 605人，累计盈利475.4万元。

表11－3　各省国内狩猎场数量及面积

省　份	数　量	面积（万hm^2）	省　份	数　量	面积（万hm^2）
北　京	3	0.16	内蒙古	1	2
广　东	1	0.03	山　西	6	11.51
河　北	2	0.003	陕　西	1	0.065
湖　南	1	0.01	新　疆	4	27.47
吉　林	1	55.9	浙　江	3	0.01033
江　苏	1	0.02	总　计	34	98.24432
辽　宁	10	1.066			

据不完全统计，1985年以来，各狩猎场共狩猎鸟类100 000余只，兽类36 888只（头），主要包括雉鸡约100 000只，斑嘴鸭2000只，赤麻鸭3000只，野兔26 500只等。

11.2　野生动物利用及贸易状况

11.2.1　野生动物产品加工业

我国野生动物产品加工业虽然历史悠久，但总体技术水平比较落后，主要表现在个体规模小、初级产品多、深加工产品少等多方面，除一些大型制药企业生产一些高附加值的药品或保健品外，大多数企业只进行粗加工，以原料或半成品形式直接销售。

（1）加工企业的数量及分布

由于大部分野生动物加工企业规模很小，基本是家庭式的作坊，各省调查资料中普遍缺乏有关数据，无法统计其数量。即使一些利用动物原料的制药企业，因管理系统的限制，也难以获得有关数据，无法进行分析汇总。因此，我国野生动物加工企业的数量、产量和产值，尚无法进行统计。

加工企业的分布与野生动物资源及野生动物养殖场的分布有着密切的关系。一些加工企业分布在养殖场附近或者本身就是养殖企业，如鹿产品的加工企业主要分布在养鹿场较多的东北、新疆、海南等地。一些加工企业主要分布在野生动物产品集散地或传统的出口口岸附近。如河北省的毛皮加工企业多以留史县的毛皮市场为中心向四周辐射，逐渐扩展并在承德市和保定市广泛分布。20 世纪 80 年代后，由于资金引入和税收政策的导向作用，毛皮加工企业集中分布在东南沿海地区。以野生动物为原材料的传统制药企业、工艺品厂则多分布在大中城市。

由于野生动物资源分布的地区性差异，不同地区的野生动物加工企业所利用的动物种类也有所不同，北方地区以加工毛皮兽为主，主要以水貂、狐狸、貉等毛皮动物为原料，但以鹿、中国林蛙等野生动物为原料的加工企业也占有一定数量；在河北一带，利用小型动物如灰鼠、黄鼬等进行皮张加工的企业占有相当比例；在南方各省，很多加工企业以蛇为原料，生产蛇酒、蛇皮、蛇干、蛇肉等产品。

（2）产品类型

野生动物产品类型比较复杂，按大类划分，可分为毛皮类、医药保健品类、酒类、食品类、工艺品及文化用品类等。

毛皮类　毛皮加工是我国传统产业，包括毛皮原料、毛皮半成品（褥子）、毛皮服装、皮鞋、箱包、腰带、饰物、二胡、毛笔、毛刷等加工生产。在东北地区、京津地区和东南沿海地区毛皮加工业比较发达，但由于经济转轨等一系列原因，传统的国有加工企业大多数停产或破产，特别是东北、华北地区。在广东等东南沿海地区，由于改革开放后外企大举进入，毛皮加工业相当发达，主要是毛皮鞣制和服装加工。

医药保健品类　包括中药、化妆品、保健品加工，是一项既传统又新兴的产业。鹿茸、熊胆、麝香是传统的中药、保健品，这些产品的初加工大部分由养殖企业进行，深加工一般是由制药厂进行。一些药用产品的加工企业一般为一些历史悠久的企业，如北京的同仁堂等。

酒类　在北方主要是加工各类鹿茸酒、鹿血酒、熊胆酒等，在南方主要是制作蛇酒。广西和云南用各种动物泡酒最为有名，历史也很悠久。

食品类　即利用野生动物制作各种肉食。主要是养殖场自己加工或是出售活体动物给加工企业，由加工企业进行加工。也有饭店收购野生动物进行加工利用的现象。

其他　其他种类的野生动物产品包括标本制作、艺术品和装饰品以及乐器等。其中标本制作以福建、安徽的最为典型。

（3）原料来源

加工企业利用的动物主要是人工养殖的野生动物，但也有部分企业利用直接来源于野外的动物或经过从野外获取后经过短期饲养的野生动物。

11.2.2 野生动物的国内贸易

根据1997～2000年对26个省份的调查，4年来我国野生动物国内贸易总额为58.7亿元。按货物类型划分，野生动物活体的贸易额为36.02亿元，占总贸易额的61.32%；毛皮及产品的贸易额为7.9亿元（服装占70.72%，皮张和毛占28.06%，褥子占1.21%），占总金额的13.48%；蛇类产品的贸易额为3.6亿元（蛇毒占82.98%，蛇肉占14.19%，蛇干占2.67%），占总金额的6.16%；中药的贸易额为3.7亿元（鹿茸占92.9%），占总金额的6.31%；林蛙油的贸易额为2.95亿元，占总金额的5.02%；鹿及其产品的总金额为2.4亿元，占总金额的4.1%；鞋和包的总贸易额达1.34亿元，占总贸易的2.29%。按动物来源分，来源于野外的动物及其产品的贸易额为23.81亿元，占总金额的40.55%；而来源于人工养殖的动物及其产品的贸易额为34.89亿元，占总金额的59.45%。人工养殖的野生动物及其产品在国内野生动物贸易中占有主导地位。

我国野生动物国内贸易市场主要分布在河北、广东等省。河北省的野生动物毛皮市场和药材市场全国闻名，主要有留史皮毛市场、大营皮毛市场、辛集革皮市场、安国药材市场等。其中留史皮毛市场是亚洲最大的皮毛集散地，贸易的种类多、数量大、贸易量大。每年上市的中外各类动物皮张有100多个大类，500多万张。年贸易额在10亿元以上。1998年，仅狐皮的年交易量就达73万张，年贸易额达21 900万元。留史皮毛市场交易活跃、成交量高，市场周围分布有2300多家皮毛、皮革企业。全国各地的皮货商乃至俄罗斯、韩国、美国、英国等地的客商也云集于此，进行皮张交易。广东省建立了若干野生动物及其产品的专业大市场，据对2000年1～3月广州市5个野生动物及产品市场的不完全统计，贸易涉及的动物有两栖爬行类20种、鸟类17种、兽类10种，月平均销售两栖爬行类622.96t、鸟类47 300只、兽类6564只，月平均销售额达7073.68万元。从这些市场的销售情况看，每年的1～3月为销售淡季。由此估算这些专业市场的年销售额近10亿元。在广州市的5个专业市场中，新源野生动物及产品市场最大，该市场平均每月销售两栖、爬行动物19种，销售数量495.13t，贸易金额6546.28万元，鸟类8种5560只，金额173.7万元；兽类10种6000余只，销售金额297.7万元。另外，该市场1999年销售蛇毒51.77kg，金额达557.6万元。虽然广东省野生动物贸易市场中仍存在一些问题，但为今后的规范化管理奠定了一定基础，并为在全国建立野生动物及其产品专业市场获取了经验。

11.2.3 野生动物的国际贸易

由于数据缺乏，仅对2000年全国野生动物进出口数据进行了分析。2000年，全国有29个省份进行了国际贸易，年贸易额达20.23亿元人民币，其中，出口3.85亿元、进口13.21亿元、再出口3.17亿元。贸易对象涉及日本、美国、英国、韩国、加拿大、意大利、德国、比利时、荷兰、南非、卡塔尔、叙利亚、阿联酋、墨西哥、蒙古、新加坡、越南、缅甸、中国香港和澳门等20多个国家和地区。2000年，有27个省份进行了出口贸易，其中广东、河北、天津、上海等地的出口量较大。出口涉及的动物中，有兽类42种、鸟类172种、爬行类和两栖类46种。从货物类型来看，以活体、肉类和皮张等初级产品的出口为主，而且活体的贸易量所占比例最大。其中活体1015.6万只、肉类约87.7万kg、鞋约19.6万双、中药约51.4万kg。全国野生动物及其产品进口涉及19个省份，主要包括鹿产品5759.67t、肉类2302.1t、观赏鸟2788只、观赏兽类1139只、蛇类89 501条、皮张1 542 346张、皮衣6315件、褥子1149条。再出口贸易涉及的省份较少，而且以出口动物产品为主，主要包括裘皮大衣788件、鞋347 348双、表带193 329条、包65 682个、褥子16 528条、鱼翅12.5万kg。

广东省是我国野生动物及其产品进出口大省，其贸易物种数量、产品种类等均居全国之首。

1998年，出口野生动物产品32种，其中23种产品的价值折合人民币6314.19万元；出口活体野生动物49种、250余万只，其中45种的价值折合人民币2799.91万元；出口含野生动物成分的中成药总价值折合人民币1874.17万元。1998年，进口野生动物产品计51种动物，其中已知价格的26种动物产品的价值折合人民币92 733.96万元；进口活体野生动物47种，其中已知价格的23种动物的价值折合人民币12 110.66万元。1998年，再出口野生动物产品13种，价值折合人民币31 303.73万元。

11.3 野生动物驯养状况

据不完全统计，截至2000年，全国共有18 238个野生动物饲养单位，其中野生动物救护中心77个，动物园177个，野生动物园17个，马戏团130个，各类野生动物饲养场17 837个。截至2003年底，全国共有野生动物养殖单位及养殖户24 539家，总产值约78亿元。

11.3.1 野生动物饲养场

（1）养殖场构成

在全国17 837个野生动物饲养场中，国有饲养场581个，占野生动物饲养场总数的3.26%；集体饲养场840个，占4.71%；个体饲养场16 319个，占91.49%；合资饲养场97个，占0.54%。从数量上看，个体饲养场的数量所占的比例最大，股份制企业所占的比例最小。

在各省份的野生动物饲养场中，国有饲养场最多的是新疆（有78个），占全国国有野生动物饲养场的14.23%；集体饲养场最多的是山东（有326个），占全国集体野生动物饲养单位的40.20%；个体饲养场最多的是辽宁（有7210个），占全国个体野生动物饲养场的44.25%；合资饲养场最多的是浙江（有26个），占全国合资野生动物饲养场的28.26%。

在固定资产份额上，国有饲养场所占的比率最大，为38.2%；其次是股份制饲养场，为21.8%；列为第三位的是集体饲养场，为20.5%；个体饲养场所占的百分比最小，为19.5%。在宣教设施建设和科研经费投入上，国有单位占的比例最大，分别是55%和37.3%。

在人员数量上，国有、集体、个体、股份制企业所占比例分别是48.5%、15.0%、32.4%、4.1%，其中国有饲养场中的技术人员占总技术人员的一半以上（50.5%）。

国有饲养场虽然不多，但固定资产投资较大，技术实力相对较强，调查表明，占全国野生动物饲养场总数3.09%的国有野生动物饲养场，拥有38.2%的固定资产、55%的宣教设施、50.5%的技术人员和37.3%的科研经费投入。

（2）养殖种类

我国野生动物的养殖种类达数十种，大部分属国家林业局发布的商业性经营利用驯养繁殖技术成熟的54种陆生野生动物，其中部分种类是由国外引进的养殖品种。主要种类有：①兽类中的鹿（包括天山马鹿、东北马鹿、梅花鹿、水鹿、海南坡鹿、驯鹿、驼鹿等）、麝、熊（包括黑熊、棕熊、马来熊）、貉、狐（银狐、北极狐、赤狐）、猫獾、鼬獾、果子狸、河狸、水獭、旱獭、小灵猫、大灵猫、水貂、紫貂、艾虎、黄鼬、毛丝鼠、鼯鼠、海狸鼠、鼢鼠、竹鼠、麝鼠、松鼠及东北虎等。②鸟类中的环颈雉、榛鸡、鹌鹑、石鸡、孔雀（蓝孔雀、绿孔雀、白孔雀）、鹧鸪、驼鸟、鹦鹉、金丝雀、灰喜雀等。③两栖爬行类中的扬子鳄、金环蛇、银环蛇、眼镜蛇、眼镜王蛇、竹叶青、蝮蛇、乌梢蛇、龟、鳖、林蛙等。

按照动物的用途分，我国养殖的动物可分为实验动物、毛皮动物、药用动物、肉用动物、观赏动物等五大类。其中，猕猴、食蟹猴是价值极高的实验动物；毛皮动物是我国的传统养殖项目，大宗品种主要是蓝狐、水貂、貉、银狐、獭兔等；我国已对30余种药用动物进行了人工养殖，一些药用动物的养殖已达到相当高的水平。鹿、麝、鹌鹑、蛇类、蛙类等的养殖技术比较先进，有的地方进行集约化养殖并产生了可观的经济效益；灵猫、鼯鼠、麝鼠、雉鸡、龟鳖、蛇类、蛤蚧等药用动物以地方性养殖为主，能够提供一定数量的产品，目前已初具养殖规模。但由于对这类药用动物的研究比较少，因此还存在着诸如生态习性、饲料、人工繁殖、产品生产技术、饲养管理技术等亟待解决的问题；野生肉用动物的养殖种类主要包括海狸鼠、果子狸、野猪、狍、鹿、穿山甲等兽类，蛇、鳖等爬行类，林蛙等两栖类以及鸵鸟、鹧鸪、孔雀、野鸭、环颈雉等多种珍禽类。在我国观赏动物的养殖种类中，兽类以啮齿目、兔形目较为常见，鸟类以雀形目、鹦形目种类为最多，两栖类、爬行类、鱼类和无脊椎动物（昆虫）中的一些动物也被用作观赏动物进行饲养。

（3）养殖数量

全国野生动物饲养场中共养殖两栖动物约5亿多只（条）、爬行动物138万只（条）、鸟类250万只、兽类97.5万只（头）。两栖类中饲养数量最多的是中国林蛙（约5亿只），主要在辽宁、吉林和黑龙江省进行饲养，其次是虎纹蛙等，主要在广西、广东、江西等省份饲养。爬行类中乌梢蛇的饲养数量最多，为44万条，主要在江苏、江西等南方省份进行饲养。鸟类中饲养数量最多的是雉鸡，全国饲养量约92万只，其中浙江和江西两省的饲养量较大；其次是白玉鸟，饲养数量约56.5万只。饲养数量最多的兽类是蓝狐，数量约36万只，其次是梅花鹿（约18.7万只）和水貂（约13.2万只）。其中，山东省饲养的蓝狐和水貂数量最多，吉林省饲养的梅花鹿最多。

20世纪80年代后，我国实验动物养殖取得较快发展，截至2003年，养殖数量已达72 000只，其中猕猴20 000只，食蟹猴52 000只。

我国是传统的毛皮原料生产国和出口国。80年代后期，全国的毛皮动物存栏量和毛皮年产量均成为世界毛皮生产和出口大国。1989年，全国水貂种兽存栏已达100多万只，生产水貂皮近500万张，种貉存栏量和貉皮产量均达到世界第一位。

我国茸鹿养殖业已具相当规模，从100头到1200头的大、中、小型养鹿场遍布全国各地。以东北饲养的东北马鹿、东北梅花鹿，内蒙古饲养的东北马鹿和新疆饲养的天山马鹿为主要养殖种类，全国养殖鹿存栏40余万头，年生产鹿茸超过120t，鹿茸年出口创汇约5亿元人民币，鹿茸及副产品具有广阔的市场前景。

11.3.2 动物园和野生动物园

调查表明，截至2003年底，全国共有动物园和野生动物园243家，年产值11.51亿元人民币。

（1）动物园

据不完全统计，截至2000年底，全国有动物园177个（包括公园中的动物园），每个省都建有动物园。安徽一省就建有16家动物园。

我国较大规模的动物园有28家，大多分布在大中城市，它们是：北京、天津、太原、石家庄、呼和浩特、哈尔滨、长春、沈阳、大连、西安、兰州、银川、乌鲁木齐、上海、南京、济南、杭州、合肥、福州、南昌、广州、长沙、南宁、武汉、郑州、成都、昆明、重庆等。

对37个动物园的固定资产统计表明，其总固定资产达130 351万元，平均每个动物园的固定资产为3523万元。依此估算，全国177个动物园的固定资产总值超60亿元。

对35个动物园动物饲养量统计表明，35个动物园共饲养动物40 498只（头），平均每个动物园养殖1157只（头）动物，依此估算，全国177个动物园养殖动物总数近20万只（表11－5）。

表 11－5　我国主要动物园动物养殖种类及数量

名　称	面积（hm^2）	动物种类（种）	动物数量（只）
北京动物园	90	600	5000
上海动物园	74	320	3800
广州动物园	44	326	2332
天津动物园	50	180	1000
哈尔滨动物园	40	125	1000
西安动物园	27	132	783
成都动物园	25	232	2756

对 20 个动物园门票收入调查表明，20 个动物园门票年总收入为 5975 万元，平均每个动物园的门票年收入在 300 万元左右。依此估算，全国动物园门票的年总收入在 5 亿元以上。

（2）野生动物园

自 1993 年林业部批准第一家野生动物园建立以来，全国野生动物园得到迅速发展。截至 2004 年，我国已建有 30 个野生动物园，其中经国家林业局正式审批的综合性野生动物园有 15 个。主要有北京八达岭野生动物世界、北京绿野晴川野生动物园、沈阳野生动物园、河北秦皇岛野生动物园、宁夏吴忠野生动物园、山东济南野生动物园、上海野生动物园、杭州野生动物世界、武汉野生动物园、成都野生动物世界、重庆野生动物世界、广州番禹香江野生动物世界、深圳野生动物园、海南东山湖野生动物园等（表 11－6）。

表 11－6　我国主要野生动物园动物养殖种类及数量

名　称	面积（万 m^2）	动物种类（种）	动物数量（只）
深圳野生动物园	120	300	10 000
秦皇岛野生动物园	300	100	5000
上海野生动物园	200	200	4600
广东番禺野生动物世界	130	400	2000
海南东山湖野生动物园	130	80	1000
济南野生动物世界	200	—	10 000
云南野生动物世界	150	200	10 000
北京八达岭野生动物世界	130	120	3000

目前，我国野生动物园具有以下特点：①总体数量过多，布局不合理，在短短 10 年间，我国野生动物园已经发展到 30 多个，这一数量是日本的 6 倍，是美国的 3 倍。海南省相距不足 10km 的范围内竟有 3 个野生动物园。②资金投入较高。国内大多数野生动物园都投资上亿元，上海野生动物园投资更是高达 3 亿元。③抗风险的能力较差。由于不像城市动物园有财政资金保障，野生动物园抵抗市场风险能力较弱。

附　录

附表 1 各省野生动物种类统计

（单位：个、种）

省 份	两栖类					爬行类					鸟类					兽类				
	目数	科数	种数	国家Ⅰ级	国家Ⅱ级	目数	科数	种数	国家Ⅰ级	国家Ⅱ级	目数	科数	种数	国家Ⅰ级	国家Ⅱ级	目数	科数	种数	国家Ⅰ级	国家Ⅱ级
北京	1	3	7	0	0	3	5	19	0	0	18	61	350	10	51	7	19	57	1	2
天津	1	4	7	0	0	3	4	18	0	0	17	48	235	5	36	6	13	40	1	1
河北	1	3	8	0	0	3	5	18	0	0	19	60	410	13	50	7	18	90	1	9
山西	2	5	13	0	1	3	7	29	0	0	17	49	328	12	42	7	21	79	3	13
内蒙古	2	5	9	0	0	3	7	28	0	0	18	61	436	17	68	7	20	138	9	22
辽宁	2	6	16	0	0	3	10	28	0	2	19	58	383	13	58	8	26	81	3	20
吉林	2	6	13	0	0	3	4	17	0	0	18	53	327	12	38	7	21	80	4	10
黑龙江	2	6	11	0	0	3	4	16	0	0	19	57	361	11	54	6	19	88	5	11
上海	2	6	14	0	2	4	9	32	1	5	16	37	380	7	53	6	11	25	1	6
江苏	2	8	21	0	2	3	13	56	1	5	19	59	428	12	58	8	24	79	6	15
浙江	2	9	44	0	2	4	15	82	2	5	19	70	474	10	67	10	33	99	6	23
安徽	2	9	39	0	3	4	11	68	1	0	17	55	354	12	53	9	25	96	5	13
福建	2	9	46	0	2	3	17	115	2	6	21	66	543	12	80	16	32	120	7	28
江西	2	7	40	0	1	3	9	77	1	0	18	55	420	13	53	8	24	105	5	14
山东	2	6	10	0	0	2	10	26	0	0	19	64	406	11	64	7	21	38	1	6
河南	2	7	20	0	2	3	8	38	0	0	17	54	382	12	60	8	21	80	3	13
湖北	2	10	48	0	1	3	13	62	1	0	18	61	456	12	66	9	27	121	6	13
湖南	2	8	60	0	3	2	14	87	1	1	17	54	373	11	41	9	25	84	3	16
广东	2	8	45	0	3	3	13	111	2	3	21	69	497	9	76	8	26	106	6	18
广西	3	11	76	0	3	3	20	157	43	11	19	56	520	9	81	10	32	130	11	21
海南	2	7	39	0	2	2	21	116	3	5	20	60	348	3	68	8	24	77	3	10
重庆	2	9	39	0	1	2	12	45	0	0	13	45	386	3	41	8	27	113	5	15
四川	2	10	99	0	4	3	12	97	1	0	19	61	636	15	77	10	37	217	11	28
贵州	2	10	60	0	3	3	13	99	1	0	18	54	421	9	48	9	29	138	5	14
云南	3	12	112	0	2	2	12	152	2	3	19	69	802	20	121	11	38	300	24	21
西藏	2	5	45	0	1	1	7	55	1	0	19	64	488	20	48	8	21	142	21	34
陕西	2	8	28	0	1	3	8	49	0	1	17	54	380	9	43	7	30	147	6	16
甘肃	2	4	6	0	2	1	1	4	0	0	8	14	41	12	31	5	12	41	14	18
青海	2	5	9	1	0	2	5	7	0	0	16	39	293	2	6	8	23	103	6	9
宁夏	1	3	7	0	0	4	8	21	0	0	18	64	286	6	33	6	19	77	1	11
新疆	2	3	6	0	0	4	7	43	1	0	17	55	398	14	52	7	22	136	13	18

附表 2　各省野生动物调查种类统计

（单位：种）

省份	计划调查种类								实际完成调查种类																			
	国家要求调查物种				自增调查物种				国家要求调查物种				自增调查物种				国家Ⅰ级保护物种				国家Ⅱ级保护物种				省级重点保护物种			
	两栖类	爬行类	鸟类	兽类	两栖类	爬行类	鸟类	兽类	两栖类	爬行类	鸟类	兽类	两栖类	爬行类	鸟类	兽类	两栖类	爬行类	鸟类	兽类	两栖类	爬行类	鸟类	兽类	两栖类	爬行类	鸟类	兽类
北京	2	6	60	8	3	3	23	6	2	4	45	8	3	2	17	6	0	0	6	1	0	0	14	2	5	6	42	11
天津	2	4	30	2	0	0	0	2	2	4	30	2	0	0	0	2	0	0	5	0	0	0	13	0	0	0	0	0
河北	2	5	77	10	4	2	218	21	2	5	61	10	5	11	256	23	0	0	11	1	0	0	46	6	2	1	23	7
山西	4	5	30	7	0	2	21	3	4	5	30	7	0	2	21	3	0	0	8	1	0	0	20	3	0	0	1	0
内蒙古	2	1	76	25	0	0	0	0	2	1	76	25	0	0	0	0	0	0	14	7	0	0	26	12	0	0	0	0
辽宁	2	3	72	14	3	3	4	4	2	3	72	14	3	3	4	4	0	10	2	0	28	0	28	7	3	5	10	9
吉林	2	1	63	19	1	1	3	2	2	1	63	19	1	1	3	2	0	0	12	4	0	0	38	10	3	2	16	7
黑龙江	2	1	37	18	2	2	27	5	2	1	37	18	2	2	27	5	0	0	11	6	0	0	22	8	0	1	10	3
上海	4	4	60	3	0	4	8	3	4	4	57	3	0	4	8	3	0	1	3	0	1	0	20	1	3	7	0	2
江苏	4	7	64	10	3	10	25	6	2	5	16	1	3	6	21	5	0	1	2	1	0	0	5	1	4	6	27	1
浙江	6	13	72	18	4	3	28	11	6	13	72	18	4	3	28	11	0	2	10	6	2	5	67	23	8	9	23	0
安徽	7	11	57	19	1	2	35	11	7	11	57	19	4	6	37	11	0	1	11	5	1	0	20	12	5	7	23	9
福建	6	14	79	19	10	10	20	10	6	14	79	19	10	10	20	10	0	1	6	4	2	0	29	10	2	3	25	8
江西	7	14	40	19	1	0	4	0	6	12	23	19	12	25	192	29	0	0	4	4	2	0	43	14	6	11	184	12
山东	2	2	53	5	1	1	0	0	2	2	5	5	1	1	0	0	0	0	0	1	0	0	0	1	2	1	0	3
河南	5	4	51	15	2	4	39	10	5	4	64	15	2	4	39	10	0	0	12	2	2	0	39		2	1	23	8
湖北	10	12	75	28	0	0	0	0	10	12	75	28	0	0	0	0	0	0	12	4	1	0	25	9	9	12	38	15
湖南	8	13	57	20	4	11	38	22	8	13	57	20	4	11	38	22	0	1	8	3	2	1	37	13	10	22	42	23
广东	7	15	55	19	0	0	20		7	15	40	14	0	0	15	0	0	2	3	2	1	0	21	9	3	0	10	1
广西	8	18	54	20	1	1	9	9	8	18	54	20	1	1	9	9	0	3	7	8	2	1	29	12	7	13	13	10
海南	4	9	35	11	35	101	313	22	4	9	209	11	28	47	35	17	0	1	2	3	2	0	35	8	3	5	7	6
重庆	5	6	53	22	4	2	48	11	5	6	34	18	0	1	36	6	0	0	1	2	1	0	34	11	1	3	20	7
四川	9	12	83	37	90	85	554	180	9	12	83	37	90	85	554	180	0	1	15	11	4		77	28	7	4	39	12
贵州	9	14	56	19	0	0	7	0	0	8	33	15	0	0	7	0	0	0	3	5	0	0	18	7	0	8	2	1
云南	10	18	92	44	0	0	81	6	10	18	94	44	0	0	80	6	0	2	15	22	1	2	47	14	0	4	2	1
西藏	1	3	35	39	0	0	1	0	1	3	35	39	0	0	1	0	0	1	12	16	1	0	21	19	0	2	2	3
陕西	4	5	57	25	1	0	26	2	4	5	57	25	5	5	26	20	0	0	9	6	1	1	43	16	0	1	2	1
甘肃	4	4	42	38	2	0	2	3	4	4	42	38	2	0	2	3	0	0	12	14	2	0	31	18	1	0	3	2
青海	0	0	49	31	0	0	1	2	0	0	11	19	0	0	1	2	0	0	2	6	0	0	6	9	0	0	5	6
宁夏	1	0	53	15	2	0	16	5	1	0	53	15	2	0	16	5	0	0	6	1	0	0	33	11	0	0	0	0
新疆	0	1	45	28	1	0	31	6	0	1	40	23	1	0	31	4	1	0	11	13	0	0	35	12	1	0	11	4

附表 3　各省野生动物常规调查抽样统计　（单位：条、万 hm^2）

省 份	森林灌丛副总体				
	森林灌丛面积	实际调查面积	设计抽样数	实际完成数	实际抽样面积
北 京	126.58	126.57	311	311	1.77
天 津	0.00	0.00	0	0	0.00
河 北	717.44	713.60	356	356	7.12
山 西	310.33	310.33	684	662	3.70
内蒙古	2260.00	2077.72	2400	2214	22.60
辽 宁	843.50	843.50	1687	1687	8.43
吉 林	959.09	859.00	1718	1722	8.61
黑龙江	2333.98	36.64	3878	3814	36.64
上 海	0.00	0.00	0	0	0.00
江 苏	86.86	79.58	191	175	1.75
浙 江	1018.00	1018.00	405	427	12.00
安 徽	385.56	349.45	1064	1051	3.83
福 建	1098.33	1098.33	1879	1897	0.00
江 西	1161.80	11.59	1811	1811	11.59
山 东	0.00	0.00	0	0	0.00
河 南	873.17	873.17	1776	1766	8.83
湖 北	1263.00	1263.00	2749	2749	12.63
湖 南	1323.82	1323.82	2048	2048	13.10
广 东	508.00	240.00	500	500	2.40
广 西	630.00	9.51	1864	1902	9.51
海 南	173.27	173.27	379	379	2.26
重 庆	486.30	486.29	1362	1224	4.89
四 川	2150.00	0.07	1280	1058	6.34
贵 州	638.51	0.00	0	0	0.00
云 南	0.00	0.00	0	0	0.00
西 藏	1265.20	714.40	0	136	50.00
陕 西	1023.79	1023.79	640	640	10.24
甘 肃	614.01	20.77	1428	1127	6.04
青 海	628.00	38.56	785	758	6.28
宁 夏	36.00	1.08	108	107	1.07
新 疆	1160.14	1160.14	1163	1159	16.77
合 计	24 074.68	14 852.18	32 466	31 680	268.40

（续）

省份	湿地副总体				
	湿地面积	实际调查面积	设计抽样数	实际完成数	实际抽样面积
北京	3.54	3.54	0	0	0.00
天津	0.00	0.00	0	0	0.00
河北	261.88	261.88	136	136	2.72
山西	0.00	0.00	0	0	0.00
内蒙古	146.00	146.00	274	274	43.80
辽宁	121.96	244.00	488	488	2.44
吉林	0.00	0.00	0	0	0.00
黑龙江	580.00	6.00	645	540	6.00
上海	31.97	18.60	185	180	3.25
江苏	0.00	0.00	0	0	0.00
浙江	34.80	34.80	87	120	1.80
安徽	0.00	0.00	0	0	0.00
福建	0.00	0.00	0	0	0.00
江西	198.24	1.94	313	304	2.00
山东	0.00	0.00	0	0	0.00
河南	0.00	0.00	0	0	0.00
湖北	178.00	178.00	356	356	1.78
湖南	85.32	85.32	145	145	0.92
广东	0.00	0.00	0	0	0.00
广西	78.50	39.25	210	163	0.40
海南	0.00	0.00	0	0	0.00
重庆	0.00	0.00	0.00	0.00	0.00
四川	100.00	30.00	57	57	0.61
贵州	18.45	0.00	0	0	0.00
云南	0.00	0.00	0	0	0.00
西藏	0.00	0.00	0	0	0.00
陕西	0.00	0.00	0	0	0.00
甘肃	0.00	0.00	0	0	0.00
青海	269.00	37.51	269	256	2.56
宁夏	40.00	0.80	80	80	0.80
新疆	0.00	0.00	0	0	0.00
合计	2147.66	1087.64	3245	3099	69.08

（续）

省 份	农田副总体				
	农田面积	实际调查面积	设计抽样数	实际完成面积	实际抽样面积
北 京	40.62	40.62	40	40	0.28
天 津	113.05	113.05	113	108	0.54
河 北	734.49	734.49	187	187	4.67
山 西	1251.93	1251.93	599	587	6.57
内蒙古	460.00	460.00	115	115	23.00
辽 宁	218.70	218.70	159	159	0.79
吉 林	468.91	468.91	59	59	3.76
黑龙江	934.57	934.57	200	200	2.50
上 海	29.30	29.30	140	120	0.21
江 苏	939.14	939.14	516	509	5.09
浙 江	0.00	0.00	0	0	0.00
安 徽	996.44	996.44	553	553	4.98
福 建	125.00	125.00	8400	8400	84.00
江 西	309.43	309.43	484	483	1.54
山 东	0.00	0.00	0	0	0.00
河 南	796.83	796.83	597	598	4.18
湖 北	419.00	419.00	419	419	2.09
湖 南	709.19	709.19	1115	1115	3.56
广 东	630.00	630.00	750	750	6.30
广 西	1740.00	1740.00	770	830	9.30
海 南	148.95	148.95	77	77	1.02
重 庆	337.10	337.10	107	107	1.71
四 川	650.00	650.00	626	582	3.49
贵 州	184.46	184.46	0	0	0.00
云 南	0.00	0.00	0	0	0.00
西 藏	0.00	0.00	0	0	0.00
陕 西	168.90	168.90	52	52	0.26
甘 肃	1074.58	1074.58	280	212	5.60
青 海	18.14	18.14	0	0	0.00
宁 夏	284.00	284.00	142	142	1.42
新 疆	1682.19	1682.19	934	934	14.39
合 计	15 464.92	15 464.92	17 434	17 338	191.25

（续）

省份	草原草甸副总体				
	草原草甸面积	实际调查面积	设计抽样数	实际完成数	实际抽样面积
北京	0.00	0.00	0	0	0.00
天津	0.00	0.00	0	0	0.00
河北	163.12	163.12	81	81	3.24
山西	0.00	0.00	0	0	0.00
内蒙古	6310.00	6310.00	99	99	126.20
辽宁	0.00	0.00	0	0	0.00
吉林	446.00	446.00	341	341	3.41
黑龙江	433.33	3.10	270	270	3.10
上海	0.00	0.00	0	0	0.00
江苏	0.00	0.00	0	0	0.00
浙江	0.00	0.00	0	0	0.00
安徽	0.00	0.00	0	0	0.00
福建	0.00	0.00	0	0	0.00
江西	0.00	0.00	0	0	0.00
山东	0.00	0.00	0	0	0.00
河南	0.00	0.00	0	0	0.00
湖北	0.00	0.00	0	0	0.00
湖南	0.00	0.00	0	0	0.00
广东	0.00	0.00	0	0	0.00
广西	0.00	0.00	0	0	0.00
海南	0.00	0.00	0	0	0.00
重庆	0.00	0.00	0	0	0.00
四川	1550.00	430.00	519	428	3.85
贵州	406.67	0.00	0	0	0.00
云南	0.00	0.00	0	0	0.00
西藏	6479.68	6001.15	0	98	580.00
陕西	867.16	867.16	1735	1729	8.64
甘肃	1978.91	916.16	266	180	37.10
青海	4803.27	330.83	413	390	45.43
宁夏	75.00	1.50	150	146	1.46
新疆	2419.66	2419.66	159	159	65.22
合计	25 932.80	17 888.68	4033	3921	877.65

（续）

省 份	荒漠副总体				
	荒漠面积	实际调查面积	设计抽样数	实际完成数	实际抽样面积
北 京	0.00	0.00	0	0	0.00
天 津	0.00	0.00	0	0	0.00
河 北	0.00	0.00	0	0	0.00
山 西	0.00	0.00	0	0	0.00
内蒙古	3230.00	2230.00	45	45	44.60
辽 宁	0.00	0.00	0	0	0.00
吉 林	0.00	0.00	0	0	0.00
黑龙江	0.00	0.00	0	0	0.00
上 海	0.00	0.00	0	0	0.00
江 苏	0.00	0.00	0	0	0.00
浙 江	0.00	0.00	0	0	0.00
安 徽	0.00	0.00	0	0	0.00
福 建	0.00	0.00	0	0	0.00
江 西	0.00	0.00	0	0	0.00
山 东	0.00	0.00	0	0	0.00
河 南	0.00	0.00	0	0	0.00
湖 北	0.00	0.00	0	0	0.00
湖 南	0.00	0.00	0	0	0.00
广 东	0.00	0.00	0	0	0.00
广 西	0.00	0.00	0	0	0.00
海 南	0.00	0.00	0	0	0.00
重 庆	0.00	0.00	0	0	0.00
四 川	400.00	10.00	10	5	0.03
贵 州	0.00	0.00	0	0	0.00
云 南	0.00	0.00	0	0	0.00
西 藏	0.00	0.00	0	0	0.00
陕 西	0.00	0.00	0	0	0.00
甘 肃	1601.52	22.80	153	95	36.72
青 海	90.00	21.68	24	24	0.36
宁 夏	83.00	1.66	166	166	1.66
新 疆	9044.34	9044.34	634	612	14.39
合 计	14 448.86	11 330.48	1032	947	97.76

（续）

省 份	高山冻原副总体				
	高山冻原面积	实际调查面积	设计抽样数	实际完成数	实际抽样面积
北 京	0.00	0.00	0	0	0.00
天 津	0.00	0.00	0	0	0.00
河 北	0.00	0.00	0	0	0.00
山 西	0.00	0.00	0	0	0.00
内蒙古	0.00	0.00	0	0	0.00
辽 宁	0.00	0.00	0	0	0.00
吉 林	0.00	0.00	0	0	0.00
黑龙江	318.12	7.30	761	730	7.30
上 海	0.00	0.00	0	0	0.00
江 苏	0.00	0.00	0	0	0.00
浙 江	0.00	0.00	0	0	0.00
安 徽	0.00	0.00	0	0	0.00
福 建	0.00	0.00	0	0	0.00
江 西	0.00	0.00	0	0	0.00
山 东	0.00	0.00	0	0	0.00
河 南	0.00	0.00	0	0	0.00
湖 北	0.00	0.00	0	0	0.00
湖 南	0.00	0.00	0	0	0.00
广 东	0.00	0.00	0	0	0.00
广 西	0.00	0.00	0	0	0.00
海 南	0.00	0.00	0	0	0.00
重 庆	0.00	0.00	0	0	0.00
四 川	0.00	0.00	0	0	0.00
贵 州	0.00	0.00	0	0	0.00
云 南	0.00	0.00	0	0	0.00
西 藏	0.00	0.00	0	0	0.00
陕 西	0.00	0.00	0	0	0.00
甘 肃	167.50	0.00	8	0	0.00
青 海	0.00	0.00	0	0	0.00
宁 夏	0.00	0.00	0	0	0.00
新 疆	0.00	0.00	0	0	0.00
合 计	485.62	7.30	769	730	7.30

（续）

省　份	其　他				
	其他面积	实际调查面积	设计抽样数	实际完成数	实际抽样面积
北　京	0.00	0.00	0	0	0.00
天　津	0.00	0.00	0	0	0.00
河　北	0.00	0.00	0	0	0.00
山　西	0.00	0.00	0	0	0.00
内蒙古	0.00	0.00	0	0	0.00
辽　宁	0.00	0.00	0	0	0.00
吉　林	0.00	0.00	0	0	0.00
黑龙江	0.00	0.00	0	0	0.00
上　海	0.00	0.00	0	0	0.00
江　苏	0.00	0.00	0	0	0.00
浙　江	0.00	0.00	0	0	0.00
安　徽	0.00	0.00	0	0	0.00
福　建	0.00	0.00	0	0	0.00
江　西	0.00	0.00	0	0	0.00
山　东	1567.00	1567.00	2409	2401	14.41
河　南	0.00	0.00	0	0	0.00
湖　北	0.00	0.00	0	0	0.00
湖　南	0.00	0.00	0	0	0.00
广　东	0.00	0.00	0	0	0.00
广　西	0.00	0.00	0	0	0.00
海　南	0.00	0.00	0	0	0.00
重　庆	0.00	0.00	0	0	0.00
四　川	0.00	0.00	0	0	0.00
贵　州	0.00	0.00	0	0	0.00
云　南	3826.44	3826.44	1959	1932	14.10
西　藏	0.00	0.00	0	0	0.00
陕　西	0.00	0.00	0	0	0.00
甘　肃	0.00	0.00	0	0	0.00
青　海	0.00	0.00	0	0	0.00
宁　夏	0.00	0.00	0	0	0.00
新　疆	0.00	0.00	0	0	0.00
合　计	5393.44	5393.44	4368	4333	28.51

附表 4 各省野生动物常规调查样地布设统计 （单位：条、个、km、km²）

省 份	样带布设				样方布设			样点布设			样线布设		
	布设数量	完成数量	累计长度	累计面积	布设数量	完成数量	累计面积	布设数量	完成数量	累计面积	布设数量	完成数量	累计长度
北京	351	351	2043. 1	204. 3	0	0	0	0	0	0	1484	1484	296. 8
天津	115	108	540	54	0	0	0	0	0	0	575	540	2700
河北	268	268	1583	791. 5	492	492	984	0	0	0	761	761	304. 4
山西	1283	1249	7027. 5	1031. 47	0	0	0	0	0	0	6415	6245	624. 5
内蒙古	2544	2358	31200	362 400	0	0	0	0	0	0	0	0	0
辽宁	2334	2334	11 670	1167	4646	4646	23 230	0	0	0	0	0	0
吉林	2059	2063	1543	1202	0	0	0	0	0	0	59	59	1239
黑龙江	5754	5554	55 540	5554	600	557	139. 3	3688	3504	110	5754	5554	55 540
上海	140	120	360	21	53	53	1. 06	100	100	79	360	360	216
江苏	648	584	2920	14 600	0	0	0	0	0	0	950	728	61. 85
浙江	609	609	3419. 36	1215. 97	0	0	0	176	176	228. 43	0	0	0
安徽	1617	1603	10 755	876	3	3	0	12	12	0	0	0	0
福建	5295	5295	37 592	1879	0	0	0	0	0	0	8400	8400	3360
江西	2608	2598	15142. 4	1514. 24	0	0	0	0	0	0	2608	2598	15 142. 4
山东	2409	2401	14 406	1440. 6	0	0	0	0	0	0	12 045	12 005	1200. 5
河南	2373	2364	13 016	1301. 6	0	0	0	0	0	0	9492	9456	2369. 6
湖北	3524	3524	14 871	1651	0	0	0	0	0	0	3524	3525	3524
湖南	3308	3308	17 139. 2	1763. 75	13 232	13 232	33. 08	13232	13 232	37. 41	0	0	0
广东	1250	1250	3162	870	0	0	0	0	0	0	6250	6250	62. 5
广西	770	770	5390	862	17	17	68	21	21	1. 2	16	16	57
海南	456	456	2777	332. 3	0	0	0	0	0	0	456	456	2777
重庆	1362	1224	6120	489. 6	23	23	0. 0575	120	120	0. 23562	160	160	32
四川	2492	2130	7476	1433. 7	21	21	146. 61	131	131	0. 659	2458	2458	7374
贵州	1744	1744	17 440	1744	0	0	0	0	0	0	0	0	0
云南	1959	1932	11 592	1391	0	0	0	0	0	0	0	0	0
西藏	1135	1135	26 800	26 800	0	0	0	280	280	560	0	0	0
陕西	2432	2426	15158	1951. 1	0	0	0	0	0	0	0	0	0
甘肃	2021	1543	12 615. 5	48 681	0	0	0	0	0	0	150	150	120
青海	1495	1428	16 035	579 027	0	0	0	0	0	0	0	0	0
宁夏	1097	1074	3959	1019. 2	0	0	0	0	0	0	1097	1072	3959
新疆	2890	2864	212 256. 66	99 942. 28	0	0	0	0	0	0	0	0	0
合计	58 342	56 667	581 548. 72	1 163 210. 61	19 087	19 044	24 602. 1075	17 760	17 576	1016. 93462	63 014	62 277	100 960. 55

附表 5　各省野生动物常规调查工作量统计　（单位：人月）

省　份	开始时间	结束时间	外业投入量	内业投入量	合计
北京	1996 年	2000 年	70	4	74
天津	1996 年 5 月	2001 年 8 月	700	46	746
河北	1997 年 1 月	2000 年 7 月	200	70	270
山西	1996 年	2001 年	1590	120	1710
内蒙古	1995 年 6 月	2000 年 6 月	320	144	464
辽宁	1995 年 8 月	2000 年 9 月	840	175	1015
吉林	1995 年 7 月	2000 年 5 月	615	60	675
黑龙江	1996 年 1 月	2001 年 5 月	6600	240	6840
上海	1996 年 6 月	2000 年 5 月	252	50	302
江苏	1997 年 7 月	2000 年 8 月	120	35	155
浙江	1996 年 5 月	2000 年 12 月	803	226	1029
安徽	1996 年 7 月	2001 年 6 月	480	75	555
福建	1997 年	2000 年	1124	252	1376
江西	1997 年 5 月	2000 年 12 月	13 500	50	13 550
山东	1997 年 11 月	2000 年 5 月	480. 2	40	520. 2
河南	1996 年 12 月	2001 年 7 月	4455	450	4905
湖北	1996 年 8 月	2001 年 5 月	18 000	1200	19 200
湖南	1998 年 5 月	2001 年 6 月	834	48	882
广东	1998 年 4 月	2000 年 12 月	1200	300	1500
广西	1996 年	2001 年	9840	170	10 010
海南	1997 年 4 月	2001 年 6 月	270	144	414
重庆	1998 年 12 月	2000 年 12 月	105	30	135
四川	1996 年 7 月	2001 年 7 月	629	200	829
贵州	1995 年 6 月	1999 年 12 月	4500	36	4536
云南	1997 年	2001 年	1401	402	1803
西藏	1997 年 4 月	2001 年 6 月	230. 6	50. 3	280. 9
陕西	1996 年 4 月	2001 年 6 月	1820	92	1912
甘肃	1997 年	2000 年	2425	150	2575
青海	1995 年 8 月	2001 年 5 月	1040	80	1120
宁夏	1995 年 10 月	2000 年 10 月	860	400	1260
新疆	1995 年 5 月	2001 年 5 月	932	220	1152
合计			76 235. 8	5559. 3	81 795. 1

附表6　各省野生动物专项调查工作量统计

省　份	调查物种数	占总调查物种数的比例（%）	专项调查面积（km²）	工作量（人月）
北　京	111	100.00	349.306	5
天　津	10	0.25	1717.8	96
河　北	101	27.10	4665.2	45
山　西	15	20.83	42 000	109
内蒙古	77	74.00	72 400	200
辽　宁	80	77.00	124 650	380
吉　林	78	84.78	166 900	398
黑龙江	36	38.30	4538.6	2520
上　海	170	0.91	2495.6	90
江　苏	4	10.00	20 000	20
浙　江	79	72.48	105 280	445
安　徽	50	0.33	9965	50
福　建	43	24.00	1879	25 200
江　西	57	17.40	4874	20
山　东	0	0.00	0	0
河　南	55	42.30	16 511.1	1535
湖　北	70	55.60	55 000	3000
湖　南	28	16.20	360	48
广　东	500	65.90	35 000	500
广　西	31	25.80	85 000	3000
海　南	5	0.08	1450	100.8
重　庆	13	8.61	210	16
四　川	14	9.90	9627.91	1070
贵　州	25	39.68	176 167	120
云　南	139	56.60	198 900	102
西　藏	10	12.60	750 000	102
陕　西	78	64.50	205 977	325
甘　肃	6	6.30	147 188.3	514
青　海	5	14.70	59 191.4	48
宁　夏	12	12.90	51 800	180
新　疆	17	15.10	1430 635.69	680
合　计				40 918.8

附表7 两栖动物野生种群数量统计

名 称	保护级别	CITES附录	"三有"动物	全国数量（万只）	分布现状
版纳鱼螈 *Ichthyophis bannanica*			√	1	云南、广西
棕黑疣螈 *Tylototriton verrucosus*	Ⅱ		√	7.3	云南、西藏
中华蟾蜍 *Bufo gargarizans*			√	120 000	广布
黑眶蟾蜍 *Bufo melanostictus*			√	3000	浙江、江西、湖南、广东、海南、广西、四川、贵州、云南
沼蛙 *Rana guentheri*			√	5400	浙江、江西、河南、湖北、湖南、广东、海南、广西、四川、重庆、贵州、云南
隆肛蛙 *Rana quadranus*			√	580	山西、河南、湖北、湖南、重庆、陕西、甘肃
棘胸蛙 *Paa spinosa*			√	250	浙江、江西、湖北、湖南、广东、广西、贵州、云南
棘腹蛙 *Paa boulengeri*			√	130	山西、湖北、湖南、广西、四川、重庆、贵州、云南、陕西、甘肃
双团棘胸蛙 *Paa yunnanensis*			√	16	湖北、四川、贵州、云南
滇蛙 *Rana pleuraden*			√	22	四川、贵州、云南
黑斑蛙 *Rana nigromaculata*			√	120 000	广布
虎纹蛙 *Rana rugulosa*	Ⅱ	Ⅱ		4900	上海、浙江、江西、河南、湖北、湖南、广东、海南、广西、贵州、云南
海蛙 *Rana cancrivora*			√	数量极少	海南

附表 8 爬行动物野生种群数量统计

名 称	保护级别	CITES附录	“三有”动物	数量（万只、万条）	分布现状
四爪陆龟 *Testudo horsfieldii*	Ⅰ	Ⅱ		0.17	新疆
扬子鳄 *Alligator sinensis*	Ⅰ	Ⅰ		0.04	浙江、安徽
圆鼻巨蜥 *Varanus salvator*	Ⅰ	Ⅱ		1.9	广东、云南
伊江巨蜥 *Varanus irrawadicus*		Ⅱ		0.01	云南
鳄蜥 *Shinisaurus crocodilurus*	Ⅰ			0.07	广西
细脆蛇蜥 *Ophisaurus gracilis*			√	10	广西、云南、西藏
脆蛇蜥 *Ophisaurus harti*			√	11	湖北、湖南、广西、四川、云南
蟒蛇 *Python molurus*	Ⅰ	Ⅱ		6.2	广东、广西、云南、西藏
莽山烙铁头蛇 *Ermia mangshanensis*			√	0.05	湖南
尖吻蝮 *Deinagkistrodon acutus*			√	180	浙江、安徽、江西、湖北、湖南、广东、广西、重庆、四川、贵州、云南
眼镜蛇 *Naja naja*		Ⅱ	√	190	浙江、安徽、江西、湖北、湖南、广东、海南、广西、四川、贵州、云南
眼镜王蛇 *Ophiophagus hannah*		Ⅱ	√	17	浙江、安徽、江西、湖北、湖南、广东、海南、广西、四川、贵州、云南、西藏
金环蛇 *Bungarus fasciatus*			√	45	江西、广东、海南、广西、云南
银环蛇 *Bungarus multicinctus*			√	310	浙江、江西、湖北、湖南、广东、广西、重庆、云南、西藏
王锦蛇 *Elaphe carinata*			√	970	广布
赤峰锦蛇 *Elaphe anomala*			√	13	北京、内蒙古、辽宁、浙江
玉斑锦蛇 *Elaphe mandarina*			√	310	广布
横斑锦蛇 *Elaphe perlacea*			√	1	四川
三索锦蛇 *Elaphe radiata*			√	79	江西、广东、广西、云南
棕黑锦蛇 *Elaphe schrenckii*			√	330	天津、河北、山西、辽宁、吉林、黑龙江、江苏、山东、湖南、陕西
百花锦蛇 *Elaphe moellendorffi*			√	35	广东、广西、云南
黑眉锦蛇 *Elaphe taeniura*			√	830	广布
灰鼠蛇 *Ptyas korros*			√	540	浙江、湖北、湖南、广东、海南、广西、贵州、云南
滑鼠蛇 *Ptyas mucosus*		Ⅱ	√	290	浙江、安徽、湖北、湖南、广东、海南、广西、贵州、云南
温泉蛇 *Thermophis baileyi*			√	1.3	西藏
乌梢蛇 *Zaocys dhumnades*			√	1700	天津、河北、山西、上海、江苏、浙江、安徽、河南、湖北、湖南、广东、广西、重庆、四川、贵州、云南、陕西、甘肃

附表9 鸟类野生种群数量统计表

名 称	保护级别	CITES附录	"三有"动物	数量（只）		分布现状
				冬季	夏季	
斑嘴鹈鹕 *Pelecanus philippensis*	Ⅱ			250	3100	内蒙古、河南、新疆、宁夏、陕西、湖北、湖南、云南、安徽、浙江、江苏、江西、福建
普通鸬鹚 *Phalacrocorax carbo*			√	29 000	7700	广布
黄嘴白鹭 *Egretta eulophotes*	Ⅱ			640	8100	内蒙古、吉林、辽宁、河北、河南、云南、安徽、浙江、江苏、上海、广东、广西、福建
海南鳽 *Gorsachius magnificus*	Ⅱ				80	湖北、安徽、浙江、福建、广东、广西、海南
白鹳 *Ciconia ciconia*	Ⅰ	Ⅰ（东方白鹳）	√（东方白鹳）	4000	420	广布
黑鹳 *Ciconia nigra*	Ⅰ	Ⅱ		470	1800	黑龙江、内蒙古、吉林、辽宁、河北、天津、北京、河南、山西、新疆、甘肃、西藏、宁夏、陕西、湖北、湖南、安徽、云南、四川、江苏、江西、福建
朱鹮 *Nipponia nippon*	Ⅰ	Ⅰ			147	陕西
白琵鹭 *Platalea leucorodia*	Ⅱ	Ⅱ		7800	160	黑龙江、内蒙古、吉林、河北、天津、河南、新疆、宁夏、陕西、湖南、贵州、安徽、云南、四川、江苏、江西、浙江、广东、广西、福建
黑脸琵鹭 *Platalea minor*	Ⅱ			120	9	辽宁、江苏、江西、浙江、上海、广西、海南、福建
黑雁 *Branta bernicla*			√	5	10	内蒙古、天津、福建
红胸黑雁 *Branta ruficollis*	Ⅱ	Ⅱ		5		福建
鸿雁 *Anser cygnoides*			√	24 000	8200	广布
豆雁 *Anser fabalis*			√	110 000	140	广布
白额雁 *Anser albifrons*	Ⅱ			55 000		广布
小白额雁 *Anser erythropus*			√	21 000		广布
灰雁 *Anser anser*			√	24 000	650	广布
斑头雁 *Anser indicus*			√	1300	120 000	内蒙古、新疆、甘肃、青海、西藏、陕西、湖南、贵州、云南、四川
雪雁 *Anser caerulescens*			√	未发现		
埃及雁 *Alopochen aegyptiaca*				未发现		
大天鹅 *Cygnus cygnus*	Ⅱ			22 000	15 000	广布
小天鹅 *Cygnus columbianus*	Ⅱ			15 000		广布
疣鼻天鹅 *Cygnus olor*	Ⅱ			60	2700	新疆、内蒙古、天津、四川、湖北
栗树鸭 *Dendrocygna javanica*			√		140	云南、广东、广西
赤麻鸭 *Tadorna ferruginea*			√	140 000	110 000	广布
翘鼻麻鸭 *Tadorna tadorna*			√	17 000	11 000	广布
针尾鸭 *Anas acuta*			√	31 000	4400	广布
绿翅鸭 *Anas crecca*			√	310 000	16 000	广布
花脸鸭 *Anas formosa*		Ⅱ	√	1400		广布
罗纹鸭 *Anas falcata*			√	63 000	7800	广布

（续）

名　称	保护级别	CITES附录	"三有"动物	数量（只）		分布现状
				冬季	夏季	
绿头鸭 *Anas platyrhynchos*			√	530 000	150 000	广布
斑嘴鸭 *Anas poecilorhyncha*			√	650 000	270 000	广布
赤膀鸭 *Anas strepera*			√	130 000	15 000	广布
赤颈鸭 *Anas penelope*			√	75 000	4000	广布
白眉鸭 *Anas querquedula*			√	33 000	5100	广布
琵嘴鸭 *Anas clypeata*			√	2400	4700	广布
云石斑鸭 *Marmaronetta angustirostris*			√	未发现		
赤嘴潜鸭 *Netta rufina*			√	7800	69 000	内蒙古、河北、北京、宁夏、云南、重庆、四川
红头潜鸭 *Aythya ferina*			√	15 000	13 000	广布
白眼潜鸭 *Aythya nyroca*			√	4900	2600	内蒙古、新疆、四川、宁夏、云南
青头潜鸭 *Aythya baeri*			√	13 000	10 000	广布
凤头潜鸭 *Aythya fuligula*			√	9600	4800	广布
斑背潜鸭 *Aythya marila*			√	1400		广布
鸳鸯 *Aix galericulata*	Ⅱ			12 000	14 000	黑龙江、内蒙古、吉林、辽宁、河北、天津、北京、河南、山东、山西、甘肃、宁夏、陕西、湖北、湖南、贵州、安徽、江苏、江西、重庆、浙江、上海、四川、云南、广东、广西、福建
棉凫 *Nettapus coromandelianus*			√	14	480	河北、天津、北京、河南、陕西、湖北、湖南、贵州、安徽、江苏、江西、重庆、浙江、上海、四川、云南、广东、福建
小绒鸭 *Polysticta stelleri*			√	未发现		
黑海番鸭 *Melanitta nigra*			√	70		重庆
斑脸海番鸭 *Melanitta fusca*			√		70	辽宁
丑鸭 *Histrionicus histrionicus*			√	未发现		
长尾鸭 *Clangula hyemalis*			√	未发现		
鹊鸭 *Bucephala clangula*			√	13 000	6700	广布
白头硬尾鸭 *Oxyura leucocephala*		Ⅱ	√		600	新疆
斑头秋沙鸭 *Mergellus albellus*			√	9500	80	广布
中华秋沙鸭 *Mergus squamatus*	Ⅰ			300	380	广布
红胸秋沙鸭 *Mergus serrator*			√	60	160	广布
普通秋沙鸭 *Mergus merganser*			√	9700	1200	广布
凤头蜂鹰 *Pernis ptilorhynchus*	Ⅱ	Ⅱ		100	5500	广布
黑鸢 *Milvus migrans*	Ⅱ	Ⅱ			350 000	广布
苍鹰 *Accipiter gentilis*	Ⅱ	Ⅱ		70 000	250 000	广布
雀鹰 *Accipiter nisus*	Ⅱ	Ⅱ		100 000	250 000	广布
松雀鹰 *Accipiter virgatus*	Ⅱ	Ⅱ		6600	100 000	广布
普通鵟 *Buteo buteo*	Ⅱ	Ⅱ		30 000	180 000	广布

（续）

名　称	保护级别	CITES附录	“三有”动物	数量（只）		分布现状
				冬季	夏季	
灰脸鵟鹰 *Butastur indicus*	Ⅱ	Ⅱ		1600	6000	内蒙古、辽宁、吉林、黑龙江、浙江、湖北、广东、四川、云南、陕西、福建
金雕 *Aquila chrysaetos*	Ⅰ	Ⅱ		2200	27 000	广布
玉带海雕 *Haliaeetus leucoryphus*	Ⅰ	Ⅱ		2800	8	河北、山西、内蒙古、吉林、黑龙江、河南、重庆、四川、西藏、甘肃
白尾海雕 *Haliaeetus albicilla*	Ⅰ	Ⅰ		1300	4800	山西、内蒙古、辽宁、吉林、黑龙江、安徽、河南、湖北、四川、云南、甘肃、宁夏、新疆
白背兀鹫 *Gyps bengalensis*	Ⅰ	Ⅱ		未发现		
胡兀鹫 *Gypaetus barbatus*	Ⅰ	Ⅱ			92 000	河北、山西、内蒙古、湖北、四川、云南、西藏、甘肃、青海、新疆
蛇雕 *Spilornis cheela*	Ⅱ	Ⅱ			4400	浙江、安徽、江西、湖北、湖南、广东、广西、海南、云南、西藏
猎隼 *Falco cherrug*	Ⅱ	Ⅱ		2200	67 000	北京、河北、山西、内蒙古、辽宁、吉林、四川、西藏、陕西、甘肃、新疆
游隼 *Falco peregrinus*	Ⅱ	Ⅰ		2300	43 000	广布
燕隼 *Falco subbuteo*	Ⅱ	Ⅱ		17 000	100 000	广布
红隼 *Falco tinnunculus*	Ⅱ	Ⅱ		23 000	840 000	广布
黑冠鹃隼 *Aviceda leuphotes*	Ⅱ	Ⅱ			4100	江西、湖北、湖南、广东、广西、重庆、四川、云南
黑嘴松鸡 *Tetrao parvirostris*	Ⅰ				6500	黑龙江、内蒙古
黑琴鸡 *Lyrurus tetrix*	Ⅱ				17 000	内蒙古、吉林、河北、新疆
花尾榛鸡 *Bonasa bonasia*	Ⅱ				810 000	内蒙古、黑龙江、吉林、辽宁、新疆
斑尾榛鸡 *Bonasa sewerzowi*	Ⅰ				13 000	甘肃、青海、四川、西藏、云南
藏雪鸡 *Tetraogallus tibetanus*	Ⅱ	Ⅰ			380 000	新疆、甘肃、青海、四川、西藏、云南
暗腹雪鸡 *Tetraogallus himalayensis*	Ⅱ				66 000	内蒙古、新疆、青海、甘肃、西藏
雉鹑 *Tetraophasis obscurus*	Ⅰ				35 000	甘肃、青海、四川、西藏、云南
中华鹧鸪 *Francolinus pintadeanus*			√		160 000	浙江、江西、广东、广西、海南、四川、贵州、云南
四川山鹧鸪 *Arborophila rufipectus*	Ⅰ				1000	四川、云南
海南山鹧鸪 *Arborophila ardens*	Ⅰ				1200	海南
白额山鹧鸪 *Arborophila gingica*			√		13 000	浙江、福建、广东、广西
灰胸竹鸡 *Bambusicola thoracica*			√		1 400 000	上海、江苏、浙江、安徽、福建、江西、河南、湖北、湖南、广东、广西、重庆、四川、贵州、云南、陕西
血雉 *Ithaginis cruentus*	Ⅱ	Ⅱ			100 000	西藏、四川、云南、青海、甘肃、陕西
红腹角雉 *Tragopan temminckii*	Ⅱ				54 000	甘肃、陕西、重庆、四川、西藏、云南、贵州、广西、湖北、湖南
黄腹角雉 *Tragopan caboti*	Ⅰ	Ⅰ			9900	浙江、江西、广东、福建、广西、湖南

（续）

名　称	保护级别	CITES附录	"三有"动物	数量（只）		分布现状
				冬季	夏季	
白尾梢虹雉 *Lophophorus sclateri*	Ⅰ	Ⅰ			320	云南、西藏
绿尾虹雉 *Lophophorus lhuysii*	Ⅰ	Ⅰ			12 000	西藏、青海、四川、云南
白马鸡 *Crossoptilon crossoptilon*	Ⅱ	Ⅰ	√		110 000	西藏、青海、四川、云南
藏马鸡 *Crossoptilon harmani*					160 000	西藏、青海、四川、云南
蓝马鸡 *Crossoptilon auritum*	Ⅱ				79 000	西藏、青海、四川、云南
褐马鸡 *Crossoptilon mantchuricum*	Ⅰ	Ⅰ			20 000	山西、河北、陕西
白鹇 *Lophura nycthemera*	Ⅱ				170 000	浙江、安徽、福建、江西、湖北、湖南、广东、广西、海南、重庆、四川、贵州、云南
原鸡 *Gallus gallus*	Ⅱ				96 000	广东、广西、云南、海南
勺鸡 *Pucrasia macrolopha*	Ⅱ				320 000	天津、河北、山西、辽宁、浙江、安徽、福建、江西、河南、湖北、湖南、广东、广西、重庆、四川、贵州、云南、陕西、甘肃、宁夏
环颈雉 *Phasianus colchicus*			√		2 200 000	广布
黑颈长尾雉 *Syrmaticus humiae*	Ⅰ	Ⅰ			3500	广西、云南
白冠长尾雉 *Syrmaticus reevesii*	Ⅱ				23 000	河北、山西、江苏、安徽、河南、湖北、湖南、重庆、四川、贵州、云南、陕西、甘肃
白颈长尾雉 *Syrmaticus ellioti*	Ⅰ	Ⅰ			28 000	浙江、安徽、江西、湖北、湖南、广东、广西、贵州
白腹锦鸡 *Chrysolophus amherstiae*	Ⅱ				58 000	广西、重庆、四川、贵州、云南、西藏
红腹锦鸡 *Chrysolophus pictus*	Ⅱ				500 000	江西、河南、湖北、湖南、广西、重庆、四川、贵州、云南、陕西、甘肃、青海、宁夏
灰孔雀雉 *Polyplectron bicalcaratum*	Ⅰ	Ⅱ			2800	云南、海南、西藏
绿孔雀 *Pavo muticus*	Ⅰ	Ⅱ			1000	云南
灰鹤 *Grus grus*	Ⅱ	Ⅱ		10 000	10 000	广布
黑颈鹤 *Grus nigricollis*	Ⅰ	Ⅰ		7000	7500	新疆、甘肃、青海、西藏、贵州、四川、云南
白头鹤 *Grus monacha*	Ⅰ	Ⅰ		1500		黑龙江、内蒙古、吉林、辽宁、河南、湖北、湖南、安徽、江苏、江西、上海、云南
丹顶鹤 *Grus japonensis*	Ⅰ	Ⅰ		1400	700	黑龙江、内蒙古、吉林、辽宁、河北、天津、河南、陕西、湖北、安徽、江苏、江西、上海、云南
白枕鹤 *Grus vipio*	Ⅱ	Ⅰ		3500	260	黑龙江、内蒙古、吉林、辽宁、天津、北京、河南、山东、湖南、安徽、江苏、江西、上海
白鹤 *Grus leucogeranus*	Ⅰ	Ⅰ		3000		黑龙江、内蒙古、吉林、辽宁、河北、河南、山东、新疆、湖北、湖南、安徽、江苏、江西、上海
赤颈鹤 *Grus antigone*	Ⅰ	Ⅱ		未发现		

（续）

名 称	保护级别	CITES附录	“三有”动物	数量（只）		分布现状
				冬季	夏季	
蓑羽鹤 *Anthropoides virgo*	Ⅱ	Ⅱ			5000	黑龙江、内蒙古、吉林、辽宁、河北、河南、山东、山西、新疆、甘肃、青海、宁夏、云南、四川
白骨顶 *Fulica atra*			√	44 000	210 000	广布
大鸨 *Otis tarda*	Ⅰ	Ⅱ		870	4000	黑龙江、内蒙古、吉林、辽宁、河北、天津、北京、河南、山东、山西、新疆、甘肃、宁夏、陕西、湖北、湖南、安徽、江苏、江西、四川
波斑鸨 *Chlamydotis macqueenii*	Ⅰ	Ⅰ			760	内蒙古、新疆、甘肃
小鸨 *Tetrax tetrax*	Ⅰ	Ⅱ			200	内蒙古、新疆、甘肃、宁夏
大滨鹬 *Calidris tenuirostris*			√		60 000	天津、河北、辽宁、上海
大杓鹬 *Numenius madagascariensis*			√		19 000	内蒙古、辽宁、黑龙江、上海、浙江、河南、四川
遗鸥 *Larus relictus*	Ⅰ	Ⅰ			4700	内蒙古、甘肃、陕西、新疆
棕头鸥 *Larus brunnicephalus*			√	500	270 000	内蒙古、重庆、四川、云南、西藏、甘肃、青海
黑嘴鸥 *Larus saundersi*			√	10 000	6300	河北、辽宁、吉林、江苏、浙江、山东、福建、广东、广西、海南
大紫胸鹦鹉 *Psittacula derbiana*	Ⅱ	Ⅱ			37 000	四川、云南、西藏
褐翅鸦鹃 *Centropus sinensis*	Ⅱ				520 000	浙江、江西、广东、广西、海南、贵州、云南
白喉犀鸟 *Anorrhinus tickelli*	Ⅱ	Ⅱ			4	西藏、云南
棕颈犀鸟 *Aceros nipalensis*	Ⅱ	Ⅰ			220	西藏、云南
冠斑犀鸟 *Anthracoceros albirostris*	Ⅱ	Ⅱ			250	西藏、云南、广西
双角犀鸟 *Buceros bicornis*	Ⅱ	Ⅰ			270	西藏、云南
蒙古百灵 *Melanocorypha mongolica*			√	1 000 000	5 200 000	北京、天津、河北、山西、内蒙古、辽宁、吉林、黑龙江、陕西、甘肃、宁夏、青海
云雀 *Alauda arvensis*			√	1 100 000	980 000	广布
鹩哥 *Gracula religiosa*		Ⅱ	√		1900	广西、海南、云南、西藏
画眉 *Garrulax canorus*		Ⅱ	√	310 000	5 800 000	上海、重庆、河北、江苏、浙江、安徽、江西、河南、湖北、湖南、广东、广西、海南、四川、贵州、云南、西藏、陕西、甘肃
黑喉噪鹛 *Garrulax chinensis*			√		580 000	浙江、广东、广西、海南、云南
银耳相思鸟 *Leiothrix argentauris*		Ⅱ	√		140 000	贵州、广西、云南、西藏
血雀 *Haematospiza sipahi*			√		4000	云南、西藏

附表 10　兽类野生种群数量统计

名　称	保护级别	CITES附录	"三有"动物	数量（只、头）	分布现状
蜂猴 *Nycticebus bengalensis*	Ⅰ	Ⅰ		630	云南、广西
倭蜂猴 *Nycticebus pygmaeus*	Ⅰ	Ⅰ		90	云南
猕猴 *Macaca mulatta*	Ⅱ	Ⅱ		100 000	河北、山西、浙江、安徽、江西、河南、广东、广西、海南、湖北、湖南、重庆、四川、贵州、云南、西藏、陕西、甘肃、青海
熊猴 *Macaca assamensis*	Ⅰ	Ⅱ		8200	广西、云南、西藏
豚尾猴 *Macaca leonina*	Ⅰ	Ⅱ		1700	云南
短尾猴 *Macaca arctoides*	Ⅱ	Ⅱ		23 000	广西、云南
藏酋猴 *Macaca thibetana*	Ⅱ	Ⅱ		17 000	浙江、安徽、江西、湖南、广东、广西、重庆、四川、贵州、云南、西藏、甘肃
川金丝猴 *Rhinopithecus roxellana*	Ⅰ	Ⅰ		12 000	四川、陕西、湖北、甘肃
滇金丝猴 *Rhinopithecus bieti*	Ⅰ	Ⅰ		2150	云南、西藏
黔金丝猴 *Rhinopithecus brelichi*	Ⅰ	Ⅰ		700	贵州
白臀叶猴 *Pygathrix nemaeus*	Ⅰ	Ⅰ		未发现	
长尾叶猴 *Semnophithecus schistaceus*	Ⅰ	Ⅱ		760	西藏
戴帽叶猴 *Trachypithecus shortridgei*	Ⅰ	Ⅰ		250	云南
菲氏叶猴 *Trachypithecus phayrei*	Ⅰ	Ⅱ		700	云南
黑叶猴 *Trachypithecus francoisi*	Ⅰ	Ⅱ		3000	广西、重庆、贵州
白头叶猴 *Trachypithecus leucocephalus*	Ⅰ	Ⅱ		600	广西
白掌长臂猿 *Hylobates lar*	Ⅰ	Ⅰ		25	云南
白眉长臂猿 *Hylobates hoolock*	Ⅰ	Ⅰ		680	云南、西藏
黑长臂猿 *Hylobates concolor*	Ⅰ	Ⅰ		820	云南、海南
白颊长臂猿 *Hylobates leucogenys*	Ⅰ	Ⅰ		165	云南
穿山甲 *Manis pentadactyla*	Ⅱ	Ⅱ		64 000	浙江、江西、河南、湖北、湖南、广东、广西、四川、贵州、云南
狼 *Canis lupus*		Ⅱ	√	35 000	广布
赤狐 *Vulpes vulpes*			√	150 000	广布
沙狐 *Vulpes corsac*			√	160 000	内蒙古、甘肃、宁夏、新疆
豺 *Cuon alpinus*	Ⅱ	Ⅱ		32 000	浙江、江西、山东、湖北、重庆、四川、云南、西藏、陕西、甘肃、新疆
棕熊 *Ursus arctos*	Ⅱ	Ⅰ		15 000	内蒙古、吉林、黑龙江、四川、云南、西藏、甘肃、青海、新疆
黑熊 *Selenarctos thibetanus*	Ⅱ	Ⅰ		28 000	辽宁、吉林、黑龙江、浙江、江西、湖北、湖南、广东、广西、重庆、四川、贵州、云南、西藏、陕西、甘肃
小熊猫 *Ailurus fulgens*	Ⅱ	Ⅰ		8000	四川、云南、西藏
大熊猫 *Ailuropoda melanoleuca*	Ⅰ	Ⅰ		1596	四川、甘肃、陕西
紫貂 *Martes zibellina*	Ⅰ			18 000	黑龙江、吉林、辽宁、新疆

（续）

名 称	保护级别	CITES附录	"三有"动物	数量（只、头）	分布现状
貂熊 *Gulo gulo*	Ⅰ			180	内蒙古、黑龙江
猞猁 *Lynx lynx*	Ⅱ	Ⅱ		27 000	河北、内蒙古、吉林、黑龙江、四川、云南、西藏、甘肃、青海、宁夏、新疆
金猫 *Catopuma temmincki*	Ⅱ	Ⅰ		7300	浙江、江西、湖北、湖南、广西、重庆、四川、贵州、云南、西藏、陕西、甘肃
豹猫 *Prionailurus bengalensis*		Ⅱ	√	230 000	广布
云豹 *Neofelis nebulosa*	Ⅰ	Ⅰ		2600	浙江、安徽、江西、湖北、湖南、广东、广西、重庆、四川、贵州、云南、西藏、陕西
豹 *Panthera pardus*	Ⅰ	Ⅰ		3310	北京、河北、山西、内蒙古、吉林、黑龙江、浙江、江西、河南、湖北、湖南、广西、重庆、四川、贵州、云南、西藏、陕西、甘肃、宁夏
虎 *Panthera tigris*	Ⅰ	Ⅰ			吉林、黑龙江、浙江、江西、湖北、湖南、广东、贵州、云南、西藏
华南亚种 *Panthera tigris amoyensis*	Ⅰ	Ⅰ		调查之中	
东北亚种 *Panthera tigris altaica*	Ⅰ	Ⅰ		14	
南亚亚种 *Panthera tigris corbetti*	Ⅰ	Ⅰ		17	
指名亚种 *Panthera tigris tigris*	Ⅰ	Ⅰ		10	
雪豹 *Panthera uncia*	Ⅰ	Ⅰ		4100	内蒙古、四川、云南、西藏、甘肃、青海、新疆
亚洲象 *Elephas maximus*	Ⅰ	Ⅰ		180	云南
蒙古野驴 *Equus hemionus*	Ⅰ	Ⅰ		14 000	内蒙古、新疆、甘肃
藏野驴 *Equus kiang*	Ⅰ	Ⅱ		170 000	新疆、青海、西藏、四川
野猪 *Sus scrofa*			√	1 000 000	广布
双峰驼 *Camelus ferus*	Ⅰ			380	新疆、内蒙古
鼷鹿 *Tragulus javanicus*	Ⅰ			60	云南
原麝 *Moschus moschiferus*	Ⅰ	Ⅱ		3500	山西、内蒙古、辽宁、吉林、黑龙江、新疆、宁夏
马麝 *Moschus chrysogaster*	Ⅰ	Ⅱ		28 000	内蒙古、四川、云南、西藏、甘肃、青海、宁夏
喜马拉雅麝 *Moschus leucogaster*	Ⅰ	Ⅱ		3000	西藏
林麝 *Moschus berezovskii*	Ⅰ	Ⅱ		31 800	河南、湖北、湖南、广东、广西、重庆、四川、贵州、云南、西藏、陕西、甘肃、青海、宁夏
黑麝 *Moschus fuscus*	Ⅰ	Ⅱ		5950	云南、西藏
河麂 *Hydropotes inermis*	Ⅱ			24 000	江苏、浙江、江西、湖北
赤麂 *Muntiacus vaginalis*			√	220 000	江西、广东、广西、海南、重庆、四川、贵州、云南、西藏
黑麂 *Muntiacus crinifrons*	Ⅰ	Ⅰ		8800	浙江、安徽、江西、广东
豚鹿 *Axis porcinus*	Ⅰ			25	云南
水鹿 *Cervus unicolor*	Ⅱ			27 000	江西、湖南、广东、广西、海南、四川、云南、西藏
坡鹿 *Cervus eldi*	Ⅰ	Ⅰ		760	海南
梅花鹿 *Cervus nippon*	Ⅰ			7700	黑龙江、吉林、辽宁、四川、浙江、江西

（续）

名　称	保护级别	CITES附录	“三有”动物	数量（只、头）	分布现状
白唇鹿 *Cervus albirostris*	Ⅰ			37 000	四川、西藏、青海、甘肃
马鹿 *Cervus elaphus*	Ⅱ			130 000	河北、内蒙古、吉林、黑龙江、四川、西藏、甘肃、青海、宁夏、新疆
驼鹿 *Alces alces*	Ⅱ			11 000	内蒙古、黑龙江
狍 *Capreolus capreolus*			√	440 000	北京、天津、河北、山西、内蒙古、辽宁、吉林、黑龙江、河南、湖北、四川、陕西、甘肃、青海、宁夏、新疆
野牛 *Bos gaurus*	Ⅰ	Ⅰ		480	云南
野牦牛 *Bos mutus*	Ⅰ	Ⅰ		27 000	西藏、青海、新疆、甘肃
藏原羚 *Procapra picticaudata*	Ⅱ			280 000	四川、甘肃、青海、西藏、新疆
普氏原羚 *Procapra przewalskii*	Ⅰ			130	青海
黄羊 *Procapra gutturosa*	Ⅱ			8000	内蒙古、吉林、甘肃、宁夏
鹅喉羚 *Gazella subgutturosa*	Ⅱ			190 000	甘肃、青海、宁夏、新疆
藏羚 *Pantholops hodgsoni*	Ⅰ	Ⅰ		130 000	四川、西藏、青海、新疆
羚牛 *Budorcas taxicolor*	Ⅰ	Ⅱ		22 000	四川、云南、西藏、陕西、甘肃
鬣羚 *Naemorhedus sumatraensis*	Ⅱ	Ⅰ（川西亚种、尼泊尔亚种）		62 000	浙江、江西、河南、湖北、湖南、广东、广西、重庆、四川、云南、西藏、陕西、甘肃
斑羚 *Naemorhaedus caudatus*	Ⅱ	Ⅰ		110 000	北京、河北、内蒙古、吉林、黑龙江、河南、湖北、湖南、广东、重庆、四川、云南、西藏、陕西、甘肃
赤斑羚 *Naemorhaedus cranbrooki*	Ⅰ			2600	云南、西藏
北山羊 *Capra ibex*	Ⅰ			51 000	内蒙古、甘肃、新疆
岩羊 *Pseudois nayaur*	Ⅱ			460 000	内蒙古、四川、云南、西藏、新疆、青海、甘肃、宁夏
盘羊 *Ovis ammon*	Ⅱ	Ⅰ（西藏亚种）或Ⅱ（其余亚种）		64 000	内蒙古、四川、西藏、新疆、青海、甘肃、宁夏
灰旱獭 *Marmota baibacina*				350 000	新疆
喜马拉雅旱獭 *Marmota himalayana*				370 000	四川、云南、西藏、新疆、青海、甘肃
长尾旱獭 *Marmota caudata*				30 000	新疆
河狸 *Castor fiber*	Ⅰ			690	新疆

附表 11　全国国际狩猎场统计　　　　（截止 2000 年）

序号	省份	猎场名称	建场时间	面积（万 hm²）	累计投入（万元）	管理人员（人）	累计接待狩猎人数（个）			累计盈利（万元）
							小计	国内猎人	国际猎人	
1	山西	山西东方国际狩猎场	1998	2.72	150.00	5	78	78	0	0.00
2	辽宁	大连金龙寺国际狩猎场	1990	0.17	0.00	0	0	0	0	0.00
3	辽宁	辽阳参窝国际狩猎场	1991	0.74	45.00	5	1115	1115	0	20.00
4	吉林	吉林省露水河狩猎场	1986	3.58	0.00	15	6	0	6	9.00
5	黑龙江	黑龙江桃山狩猎场	1984	6.20	35.00	16	65	0	0	16.00
6	黑龙江	黑龙江白山狩猎场	1986	7.35	20.00	6	8	0	0	1.10
7	黑龙江	黑龙江乌龙狩猎场	1986	3.00	50.00	20	9	0	0	0.93
8	黑龙江	黑龙江平山狩猎场	1986	0.26	6.00	5	4	0	0	0.46
9	黑龙江	黑龙江青松狩猎场	1988	0.47	23.00	10	0	0	0	0.00
10	黑龙江	黑龙江连环湖狩猎场	1988	0.53	75.00	8	152	0	0	6.00
11	黑龙江	黑龙江玉泉狩猎场	1988	0.30	423.70	8	11	0	0	1.40
12	黑龙江	黑龙江朗乡狩猎场	1988	14.80	225.00	6	0	0	0	0.00
13	黑龙江	黑龙江胜山狩猎场	1992	1.61	0.00	6	4	0	0	0.30
14	湖北	大老岭狩猎场	1993	未建	0.00	0	0	0	0	0.00
15	湖南	郴州市五盖山国际狩猎场	1989	0.80	1700.00	16	149 500	143 000	6500	950.00
16	湖南	石燕湖国际狩猎场	1994	0.01	800.00	8	30 500	30 000	500	50.00
17	四川	川西国际猎场	1993	0.10	680.00	60	24	0	24	240.00
18	陕西	陕西省秦岭国际狩猎场	1997	12.72	32.00	11	10	10	0	114.00
19	甘肃	康龙寺狩猎场	1988	6.02	3.00	5	0	0	0	0.00
20	甘肃	哈尔腾狩猎场	1988	25.00	6.50	8	40	40	0	102.80
21	甘肃	哈什哈尔狩猎场	1988	8.00	6.50	10	59	59	0	128.00
22	青海	都兰狩猎场	1992	200.00	0.00	22	312	0	312	960.30
23	青海	玛多黄河源狩猎场	1996	37.00	0.00	5	30	0	30	368.76
24	新疆	巴州昆仑山国际狩猎场		7.00	0.00	2（兼职）	0	0	0	0.00
25	新疆	阿尔泰准噶尔国际狩猎场		7.00	0.00	2（兼职）	1	0	1	25.00
26	新疆	塔城托里国际狩猎场		4.00	0.00	2（兼职）	2	0	2	50.00
27	新疆	克州木吉国际狩猎场		7.50	0.00	2（兼职）	1	0	1	25.00
28	新疆	阿克苏国际狩猎场		8.00	0.00	2（兼职）	3	0	3	75.00
29	新疆	巴州天山国际狩猎场		3.72	0.00	2（兼职）	8	0	8	200.00
30	新疆	哈密巴里坤国际狩猎场		6.50	0.00	2（兼职）	3	0	3	75.00
31	新疆	博州天山盘羊国际狩猎场		6.00	0.00	2（兼职）	2	0	2	50.00
32	新疆	西天山阿克牙孜狩猎场		15.00	0.00	2（兼职）	1	0	1	25.00
33	新疆	拜城老虎台狩猎场		10.00	0.00	2（兼职）	0	0	0	0.00
34	新疆	木垒天山盘羊狩猎场		1.00	0.00	2（兼职）	1	0	1	25.00
合计	合计			407.10	4280.70	255	181 949	174 302	7394	3519.06

附表 12 全国国内狩猎场统计 （截止 2000 年）

序号	省份	猎场名称	建场时间	面积（万 hm^2）	累计投入（万元）	管理人员数量（人）	累计接待狩猎人数（人）	累计盈利（万元）	备注
1	北京	云岫谷游猎自然风景区狩猎场	1995	0.06	120	9	1560	10	
2	北京	北京天龙狩猎山庄	1997	0.027	80	10	2000	0	
3	北京	八达岭凯旋狩猎场	2000	0.073	150	0	0	0	建设中
4	河北	温泉火龙沟狩猎场	1998	0.002	400	18	9000	18	
5	河北	长城狩猎场	1998	0.001	340	16	8000	16	
6	山西	山西省五寨狩猎场	1996	3.74106	80	15	1600	20	
7	山西	山西省高天山狩猎场	1997	0.028	3	5	100	2	
8	山西	山西省和顺狩猎场	1997	2.5533	6	7	200	1.6	
9	山西	山西省扬树局狩猎场	1997	2.21503	2	10	260	2	
10	山西	山西省泗交狩猎场	2000	2.9725	15	10	400	1.3	
11	山西	山西省榆社云竹湖狩猎场	2000	0.0001	4	6	70	0.5	
12	内蒙古	内蒙古自治区宝石山	1998	2	1200	95	0	0	
13	辽宁	沈阳帕威狩猎场	1994	0.0015	180	10	4200	50	
14	辽宁	沈阳辉山安德狩猎场	1993	0.025	150	8	3100	40	
15	辽宁	大连金龙寺国际狩猎场	1990	0.167	0	0	0	0	
16	辽宁	大连金石滩狩猎场	1995	0.01	138	6	12 000	100	
17	辽宁	大连骆山狩猎场	1995	0.0674	0	0	0	0	
18	辽宁	大连长兴岛狩猎场	1995	0.1931	0	0	0	0	
19	辽宁	辽宁省浑河源狩猎场	1998	0.2204	0	0	0	0	
20	辽宁	辽宁省凌海狩猎场	1997	0.0467	0	0	0	0	
21	辽宁	辽宁省参窝国际狩猎场	1991	0.3334	45	5	1115	20	
22	辽宁	辽宁省建平罗福沟狩猎场	1995	0.0015	50	5	31 000	89	
23	吉林	白城草原湿地狩猎场	1992	55.9	0	59	0	0	
24	江苏	江苏老山	1999	0.02	220	30	1000	5	
25	浙江	杭州黄梅坞森林狩猎场	1996	0.003	1000	0	0	0	正在建设
26	浙江	宁波南方狩猎俱乐部	1996	0.00533	600	20	20 000	100	娱乐性质
27	浙江	安吉天赋旅游度假区梅子湾狩猎场	2000	0.002	450	20	0	0	正在建设
28	湖南	浏阳大围山狩猎场	2000	0.01	1000	20	1000	0	
29	广东	珠海市万盛乡村俱乐部狩猎场	1989	0.03	150	10	0	0	娱乐场性质
30	陕西	陕西省翠屏山狩猎场	1996	0.065	600	12	0	0	未建成
31	新疆	玛纳斯南山狩猎场	1999	5.97	0	2（兼职）	0	0	
32	新疆	乌鲁木齐县达坂城西沟狩猎场	2000	0.5	0	2（兼职）	0	0	
33	新疆	吉木萨尔沙漠狩猎场	1999	9	0	2（兼职）	0	0	
34	新疆	奇台沙漠狩猎场	2000	12	0	2（兼职）	0	0	
合计				98.24432	6983	406	96 605	475.4	

附表13　野生动物饲养单位统计

序号	省份	截至年度	救护中心数量（个）	饲养场数量（个）				动物园数量（个）	野生动物园数量（个）	马戏团数量（个）	合计（个）
				国有	集体	个体	合资				
1	北京	1997	0	33	29	26	5	6	1	1	101
2	天津	2000	2	3	3	3	1	1	0	0	13
3	河北	2000	0	0	3	15	0	1	0	0	19
4	山西	2000	1	5	56	1200	0	11	0	0	1273
5	内蒙古	2000	0	7	0	0	0	8	0	0	15
6	辽宁	2000	3	12	60	7210	10	7	2	0	7304
7	吉林	2000	0	46	20	1482	0	0	0	0	1548
8	黑龙江	2000	1	200	83	1084	0	9	1	0	1378
9	上海	2000	5	2	3	5	1	1	2	3	22
10	江苏	2000	0	8	14	85		14	0	0	121
11	浙江	2000	1	5	10	25	26	3	0	0	70
12	安徽	2000	2	0	0	57	0	16	1	94	170
13	福建	2000	2	3	7	60	10	7	1	0	90
14	江西	2000	1	7	11	60	20	11	0	5	115
15	山东	2000	0	28	326	465	0	4	1	2	826
16	河南	2000	3	7	37	128	0	10	0	24	209
17	湖北	2000	4	5	8	213	2	10	3	1	246
18	湖南	2000	3	8	12	154	0	7	0	0	184
19	广东	2000	2	4	4	48	5	2	1	0	66
20	广西	2000	5	1	0	445	1	8	0	0	460
21	海南	2000	1	10	15	185	6	3	1	0	221
22	重庆	2000	0	10	8	27		4	1	0	50
23	四川	2000	1	12	19	96	4	4	2	0	138
24	贵州	2000	3	0	23	42	0	4	0	0	72
25	云南	2000	16	8	21	71	0	10	0	0	126
26	西藏	2000	0	3	0	0	0	1	0	0	4
27	陕西	2000	3	32	0	342	6	7	0	0	390
28	甘肃	2000	0	5	17	37	0	5	0	0	64
29	青海	2000	1	17	14	3	0	1	0	0	36
30	宁夏	2000	1	22	7	217	0	1	0	0	248
31	新疆	2000	16	78	30	2534	0	1	0	0	2659
合计			64	260	559	5184	54	116	11	126	6374

参 考 文 献

艾怀森. 1999. 羚牛在高黎贡山的栖息地及食性. 野生动物，20（4）：36～37
白寿昌，等. 1987. 滇金丝猴迁移习性的初步观察. 四川动物，6（1）：41～43
白寿昌，邹淑荃，林苏，等. 1988. 滇金丝猴（*Rhinopithecus bieti*）的数量分布及食性调查. 动物学研究，9（增刊）：67～75.
鲍伟东，李晓京，史阳. 2005. 北京地区隼形目鸟类物种多样性现状调查. 四川动物，24（4）：557～558
陈鹏. 1986. 动物地理学. 北京：高等教育出版社
崔丽娟. 2001. 湿地价值评价. 北京：科学出版社
费梁. 1999. 中国两栖动物图鉴. 郑州：河南科学技术出版社
冯江，姜云垒，李振新. 2001. 吉林省熊类资源现状及保护. 动物学杂志，36（3）：60～62
冯科民，李金录. 1985. 丹顶鹤等水禽的航空调查. 东北林学院学报，13（1）：81～87
冯祚建，蔡桂全，郑昌琳. 1986. 西藏哺乳类. 北京：科学出版社
高铁军，吴勇，吴兆军. 1992. 遗鸥在鄂尔多斯中部的分布暨一新巢群的发现. 动物学杂志，1992年第5期
高行宜. 1985. 中国野马、野骆驼考察研究在乌鲁木齐通过鉴定. 兽类学报，5（4）：290
高行宜，戴昆，许可芬. 1994. 新疆北部地区鸨类考察初报. 动物学杂志，25（1）：52～53
高行宜，许可芬，姚军，等. 2000. 新疆棕熊的分布和种群数量. 干旱区研究，17（6）：27～31
高耀亭，等. 1987. 中国动物志（第八卷）食肉类. 北京：科学出版社
葛继稳，蔡庆华，胡洪兴，等. 2004. 湖北省湿地水禽资源研究. 自然资源学报，19（3）：285～292
葛炎，刘楚光，初红军. 2003. 新疆卡拉麦里山自然保护区蒙古野驴的资源现状. 干旱区研究，20（1）：32～36
郭建荣，吴丽荣，王建萍. 2002. 山西芦芽山自然保护区黑鹳的繁殖及保护. 四川动物，21（1）：41～42
国家林业局. 2000. 中国湿地保护行动计划. 北京：中国林业出版社
国家林业局. 2001. 全国野生动植物和自然保护区建设总体规划. 北京：中国林业出版社
国家林业局野生动植物保护司. 2000. 中国野生动植物保护五十年. 北京：中国林业出版社
郭玉民，刘相林，徐纯柱，等. 2005. 小兴安岭白头鹤繁殖地种群数量的初步调查. 动物学杂志，2005年第4期
韩联宪. 1997. 云南黑颈长尾雉（*Syrmaticus humiae*）分布及栖息地类型调查. 生物多样性，5（3）：185～187
韩联宪，黄石林，罗旭，等. 2004. 云南白尾梢虹雉的分布与保护. 生物多样性，12（5）：523～527
韩宗宪，胡锦矗. 2004. 小熊猫资源现状及保护. 生物学通报，39（9）：7～9
何晓瑞. 1994. 云南广西虎的初步探查及其保护对策. 西南林学院学报，14（2）：128～135.
胡锦矗，Shaller. 1993. 卧龙自然保护区小熊猫的行为生态. 西北大学学报，17（5）：80～86，93
胡锦矗，魏辅文. 1992. 小熊猫的觅食行为生态. 四川师范学院学报，13（2）：83～87
扈宇，许宏伟，杨德华. 1990. 白颊长臂猿的食性研究. 生态学报，10：155～159
扈宇，许宏伟. 1989. 白颊长臂猿的生态研究. 动物学研究，10（增刊）：61～67
季达明，温世生. 2002. 中国爬行动物图鉴. 郑州：河南科学技术出版社
江望高，李宗强，胡建生，等. 1999. 西双版纳亚洲象的现状. 野生动物，20（1）：12～13
江望高，李宗强，胡涛，等. 1998. 西双版纳勐养亚洲象种群大小与分类（见：姜汉侨，欧晓昆主编：生物圈保护区生物多样性保护与可持续发展）. 昆明：云南大学出版社
兰道英，马世来，韩联宪. 1995. 滇西白眉长臂猿分布、数量和保护（见：张洁主编：中国兽类生物学研究）. 北京：中国林业出版社

雷刚，杨友球．1999．东洞庭湖仲冬水禽报告．湿地通讯，3：18
李操，胡杰，余志伟．2003．四川山鹧鸪的分类及生境选择．动物学杂志，38（6）：46～51
李纯．1996．云南黑颈鹤的分布数量和保护．野生动物，（5）：14～15
李凤山，杨芳．2003．云贵高原黑颈鹤的种群数量和分布．动物学杂志，38（3）：43～46
李明，李广元，盛和林．1999．原麝安徽亚种分类地位的再研究．科学通报，44（2）：188～192
李明德．1997．中国鱼类目、科、属、种总数．海洋通报，16（6）：68～79
李晓民，胡咏梅，马玉君，等．2003．三江平原的鹤类资源及保护．国土与自然资源研究，2003年第1期
李晓民，刘学昌，周景英．2005．内蒙古图牧吉冬季大鸨调查初报．动物学杂志，40（3）：46～49
李亚峰，马朝红．2004．白琵鹭在孟津保护区的分布情况．河南林业科技，24（3）
李永杰．1998．亚洲象现状．野生动物，19（1）：22～23
李振营．1989．狩猎知识手册．北京：中国林业出版社
李致祥，等．1981．滇金丝猴的分布和习性．动物学研究，2（1）：9～16.
刘安兴，丁平．2001．浙江湿地水鸟种群数量研究．浙江大学学报（农业与生命科学版），27（3）：325～329
刘焕金，等．1987．太原南郊区冬季猛禽群落生态的初步观察．四川动物，（2）：32～34
刘焕金，等．1991．中国雉类——褐马鸡．北京：中国林业出版社
刘焕金，苏化龙，申守义．1991．山西庞泉沟自然保护区褐马鸡种群数量特征的研究．动物学报，1991年第1期
刘明玉，解玉浩，等．2000．中国脊椎动物大全．沈阳：辽宁大学出版社
刘务林．2004．西藏棕熊生态学和资源状况研究．西藏科技，2004年第6期
刘务林．2004．西藏黑熊生态学和资源状况研究．西藏科技，2004年第8期
刘信中．1999．鄱阳湖去冬今春水禽调查分析．湿地通讯，4：9～10
刘振河，袁喜才．1983．我国的华南虎资源．野生动物，（4）：20～22
龙勇诚，等．1996．滇金丝猴（*Rhinopithecus bieti*）现状及其保护对策研究．生物多样性，4（3）：145～152
龙勇诚，钟泰，肖李．1996．滇金丝猴地理分布、种群数量与相关生态学的研究．动物学研究，17（4）437～441
卢汰春．1991．中国珍稀濒危野生鸡类．福州：福建科学技术出版社
罗爱东，董永华．1998．西双版纳野生绿孔雀种群数量及分布现状．生态学杂志，17（5）6～10
马敬能，等．1998．中国生物多样性综述．北京：中国林业出版社
马世来．1998．中国哺乳动物多样性及其研究（见：宋延龄主编．物种多样性研究与保护）．杭州：浙江科学技术出版社
马世来，王应祥．1988．中国现代灵长类的分布、现状与保护．兽类学报，8（4）：250～260
马世来，王应祥，蒋学龙，等．1989．滇金猴行为和栖息特征的初步研究．兽类学报，9（3）：161～167
马世来，王应祥，蒋学龙．1994．西南地区长臂猿的资源现状与保护（见：宋大祥主编．西南武陵山地区动物资源的评价）．北京：科学出版社
马逸清．1981．我国熊类的分布．兽类学报，1（2）：137～144
马逸清．1990．中国鹤类及其保护（见：国际鹤类保护与研究）．北京：中国林业出版社
马逸清，胡锦矗，瞿庆龙．1994．中国的熊类．成都：四川科学技术出版社
马逸清，徐利，胡锦矗．1998．中国熊类资源数量估计及保护对策．生命科学研究，2（3）：205～212
马逸清，阎文．1998．老虎保护进展．野生动物，19（1）：3～7
木文伟，杨德华．1982．白马雪山东坡滇金丝猴（*Rhinopithecus bieti*）群、活动路线及食性的初步观察．兽类学报，2（2）：125～131
潘清华，王应祥，岩崑．2007．中国哺乳动物彩色图鉴．北京：中国林业出版社
朴仁珠．1992．棕熊在西藏的分布与数量（见：第二届东亚熊类会议论文集）．哈尔滨：东北林业大学出版社
乔建芳，高行宜，姚军，等．2000．准葛尔盆地东部波斑鸨秋季种群动态简报．干旱区研究，17（2）：55～57
乔振忠，李春齐．1995．观鸟圣地秦皇岛．野生动物，1995年第5期
邱富才，郭建荣，王建萍．2001．宁武县天池黑鹳种群数量及其保护．四川动物，20（2）：90
全国强，林永烈，等．1994．西南地区懒猴科及猴科灵长类资源（见：宋大祥等．西南武陵山地区动物资源和

评价）．北京：科学出版社
全国强，汪松，等．1981．我国灵长类的现状与保护．兽类学报，1（2）：440～442
盛和林．1987．中国特产动物——黑麂．动物学杂志，16：45～48
盛和林．1992．中国鹿类动物．上海：华东师范大学出版社
盛和林，大泰司纪之，陆厚基等．1999．中国野生哺乳动物．北京：中国林业出版社
盛和林，陆厚基．1975．江西省毛皮兽资源的利用．动物学杂志，（2）：20～30
盛和林，陆厚基．1985．我国亚热带地区的鹿科动物资源．华东师范大学学报（自然科学版），（1）：96～104
盛和林，吴天荣．1981．浙江山区的黑麂、小麂、毛冠鹿和梅花鹿资源．野生动物，（2）：33～34
盛和林，徐宏发．1992．哺乳动物野外研究方法．北京：中国林业出版社
史东仇，于晓平．1991．朱鹮雏鸟的生长发育与行为的研究．西北大学学报，21（增刊）：15～24
寿振黄．1962．中国经济动物志·兽类．北京：科学出版社
宋延龄，仓曲卓玛．1994．西雅鲁藏布江中游地区斑头雁越冬种群数量和分布．动物学杂志，29（2）
苏化龙，林英华，马强，等．2002．重庆市武隆县和彭水县交界处白颊黑叶猴种群初步调查．兽类学报，22（3）：169～178
苏化龙，王会，吕士成，等．1998．江苏省及上海市黑嘴鸥及其它水禽越冬种群和栖息地状况调查．见：1998年（第三届）海峡两岸鸟类学术研讨会论文集
田秀华，王进军．2001．中国大鸨．哈尔滨：东北林业大学出版社
童墉昌，仇国新．1991．中国黑颈鹤越冬种群的分布和数量．中国鸟类研究．北京：科学出版社
万冬梅，孙海东，任鹃．2001．辽宁黑嘴鸥调查报告．辽宁大学学报（自然科学版），28（3）：268～270
王建平，王俊田，庚继忠．1990．金雕的数量、栖息地及食物的研究．运城学院学报，1990年第4期
汪松．1998．中国濒危动物红皮书·兽类．北京：科学出版社
王维，魏辅文，胡锦矗，等．1998．马边小熊猫对生境选择的初步研究，兽类学报，15（4）：259～266
王应祥．2003．中国哺乳动物种和亚种分类名录与分布大全．北京：中国林业出版社
王应祥，蒋学龙，冯庆．1999．中国叶猴类的分布、现状与保护．动物学研究，20（4）：306～315
王应祥，蒋学龙，冯庆．2000．黑长臂猿的分布、现状与保护．人类学报，19（2）：138～147
王应祥，马世来．1988．中国西南部的哺乳类及其保护（见：第一届国际野生动物保护会议论文集）．香港：天龙影业有限公司
王永庆等．1992．大兴安岭地区棕熊资源现状及保护对策（见：第二届东亚熊类会议论文集）．哈尔滨：东北林业大学出版社
王有可，赵文双．2001．辽宁省花尾榛鸡资源现状及保护．辽宁林业科技，2001年第2期
王祖望，张知彬．2001．二十年来我国兽类学研究的进展与展望：I．历史的回顾及兽类生态学研究．兽类学报，21（3）161～173
王祖望，张知彬．2001．二十年来我国兽类学研究的进展与展望：II．形态分类、动物地理、古兽类学．兽类学报，21（4）241～250
魏辅文，等．1998．中国野生小熊猫资源及管理状况评估（见：胡锦矗，吴毅主编．脊椎动物资源及保护）．成都：四川科学技术出版社
魏辅文，冯祚建，王祖望．1999．相岭山系大熊猫和小熊猫对生境的选择．动物学报，45（1）：57～63
文贤继．1998．脊椎动物多样性．云南的生物多样性．昆明：云南科学技术出版社
文贤继，杨岚，杨晓君．1995．云南高原湿地水禽的分布现状（见：陈宜瑜主编．中国湿地研究）．长春：吉林科学技术出版社
文贤继，杨晓君，韩联宪，等．1995．绿孔雀在中国的分布现状调查．生物多样性，3（1）：46～51
吴家炎．1998．陕西发现丹顶鹤．中国鹤类通讯，2（2）：17～18
吴家炎．1990．中国羚牛．北京：中国林业出版社
吴名川．1983．广西灵长类的种类分布及数量估计．兽类学报，3（1）：16
吴诗宝，袁喜才，柯亚永．2002．广东省原鸡种群数量、分布及栖息地现状的初步调查．动物学杂志，37（3）：30～33
吴征镒．1980．中国植被．北京：科学出版社

熊志斌，余登利，谭成江．2003．茂兰自然保护区白鹇种群数量与栖息地保护．贵州大学学报（自然科学版），20（2）：200～204
徐照辉，梅文正，张刚，等．1994．四川山鹧鸪的冬季生态研究．动物学杂志，29（2）：21～23
严丽，丁铁明．1988．江西鄱阳湖白鹤越冬调查．动物学杂志，23（4）：34～36
杨德华，张存杰．1987．西双版纳兽类数量分布及其保护（见：徐永椿等主编．西双版纳自然保护区考察报告集）．昆明：云南科学技术出版社
杨君英．1996．陕西周至国家级自然保护区雉类的数量与分布．动物学报，1996年第1期
杨岚．1990．云南鹤类的分布及栖息地现状的分析（见：黑龙江省林业厅主编．国际鹤类保护与研究）．北京：中国林业出版社
杨岚，韩联宪，王淑珍，等．1988．云南水禽资源的调查研究．动物学研究，9（增刊）：23～31
杨岚，杨晓君．1997．云南发现中华秋沙鸭和黑嘴鸥．动物学研究，18（4）：388
杨兆芬，王岐山．1997．国际鹤类新动态．野生动物，99（5）：24～25
尹秉高，刘务林．1993．西藏珍稀野生动物与保护．北京：中国林业出版社
尹祚华，雷富民，丁长青．2000．长山列岛发现黄嘴白鹭的繁殖种群．动物学杂志，35（5）：39～41
尹祚华，雷富民，丁文宁，1999．中国首次发现黑脸琵鹭繁殖地．动物学杂志，33（5）：30～31
袁国映，等．1997．实际野生双峰驼的分布、数量及保护（见：国家环保局科技发展计划项目——国际野骆驼合作科学考察）
袁国映，郭凌．1992．新疆天鹅的分布和保护．干旱区研究，9（3）：60～63
张国钢，梁伟，刘冬平．2005．海南岛越冬水鸟资源状况调查．动物学杂志，40（2）：80～85
张家驹，罗佳．1991．若尔盖高原沼泽黑颈鹤数量分布．四川动物，10（3）：37～38
张军平，郑光美．1990．黄腹角雉的种类数量及其结构研究．动物学杂志，11（4）：291～297
张蕾，王宏祥．2000．中国林业法律实用手册．北京：中国林业出版社
张龙胜．1999．山西省水鸟资源调查．山西林业科技，第1期
张明，邱明江，李寿昌．1998．西藏东南部金珠藏布流域虎的数量和分布现状．兽类学报，18（2）：81～86
张明海，萧前柱．1990．马鹿冬季采食、卧息生境选择的研究．兽类学报，10（3）：175～184．
张明海，许庆翔．1999．黑龙江省野生马鹿种群资源现状研究．经济动物学报，4（4）：60～67．
张明海，钟立成．1992．黑龙江东部马鹿集群行为初步研究．兽类学报，12（4）：241～247．
张荣祖．1999．中国动物地理．北京：科学出版社
张荣祖，等．1997．中国哺乳动物分布．北京：中国林业出版社
张荫荪，白力军，田梠．1991．遗鸥繁殖群在鄂尔多斯的新发现．动物学杂志，12（03）
赵尔宓．1998．中国濒危动物红皮书·两栖类和爬行类．北京：科学出版社
赵尔宓，等．1998．中国动物志·爬行纲（第三卷）．北京：科学出版社
赵尔宓，等．1999．中国动物志·爬行纲（第二卷）．北京：科学出版社
赵尔宓，张学文，赵蕙，等．2000．中国两栖纲和爬行纲动物校正名录．四川动物，19（3）：196～207
赵正阶．1995．中国鸟类手册（上卷·非雀形目）．长春：吉林科学技术出版社
赵正阶．1999．中国东北地区珍稀濒危动物志．北京：中国林业出版社
赵忠琴，于志伟，邹丽娜．1997．黑龙江省雉鸡类资源及保护．野生动物，18（3）：16～17
郑光美．2005．中国鸟类分类与分布名录．北京：科学出版社
郑光美，王岐山．1998．中国濒危动物红皮书·鸟类．北京：科学出版社
郑生武．1994．中国西北地区珍稀濒危动物志．北京：中国林业出版社
郑作新，等．1978．中国动物志·鸟纲·第四卷·鸡形目．北京：科学出版社
郑作新．1963．中国经济动物志·鸟类．北京：科学出版社
郑作新．1976．中国鸟类分布目录．北京：科学出版社
郑作新．2000．中国鸟类种和亚种分类名录大全．北京：科学出版社
中国科学院青藏高原综合考察队．1996．横断山区鸟类．北京：科学出版社
中国科学院青藏高原综合考察队．1997．横断山区两栖爬行动物．北京：科学出版社
中国科学院《中国自然地理》编辑委员会．1979．中国自然地理·动物地理．北京：科学出版社

中国科学院《中国自然地理》编辑委员会. 1985. 中国自然地理·总论. 北京：科学出版社

中国鸟类学会水鸟组. 1994. 中国水鸟研究. 上海：华东师范大学出版社

中华人民共和国濒危物种进出口管理办公室，中华人民共和国濒危物种科学委员会. 2007. 濒危野生动植物种国际贸易公约附录Ⅰ、附录Ⅱ、附录Ⅲ

中华人民共和国林业部野生动物和森林植物保护司. 1994. 中国野生动物保护管理法规文件汇编. 北京：中国林业出版社

钟福生，陈冬平. 1992. 鸳鸯越冬生态的观察. 动物学杂志. 第2期

周海忠. 1991. 白头鹤的越冬生态观察. 考察与研究，(11)：63～66

周天福，莫运明，谢志明. 2005. 广西黑颈长尾雉种群数量调查研究. 沿海企业与科技，2005年第10期

周正，杨龙. 2005. 朝阳地区首次发现黑鹳幼鸟. 辽宁大学学报（自然科学版），32（1）：34～35

周正，袁宏宇，朱玉桐. 2005. 辽宁朝阳首次发现黑鹳繁殖群. 辽宁大学学报（自然科学版），32（3）：248～249

诸葛阳主编. 1990. 浙江动物志·鸟类. 杭州：浙江科学技术出版社

Allen. G. M. 1938. The Mammals of China and Mongolia. Natural History of Central Asia. The American Museum of Natural History, vol. Ⅺ, Part 1.

Brockelman, W. Y. 1994. Thai gibbon population and habitat viability analysis. Asian Primates, 4 (2): 1 -2.

Eudey, A. A. 1987. Action Plan for Asian Primate Conservation: 1987 -91. Consolidated Business Forms, Lock Haven, PA, U. S. A.

Gao, Z, zhou F and Pan G. 1993. A Preliminary Survey of the Deer Resource in China. IBID, 165 -171.

Glatston. A. R. (Ed.). 1989. Red Panda Biology. SPB Academic Publishing, The Hague.

Glatston. A. R. 1993. Status survey and conservation action plan for Procyonids and Ailurus: The Red Panda, Olingos, Coatis, Raccons, and their Relations. IUCN/SSC, Mustelid, Viverrid and Procyonid Specialist Groups.

Groves CP, Wang Y -X. 1990. The gibbons of the subgenus Nomascus (Primates, Mammalia). 动物学研究, 11: 147 -154.

Howard, R. & Moore, A. 1991. A Complete Checklist of the Birds of the World (second edition). Academic Press, London.

IUCN. 1988. 1988 IUCN red list of threatened animals. IUCN.

King W B (ed.) Endagered birds of the world, the ICBP bird red data book. Smithsonian Institution Press. Washington. D. C., 1981.

Santiapillai, C., et al. 1991. Distribution of Asian Elephant in Xishuangbanna, the People's Republic of China. Project Report.

Sheng HL and Lu HG. 1980. Current Studies on the Rare Chinese Black Muntjae. J. Nat. Hist. 14: 803 -807.

Song, Y. L. 1993. Diurnal activity rhythms of Eld's deer on Hainan Island, China. in Ohtaishi, N. & Sheng, H. -L., eds. Deer of China (Biology and Management): 214 -219.

Wei, F. W., Feng, Z. J., Wang, Z. W., etc. 1999. Current distribution, status and conservation of wild red pandas Ailurus fulgens in China, Biological Conservation 89: 285 -291.

Wilson, D. E. & D. M. Reeder. 1993. Mammal Species of the World (second ed.): A Taxonomic and Geographic Reference. Smithsonian Institution Press, Washington and London.

Yang D, Zhang J, and Li C. 1987. Primiary Survey on the Population and Distribution of Gibbion in Yunnan Province. Primates, 28 (4): 547 -549.

Zhang Minghai, Xu qingxiang. 1998. Wintering habitat evaluation by red deer in Northeast China. J. Forestry Research, 10 (2): 172 -178.

全国陆生野生动物调查领导小组

组　　长　林业部主管部长
副 组 长　林业部保护司司长
成员单位　林业部保护司
林业部办公厅
林业部计划司
林业部财务司
林业部资源司
中华人民共和国濒危物种进出口管理办公室
中国野生动物保护协会
林业部调查规划设计院
中国林业科学研究院

全国陆生野生动物调查办公室

主　　任　林业部保护司主管司长
副 主 任　林业部调查规划设计院主管院长
林业部保护司野生动植物管理处处长
成员单位　林业部保护司野生动植物管理处
林业部保护司自然保护区管理处
中华人民共和国濒危物种进出口管理办公室
国家林业局野生动物与野生植物监测中心
林业部陆生野生动物研究中心

全国陆生野生动物调查办公室设在林业部保护司野生动植物管理处

全国陆生野生动物资源调查专家技术委员会

马建章	东北林业大学	院士/教授	主任委员
郑光美	北京师范大学	院士/教授	副主任委员
唐守正	中国林业科学研究院	院士/研究员	副主任委员
冯祚建	中国科学院动物研究所	研究员	副主任委员
盛和林	华东师范大学	教授	委员
高　玮	东北师范大学	教授	委员
杨大同	中国科学院昆明动物研究所	研究员	委员
费　梁	中国科学院成都生物研究所	研究员	委员
陈壁辉	安徽师范大学	教授	委员
刘迺发	兰州大学	教授	委员
陈华豪	苏州丝绸工学院	教授	委员
周昌祥	国家林业局调查规划设计院	教授级高级工程师	委员
楚国忠	全国鸟类环志中心	研究员	委员

全国陆生野生动物资源调查专家技术委员会办事机构设在国家林业局（原林业部）调查规划设计院